忘れられた農村問題研究者

関矢留作

人と業績

Sekiya Tomesaku

船津　功❖編著

亜璃西社

関矢留作の肖像（昭和９～10年頃、父・孫左衛門の留魂碑〈現千古園〉前で撮影、関矢マリ子『関矢留作について』より）

明治35年頃に撮影された北越殖民社の開墾地（事務所付近を北方の丘上から写す。前方は後の千古園）

東京帝国大学農学部農業経済学科卒業時の記念写真（昭和４年３月）

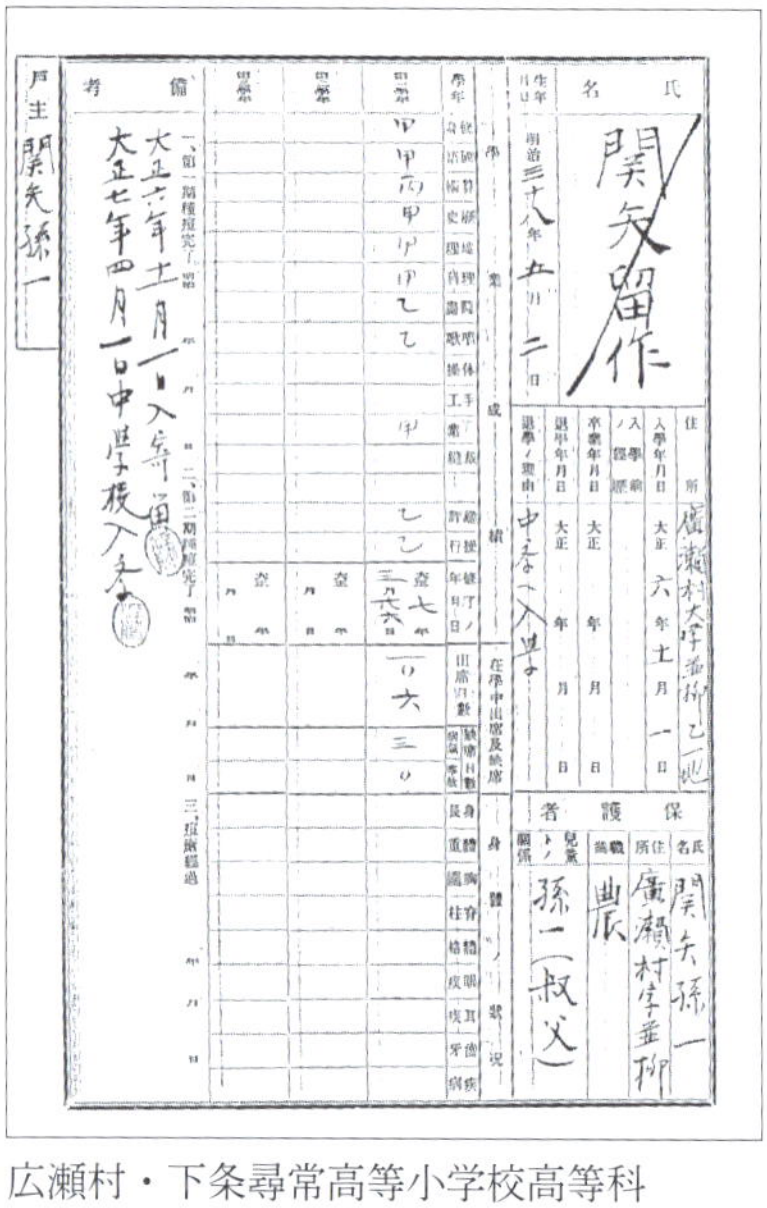

氏名　関矢留作
生年月日　明治三十八年五月二日
住所　廣瀬村大字番外乙一地
入學年月日　大正六年十月一日
退學ノ理由　中学ニ入学
戸主　関矢孫一
保護者　氏名　関矢孫一　住所　廣瀬村字番外　職業　農　兒童トノ關係　孫一（叔父）
學業成績　修身 甲　國語 甲　算術 丙　日本歴史 甲　地理 甲　理科 甲　圖畫 乙　唱歌 乙　手工 甲　操行 乙　乙
修了年月日　壹七年三月二十六日
出席日數　一〇六
缺席日數　三〇
備考　大正六年十月一日入寄留　大正七年四月一日中學校入學

広瀬村・下条尋常高等小学校高等科
１年時代の成績簿（大正７年）

長岡中学時代の留作。前列中央、大正10年頃（『野幌原始林物語』〈江別市、2002年〉より）

①関矢
②近藤康男助手
③野間助教授
④佐藤教授
⑤舟木
⑥那須皓教授
⑦荒木光太郎
⑧内崎
⑨錦織英夫助手

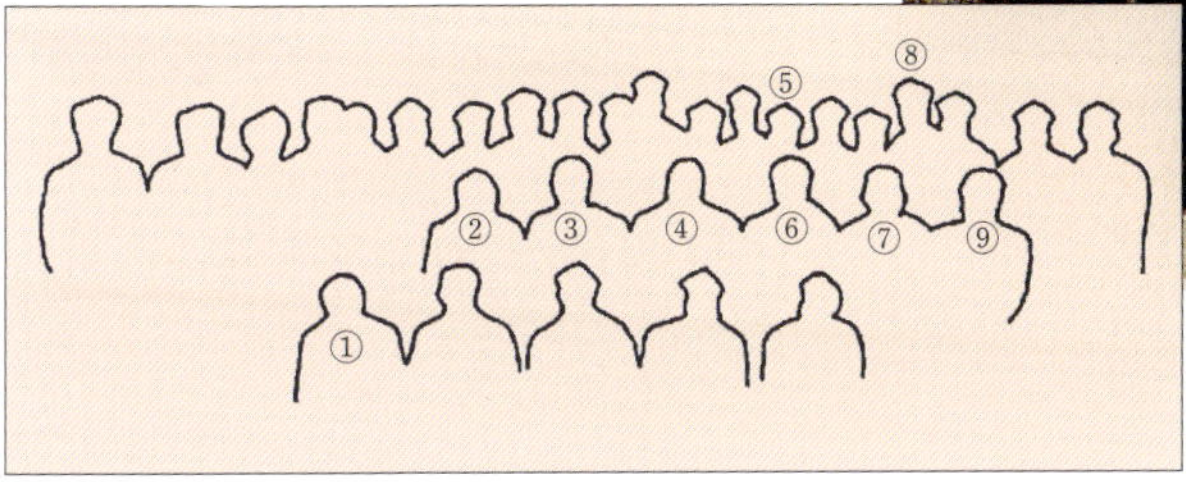

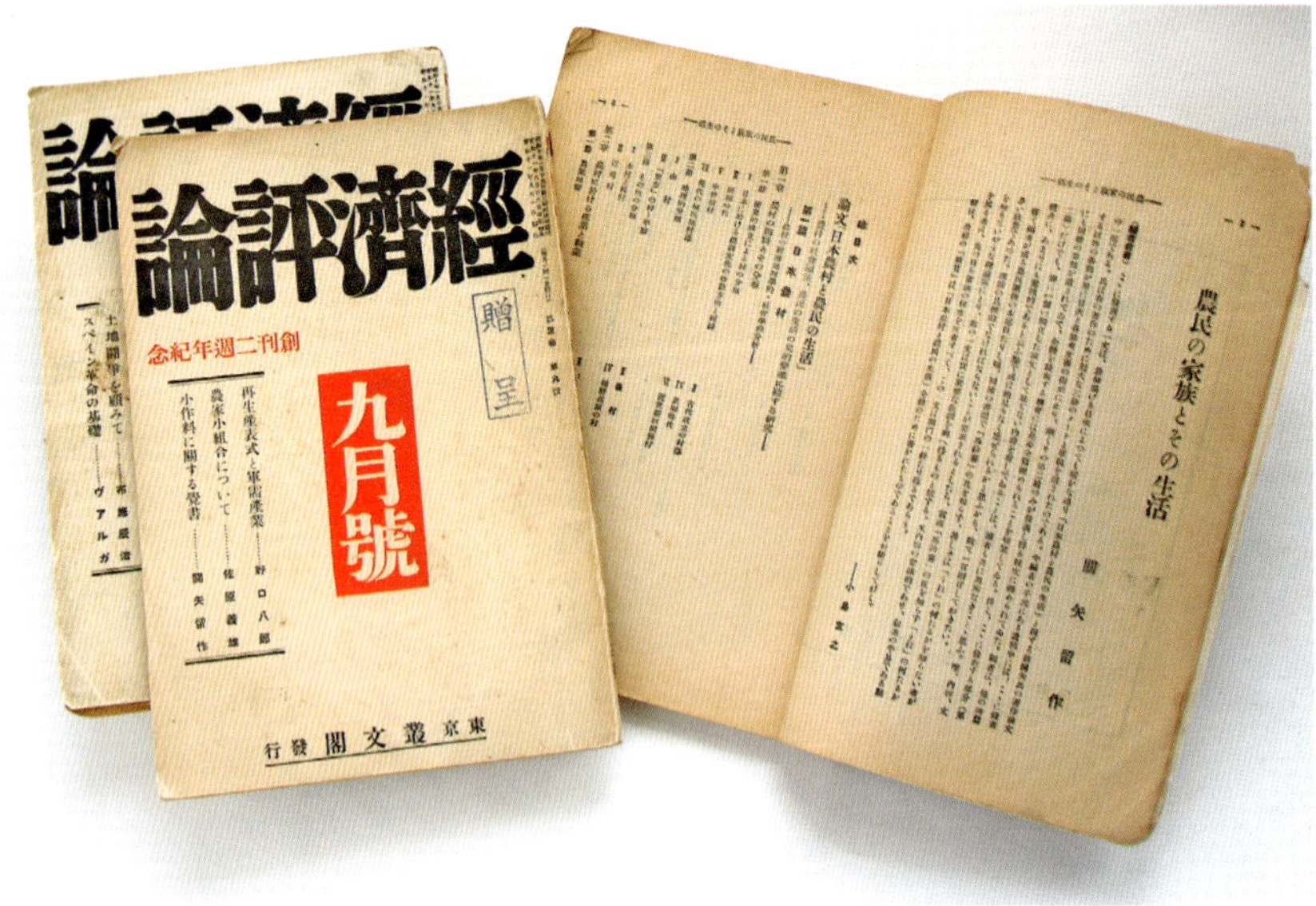

関矢留作の論文が掲載された昭和11年発行の月刊誌「経済評論」(叢文閣刊)

関矢マリ子の著作(右から『野幌部落小史』(1939年)、『冬ごもり日記』(1946年)、『のっぽろ日記』(1977年)。円写真は関矢マリ子の肖像(昭和49年撮影、『野幌原始林物語』〈江別市教育委員会、2002年〉より)

忘れられた農村問題研究者　関矢留作——人と業績

はしがき

本書は、二〇一四年（平成二十六）十二月に亡くなった船津功氏が長い間、資料を蒐集して、構想を温めていた関矢留作研究に関係する資料、そして、同氏が執筆した遺稿にあたるもの（関矢留作の評伝）を整理、編集して成ったものである。関矢留作は野呂栄太郎とならんで昭和初年ごろ、労働者・農民運動の実践的論陣の列にいた人物であり、日本資本主義論争史上に一定の位置を占める思想家・理論家、そして運動家でもあったが、思想弾圧の嵐のうちに逮捕、収監され、釈放後は北海道・野幌に移って生活するようになった。

関矢留作は三十一歳という若さで亡くなり、遺稿集発行の機会にも恵まれなかったために「忘れられた理論家」と呼ばれることもあった。近年は当時の運動理論のなかで独自の意味を持っていたことに注意する研究も見られるようになっているが、「関矢の遺稿集ならびに書簡集が早急に編まれなければならない」（鷲田小彌太『野呂栄太郎とその時代』道新選書）と研究を深めることの重要性も言われなければならない研究状況でもある。

船津氏が蒐集した関矢留作に関する資料は多岐にわたり、量的にも大きなものであった。出身地の野幌部落に関するもの、留作の遺族・関矢家に遺されていた資料はもちろん、新潟県の出身学校である長岡中学校、（旧制）

新潟高等学校、関矢家本家に関係するもの、妻マリ子（旧姓佐藤）の家系に関するもの、進学した東京帝国大学農学部に関するもの等、そして留作が運動組織の機関誌などに発表していた論文の数々、思索過程を示すメモ、ノート、書簡などである。

船津氏が執筆済み原稿としている評伝部分は、関矢留作の人間形成の土台となる関矢家の歴史から、学生生活が東京帝国大学農学部に進むまでの年代についてのものである。労農運動の中心的な分野での活動が目立ってくる年代の前で終わっている。人間形成の土台となる部分に力点を置くのは、氏の歴史観の一面である。

小生は氏の著書『北海道議会開設運動の研究』（北海道大学図書刊行会）を紹介する小文を書いたことがあり、その中で次のように述べた。運動参加者の一人ひとりの氏名、経歴などを詳述することを通して運動の進め方、請願の内容への関わり方、地域的背景の特徴などのとらえ方の質を高めているというような意味のことであった（『札幌学院評論』第一六号、一九九三年）。氏は人をとらえることで歴史を書くと言っていたことがあった。氏の学生指導が「地域の独自な歴史に焦点を当て人間を歴史的・多角的に捉える卒業論文の集積へ導く」と紹介されていたのも同じ意味でのことと思われる（札幌学院大学人文学部長・小林好和「船津功教授退職記念号によせて」〈『札幌学院大学人文学会紀要』第九五号、二〇一四年〉）。関矢留作の人を書く書き方が、船津氏遺稿という形で残されていたのである。

船津氏は病状が進む中でも、自身の関矢留作研究の点検と友人諸氏の当面の研究関心のレポートを行う集い（関矢留作研究会）を定期的に行うことを呼びかけた。この集いは二〇一三年（平成二十五）六月から翌年の九月まで二、三カ月おきに行われ、氏は報告を繰り返し行っていた。留作研究の研究史、著作目録整備の現況、留作・マリ子の婚約時代の往復書簡の研究などについて触れられていた。抗がん剤治療の入院生活に入っても、個室の病室に段ボール箱二箱もの資料を持ち込んで研究意欲を見せていたが病魔に勝つことは叶わず、二〇一四年十二月に永眠されたのだった。

本書編集の実務面を担われたのは桑原真人氏である。札幌大学学長という激務のうちにありながら本書全体の構成を検討し、自らも含めた執筆担当を定め、出版社との交渉も進めて本書の出版を実現されたのである。船津功氏の遺志を継ぐ本書が関矢留作研究、そして、日本資本主義論争史の研究に大きく資することを祈念して、はしがきの稿を終える。

二〇一六年六月

田端　宏

忘れられた農村問題研究者　関矢留作――人と業績＊目　次

第二部　関矢留作小伝および書簡類

造本◇須田照生

第一部　関矢留作遺稿集「農業問題と農民運動」

I　農業・農村問題関係

農業問題研究の任務と方法に就て

星野慎一（関矢留作筆名）

【出典】『プロレタリア科学』第二巻第一号（一九三〇年一月一日発行）

農業理論は、理論的方面から見れば、経済学、ないしは政治学と相並べて問題とされうるものではないだらう。併しこの研究所でこの方面を特に重要視し、一つの研究の領域として活動のプログラムの中に入れた理由は農民問題が、我が国に於ても亦政治的に重要なものとなつてる《ママ》からだと思ふ。支配階級は日本国家の保守的基礎としての小農民を維持し、プロレタリアの影響から切断することを欲し、その立場から農業問題を提起し、又農業理論を要求している。プロレタリアートは労働階級の解放の闘争に如何にして農民を引き入れることが出来るか？　と云ふ問題から、全然別の農業問題を提起し、農業理論を構成するのである。だから他の社会科学に於ける如く、農業理論に於てもブルジョアのものと、プロレタリアのものとは、明白に区別された二つの陣営を形作つてゐる。そして我々は云ふ迄もなくそのプロレタリアの側に立つてゐるのである。

マルクス主義的農業理論研究の任務、及びその方法等に関してのべる前に、我が国に於て存在するブルジョア農業理論の特徴にふれて見たい。ブルジョア農業理論は、元来農政学とよばれる政策学があるのみで、科学としての農業理論を有してゐない。最近、彼等も又農業経済の科学的研究をはじめてゐるが、そこで俗悪化されたマルクス主義農業理論や、修正派の理論等が輸入されてゐることは注意すべきである。彼等はカウツキーやダヴイド等の大小経営の優劣問題や、マルクスの地代論を問題とし、農村人口の階級分析や、農業の社会化等を問題としてゐる。このことはそれ自体、ブルジョア科学の危機を示してゐるとは云へ、同時にそれは彼等の進出であり、プロレタリア科学に対する新手の攻撃であるとも云へるのである。

我が国に於てプロレタリア的な農業問題の研究、及び農業理論把握の必要は、以前から叫ばれてゐたが、そしてそれは現在切実なものとなつてゐるが、まだきはめて未熟な状態にある。

それが如何に当面切実なものであるかは、例へば、労農一派がその清算主義を基礎付けんとしてプロレタリア党の農民政策の理論的基礎を攻撃し、又、最近、獄中にある一部インテリ分子を中心とする解党派も正にこの点を問題としてゐる。農民闘争の革命的性質を見まいとする所の、これ等の理論は幾多の同志によつて批判され、克服されてゐるとは云へ、我が、プロレタリア党の農業政策も、充分具体的ではないと云はれてをり、その完成は又農業状態、農付《ママ》人口の階級構成、農民の生活と要求等についての具体的研究を必要とする。現在我が国に於ける如何なる農業問題研究もこの必要に結び付くことなしに階級的であるとは云へない。

そして農業問題研究の領域に於て課されてゐる問題は次の様なものであらう。

一　労農派及び解党派の農業理論の批判
二　土地所有関係の特質の研究
三　農業の資本主義化の形態及び度合
四　小農民の経済的地位と農民人口の階級分化

其の研究は云ふ迄もなく、マルクス・レーニンの農業理論（方法）によつてなさねばならないが、農業理論に就て、マルクス・エンゲルス・レーニンの優れた論文が多く翻訳されてゐるにも拘らず、充分研究されているとは云へない。それは従来の我々が具体的事実の研究を軽視して、もつぱらマルクス・レーニンからの引用に頼らんとしたことによるのである。そして、（又そのために）具体的事実の研究の領域では驚くべき粗雑な方法が採用されてゐる。更に又、『社会思想』その他によつて流布されるマルクス・レーニンの俗悪化された理解が、克服されずに残つてゐる。殊にこゝで注意すべきは、農業の具体的事実に対する粗雑なる研究方法ならびにマルクス主義・レーニン主義農業理論のこの俗悪された理論は、政治的立場に於ける社会民主々義に不可避にむすび付いてゐる事である。我々は『労農』や、『社会思想』の誌上に於て、又労農派の策士等の作物等に於て、あまりにも多くこの例を見せつけられてゐる。農業理論の把握及び農業問題の研究のためには、其の如き粗雑なる方法、及び俗悪なる理解の徹底的な克服はぜひとも必要である。

更に我々は、主として福本主義に由来する方法、即ち具体的事実と材料を研究することなく、もつぱらマルクス・レーニンの引用にのみ頼らんとする傾向をも克服する必要がある。この引用は、実際屢々農業問題に関するマルクス、あるひはレーニンに対する全体的な研究に立脚しない『行当りばつたりな』引用であつたのである。

最後に、農業問題研究、農業理論研究にあたつて国際的連帯の立場に立つ必要を強調しておきたい。

モスコウに於てはすでに早くから国際農業問題研究所が設置され、そこでは各国の農業問題、農民運動に関する研究、報告を出してゐる。我々にとつて特別の興味を引くのはそこで支那・日本・朝鮮等東洋諸国の農民運動に関する大部の冊子が発刊されてゐることである。

又、彼の偉大なる支那の農民革命の経験から提起された、支那の土地所有関係に関する論争（所謂アジア的生産方法の問題）は我が国の土地所有関係の理解に対して、実に重要な指針をあたへるものであると信ずる。そして更に、ソヴエート・ロシアの農業社会化の理論には、最大の関心を向けなければならない。こゝで我々は国際的規模に於てなされてゐる理論的研究の成果を、国内的諸問題の研究のために摂取するといふ意味でのべたのであるが、ソヴエート農業社会化の問題、支那に於ける農業革命、各国に於ける農業恐慌等々の問題は国際プロレタリアートの問題であるが故にそれ自身特殊の注意を要求するものである点に関しては言ふ迄もない。

きはめて概略ではあるが、右にのべた如き方向に向つて研究事業を組織すべく、我が研究所はその方面に於ける一切の科学的能力を動員し、活動を開始すべきであると思ふ。（附。大体の骨子は総会でのべた所にもとづくものであるが、速記そのまゝではなくてあとで書きなほしたものである。）

農業問題に関する二三の論点について

星野慎一（関矢留作筆名）

【出典】『プロレタリア科学』第二巻第四号（一九三〇年四月三日発行）

以下、極めてカンタンな走り書きにすぎないが、農業問題の研究に際して我々の当面する二三の論点にふれて見たい。

一　『日本農業の生産力が停滞してゐる』

雑誌労農の理論家猪俣津南雄は、今年中央公論一月号に於て、『土地所有関係の最近の発展』を、改造に於て『土地問題と封建遺制』なる論文を発表してゐる。此等の論文は共に多くの問題を含んでゐるが、こゝではたゞ、『日本農業の生産力が停滞してゐる』と云ふ主張にふれやう。そこには、土地所有関係の発展の結果として、農業生産力は停滞し、農民が窮乏に陥つてゐると主張されてゐる。即ち、

『一つの観点に於て農民の窮乏化として表はれてゐる処のもの（――それは土地所有関係の発展を指す――引用者）は、他の観点に於て、農業生産力発展の停止状態としてあ

らはれてゐる。』（改造一月七一頁）

この主張はきはめて重大である。日本農業の生産力の発展が停滞してゐるとすれば、土地所有関係の桎梏を打破つて進むべき根本的な原動力が欠けてゐる事を意味しないであらうか？

生産力が停滞してゐるか否かは、先づ科学的に問題とされねばならぬ。

猪俣氏は、右の主張の論拠として、大戦前頃から、耕地面積の拡張率が減少しつつある事、及び、反当収穫高の増加率が減少してゐる事をあげてゐる。なるほど、かゝる事実は存在する。併しその事によつて農業生産力の停滞を結論する事は正しいであらうか？

否！　耕地面積の減少は、生産力の停滞を証明しない。現在、日本農業の耕地面積の増加の停滞は、恐らく、生産停滞の結果を反映するにすぎないものであらう。又反当収量増加の減少は、かへつて、生産力の発展を意味し得るのである。それがいづれであるにしろ、日本農業の現在の事態に於て、生産力の運動は、生産の発展の上に直ちに表示されはしない。生産力の発展は半封建的農民経済の商品経済化・資本主義化としてあらはれねばならぬ。農民経済の商業化、農業の各肢体の間に於ける分業の発展、農民経済の専門化傾向、農民の階級的分化、農業人口の相対的・絶対的減少、資本主義経営の発展、生産方法の近代化等々、――これが農業生産力発展の指標なのである。この立場から見る時、日本農業の生産力は、大戦前頃から停滞してゐるのでなく、むしろ反対に、その頃から急速に発展してゐると云はねばならない。殊に、世界大戦に際して、工業の膨張によつてもたらされた農産物価格の騰貴、そして大戦後日本農業を襲ひつつある農業恐慌は、共に、生産力の発展を促進した。農民経済商業化は急速にすゝみ、商業的副業の目ざましい発展、一時は農家戸数の減少の中にさへあらはされた農業人口の減少、農民の窮乏化に伴ふ尨《ママ》大な貧農層（賃銀労働者を兼ねる）の形成、副業に於ける資本主義的経営の発展、人造肥料消費額の増大、殊に最近に於ける農業用機械、動力機、農業使用電力量の発展、戦後の農業恐慌に至つて減少してはゐるが、大戦中に於て穀物耕作の大経営も亦発展してゐる。これ等凡ては農業生産力の発展的傾向を示すものではないだらうか？　然り、生産力は発展してゐるのだ！　而して、この発展の基礎の上にこそ、農業に於ける半封建的な諸関係の分解を、半封建的搾取関係に対する農民の闘争を理解しうるのである。

農業革命の経済的基礎の否定！　それは農民闘争の××的性質を否定する社会民主主義の理論的基礎にふさはしい。

二　農業に於ける封建的遺制

日本農業の生産力が停滞してゐるとの見解を主張する猪俣氏は、又、この停滞の原因は、土地所有関係の発展、『小作料の高利地代への発展』にあるとの見解をのべてゐる。

『封建社会から持越された過小農制の生産方法に基礎をおきながら、近代的資本主義の環境のうちに生ひ立ちゐる生産関係（私的土地所有の事……引用者）は、農業生産力を発展せしめつくして今やその桎梏に変じやうとする。即ち、絶望的な高利地代と高利地価とを成立せしむることによつて、自身の発展の最後の段階に入込んだ特殊の、私的土地所有は、一面には農業生産に対する障壁となり、他面には農業生産者――農民――にとつて窮乏の源泉となつてゐる。』（改造一月七二頁）

即ち、農業生産力が発展して、私的土地私有が生産発展の桎梏から障害に転化したのでなくて、私的土地所有そのものの発展によつて、今や、生産力が停滞してゐると云ふのだ！　マルクス経済学のスバラシイ応用ではないか？

では、私的土地所有は如何なる発展をなしたと云ふのか？

『維新に際して設定された新小作料は……未だ決して小作人にとつて「生産そのものを不可能ならしむる高さに迄騰貴」した小作料ではありえなかつた。……法制的な私的土地所有を戦ひとれる過小農制生産が、その新段階に於て日本農業の生産力を発展せしめて、せしめつくした時にのみ高利地代は成立した。』（同上七五頁・七六頁）

『斯様にして旧封建時代の搾取率を承け継いだ小作料が

高利地代へと発展して行くにつれ、土地の売買価格もそれに応じて昂騰する。……高利地代の成立と共に農業労働生産性の増大はつひに停止した。』（七七頁）

右に於て、小作料の高利地代への発展がのべられてゐる。そしてこの高利地代と高利地価への発展――これが、生産力停滞の秘密の原因であつたのだ。

猪俣氏は、高利地代が私的土地所有を前提とすると云ふが、この点に於ては『維新後設定された新小作料』も亦さうである。我々は小作料の封建的性質を語る時、それが、封建的土地所有や、小作人に対する土地所有者（封建的）の身分的権力等々について、云ふのではなくて、小作料の経済的内容について語つてゐるのだ。即ち、それが、農民の余剰労働の一切を含み、その上生活必要労働をも含みうるし、現に含んでゐると云ふ点に、その封建的地代の特質を見てゐるのだ。それは主として地主の封建的命令ではなしに、（今日の小作慣行の中には確かにこの種のものも含まれてゐる）貧農の窮乏と、相互間の競争のために高められてゐるのである。小作人が小作料を滞納すれば、地主は農民をムチによつて土地を取上げ飢えによつて強制する。これは、小作制度が土地私有を基礎としてゐるからである。徳川時代にも小作制度はあつたが、これ又、その当時に於ける土地私有の発展の程度にかゝつてゐる。大正十年の小作慣行調査によると、当時の慣行は明治の土地改革当時に定められたものを基礎にしてゐる。その当時の変化は次の点にある。即ち、徳川時代には、地主には一〇〇の収穫に対し（作徳米・加地子米等として）二八を、領主には三五を（年貢・上納等として）、小作人自からの手には三七が残るのであつた。（小野武夫、『徳川時代の農家経済』による。）地主の手に入つた二八は恐らく、封建社会の胎内に発展した農業労働の生産力の高さ、土地私有の力を示すものである。所で、明治の土地変革によつて、租税（年貢）は、耕作者からではなしに土地の所有者から徴せられることになり、この時に、小作人は租税を二二――一二に引き下げられたが、地主は今や、小作料の引上げを要求して、二八から五〇乃至六〇に高めたのである。現在の地主・小作人の関係は決して、徳川時代の関係そのまゝの続きではない！（明治維新が、新地主を基礎にしてゐるのはこの事からも知り得るのだ！）これが大正十年頃、そして小作争議によつて重大な変化をうけてゐないかぎり現在に於てなほ、小作慣行の基礎をなす所の関係である。

　維新以後、農民の窮乏化に伴つて、而かも資本主義的農業の発展にかなつたので、小作制度は量的に拡大した、維新直後には恐らく、小作地は全耕地の高位であつたであらう。その後、自作農の没落と、地主の土地集中、地主の土地投資（開墾）によつて小作地は増加し、昭和四年の耕地調査では全耕地に対する小作地の割合は四七％（水田では五〇％を越える）である。又、農民が、一定の土地面積に、労働力を集約化し、あるひは、肥料を入れて反当収量の増大をはかれば、それは、又小作料の高騰となつたのである。又、農村人口がまして、小作地獲得のための競争がはげしくなるにしたがつて、地主は小作料を高めた。又反対に、大戦当時、工業の急激な発展が行はれて、労働力に不足した時、農民は、農民の側からする、耕地返還、不耕作同盟をむすんで、小作料値下げの運動をおこしたのである。ところで戦後の経済的変化が都市に失業者を充満せしむるや、農民のプロレタリア化は困難となり、その窮乏を少しでも少なくしたいために起した、小作争議は、発展して小作料の全国的水準を引き下げるに至つたが、今では又逆に地主側からする土地取上げをもつて地主が対抗するに至つている。――これが地主と小作人との関係の歴史である。

　どこに、小作料の高利地代への発展があるのか！　猪俣氏は多分、現在の小作関係の封建的性質を強調する、××的労働者の陣営の見解に対して、現在の小作料の近代的性質を強調したかつたのだらう。だが、小作料の高利地代への発展を語るのは、大学教授出身の、この『マルクス主義者』の衒学を証明する役には立たう。又、労働者・農民の意識の混乱をもちこむことにはなる！　だが断じて事実を反映したものではない。

　我々が小作制度は封建的であると云ふ時、それは、地主の封建的土地所有と、地主の農民に対する身分的関係を基礎にしてゐると主張するものではない。小作制度が、明治維新の土地改革をその基礎にし、したがつて、それが土地の私有（地主は土地を売買し貸借する事が出きる。）を前提としてゐることは自明の事である。然らば、如何なる意味に於て我々はこれを封建的と云ふか？　日本の小作料が農民の余剰労働の一切を含み、それ故に、その経済的内容に於て、封建地代の特質を有するからである。而して、又この搾取関係は、農民経営の半封建的性質に相応ずるが故である。（小作料の物納的形態は、一面、農民経営の半封建的性質に対応する。）

三　農業生産の停滞と農民の窮乏化について

日本農業の生産力が停滞してゐると云ふ一般的テーゼは誤であり、且つ、政治的にも有害である。併し、穀物生産にあらはれている停滞的傾向に注目する事は必要である。

戦後の日本農業の穀物生産に於ては、生産高に於ても、又、作付反別に於ても停滞的、あるひは減退的傾向が支配する。米の生産は耕地面積で多少の増加はあるが、それは生産高にあらはれてゐない様に見える。生産高は、いちゞるしく自然条件に左右される。そして全体として停滞状態にある。米以外の穀作（麦・豆類・その他の食用作物）に於ては、作付反別にも、又生産高にも減少の傾向がある。日本の耕作は、今日すでに、工業原料の供給者としてはほとんど何等の地位も有してはゐない。日本の耕作の役割は、内地人口に対して食料を供給すると云ふ点にある。而かも、今日、それは、食糧を供給することさへ困難となつてゐる。かくして日本帝国主義は食糧問題に当面する。大正八年の米騒動によつて彼等はこの困難を現実に意識したのである。彼等の躍起となつてゐる耕地拡張、開墾奨励にも拘らず、耕地面積が増加せず、生産の拡張がおこらないのは、次の原因にもとづいてゐる。

第一、世界的農業恐慌の直接的影響

第二、植民地農業の発展

第三、大衆の購買能力の減退に原因する日本の農業恐慌日本の耕作農業の停滞は、右の原因による穀物価格下落のためであるが、而かも日本の耕作が、この恐慌状態を乗りこえて発展しえないのは、日本の耕作農業が、土地所有関係の重い負担を負はしめられてゐるからだ。大戦当時増加した『大経営』も戦後の恐慌と共に減少しつつある。土地所有関係の負担は、(一)小作料、(二)地高、(三)細分された土地私有権である。かくの如き状態に於て、耕作に資本を投ずる事も、又投じても利潤をあげる事が出きないし、又、現在の耕地細分の状態では近代的技術を応用する事も困難だからである。而かも、この困難は今や、克服されつつある。大衆運動として発展した農民の小作料引下げ運動は、今や、土地問題の解決を日程にのぼせてゐるからである。

この運動の動力は窮乏化せる小作農民である。併し、農民の窮乏化は決して、猪俣氏の言ふ様な、『小作料の高利地代への発展』のためではない。それは、農業の資本主義化、農業恐慌の影響に基く所のものだ！(我々はこゝで、土地問題解決のための闘争が、貧農の側から起つてゐる事に注意する必要がある。)

今日、恐慌の支配するのは耕作農業のみには止まらない。農業の他の領野に於ても、例えば養蚕、養鶏、養畜、果樹、蔬菜園芸等に於てもあらはれてゐる。併し、この分野に於ては生産の増大がある。それは農民の一般的窮乏化のため(例へば養蚕業の発展は、農民窮乏の結果である)ではあるが、そこには又、生産方法の近代化、専問《ママ》化ならびに資本主義的経営の発展が見られる。

農業恐慌の発展は、又、これらの生産に従事する農民をも窮乏状態におとし入れてゐるのだ。かゝる農民の窮乏化は決して、『小作料の高利地代への発展』等によつて把握しえられるものではない。

農民を窮乏におとし入れ、同時に、耕作農業の停滞を導いてゐる最大の原因は農業恐慌である。それは、後れたる農民を××化し、且つ、土地所有関係の矛盾一掃の問題を日程にのぼせてゐるのだ。恐らく、農業恐慌の意義を把握する事なしには、今日に於ける農民闘争の基礎を把握する事は出来ないだらう。

四　『上からの農業革命』

『日本に於ける農村問題』（稲村隆一著）の一一三頁に次の様な事がかいてある。

『――こゝに於て地主は彼等の経済的没落を防止する方法としては生産力の発展増大以外に途はない事を知って来た。小作人より土地を取上げて資本家的経営をなすか、あるひは、小作人を偽る事によつて、共同耕地組合なるものにより、機械を小作人に貸し付けて、生産力を増大せしめ、もとのまゝの搾取と分配とを維持せんとしてゐる。農村に於ける階級闘争は、この機械使用を益々発達せしめるものである事は吾々の眼の前に見る所のものである。かくして従来はきはめて徐々たりし、農村の資本主義的経営方法は、いまになり急速に発展してゐるのである。即ち、旧生産関係より、新生産関係へ加速度的に移りつつあるのだ……』

即ち、小作争議のために生じた、小作料の低落、それによつて生ずる経済的没落をのがれるために地主の資本主義的農業経営者への転化過程が急速に進行しつつあるといふのだ！『産業に於ける資本主義の発展様式』なる章の中にも、『――小農制度の日本にも……殊に……最近の小作争議が原因し、農業の資本主義化に向つて進みつつある』（二四六頁）又『小作組合運動と賃銀労働者の発生』なる章で『地主の土地引上げなり、その結果、賃銀労働発達の促進と……なる。』（二三〇頁）

若しも、右にのべられてゐる様な事態の進行が支配的に行はれるとすれば、（著者はこの過程を支配的なものとして指摘してゐる様だ）小作農民の闘争は、小作料値下げ（ある程度迄の）にとゞまるものであつて、土地所有関係全体の××に迄すゝみえない。（その前に農業労働者となるわけだ！）農業革命は、小作料・小作権問題から、地主の土地××国有に迄発展すると云ふ道をとらずに、小作料値下げのある程度の勝利――地主の資本家への、小作人の賃労働への転形の道をとってすゝむことになる。これは上からの農業革命である。

事実はどうなつてゐるか？（註一）

地主が小作人の土地を取りあげて、あるひは、小作人から地主が取り上げた土地を買つた富裕農民が、機械を使用し、あるひは、農業労働者を使用して、富農経営を初めることは、しばしば行はれてゐる。それは例へば、徳島県の某小作官の言葉にも明らかである。『――中小地主が土地返還を希望するのは、動力機が発達したために、自作の力が増したのと、小作料減免のために収入が（地主の）減少したゝめである』と。

　これ等の過程は多かれ少なかれ進行せざるをえないだらう。しかし問題はその事ではなくて、かゝる行程が支配的に進行するであらうか否かと云ふ事である。

　第一に、地主は、小作料減免に対しても政治権力にうつたへることなしに譲歩しはしない。

　第二に、地主の自作化は、土地を取上げるぞ！　と云ふ脅威の意味を有するのみである。

　第三、自作化した地主の経営は、今日の農業恐慌に於て自作農の経営と同じく経営困難である。この行程は、支配的ではないし又なりえないのである。

　かくて、小作農民の減免闘争は、平和的な小作料のある程度の減額にはとゞまらない。それは、××的闘争として土地問題の解決に迄すゝむであらう。

『日本に於ける農村問題』の著者は、農業の資本主義化の問題に注意を向けたと云ふ功績を主張しうるかも知れない。併し、農民闘争の××的性質は全く評価されてゐない。そこには、平和的に小作農民は減免に成功し、而かもこの時、忽然として、地主と小作人との関係が農業資本家と農業労働者との関係に変化すると云ふ見とほしが述べられてゐる。然して、この見とほしは、新労農党の幹部であり新潟県の農民組合を指導する著者の政治的性質に相応ずるものであらうか！

（註一）本誌二月号のプロレタリア・ノートには、青木が、稲村隆一氏の、この見解を批判しているが、客観的事態の進行の見とほしに関する認識の問題を、社会民主主義者の政策に対する批判の問題と混同せしめてゐる様に見える。併しながら、三月号に於て横瀬が、青木は上からの農業革命の可能性を承認したとなす見解は当らないだらう。

　そして又、横瀬は、地主の自作化が、支配的ではないにしろ一つの傾向であるし、又それは今後も進行するにちがひないことを見のがしてゐはしないだらうか？

五　『国家は最高の大地主である』

思想一月号に野呂栄太郎氏の『日本資本主義現段階の諸矛盾』なる論文が発表されてゐる。そこに、次の如くかゝれてゐる。

『明治維新の土地変革は、一方、封建的土地の領有権と、即ち領主権を×××××××××××に統一すると共に、他方農民的土地の占有者にその土地の売却・質入・賃貸等々一種の物件的処分権――従つて、それはやがてブルジヨア的私有権に迄発展した所の――を認めたと云ふ点にある。』

右の封建的土地の領有権を国家の手に統一すると云ふ見解は、『まだ農業に於ける資本主義の顕著なる発達を見ず、農民の大部分が小生産者である我国の現状に於ては、依然として「国家は最高の大地主である」と云はねばならぬ』と云ふ主張と一致する様に見える。

所で、最初の引用句の後半には、明治維新が、ブルジヨア的所有権に迄発展した所の土地の物件的処分権を認めたとかいてある。若しそれが明治維新が、徳川時代にすでに発展しつゝあつた、自作農と地主の土地所有権を権力的・法律的に確認した事を意味するならば、藩主の領有権は、廃止されたのであつて、国家の手に統一される事をいみしない。蓋し、土地の封建的領有権は、土地所有権と両立しうるものではないからである。今日、国家が全国の耕地の封建的領有者であるとすれば、自作農は、地主は、土地の私有者ではありえなくなる。徳川時代の各藩主の土地の領有権は、その下に発生しつゝあつた農民と地主の土地所有権と矛盾してゐた。だから、その発展を禁止し、佐賀藩に行はれた様に地主の私有地を取り上げたりしたのである。明治維新は、地券の発行によつて、地主と、自作農の土地所有権を権力的法律的に確認した。而して、正に、この事によつて藩主の領有権をも廃したのだ。

野呂君が、藩主の領有権を国家に統一したと云ふ時、租税徴集権を念頭にをいてゐる事は明らかである。農民は明治政府になつても依然として、前とほゞ同額の租税を徴集せしめられた。金納になつてから、より苦しくさへなつた。多数の農民はそれをのがれるために、土地を地主にやつて、徴税をまぬかれた。

　他方、領主と武士とは、金録《マ》公債《マ》を支給され、それは、結局農民から搾取した所のものである。これは、しかしながら、土地変革が、農民の下からの圧力によつて遂行されたのでなくて、地主の一部がこれに参加したとしても、多数の農民とは独立に構成された権力によつて、上から遂行された事の結果である。然し、変革は依然として変革である。その内容は、農民を自由にし、封建的土地領有を廃して、すでに発生しつつあつた、地主と、自作農のブルジョア的土地所有権を認めたと云ふ点にあるのだ。

　国家が土地の封建的領有者であるとみとめることは、農民闘争の実践にも矛盾してゐる。さう認める事によつて、土地の私有権の確立をスローガンとせねばならない。所で、自作農民の問題とせねばならぬのは、私有権の××であり、小作農民の問題としつつあるのは地主の私有地の××ではないか。

　現在、農民は過重な租税を負担してゐる。この租税はその経済的内容に於て封建的地代に相応するとすれば、これは国家が封建的土地所有者である事を意味しはしないか？　すでに私有の確立してゐる場合には、よし、租税が余剰労働の全部を含むとしても、この事は、領主権の存在を証明するものではない。

——一九三〇・三——

危機に於ける日本農業（一）

【出典】『産業労働時報』第一〇号（一九三〇年四月十日発行）

本誌前号論文、金解禁後の日本の産業状態の中に於て、「今日の半恐慌状態が……封建的農業の危機と結合してゐる」と云ふ問題に触れてゐる。こゝでは、資本主義的工業の恐慌によつて深められてゐる農業恐慌の特質と、この恐慌が農業に於ける諸関係の発展にぼ《ママ》及す影響について見たいと思ふ。

一、日本資本主義に於ける農業の地位

農業恐慌の条件を明らかにするために、日本に於ける農業と工業との関係からはじめる必要がある。

一方に於て、高度に発展した資本主義的大工業と、近代的商工業都市の発展とがあり、他方に於て、半封建的小生産に基礎をおく農民家族によつて構成される農村が存在する、この事はすでに、日本資本主義の根本的矛盾を表明してゐる。農民経済は、商品経済化され大工業及び都市にむすびつけられてはゐるか《ママ》、然か

もそれが、未だ半封建的経済の状態にとゞまつてゐる事は、日本資本主義の発展にとつての矛盾である。他方、大工業の発展並びにそこに現在行はれつつある恐慌は、農業恐慌をもたらし、農業恐慌は又土地所有者の没落、小農民の窮乏化を、更に生産の停滞と農業の資本主義化とをもたらしてゐる。それはたゞに農業恐慌たる許りでなく、土地所有と小生産に基礎をおく日本農業の危機であるのだ。

　農家戸数は五百五十六万戸で、全戸数の五十二％に当り（昭和二年）、又農業人口は、大正九年の国勢調査によれば、二千六百九十四万人であつて、全職業人口の四十八％に当る。即ち、人口の上から見れば、農業は極めて重要なる産業部間《ママ》である。しかるに、それは、生産の上から見る時、工業に対して第二義的な地位を占むるにすぎない。

　日本農業は、分散した半封建的小生産によつて構成されてゐる。そしてこの小生産は多分に自足的性質を有してゐるけれども、すでに交換関係に於て大工業及び都市と結合され、それに従属する。個別的農民経済に対する部分的調査によれば、農民経済は生産的消費の六〇％と、家計支出の五〇％とを、市場から供給される。

　農村は、すでに国内の大工業の商品市場となつてゐる。而かも農業生産の停滞的状況と農民の窮乏化このために、発展しつつある大工業の市場としては今日、すでに、けうあいなものとなり、又、近い将来に於て発展する見込もない。大工業の主要な部分を占める繊維工業の将来にとつては、国際市場が決定的なものとなつてゐる。

　日本の耕作農業は、大工業のために、殆んど云ふに足りない原料を供給するにすぎない。製粉業の小麦、醸造業のための大麦・大豆・米、その他亜麻・甜菜等その産額は云ふに足りないが、又、多量な生産額があつても、土地所有と小生産との重荷を負つたその価格は大工業原料たるにたへえない。

　たゞ、窮乏化せる農民の無菜《ママ》算労働によつて生産されてゐる養蚕のみが、製糸工業に原料を供給し得る。

　日本の繊維工業の他の原料（羊毛・綿花・木材）等

は外国市場にあほいでゐる。

日本資本主義に於ける農業の主要な役割は、大工業の原料を生産すると云ふ点ではなくて、尨大な農村人口を維持し、且つ、商工業人口のために、食糧を供給すると云ふ点に存してゐる。而かも世界大戦以降、商工業の急激なる発展にも拘らず、農業が停滞してゐる事のために、日本農業は、農業人口を維持し、且つ、商工業人口のための食糧を生産すると云ふ役割さへ、充分には果しえなくなつた。大正八年の米騒動は、この矛盾をはつきりと示した。欧州大戦頃以来日本政府が「食糧問題」を提起せねばならなくなつた理由はこゝにある。而かも、国内の食糧市場を世界市場にさらすことは、第一に、土地所有のぼつらくをいみし、又小農民のさうめつをいみしてゐる。農業人口の保守的性質は、土地所有と共に、日本国家の封建的特質の物質的基礎であり、又日本の軍隊の最も「健全なる」要素の源泉である。日本政府の伝統的農業政策は、左の如き、国家の物的基礎を維持する事に向けられてきたが、而かも、この政策に固執すればするほど、工業と農業との矛盾は鋭いものになつてくる。

大戦毎、大工業と都市との発達によつて、内地農業と、植民地ならびに外国農業との接触が作られるや、日本農業は恐慌状態に入つた。この恐慌は戦後の世界的農業恐慌によつて強められ、又、戦後に於ける工業の発達と、その恐慌とによつてめ《ママ》深られ、それは今や、土地所有と、小生産の危機をみちびいてゐるのである。

アメリカの恐慌に伴つて、日本の工業が、今その人口に入りふけてゐる新たなる恐慌は、農業恐慌をます〳〵深刻化し、それは農業××として発展せずにはゐないであらう。

二、穀物価格の低落と、耕作農業の停滞

穀物価格の低落は、米・大麦・小麦・大豆その他の穀物、ならびに馬鈴薯・甘藷其の他の「食用作物」を襲つてゐる。

外米の輸入制限によつて辛うじて維持されてきた日本の米価は、大戦当時、商工業の急激なる発展の影響

によつて一時昂騰したが、その為次第に低落しつゝある。而して、この下落は、通貨の縮小の結果のみならず、特殊の性質をおびてゐる。

それは、内地米に対する購買力の低下と植民地米移入増加とのためである。

大戦以来、日本の商工業は発展しきたつたにも拘らず、而かもこの発展が小商工業の犠牲と、労働階級の生活水準の低下によつてもたらされた事のために、食糧品に対する購買力を増加せしめなかつた。「産業合理化」の叫び声によつて現在行はれつゝある労働階級の生活水準引下げのための努力は、米及びその他食糧農産物に対する購買力を低下せしめてゐる様に見える。

ブルジョア統計は、昭和四年度の米の消費高の絶対的減少について語つてゐる。

「需要の方面を見るに、消費総高は六千九百五十七万石への減少である。率にして一割九厘も減じてゐる。……三年度には稀有の豊作に恵まれて一般消費高も増加したが、四年度の消費高は一人当一石一斗一升で前年度より二升七合を減じ、総量に於て前述の如く七十七万を減じたのも、恐らく不景気から廉米でも喰ひ延したものであらう」（ダイヤモンド三月一日）

他面に於て米価の低落は植民地米の移入増加のためである。

食糧自給のための日本政府の努力は植民地の増殖に向けられてきた。朝鮮農民からの大規模の土地取上げ、農民の水利組合へのしばり付けによる搾取の中に遂行されてゐる朝鮮産米増殖計画は、その代表的なものであつて、それは大正十五年から向ふ五ヶ年間に、三億円の資本を投じ、これによつて三十五万町の耕地を増し、毎年八百二十八万石の増収を計らんとするものである。朝鮮の水田面積は耕地の三分の一を占むるにすぎないが、それは、東拓、富士興業等の土地収奪と共に増加してゐる。水田面積の増加は台湾、北海道に於ても行はれつゝある。

朝鮮米の内地への移入は急激に増加してゐる。鮮米の移入は、大正十年には二百九十万石であるが、大正十三年には四百五十四万石、十四年度以降各年四百四十二万石、五百二十一万石、五百九十五万石、七百九万石（昭和四年）と増加してゐる。

台湾米の移入は、大正十年に百三万石、大正十三年以降各年、二百五十二万石、二百十八万石、二百六十二万石、二百四十三万石（昭和四年）といふ増加である。

植民地米の移入は、内地米の価格を低落させ、更に、「内地農業を脅かす」ものとして帝国農会を中心とする地主はその制限を要求した。そしてこの事は、植民地米の増殖を要求する帝国主義者と、輸入業者の反対にあつてゐる。

外米の移入額は、大正十五年以降八十一万石、三百七十九万石、百六十二万石、三百三十二万石、五百十三万石、二百十四万石、四百二万石、　七十五万石、百二十七万石（昭和四年）である。外米の移入は高率の関税がある上に統制されてゐて、年によつて変動があるが、而かも、絶えず、内地米を圧迫してゐる。

植民地米が安価であるのは、その生産力が高いためではなくて、植民地農民の窮乏のためである。朝鮮人口一人当の消費量は内地人口のそれの半ばにすぎない。農民は米を売つて、粟・稗・外米を買つて生活する。水田面積の六十二％は小作地であり、これを耕作する百十一万の小作農と、八十九万の自作兼小作農とは、五割から最高六割に至る小作料を支払はねばならない。（この五割は鮮米の反当収量が平均一石であることを考慮すると内地の小作料以上に苛酷な搾取の性質をそなへ、又、小作農は小作料の外に地主の負担すべき公租公課を負担せしめられ、又、毎年賦役労働に服せしめられる。）小作農の手に残る僅かな残米と自作農の持米、地主の小作米は、出来秋に一時に市場にもち出される。かくの如き朝鮮農民の生活水準の低いこと、販売条件の悪化とが、鮮米の安価なる理由である。

一千万石内外の移入米が、産額六千万石に達する内地米の価格に大なる影響を及ぼすのは、内地米の中、市場に出されるのは三千万石を超えない事、及び移入米は、それ〴〵の出来秋に一時的に移入されるからである。

昭和四年度の米作は不作であつた。収穫高は五千九百七十二万石であつて、前年度に較べて七十五万石の減収である。四年度には移輸米も減少してゐる。それにも拘らず昨年から今年にかけて米価は著るしい低落の傾向を見せてゐる。農林省発表の指数によれば、本年一月の米価指数は昨年の一月に比して一六・四六を、一昨年の一月に比して二二・六だけ下落してゐる。又昨年十一月から本年一月迄に一般物価指数は九・六九の下落をなしてゐるにすぎない。然るに米価指数は二四・〇〇だけ下落してゐるのだ。一月十九日正米市場では一百二十七円八十銭である。農民の所謂庭先相場では、一俵につき手取僅かに九円であると云はれてゐる。

帝国農会の調査によれば、自作農は米一石の生産に三十三円六十銭の生産費を要してゐる。(昭和元年度)これによつて見ても農民がその生産費を現在の価格の中からうる事の出来ないのは云ふ迄もない。

こゝに最近に於ける農民窮乏化の原因がある。農民の負債はかさみ、生活は低下し、肥料の購入にさしつかへ生産条件は年に低下する。小作農民は小作料の納入が困難である。多くの地方では、小作料は辛うじて、副業や、労賃収入の中から支払はれている。小作料滞納は未組織農民の間に広汎に広ろがつてゐる。

山本前農相の地主のための米価吊上げは、産業資本家の反対に打当つて実現しなかつた。昨年六月以来つゞけられてゐる政府の米穀調査委員会は、その内部に於ける種々なる意見の対立のために今日迄何等の「解決」をも見出してゐない。濱口内閣は、米価吊げ《ママ》に対して無関心である様に見える。町田農相はかつて云つた「一般物価の水準に較べると米価はまだ高い」と。然り、これこそは真実である。日本の商品が国際市場に於て競争し、関税壁をのりこえて販路を見出すためには、産業の合理化を行ひ、労賃を安くして生産費を引き下げねばならぬ。しかも、米価の低落は、労賃引き下げのための主要な条件の一つとなつてゐる。これが金融資本家の無上命令だ。

価格がいちゞるしく低落し、それが、生産条件の悪化をもたらす場合には、若しも生産力の発展が行はれないとしたら生産は必然に停滞する。

大正六年以降の米の作付反別と生産高とは次の如くである。　※表1 ―― 引用者注

作付反別には僅かながら増加の傾向が見とめられる。然し、これは多分、北海道に於ける水田面積の増加を反映するものだらう。北海道の水田は、大正十二年の十一万八千町歩から年々増加し、昭和二年には十五万八千町歩に至つてゐる。東北・九州に於ても水田は増加してゐるが、東海・近畿・中国・四国の各県には、最近僅かながら水田の減少が見られる。

生産高は、動揺はあるが、大戦以来、極めて僅かな増加の傾向を示すにすぎない。

麦類・豆類・その他の穀類、ならびに薯類に於ても価格が低落してゐる。

明治四十年から大正二年に至る七ヶ年の平均価格を一〇〇とした指数によれば、昭和五年二月の小麦は一六〇・八、大豆は一五二・四である。これを昭和二年に比べると前者に於て八・〇、後者では二四・一だけ下落している。

次の表を見よ。　※表2――引用者注

麦類は生産高ならびに作付反別共に、停滞的である。小麦に於て、大正十三年以降や《ママ》増加してゐる。これは製粉業の発展に伴ふものであるが、而かも、その需要を満しえないで小麦の輸入は年々増加してゐる。

小麦輸入額（単位千石）小麦粉を含む。　※表3――引用者注（次頁）

其の他、粟・稗・麦・玉蜀黍・蕎麦等は最近いづれも減少しつつある。

大豆・甘藷・馬鈴薯については左の如し。　※表4――引用者注（次頁）

薯類は大正十三年以降は、減退してゐる。大豆は、国内消費の半ばにも達しえないにも拘らず、作付反別は減退してゐる。大豆の輸移入額は次の如し。（単位は千石）　※表5――引用者注（次頁）

米・麦・大豆・その他の穀類の生産は一般に停滞的傾向にある。需要が減退してゐる粟・稗等の如き作物のみならず、大豆・小麦・米の如き需要の一般に増加にたへえないからである。

園芸作物の領野に於て、価格の低落にも拘らず、あ

＊表1

年次	大正六	大正八	大正十	大正十一	大正十二	大正十三
作付反別(千町)	三、〇八三	三、一〇四	三、一三四	三、一四〇	三、一四七	四三、一四二
生産高(千石)	五四、五六七	六〇、八一八	五五、一八〇	六〇、六九三	五五、四四四	五七、一七〇

年次	大正十四	昭和元	昭和二	昭和三	昭和四
作付反別(千町)	三、一五三	三、一五八	三、一七三	三、一九一	三、二一〇
生産高(千石)	五九、七〇三	五五、五九二	六二、一〇四	六〇、三〇四	五九、七二一

＊表2

	年次	大正七	大正九	大正十三	大正十四	昭和元	昭和二	昭和三
大麦	価格(千円)	一〇六、六八三	一二五、七〇一	八三、一三八	—	—	—	六七、七八九
	作付反別(千町)	五三〇	五四一	四五九	五五六	—	四二五	四〇三
	生産高(千石)	八、三六八	八、二八九	八、〇七五	八、八二九	—	七、五六九	七、六〇五
小麦	価格(千円)	一二一、一八九	一一七、四七八	七八、七三六	—	—	—	一〇四、一一二
	作付反別(千町)	五六七	五三三	四六九	四七三	—	四八九	四八九
	生産高(千石)	六、四三一	五、八九〇	五、二六八	六、一二一	—	六、三八九	六、三八九
裸麦	価格(千円)	一三二、七六九	一九一、〇四五	九三、六二四	—	—	—	九四、五六一
	作付反別(千町)	六三七	六七七	五四四	五四九	—	五三〇	五一〇
	生産高(千石)	七、七七七	八、二九七	五、七三八	七、七七八	—	七、三一三	七、一二四

＊表3

年次	大正十四	昭和元	昭和二	昭和三
	五、六一〇	三、六七〇	四、三五五	―

＊表4

	年次	大正七	大正九	大正十三	大正十四	昭和元	昭和二
大豆	価格（千円）	六五、二四二	七一、八二四	六三、一五〇	六六、八五三	五〇、八四二	四九、九七三
	作付反別（千町）	四三二	四七五	四〇五	三九七	三九〇	三八二
	生産高（千石）	三、四五一	四、二七〇	二、二四二	三、六〇八	二、九九八	三、二六三
甘藷	価格（千円）	一二二、七四三	一三〇、〇八四	一一三、二六〇	一一二、八五一	九五、六一一	九二、七三一
	作付反別	三一四	三一八	二八八	二八五	二七六	二七二
	生産高（百万貫）	一、〇九八	一、一八三	九五六	九九五	八八五	八七八
馬鈴薯	価格（千円）	三六、三九六	三一、八六六	三二、七五六	三四、七二〇	二九、四九八	三一、四三三
	作付反別	一三二、〇九〇	一二一、〇二三	九三	九七	八七	九七
	生産高（百万貫）	三二三	二八八	二三三	二五九	二二八	二五〇

＊表5

年次	大正十三	大正十四	昭和元	昭和二
	四、六六八	四、一三六	四、七七六	四、七五七

る種の作物に於ては生産の発展がみとめられる。果樹に於ける柿・葡萄・蜜柑・蔬菜に於ける西瓜・甜菜・蕃茄・茄・大根・葱・葱頭・甘藍・漬菜に於てはややしてゐるものに於ても然りである。これは、小作制度、過重なる地価の圧迫の下にある小生産が、国際的競争

　顕著な生産増大がみとめられる。園芸作物の総価格は大正六年の三千八百万円から、大正十三年には八千万円に増大してゐる。昭和二年にはやや減少(価格の低落がある)して七千五百万円である。

　工芸作物には甚だしい減退が見とめられる。我が国の工芸作物は菜種・胡麻・大麻・ラミー・亜麻・黄麻・藺・葉藍・除虫菊・蒟蒻・芋・実棉・杞柳・薄荷・人参・甘蔗・葉煙草・櫨・楮・三椏等を含む。右の多くは小規模の地方的加工業の原料で、亜麻葉煙草をのぞいて大工業の原料ではない。生産高は除虫菊と葉煙草をのぞき、減退の傾向にある。工芸作物の作付反別は、昭和二年に二十三万町歩、総価格一億一千万円である。作付反別は大正十一年以来絶対的に減退してゐる。

　茶園は昭和二年に於て、四万三千町歩で製茶業の不振のために減少傾向にある。

　桑園は、大正六年には四十万町歩にすぎなかつたが、昭和二年には五十一万町歩に増大してゐる。これは養蚕業発展の結果である。

　右の如き、耕作農業の停滞的状態は、耕地面積の次の如き状態の中にあらはれてゐる。(単位千町) **※表6——引用者注**

＊表6

年次	大正八	大正十三	大正十四	昭和元	昭和二	昭和三	(昭和四)
田	三、〇二一	三、〇八二	三、一〇二	三、一一八	三、一三一	——	(三、一九二)
畑	三、〇五〇	二、九八二	二、九六五	二、九六一	二、九四八	——	(二、七〇五)
合計	六、〇七一	六、〇六五	六、〇六七	六、〇八〇	六、〇八〇	——	(五、八九〇)

※昭和四年度は九月一日の耕地調査

戦毎の時期、特に最近につひて見るに、畑の面積は顕著な減少の傾向を見せてゐる。田地は、わずかながら増加の傾向にある。然しながら、これも、北海道と東北に於ける水田の増加を除いたら、ほゞ停滞状態にある。耕地は全体として、減少傾向にあるものの如くである。

　耕地拡張の停止、その減少は、耕作作物価格の低落にもとづく小作料と地価の低落を反映する。畑作物価格のすでに見た様な状態が、畑のやや顕ちよな減少を結果してゐる。日本耕作農業の伸張性の欠除は、耕地が狭小であると云ふ点にはなくて、反対に、耕地の狭小そのものが、土地所有の結果に外ならないのである。そして生産力発展の障害は、土地所有にある。

三、農業恐慌と養蚕、畜産、ならびに副業につひて

　一般に「副業」と呼ばれてゐる部面、及び、養蚕と、養蓄には、生産の発展を見る事が出来る。

　これ等の生産は、耕作（主として水田）を営む農民経済の補足物である。それ故に「副業」と呼ばれる。その著るしい商業的性質と、その生産は、労力さへあれば、ほとんど資本を要せずにも営むことが出来ると云ふ特質によつて、窮乏化した農民がこの生産に従事した。農林省は、「副業の奨励」を宣伝した。農会の地方的指導者は、曰く、「農村の振興は養蚕にかぎる」と。

　農林省の農村副業に関する統計によれば大正十二年にその生産額は六億七千八百万円に達した。内、農産関係品二億九千六百万、林産関係品一億六百万、水産関係品二千百万円、畜産関係六百万に、その他百七十八万円である。副業の中には養蚕は入つてゐない。畜産の牛、馬、豚の飼養は入らない。それから茶・蔬菜・果実・柑橘等が入つてゐる。林産関係には木炭・椎茸等を含み、又水産関係中には鯉、紙人形・傘・網地・簀等は其の他の中に含まれる。

　昭和元年には八億六千百万円、内、農産関係四億七千百万円、林産品一億七千万円、水産品五千三百万円、畜産品七千百万円其の他千七百万円である。

　農業のこの部面の発展は、農民の窮乏化を反映してゐる。多数の農民は、養蚕収入によつて肥料を購入し、小作料と租税とを支払つている。それは、又、半封

建的農民を貨幣経済にまき込むことによつて近代的教養をあたへた、と同時にそれは窮乏を緩和させ、農民の急進化をおさへた。だが、資本主義の法則は例外を有しない。農業恐慌は、この生産に従事する多数の農民を再び窮乏の中につきおとしつつある。他方に於て、この部面は、土地所有関係の制約を直接にうけてゐないために、資本主義化も亦けんちよに行はれてゐる。農業恐慌はこの過程を促進してゐるし、今毎もます／＼促進するにちがひない。

　昭和四年度に於て、二百二十一万戸が養蚕に従事し、千九百六万枚を掃立てて、一億二百九万貫の繭を生産した。その価格は、六億五千四百九十九万円に達してゐる。

最近数年に於ける養蚕業の発展は次の如くである。

※表7――引用者注

　右の表は、繭価のかなりはげしい変動にも拘らず、養蚕戸数も、生産高も著るしく増加してゐる事を示す。この増加は疑ひもなく、農民の窮乏化に関連してゐる。窮乏化せる農民は、今日何程かの現金収入を得る事を目的として養蚕をやる。それは資本家的採算を度外視してゐる。養蚕地帯は、関東から全国、特に比較的畑の多い地方、山国にひろがつてゐる。

　だが、資本主義化も亦発展してゐる。一戸当の掃立枚数は増加し、又、一枚当の生産高も増加してゐる。これは養蚕に於ける専門化の発展と、資本主義的経営発展と関連する。

＊表7

年次	大正八	大正十四	昭和元	昭和二	昭和三	昭和四
養蚕戸数（千戸）	一、九四二	一、九四八	二、〇六一	二、一〇三	二、一六四	二、二一六
掃立枚数（千枚）	二二、四八一	一七、七三〇	一七、九六一	一八、四二九	一八、八九〇	一九、一六九
繭産高（千貫）	七二、二一九	八四、七九九	八六、七二五	九〇、八六二	九三、八五八	一〇二、〇九三
総価格（千円）	七七一、四〇八	八二四、二五五	六六一、四五三	四九六、九三一	四五一、六七九	六五四、九九五

大正十一年には三十六万戸が雇人を使用してゐた、大正十五年には雇人を使用する養蚕家は四十二万戸であつた。

養蚕業で働く農業労働者は、大正九年に三十四万人、大正十一年に、六十一万人、大正十五年には五十九万人に達してゐる。養蚕業の中心地たる長野・群馬には、養蚕期に出稼季節労働者が集る。

生産方法の近代化も徐々として行はれてゐる。煽風器や、電燈を用ふる新しい飼養方法、電力利用乾繭装置等。(註)

註　電燈を利用すると、一割から三割方の増収があると。

養蚕業の資本主義化は又、組合製糸其の他の形態にもあらはれてゐる。この道をとほして、富農層は製糸資本家に、貧農層は製糸労働者にむすびつく。

又、繭商人や、製糸工場主の養蚕農民に対する支配も強められてゐる。(委托販売や、郡是製糸の如き。)

養蚕業のこの発達は、製糸工業をとほして、アメリカ資本主義の繁栄にむすびついてゐる。

生糸の輸出額は、大正十四年に四十三万八千俵(一俵は百斤)、以降各年四十四万二千俵、五十二万一千俵、五十四万九千俵、五十八万俵(昭和四年)になつてゐる。四年度の五十八万俵の中米国行は五十六万俵、そして欧州行は一万三千俵であつたが、前年度に比較すると米国行は九%増し、欧州行は五十五%の減少である。

為替相場の変動に伴つて過去に於て幾度か糸価、繭価の暴落があり、(大正十二年、昭和二、昭和五年春)価格は一般に低落の傾向に向つてゐる。

長野を中心とする養蚕農民の大衆運動をよびおこした昭和二年春の暴落の後、三年度はやゝ恢復したとは云へ不況の中にあつたが、四年度の春に至つて恢復した。農村に於ては、「今年は春蚕の値がいいから」等と云ふ言葉がきかれた。然るに昨年来金解禁を中心とする為替相場昂騰の影響によつて、生糸の輸出が減少しそのために繭価、糸価が暴落した。昨年暮からほとんど全ての製糸工場が休止し、工場主は女工に賃銀の支払ひを拒み、しばしば、積立てた賃銀も支払はずに、馘首した。養蚕業の中心地帯附近の農民は秋繭の暴落によつて、すでに損失したばかりでなくて、工場で働くその家族の女工の賃銀不払や失業によつてます〳〵その窮乏を深められた。

製糸業者は銀行からの借入金の利子も払へないと云つてこぼしてゐる。（彼等は賃銀はさておいても、借入金の利子支払を怠つてはならぬ。）政府は銀行資本家と工場主のために糸価を補償しやうとしてゐる。

従来糸価、繭価の低落は、一時的なものであつて、それはつねに出口を見出すことが出来た、アメリカ資本主義の繁栄に依存してゐたから。然るに今や情勢は変つてゐる。アメリカ資本主義の「繁栄」はつひに恐慌にかわつてゐる。ます〳〵深刻化してゆく製糸業と養蚕業の恐慌に伴つて、従来、養蚕にのがれ道をもとめてゐた農民は再び窮乏化し、養蚕業の資本主義化はすゝみ、且つ製糸業に対する金融資本の支配は強められるだらう。

養鶏業は、副業中主要なものの一つである。

昭和四年六月に於ける養鶏戸数は、三百四十三万戸で、四千八百二十五万羽を飼養して、産卵価格は八千八百九十万円に達した。

大正六年以来飼養羽数は二千六百万羽から四千八百二十五万羽に、その価格は千二百万円から四千四百三十八万円に、そして、産卵価格は二千五百万円から八千八百九十万円に激増してゐる。

同一期間に飼養者の数は三百四万戸から三百四十三万戸に増してゐるが、集中も行はれてゐる。即ち、十羽以上五十羽未満を飼ふものは五十一万戸から八十八万戸に、又五十羽以上を飼ふものは二万戸から八万七千戸に激増してゐる。これ等は恐らくもはや「副業」ではなく、専門化された資本主義経営である。（註）

註　養鶏では、千葉・愛知二県は群をぬいてゐる。

鶩・養蜂につひても、右と類似の過程の進行を見る事が出来る。

養豚も今日なほ「副業」としての性質を多分にもつてゐる。

飼養頭数は大正十一年の五十一万頭から昭和二年の六十七万頭に増し、同一期間に、屠殺頭数は三十五万頭から五十六万頭に増し、その価格（豚肉の）は、二千百万円であつた。（昭和二年）

右の飼養者は二十七万九千戸から三十七万四千戸に増加してゐる。（大正十一年から昭和二年迄）増加は多数の頭数を飼養する者の部面により著るしい。三頭又は四頭を飼ふ者は一万八千戸から二万八千戸に、五頭以上を飼ふものは八千戸から一万四千に激増してゐる。この二つの部類だけで恐らく全頭数の三分の一余を占めるだらう。

その他、綿羊・山羊等がやゝ増加してゐる。

日本農業に於ては、小農民経営から独立した畜産業の発展は僅かであるし、畜産で最近発展しつつある者は、右の小農経営に副業として営まれる小動物の飼養である。牛・馬の発達はきはめて遅々としてゐる。

牛の飼養頭数大正六年から昭和二年迄に、百四十万頭から百四十七万頭、即ち、わずかに増加してゐるにすぎない。大正十一年以降飼養者は百十三万戸から百十九万戸に増してゐるが、二頭以上の飼養者はむしろ減少してゐる。

牛肉の消費は年々増大するのに、牛の年々の屠殺頭数は増加の傾向を示してゐない。消費高の約三分の一にあたるものが輸入されてゐる。

たゞ搾牛業に於て、多少見るべき発達がある。大正十一年から昭和二年迄に乳牛は五万三千頭から七万頭に、搾乳高は五十三万石から七十九万石に、そしてその価格は二千四百万円から二千八百万円にましてゐる、《ママ》（価格は低落してゐる）

左と同一期に、搾乳場は一万二千から一万七千に増加してゐる。そして、専門化が行はれてゐる。搾乳場の三分の一を占むる搾乳業者は乳牛全体の約六割と、搾乳高の八割を占めてゐる。搾乳は都市の近郊に集中し、今日決して「副業」ではない。

牛乳を原料とする製造業はその発達水準は低いけれども、発展してゐる。

馬の飼養頭数は減少してゐる。大正六年から昭和二年迄に、百五十一万頭から百四十九万頭に、僅かではあるが減少してゐる。又、その飼養者は大正十一年から昭和二年迄に、百十七万戸から百十二万戸に減じた。

農民に飼養されてゐるものに関しては、牛が増加し、馬が減少の傾向にある。

牛馬等の蓄産の発達しないのは、飼料の高価に帰する。

四、農業恐慌と農業の資本主義化

以上、耕作農業に於ける生産の停滞と養蚕その他に於ける生産の発展、その資本主義化につひて見た。この事実は、農業に於ける資本主義化は、土地所有関係の桎梏の少ない部面にまづ行はれてゐる事を示す。

耕作農業の生産が停滞してゐるのは、土地所有と小生産とが、資本の侵入をさまたげ、しかも、農業恐慌によつて小農民は窮乏化し、それに伴つて生産条件も亦悪化してゐるがためである。

農民経済の商業化に伴つて農民の階級分裂が行はれ、富農、ならびに貧農層か《ママ》形成され、農民の離村と、農業人口の減少の傾向が存在する。

農産物の価格が著るしく騰貴した欧州大戦以来、農民経済の商品経済化はいちゞるしくすゝんでゐる。養蚕と副業の発展は農民の市場へのむすび付を強めた。国内に於ける交通網の発達（鉄道網と自動車の普及）はこの過程を促進した。

大正元年に農民の負債は十億、郵便貯金は五千万円にすぎなかつたが、昭和二年には負債五十億と推定され、又郵便貯金は五億三千万円に増加した。

註　大正十四年度、農林省の農家経済調査によると、農家経済の現金支払と、現物支弁との割合は次の如くである。

※表8――引用者注（次頁）

我が国農村の富農及び農業労働者の層は次の如くである。

大正九年の調査によれば、定雇を使用する農民が二十二万二千、又、同一時期に五人以上の臨時雇を使用する農民は三十万四千戸であつた。この富農層は恐らく、二町以上を耕作する五十八万八千戸（大正九年）を基礎にしてゐるだらう。そしてこの層の耕作反別は

*表8

		現金支払	現物支弁	計
自作農	経営費	九九〇円	五七〇	一、二七〇
	家計費	五〇三・九	五九八・九	一、五三〇・九
小作農	経営費	四〇一	七六一	一、二二七
	家計費	四七〇・九	四〇七・二	八九〇

（単位は円）

推定によれば全耕地の約二割余である。

この賃労働を使用する富農の層は又、一町から三町迄の耕地を所有する八十九万三千（大正九年）の自作農及び三町以上を所有する自作農にむすび付いてゐると見なければならぬ。

そしてこれは自作地の半ばをこえるであらう。

我が国に於ける富農の力は大体右の如きものであらう。

大正九年に於ける農業労働者数に関する調査によれば、その数は三百十一万に達し、その大多数は兼業であるが、専門の農業労働者が三十七万人であつた。

右の内、日傭百八十一万、季節雇九十二万、定傭三十八万人であつた。

そしてこの層は又、一町未満の耕地しか耕作しえない三百八十三万戸の農民、土地を全然所有しない百五十六万戸の小作農民と結び付いてゐると見ねばならぬ。

それ故、我が国に於ける農業の資本主義経営の発展の高さはきはめてひくくそれ故、富農も、又農業労働者も分散してゐるけれども、賃労働は可成広く農村に行はれ、且つ、富農と貧農との対立は、土地を有所《ママ》する農民と所有しない農民のと《ママ》対立の中にその深い基礎を有してゐるのである。

穀作以外の領域で、農民の階級分化はより明確であるだらう。

養蚕に於ては大正九年に三十四万、大正十一年には六十一万、大正十五年には五十九万の労働者が計上されてゐる。

併し、農業労働者を兼ねる者のみが貧農だと考へるのは良くない様に思はれる。貧農は農業労働者を含み且つそれよりもはるかに広汎である。それは耕作、あるひは養蚕・副業等に従事してもそれのみによつて生活する事が出来ず、農業賃労働・土木事業・運輸業等に於ける駄賃取・出稼等によつて生活せざ《ママ》るを得ない所の広汎な層を形成する。資本の農業支配が、小農民を窮乏せしめたにも拘らず、資本主義的農業の発展が制限され、大工業と都市の人口包容力も亦制限されてゐる事情の下に於て、右の貧農層は極めて広汎である。

内閣統計局の農民家計調査によると、八反以上一町未満を耕す小作農は、その収入の五九％を農業収入から、二一％を農業外の勤労収入から得てゐる。五反歩未満の小作農に至つては、農業収入は僅かに三三％、そして四〇％は農業外の勤労収入からえられてゐる。五反以上六反未満の自作に於ても、農業からの収入は四七％にすぎなかつた。――これが、貧農の型を示す所のものだ。

五反歩未満を耕作する農民は百九十九万戸（三四・九六％）、一町歩未満を耕作する農民は百八十九万戸（三四・〇九％）一町未満を耕作する農民は合せて三百八十九万戸である。

我が国に於ける貧農はこの層を基礎にしてゐるであらう。それは全農民戸数の半ばをこえてゐる。

貧農は、農業賃銀労働の供給の源をなすと同時に、又、大工業と、大都市人口に対する供給の源であつて、年々数十万の一時的、永久的出稼がある。

大正九年には出稼者は百万を超えてゐた。

社会局の調査によれば大正十三年には六十六万八千の、大正十五年には七十八万五千の府県外出稼があつた。その全部が農民であるわけではないが、それは農業諸府県から大工業都市への集中を示してゐる。

出稼の多い所は次の如くである。新潟（一五万五千）島根（三万九千）徳島（三万八千）熊本（三万三千）岡山（三万二千）

鹿児島（三万二千）香川（二万八千）大分（二万五千）山梨（二万二千）富山（二万）青森（二万）三重（二万）

入稼の多い所は次の如くである。東京（一二万一千）大阪（一一万）北海道（六万九千）福岡（五万八千）兵庫（四万九千）愛知（四万一千）長野（三万五千）京都（三万二千）神奈川（二万一千）（大正十四年）

農業諸府県から商工業中心の移動は明かではないか。

最大の出稼者を有する新潟県について見れば、男子五万二千三十八人、女子四万五千四百十四人、合計九万七千四百五十二人、出稼地を府県別にすれば、東京府——三三、五一五、長野県——一一、〇四三、北海道——九、六六一、群馬——八、五五〇、職業別　工業——四四、五一五（長野・群馬への製糸女工）戸内使用人——一六、三二二。（昭和四年三月来現在）

農林省の調査によれば昭和二年には、農漁村からの村外出稼は九十万人に達する。その中、六十万人が、農業に従事してゐたものであつた。この中三十一万人は一時的の出稼（一年以内）であつたが、二十九万人は長期の出稼であつた。

大正九年の国勢調査によれば、農業従業人口は千四百十四万である。農業人口はその後恐らく絶対的に減少してゐるだらう。

農家戸数は、大正九年から十二年迄減少の傾向を示してゐたが、最近再び増加してゐる。千葉県は、大正十三年以来、十六万六千戸、十六万四千戸、十六万一千戸、十六万戸と減少し、又、山梨県でも同期間に、六万九千戸から六万七千戸に減少してゐる。又、新潟、其の他北陸の県、長野外東山の諸県では減少してゐるが、他の県は最近戸数が増加してゐる。農家戸数の増加は決して農人業《ママ》口減少の傾向を否定するものではない。又最近農業人口の減少がないとしてもそれはたゞ農民の商工業労働者への転化が、大工業の産業合理化によつて妨げられてゐる事を示すのみである。農民離村の困難は貧農の失業として、農民窮乏化の最も主要な原因である。

工業・鉱山労働者の帰村者は最近非常に多くなつた。社会局の調査のみによつても、昭和二年に解雇された六十八万人の中、二十四万七千人、三年には二十三万九千人が帰農した。

解雇された鉱山労働者の帰村者は昭和二年には三万二百人三年には三万二千人であつた。

現在に於ける農村の失業問題は、農民の階級分化に伴ふ農民の都市労働者への転化が、いちゞるしく制限されてきた事に基いてゐる。

小農民の窮乏と没落とによつて絶えず増大しつつあるこの貧農は、増大してゆく大工業と商工業都市の人口に吸収され、その圧迫は、我が国労働階級の低い生活条件並びに階級意識の低い水準を条件づけるものである。都市労働の一部は農村の貧農家族と結び付けられてゐる。(殊に、製糸紡績業女工等。都市労働者は、農村のこの半労働者層を獲得する事なしに、大衆を獲得する事は出きない。他面に於て、工業の動きにつれてこれに吸収され、又排出されつつあるこの貧農の存在は、我が国に於ける農民の相対的に高い意識の理由となつてゐるのだ。

農村の富農的経営が委縮し、緊縮政策によつて、地方の土木事業は杜絶した。

都市に充満した失業者は逆に、村へかへつてくる。

農民の窮乏化は農産物格《ママ》低落のみならず、この失業者増大によつて深められてゐる。

農業恐慌の深められるにつれ、耕作に於ける「大経営」は、確かに減退してゐる、大正八年に十五万五千戸に達した三町——五町を耕作する経営は、昭和二年には十三万三千に減少し、大正八年に九万九千に達した五町以上の経営は、昭和二年には七万戸に減少した。同期間に一町以上二町未満、ならびに五反以上一町未満の経営に於てのみ、増加の傾向を見とめる事が出来る。五反未満の経営は、大正十年以降増加しつつある。

「大経営」は、恐慌に対して自己を維持する事が出来き《ママ》なかつた。小耕作の増加は、養蚕・養鶏等の副業や賃銀労働がそれの補足物となつてゐる事実に関連してはじめて理解しうる。

耕作面積の大なる経営の数が減少しつゝあると云ふ事は、併しながら決して、それ等の経営が経済的に優越してゐる事を意味しない。宮城県農会の昭和二年の「稲作経営面積大小による米の生産費調査」によれば、大経営は石当り二十八円二十四銭、中経営は二十六円十八銭、小経営は四十二円十七銭。

発電事業、内燃機製造業、化学工業の最近の発展は、農業生産技術の発展に対して新しい刺激をあたへてゐる。発電事業と化学工業の発展は人造肥料の生産発達の基礎をなした。この発展にもとづく生産方法の近代化は、農業の恐慌的状態の中に発展してゐる。次にこの発展を示す二三の事実をあげる。

我が国の農業用機械動力機、ならびに農業電化の達してゐる水準はきはめて低い。併し、最近に於けるその発達は急激であると云へる。

昭和二年の調査によれば、動力使用の農業機械と農業用動力機の普及状態は次の如くである。（単位台数）

脱穀機（二九、八二〇）籾麦摺機（三九、〇八九）精米麦機（二五、一五一）製粉機（二、二六四）大豆粕粉砕機（五、八四一）渦巻ポンプ（一一、一八〇）縦型ポンプ（九、二三三）耕耘機（一一九）穀物火力乾燥機（一一八）

右の中、耕耘機の使用台数の少ない点が注目を要する。

右の機械に使用される動力機については――

※表9――引用者注

動力機使用の増加率については、五馬力以下の動力機使用増加を示す次の数字を見よ。

※表10――引用者注

香川県では電動機は大正十三年に一台であつたが、昭和四年には八十五台、石油発動機は大正八年に五台であつたが、大正十三年には七百台にたつし、更に昭和四年には二千五百台に及んでゐる。又、麦脱穀機は大正八年の四台から昭和二年の二千七百台に、籾摺機は大正八年の六台から、昭和四年の千九百五十台に、揚水機は大正十三年の三百八台から、昭和四年の千八百二十台に増加してゐる。

岡山県では、農業に使用される発動機は、大正十年に四十台、大正十三年に三千台、昭和四年に六千二台と云ふ風に増加してゐる。

農業に使用される電力も著るしく増加した。（単位キロワツト――昭和元年）**※表11――引用者注**

＊表9

電動機	一一、六〇三台	四三、一四三馬力
石油発動機	三九、四〇六台	一〇六、六一六
瓦斯発動機	三六七台	四、二九八
蒸気機関	二五二台	一〇、〇四七
計	五一、六二八台	一六四、一〇四馬力

＊表10

	大正九	大正十二	大正十四	昭和二
石油発動機	一、七九五	九、二六五	二四、八五一	三八、二二五
電動機	六八二	二、〇二三	四、六九〇	一〇、四二九

＊表11

	電力量	用途
電動機	三九、二七〇	灌漑・掛水・穀物調製・製茶
電熱	一、八一六	製茶・乾繭・穀物乾燥
電燈	二、二九七	誘蛾燈・養蚕
合計	四三、三二六	

昭和三年に於ては、電力量は更に、一六、四三八キロワット増加した。

農業機械化の発展は著るしい。しかしこの発展の姿そのものの中に、田耕地に於ける土地所有関係の矛盾が如何に機械化の発展を妨げてゐるかと云ふ事が示されてゐる。機械化は第一に、副業等の部面に発展し、耕作農業では、水の調節と生産物の調製、加工作業を把握してゐるにすぎない。耕耘・播種・除草・刈取その他の労働過程は未だ人力（畜力）によつて行はれてゐる。而かも、この部面が機械化される事なしには、機械化、電化は決して充分ではない。

牛馬によつて耕作される耕地は、全耕地の五四％、田面積の六八％畑面積の三八％にすぎない。他の部面は「原始的方法」で耕作される。

昭和二年度の耕作用牛馬頭数は二百二十三万頭、内百十五万頭は牛、他は馬。耕用の牛が僅かに増し、馬は減少の傾向。

大正八年に牛馬によつて耕された耕地は三百十五万町であつたが、昭和二年度には三百六十八万町――この発展はきはめて遅々たるものである。だが発展してゐる。

牛を飼ふ者は百十九万戸、馬を飼者は百十三万戸である。その過半は、恐らく農民であらう。牛の飼養者は年々増して馬の飼養者は減少する。牛、あるひは馬を飼ふ者は、我が国に於ては中以上である。

人造肥料は広く農村に普及し、その使用量は最近に於ても増加しつつある。（単位万円）**※表12――引用者注**

昭和三年には六億四千万円の肥料が消費され、その内金肥は三億一千万円であつた。金肥の消費は増大しつつある。

昭和二年に於ける自給肥料の生産額（消費額）は堆肥（五九五、八〇七万貫）緑肥（一四六、二八九万貫――耕作反別四二万二千町――停滞の傾向）人糞尿（四二四、一二九万貫）其の他一三五、三三三万貫）計（一、四〇一、五四八万貫）自給肥料の生産には少なからず労働力を必要とする。それ故、その価格が低落するに伴つて、金肥の消費は増した。又、家畜飼養の少ない事は自給肥料の発達を低い水準においてゐる。

大正十一年から昭和四年迄に各種金肥の価格低落は次の如し、鰊搾粕一〇貫は八・七〇――六・四七円に、骨粉一〇貫は四・二六――三・八〇円に、大豆粕一個は二・三二――二・二四円に、菜種油粕は四・六二――四・七九円に、智料硝石一噸は一三六――一一七円に、過燐酸石灰は一〇貫一・五三――一・四二円に、硫安は一噸一七七――一三〇円に変動した。化学肥料殊に硫安の価格低下はいちゞるしい。(もつとも以上は東京の価格であつて、農民の手に入る価格ははるかに高い。)

日本の工業生産は農業の肥料需要を満しえない。

昭和二年から四年迄に硫安の生産高は一八万七千噸から二十五万一千噸に増大し、又過燐酸石灰は同一期間に二億四百万貫から二億三千三百万貫に増した。それにも拘らず、硫安の輸入は大正十一年に九万一千噸であつたのに昭和西《ママ》年には三十七万七千噸となつた。これは主として、国際的肥料トラストの進出にもとづいてゐる。

過燐肥の原料として燐硫石が輸入され、それは大正十三年に四十二万噸であつたが、昭和四年には五十五万噸となつた。

大豆粕の輸入は大正十一年に二億九千万噸、昭和元年には三億三千万噸である。

大正十年には一億七百万円の金肥が生産され、又二億二千二百万円が輸入された。昭和二年には一億七千万円が生産され、一億六千万円が輸入された。

日本農業に於て、肥料は重要な地位を占めてゐる。一反当収穫高の発展は、主として増大する肥料の消費

＊表12

	大正十	大正十四	昭和元	昭和二	昭和三
販売肥料	二二、七四五	三一、〇一五	三三、五五九	二八、九七八	三一、〇一〇
自給肥料	二六、七〇〇	三四、二八一	三三、九五二	三三、四七四	三三、四七四
合計	四九、四四五	六五、二九六	六七、九一一	六二、四五二	六四、四八四

に基く。そしてこの肥料消費の高さは、労働力の集約を伴はざるをえぬ。

自給肥料の消費を増加せしむるすればこれ又、労働力の過大な支出を伴ふ。それ故に、穀物の反当収穫高が、農業労働の生産力を高めたか否かは疑問である。否なそれは、農民のみぢめな労働事業に関連してゐる。併し、富裕農民の間に於ける金肥消費の増大は耕作農業の資本主義化、生産力の発展をあらはしてゐる。耕作農業の近代化、資本主義化が水の調節と生産物の調製、肥料消費の増進の方面にあらはれたのは、それ自体、耕作農業に対する土地所有の桎梏の結果である。だが、土地所有と小作制度とは又肥料の使用に基づく反当生産の増大にも一定の限界をおいてゐるはずである。肥料の使用によつて土地を肥し、生産を増大せしむるとしても、それは小作料を高むるにすぎないではないか。

農家経済調査に於て、一町八反を耕作する自作農の経営費は一、二四〇円で、その内、三四二円は肥料代であつた。又一町五反を耕作する小作農の経営費は一、二二七円で、その内肥料代は二七三円であつた。一反当八石四斗の収穫をあげたと云はれる富民協会の多収穫競争一等受賞者は、一反当七十五円の肥料代を使用したと云つてゐる。

肥料消費の増大は、富農と貧農との間に大きな開きを作る。資本なしには肥料を購入する事は出来ない。自給肥料に於て同様である。家畜や草場を有する事なしに自給肥料の生産は不可能である。(註)

(註) 農林省の調査によれば、肥料購入の約八割は延取引であり、それには約一割二分内外の金利が附せられてゐる。

戦後に於ける農業の恐慌にも拘らず(恐らくそれによつて刺激されて)農業の機械化、人造肥料の消費が増大してゐる。この発展は又、日本の大工業が達した新しい水準を基礎にしてゐる。戦後に至つてはじめて化学工業・発電事業が発展し、内燃機も最近に至つてはじめて生産しうる様になつた。

この発展の意義は如何なる点にあるか？　かゝる発展のために数年前迄伝統的な小農民経済が、日本に適してゐると主張した最も反動的な農学者すらその主張を維持する事が出来なくなつた。そして、今や又、新しい夢物語が語られてゐる。共同耕作・共同経営・産業組合を基礎にして農村を機械化し、電化する事が出来ると。

　だが、第一に、現在行はれつつある農村の機械化ならびに電化は、共に、土地所有関係によつて、又、地主と金融資本による農村からの貨幣資本の吸収と独占によつて、狭い限界におれ《ママ》てゐる。第二に、この発展は、農民の全体的発展を結果するものではなくて、農民の間の階級分化を促進する。馬を所有する農民と、せぬ農民、人造肥料を使用し得る農民と然らざる者、機械を使用する者と然らざる者との間の分化を促進する。

（未完）

土地所有関係に於ける最近の特徴について
——危機に於ける日本農業（二）——

【出典】『産業労働時報』第一二号（一九三〇年六月十五日発行）

五、土地所有関係に於ける最近の特徴

日本の農業並びに農民の生活は、地主の半封建的搾取の重荷の下にある。耕地の四〇％を所有し《ママ》。農民全体の三三％を占むる中農を問題外としても（自己の耕す土地を所有する自作農と雖ども他の意味で土地所有の桎梏の下にあるのだが——）、全耕地の五〇％は少数の地主及び富農に独占され、他の全然土地をもたないか、あるひはもつてゐるとしても全耕地の八・九％を所有するにすぎない所の農民は全戸数の六二％に当り、それは地主・富農の土地を小作することによつて、全収穫の五割をこえる小作料の搾取をうけてゐる。だが、農業恐慌の最も偉大なる結果の一つは、小作農民を小作料引き下げ闘争にかりたて、他面、小作料と地価の低落によつて地主の経済的根底を動揺せしめつゝある事だ。

　地主の経済的没落。大地主の土地売り逃げと中小地

主の自作化とは小作料地価の低落によつて導かれる。小作料は物納の田小作料に於ても、又金納の畑小作料に於ても、大戦後低落の傾向をたどつてゐる。大正十年には田一段歩一石一斗七升であつたが、大正十一年には一石一斗四升、十二年には一石一斗二升、十三年には一石九升、十四年昭和元年には共に一石七升、昭和二年には一石二升……と下落してゐる。三年にはやゝ上昇し（一石三升）四年も同様であるが、これは支配階級が小作争議運動に加へたはげしい弾圧のためである。

畑小作料に於ては、大正十年に一段歩平均十八円七十銭で、大正十三年迄は上昇の傾向を、十四年から急激な下落の傾向をたどつてゐる。即ち、大正十三年には十九円九十六銭、大正十四年には十九円十六銭、昭和元年には十八円九十九銭、昭和二年には十八円九十八銭、昭和三年には十八円四十七銭、昭和四年には十七円二十銭。畑小作料の急速な低落は農産物価格の低落を反映してゐる。

田小作料は物納であるから、其低落は僅かであつても、米価の低落に伴つて地価ならびに地主の収入は急速に減少する。

小作料ならびに農産物価格の低落に伴つて田畑の売買価格の低落もいちじるしい。

田一段歩の平均売買価格は、大正二年の三百一円から大正八年の七百六円に、即ち、急激に昂騰したが、その後漸次に下落の傾向をたどり、昭和元年には五百七十一円、二年には、五百四十六円、三年には五百三十八円、昭和四年には五百二十三円となつてゐる。畑については大正二年の百六十三円から大正八年の四百十六円に急騰し、昭和元年には三百五十円、二年には三百三十三円、三年には三百二十九円、四年には三百十九円。

小作料と地価の下落は小作争議地に於て特に著るしい。例へば新潟では組合の無い地方の実納小作料は九斗八升五合（収穫との割合は五十％）であるが組合の多少ある地方は八斗七升二合（四十六％）。組合の多い地方は七斗五升五合である（四十四％）。

「地主の攻勢」と地主の経済的没落。農民運動に於て

「地主の攻勢」と云ふ事が云はれてゐる。土地会社の設立、立入禁止立毛差押、小作料値上げ、土地引きあげ等、これ等の事はこの攻勢の具体的なあらはれである。けれども、地主のこの攻勢は、実はその経済的没落――それは同時に金融資本への地主のれいぞくを伴つてゐるが――の上に立つてゐるのだ。

大日本地主協会の第三回大会（昭和二年）の次の宣言は関西地方の地主の気分を説明する。

「中小地主は我が農村の中堅にして又実に国家の柱石たり、而かも此等の地主は今や容易ならざる危機に瀕し、その滅亡真に目睫の間に迫れるを見る。国家の深憂大患何物かこれに如んや。想ふに中小地主が時運の変遷を解せずして孤立無援の境遇に沈吟し、進んでは自己の権利を主張するの勇なく、退いては多数の圧迫に対してその地位を防衛するの気力なく、歩一歩死地に陥り没落の運命を辿りつゝあるに拘らず、世間動もすれば地主の横暴を痛撃し、所有権の濫用を高唱して快となす、誤まれるも亦甚しと云ふべし。今や列国の競争に対して、外経済的独立を維持し、内一国富源の利用を完ふせんがため、農業をして快活且つ有利なる職業たらしむる事、誠に緊切なるの秋に当り、当局の施設徹底を欠き、其の他対策亦緩急宜しきを得ざるは遺憾に堪へざる所なり、……」

（少し長いが、中小地主の気分、そのイデオロギーを示してゐるので引用した。）

地主は又一つの「資本家」として現はれてゐるのであつて、それは次の引用の中に示されてゐる。

「新潟県は全国中就中農村の大きい処で、水田丈が十七万町歩、畑が八万町歩あり……地主側所得は、段当り法定地価大凡四十五円平均で、収穫平均二石三斗、此の一段歩二石三斗の中に小作料一石であるが、一石の小作料の所得の為に支払ふ地主の諸経費は凡そ地租を初めとして、県税、町村税、整理費、水害予防費、其他法律上の公課二十円五十銭である。処で、現今の米価は三十五円前後であるから、地租其他の公課二十円五十銭を引去ると十四円五十銭を剰すのみである。之を農業資本の利廻りに直すと、凡そ中田目下の値段は一段歩五百円で、其の利廻りが漸く三分弱の二分九厘余と為る、三分と見ても世の営業者にして之に甘んずる者はなからう。況んや他の営業者は年に何回も利廻りを取るが……営業者は一年十二ヶ月中は一遍の利廻り収穫がある丈けである。夫れが現今米価を三十五円としてあるが、それ以下に為つたら殆んど農業資本に利廻りが無くなる。斯ふした計算は地主側から見た農村の破滅である。小作側から見ても同様である。」（法律戦線、第八号第十一号より）

右の引用は新潟県の多額納税議員佐藤某の演説からの引用であるが、そこで、彼等は資本家として出現してゐる。右の演説に於て米価は一石三十五円となつてゐるが、現在、米価は二十七円に低落してゐる。彼等の経済的困難は、地方産業に於て一つの企業家として活動し、（地方銀行、鉱山、鉄道、製糸工業並びにイカサマ会社等）これ等の企業が、経済恐慌の波動をうけて（すでに金融恐慌以来）没落しつゝある（これ等の企業は中央の大金融資本の手によつて最《ママ》組織されつゝあるとは云へ）事によつても深められてゐる。

地主の経済的困難は、地価の低落が、地方的にではあるが資本家として活動してゐる彼等の信用能力をせばめると云ふ事によつて促進される。

この事情からして地主の「土地売り逃げ」と小作地の転買ならびに自作化が最近特に多くなつてきたのだ。

数年来自作農創定が、地主階級及び政府の熱心に要求する政策になつてゐる理由はこゝにある。それは、現在の所、土地に対する農民の要求を利用して地主の経済的困難を農民に転嫁させ様とする政策である。山本前農相が提案した大規模の自作農創定は財政上の理由からして実施不可能であつたが而かも、簡保積立金による自作農創定は実行されてゐる。

大正十二年に自作農創定が実施されてから昭和二年に至る迄に二万一千九百二十一人の農民が千八百三十二万二千円の貸附を受けて田四万三千六百九十町、畑二万七千九百十町を購入した。

各地に於ける実例は、自作化した農民は年賦を払ひ得ないことを示してゐる。新潟県北蒲原では自作農創定の年賦金不払同盟が作されてゐる。

（註）山形県の本間、新潟の田巻等の大地主が大規模の土地

の売り逃げを実行しつつあると云はれてゐる。

地主の土地売り逃げは、常にその土地を耕作する（小作して）農民に対してなされるのではない。多くの場合はさうではなくて、貧農から土地を取りあげて、多少金まわりのよい富農に土地を買はせると云ふ結果になる。

昭和四年八月二十八日の社会政策審議会特別委員会に於て、曾我子爵は質問した。「地主側の事情で、小作地売り払関係に於て大土地を売却する場合、現地の小作人に売る事が出来ぬ場合が起りはしないか」、石黒農務局長は答へた。「忽論あるが出来るだけ現地の小作人をして自作農創設資金を利用し一段地の処理をなさしめる様にしたい。」即ち、彼等は、問題の中心点を意識してゐるのだ。

この事はたしかに、農民中、富農と、貧農との間の間隔を深めつゝある。

「註」　雑誌労農六月号誌上に於て稲村順三君は農民の土地を買ひたいと云ふ欲求を支持すべしと云ふ政策をのべてゐる。この政策は、農民の土地購入が、農業恐慌が地価の低落と地主の経済的没落をもたらし、農民の土地購入がそれに伴つて起つてゐるのだと云ふ真の洞察を欠き、「所有権を真向にかざしての地主の攻勢」と云ふ、外面的観察に基づいており土地購入が農民の階級分化と関連すると云ふ点を見てゐない。政治的にこの政策は、貧農と対立して、富農分子を支持すると云ふ完全な反プロレタリア的なものである。

地主の土地売り逃げは、特に大中地主の間に行はれてゐて、これに伴つて、最近、大地主の数は減少しつゝある。

五十町以上の地主の数は、明治四十三年から大正十二年迄に約二倍になつてゐるが、同年以後減少しつゝある。大正十二年には五千八十二、大正十三年には四千九百五十、大正十年には四千二百九十三、昭和元年には四千百四十五、昭和二年には四千五十五、十町以上五十町未満の地主数も、大正十二年以降減少しつゝある。大正十二年に、四万八千七百四、大正十三年には四万七千六百九十五、大正十四年に四万六千三百三十、昭和元年に四万五千九百十七、昭和二年に四万五千五百十。五町以上十町未満の地主数は、大正十年に十四万で、その後減少傾向にある。三町以上五町未満の地主数の変動は動揺的である。

新潟県は大地主の多い点で名高い。大正十三年には五十町以上の地主二百六十二人(内五人は千町歩以上)が三万九千二百七町歩の耕地を所有し、その下に七万一千七百九十九人の小作人を搾取してゐた。

県庁の統計によると同県大地主は大正十二年には二百七十五人で、昭和二年迄に二十五人減少し、十町以上五十町未満の地主は大正十二年に二千九十四人であつた、が昭和二年迄に百五人減少してゐる。

小作料と地価の低落は又地主の自作化を促進する。それは主として小地主、自作兼小地主(富農の一つの形態と見る事が出きる)に於て行はれてゐる。小作争議への対抗手段として大地主が土地を取上げ、農業労働者を使用して資本主義的農業を営む事があつたがこれは実際上採算のとれる事ではなかつた。併し、小地主ないしは小地主を兼ねてゐた自作農の間にはこの傾向が行はれてゐる。最近に於ける農業機械の普及は確かにかうした傾向に拍車を加へてゐる。特にこれは関西、四国の各県に見られる傾向であつて徳島県の某小作官は次の様に述べてゐる。(昭和三年十一月二十三日の大毎)

「主なる争議は、中小地主が小作人に土地返還を希望するに対し、小作人が応ぜないために起つたものが、四十六件に上つてゐるがいづれも小さいもので、大きな団体的争議は富岡・生比那・延野の各小作人数十名が一団となつて小作料永久減免を要求したものだが、富岡のは解決し、他も今年中には解決する予定である。最近の傾向は地主側が依常《ママ》に強くなり、小作人が不法の要求をしない様になつたが、これは過渡期がすぎて県下四五千町歩に渡る小作料減免が成立したため、農民組合などの働く余地がなくなつたためである、また中小地主が土地返還を希望するのは動力農具が発達したため自作の力が増大したのと小作料減免のため(地主の)収入が減少したためである」と。(力点は引用者)

徳島県につひて語られる事は多かれ少なかれ全国的な傾向を示す。そこで特に、地主の土地返還が増大し、動力農具の使用が地主の自作力を強めてゐるとのべてゐる。此の事は北陸や東北の大地主地方でけん著ではない。併しそこで主としてすでにのべた様に、大地主の富農への土地売りつけが行はれてゐるのだ。

地主の農民（富裕な）への土地売却と、小地主の自作化傾向とは、共に、農村の富農層を結集せしめる。農民の中から形成された富農層は、従来、労働者を雇つて経営を資本主義的に拡大させると云ふ方向にすゝむよりも、むしろ、土地を購入し、それを貧しい農民に小作せしめる事によつてか、あるひは没落した自作農の土地を購入し、自作農を小作農に転化せしむる事によつて、半封建的地代を搾取したのである。今や、これには反対の過程が進行しはじめたのである。更に地価の低落に伴つて富裕な（或は勤勉な）小作農民の中に土地を購入しやうとする欲望が起つてゐる。一町以上三町未満の土地所有者の数は、戦後の時期に於ては動揺的である。大正十四年に八十八万八千、昭和元年に八十八万九千、昭和二年九十万三千、となつてゐる。

又、五段以上一町未満の耕地の所有者は、大正十年に百十九万、以降各年、百二十万千、百二十万二千、百二十万七千、百二十一万八千、百二十二万一千、百二十二万六千（昭和二年）五段未満の土地所有者は、大正十二年に二百四十五万、大正十四年に二百四十七万、昭和元年に二百四十九万、昭和三年に二百四十八万。

富農的中農的土地所有が増加してゐる。土地のブルジョア的な売買関係が、それを媒介する。それは、政府によつて支持されてゐるのだ。農民闘争に於て地主の土地取りあげに対する闘争の意義が増大し、之れに対する闘争の戦術は、最も困難な問題の一つとなつてきた。だがこの点に於ては二つの戦術が存する事は疑ひない。富農分子はそれに対して土地を購入する事や、作離料を得る事を以つて満足する。これに対して貧農は力によつて土地を守ると云ふ方向に進む。それ故、土地取りあげによる地主の攻勢は、農村の貧農分子を結成させ、それを革命的に訓練するものとなるであらう。他方に於て地主の土地売逃げ、農民の上層分子の間に於ける購入の運動は、土地問題解決のための闘争に於けるそれ等の層の動揺を証明するものとなる。上層分子は地主との階級協調に、金融資本への従属的追ずいに（彼等の土地購入が金融資本へのれいぞくを促進するのだが）努めてゐる。

我が国土地所有関係は、封建的土地領有の解体を前提とし、ブルジョア的私有関係を基礎にしてゐる。而してたゞ搾取関係に於てのみ、封建的内容を具へてゐる。それ故、農民の闘争が封建的小作料をブルジョア的に「合理化」することによつて満足するとすれば、それは必ずしも、政治的変革を必要とはしない。実現に於てはだが、農民の闘争は、更に一歩をすゝめて、貧農民は、地主の土地の没収を要求してゐる。現在貧農は、地主による土地取りあげに直面して真実に、ブルジョア的土地所有に対して如何に態度決すべきかを迫られてゐる。だが、地主のブルジョア的土地所有を否定し得るのは、すでに土地所有を否定された貧農のみであり、貧農は又、失はれた所有権を回復するのではなくて、所有権そのものゝ否定に、土地の国有に進み得るのだ。土地国有の政策はだが、中農層に対する政策を含む《ママ》でおり、問題は主としてこの点にあると云へる。だが中農は土地の国有によつて債権者の手から解放される事が出来る。したがつて問題は階級分化が発展し、そして、中農に、小地主や富農になりうる道が鎖されてゐること、道はたゞ一つだと云ふ事を意識せしめうる時が何時やつてくるかにかゝつてゐるが、当面する農業恐慌の深刻化はまさにさうした時がきた事をいみするのだ。

地主の土地売り逃げ、地主の自作化傾向の発展は自作農の没落が中止した事をいみするのではない。それは依然として、否より急激に行はれてゐる。だが、それは直接に、自作農の土地喪失、大地主の土地集中となつて現はれてゐるのではない。けだしその経済的没落が地主の土地集中をおさへてゐるからである。自作農の没落は、その債権者へのれいぞく、特に銀行へのれいぞくとして広汎に発展してゐるのだ。高利借や信用組合や銀行の抵当となつてゐない自作農の所有地は恐らく一片もないだらう。

大正六年には土地を担保とする負債は三億四千九百万円と計上され、大正八九年頃には急激に増加し、大

正十四年に十億六千八百万円にのぼつてゐる。(この土地には耕地以外のものが含まれ、又登記されたものだけである)

かくの如くして、明治初年以来絶えず漸増の傾向にあつた全体としての小作地の面積は、大正十一年以降、相対的にも又絶対的にも減少傾向を示す。小作地は大正十一年に、三百八十二万一千町(四十六%)であつたが、昭和二年迄に、四万九千町歩だけ減少し、田畑別にすれば田小作地は大正十一年に百五十七万九千町、昭和二年迄に一万七千町歩だけ増加してゐる。畑小作地は大正十一年に百二十五万一千町であつて、昭和二年迄に六万六千町の減少である。小作地総面積の減少は、畑小作地の著るしい減少のためで、田小作地の増加は多少それを相殺してゐる。併し、相対的に見ると、田の自作地は増加してゐるので田小作地は相対的に減少し、畑自作地は著るしく減少してゐて、畑小作地は相対的には、ほとんで《ママ》変化がない。

但し、政府の耕地統計の著るしいあやまりが、昨年九月一日の耕地調査の結果として明らかになつた。耕地調査の結果を昭和二年の統計と比較して見ると(単位町) **※表13――引用者注**

昭和二年度と四年度との間には可成著るしい柑違《ママ》がある。それは二ヶ年間に起つた変化を示すだけでなく、統計上の錯誤を示すらしい。特にその錯誤自身興味あるものだ。即ち、従来田小作地(地主の所有地)は今まで実際よりも少なく計上され、田自作地や畑地は大体正確にかあるひは実際より多く見つもられてゐた。若しさうだとすれば大地主が、租税をまぬかれるために、(田小作地は多く大地主のものだ)やつた事だと説明する外はない。

とは云へ、農林省統計の中に表はされてゐる小作地減少傾向は事実を反映してゐる。

新しい数字ではないが、小作地返還面積に関して二つの統計がある。大正十二年六月から十三年五月末に至る一年間に、六千七百七十七町の小作地が返還された。大正十四年の六月から十五年の五月末に至る一年間には、一万二千町歩に増加してゐる。昭和二年春、昭和四年春等には、もつといちゞるしい小作地が返還されてゐるにちがひない。大正十四――十五年のものにつひて見るに、所有権の異動に基いて返還されたものが四十六%、小作争議に原因したものが三%である。又返還された耕地の中、二十五%は返還を求めた所有者によつて自作され、二十九%は他の小作人に小作させ、二十四%は再び以前の小作人に耕させ、返還して地目を更へたものは七%であつた。

六、小作争議の最近の特徴について

農業恐慌の最も偉大なる結果の他一つは、それが農民の大衆運動を誘発した点にある。大戦後、農村に起つた一切の大衆運動は、農業恐慌の基礎の上に立つてゐる。最初には小作料減免が、（大正八九年頃）次にそれが政治的要求（法律のてつぱい）を伴ひ、（大正十四年頃から）金融恐慌以後は、独占価格や租税等に対する要求が含まれる様になつた。

小作争議の生長とその特徴。初期の小作争議は、戦時に於ける米価のいちゞるしい騰貴にさいし地主が懐にした莫大な利益に対して、当時生活費の膨張に苦しんでゐた小作農民がなした分け前の要求をいみしてゐた。当時の要求は、かつて地主が小作料吊あげのために利用した各種の増徴、即ち込米（口米、余米、）の撤廃、産米検査を契機に設けられた奨励米の増額等から小作料の三割値下げの要求に及ぶ端初的な軽度な

＊表13

		昭和四年耕地調査	昭和二年農林統計
田	自作地	一、四三〇、二三四	一、五三五、二六二
	小作地	一、七六一、八八一	一、五九六、二三七
畑	自作地	一、六三一、八九五	一、七六二、八四九
	小作地	一、〇七四、〇八二	一、一八五、八〇六
総面積		五、八九八、〇九三	六、〇八〇、一五五

要求を、地域的に集合した多数の農民が結束して戦つたのである。闘争手段につひても、都市に於ける大工業の発展が貧農を吸収し、農村は労働力の不足をきたし、小作地を離れても生活を維持する事が困難ではなかつたと云ふ理由で、小作人の側からする小作地の返還、あるひは不耕作同盟が、有効な戦術たる事が出きた。然しまもなく、情勢が異つてきた。即ち、大正九年に、工業の恐慌の結果として起つた最初の大きな米価低落があり、農民は「ハサミ」に襲はれそれは小作争議に対する大なる刺戟となつた。争議件数は大正六年には八十六件であつたが、九年には四百九件、十年には千六百八十件と云ふ風に急激に増加して行つた。大正十一年には日本農民組合が、兵庫県の農民を中心として作られた。

小作争議が小作関係の深刻な地方と云ふよりはむしろ、農民経済商品化の進んだ地方から始まつた事は注目にあたひする。それは農業恐慌によつて誘発されたと云ふ事を立証する事実である。農民組合は濃尾平野、瀬戸内海沿岸地方に於て、一村百人二百人とその組合員を獲得しつつ急激に拡大した。この時代、大正七・八年から十三年頃迄は、争議は殆んど連戦連勝と云つてもよかつた。併しやがて、地主からの逆襲の時代が始まる。

法律的権利の主張に基く地主の逆襲は大正十四五年頃から著るしくなつた。大阪府の山田村、岡山県の藤田村、香川県の伏石金蔵寺、新潟県の木崎村等々に起つた大争議は、小作争議の右の転換を、即ち、減免闘争に進出してきた農民が、地主の逆襲に打ち当つたその時代の争議の特徴を示してゐる。小作争議の法廷化、立入禁止、立毛差押の執行と暴力行為取締法違反とが、この攻勢の核心をなしてゐる。闘争手段としての小作人の側からの土地返還、不耕作同盟は、都市への出稼が困難となり、小作地をうるための競争が農民の間に生ずる様になつてからは、土地返還は反対に地主の利用する所の戦術となつてきた。それに代つて小作米の不納同盟、大衆的バクロと示威とが正しい戦術となつてきた。弁護士による法廷戦で、はじめ地主による争議の法廷への持ち出しに対して引き延ばす事を唯一の戦術としたが、法廷に於ける弁護士の任務は地主に対するバクロ闘争であり、それは、法廷外の大衆行動に従属されねばならぬ事が要求された。政府は地主を不利に陥れてゐた法廷戦に於ける不合理をのぞくために、昭和四年末から新民事訴訟法を実施し、又争議調停を積極的に利用する様になつてきた。

統計によれば小作争議に関する民事訴訟は大正十二年に千六百九十六件、十三年に千九百八十四件、大正十四年に二千三百二十九件、昭和元年には四千百八十四件、昭和二年には四千八百四十九件、昭和二年迄訴訟件数は激増してゐるが、同年以降減少してきた。昭和三年には二千四百八十八件、四年は九月迄で二千四百七十三件。これは一方に於て小作争議調停の増加の、他方に於ては、地主は訴訟によつて必ずしも常に有利な結果を獲得しえなくなつたからである。

民事訴訟に伴はれる立入禁止は、昭和二年を最高としてゐる。大正十二年には一件、十三年には十九件、十四年には百四十件、昭和元年には百三十一件、昭和二年には二百九件、同年以降は減少の傾向をたどり、三年には百四十件、四年には九月迄で六十一件となつた。

立入禁止に対して、「耕作権確立」の叫びがあげられ、大正十五年には日本農民組合で立禁反対の全国的が《ママ》デモ戦はれ、各地に耕作権確立同盟が組織された。昭和二年春には、金融恐慌の波動によつて、嵐の様な立禁が農村の小作争議繋争地帯を襲つた。それに対する闘争は、同年七月の全国農民代表者会議に迄発展してきた。

昭和二年の金恐慌は戦後農村の慢性的な恐慌を急激なそれにかへた。金恐慌後農民の窮乏はひどくなつた、《ママ》特徴的な事は金恐慌以後の闘争に進出した農民の要求が、単に小作料の減免要求だけでなく、益々多様化してきた事である。養蚕家救済、電灯料値下げ、租税引き下げ等々。とは云へ、小作争議は依然として農民闘争の中心点に立つてゐた。

地主の攻勢は深刻な窮乏に根ざす農民の闘争力によつて更に迎へ打たれた。農民は大衆行動をもつて、立入禁止、立毛動産差押、差押物件の競買と戦つた。昭和二年の秋以降小作争議に於ける特に、立入禁止にさいして執達吏、官憲・暴力団に対する暴力的闘争が敢行されてゐる。昭和二年秋の岐阜県一色村山添村の大衆動員、三年春行はれた、宮城県豊里村、鳥取県箕蚊屋事件、四年春の千葉県土睦村、四年暮の秋田県前田村争議等はいづれも地主の逆襲に対する農民の攻勢的態度を示す闘争であつた。

最近、昭和三年以降の小作争議の注目すべき特徴は、吾々がすでに見た如く、地主の土地取りあげが増大し、それにもとづく小作争議が増大した事で、小作争議は益々貧農的なものとなつてきた事である。

小作地取りあげに原因する争議は、昭和元年に於て三百十六件、二年に四百三十二件、三年に四百六十件、四年に六百十四件――著るしい増大である。今後更に増加するだらう。

地主の土地取あげは、すでにのべた様に、小作料と地価の低落によつて地主の土地転売、自作化が増大してゐるためであるが、それは、貧しい農民に対して向けられ、したがつて農民の深刻な反抗をよびおこした。土地取あげは、繋争地帯に於て、組合員に対して行はれてゐる許りでなく、未組織農民の間にも行はれてゐる。

小作争議統計に於ては、一争議当の関係耕地人員の規模が年々縮小してゐる。即ち、大正十二年には一争議当の平均の耕地面積四十六町三反、地主十七人三分、小作人六十九人二分であつた。昭和二年には関係耕地二十八町八反、地主十一人八分、小作人四十四人五分となり、三年には、二十五町八反、地主十人四分、小作人四十人、四年には十五町四反、地主六人三分、小作人二十五人一分である。これは明らかに、従来は小作争議の要求が初期に於て、特定の地方の慣習、ないしは気候の条件に基く不作引等の要求が多かつたので、その地域の小作農民が一致して多数の地主にあたると云ふ事が多かつた。所で、闘争が激化してきた最近に於て最も貧しい農民の生活に原因した争議、即ち小作料滞納や、土地返還にもとづく争議が多くなつてきた。土地返還は常に小作料の納入の出きない貧農に向けられてゐる。かうした争議は特定の地域の全ての小作農民を把握する事は出来ない。いきほひ争議の規模は小ひさくなる。勿論小作争議は、北陸・東北に於て次々と新しい地方を把握しており、その地方では、多数の農民が参加する所の端初的要求が戦はれてゐる。然し、全体的に見て、小作争議の要求はます〳〵貧農的なものが多くなつてきてゐる。端初的な不作引は争議に迄発展せずに解決することが多い。特にそれが、各層を代表した多数の農民を包含する場合には。右の如き小作農民の間の分化過程は、農民組合の組合員数の減少の事実の中にもあらはれてゐる。大正十三・四年頃農民組合は、各支部共百人・二百人と云ふ組合員を擁してゐたが、最近に於て農民組合各支部の成員は減少し、自作兼小作農、小作農に於ける中農的要素は戦線から脱落しつつある。これ等中農的要素は農民組合の展開する物価問題、税金問題の闘争に動員されつつあるとは云へ又、多くの農民層を代表する多数の組合員を包含してゐる右翼組合は非活動的になつてゐる。

小作争議は貧農のものとなつてゐるのだ。闘争する小作農民の気分につひて、全国農民組合の運動方針は、次の様に言ふ。「我々が小作料減免を要求するのは、小作料を合理化するためではない。それは我々が食へないからである」と。

闘争に於ける両階級の力関係は不均衡的である。香川・其の他四国の諸県に於ては、農民組合が破壊され地主は小作料値上げ、土地取あげを全く意のまゝに行つてゐる。（我々がすでに引用した徳島県小作官の言葉を見よ）然るに、他の地方に於て小作農民の結束した力に依つて、毎年一粒の小作料をも納入しない。そして、小作米請求訴訟・立入禁止、動産差押は、法廷への、デモ、テロ、共同刈取、共同耕作等の組合の組織とする「大衆動員」で撃退し、又土地の不買同盟、取りあげた土地の耕作の妨害等によつて、売り逃げや取りあげが不可能にされてゐる。そして土地は現実に農民のものとなつてゐるかの観を呈する所がある（新潟県、中蒲原・南蒲原のある地域）

だが、それがいづれの場合であるにしろ、小作争議は新しい段階へ入り込んでゐる。即ち、農業恐慌の最近の深刻化に伴つて、小作農民の闘争は新しい段階に入りこんでゐるのである。

小作農民の凡てを含んだ減免闘争から貧農を中心とする土地所有権に対する闘争の新しい段階への発展。

日本農村の最近の状態

【出典】『産業労働時報』第一四号（一九三〇年九月三十日発行）

日本工業を襲ひつゝある恐慌は、農業恐慌を更に深刻化せしめ、それは又、農民の生活を極度の窮乏に陥しいれた。小作争議の暴動化、農会の廃止、小学校教員の減俸、租税の滞納、負債の増加等々は、この窮乏化の事実を物語るものである。

農村の状態を明らかにせんがために茲では、一九二九年末を含んだ最近の農村経済の諸要因について述べる。

一、昨年の不作と米価の低落

昭和四年度に於ける米実収高は、五千九百七十二万五千石で、昭和三年度に比し五十七万七千石、前五ヶ年平均収穫高に比すれば七十五万一千石の減収であつた。米価はそのため一時騰貴した。即ち、深川正米市場一石平均相場、八月、廿八円廿五銭であつたものが十月には三十円九十四千に騰貴した。だが、それも束の間、十一月、廿九円七十銭、十二月には廿七円八十銭に低落し、更に今年一月には廿六円九十銭に暴落した。これを前五ヶ年の平均相場三十五円三十八銭に比較すれば、実に八円四十八銭の低落である。取引所価格と農村価格との開きは、普通一五パーセント乃至二〇パーセントである。これは仲買人、運賃、倉敷料等の中間搾取の量に相当する。かくして農民の手に渡る金額が如何に僅少であるかは、今更、説明を要しない。昭和二年度米一石の生産費は、帝国農会の調査によれば、自作農廿七円四十二銭、小作農は廿八円二十三銭である。

昭和二年度生産費は、同年の豊作による収穫の増加、地価、賃銀の低下等によるものである。（尚、農会調査は、比較的優良なる農家の生産費を基調とするものなることに注意せよ！）

単にこの点よりするも、中小地主の経済的没落、農民のより一層の窮乏化を窺ふことが出来るであらう。

二、糸価の低落と女工の失業

アメリカ恐慌に伴ふ生糸消費量の減退、国内に於ける過剰生産の直接の反映として、糸価は昨年十一月以来、急激に下落した。即ち標準平均相場《ママ》（百斤）十月に千二百八十八円たりしもの、十一月に千二百二十一円、十二月に千百六十九円、五年一月に千百七十四円、そして三月には最低千百二十円に低落した。この結果は、製糸業の欠損、無配当、操業短縮、休業、破綻、銀行の貸倒れとなつてあらはれ、彼等は政府の救済を要求し、遂に三月八日糸価補償法を発動した。だが多数の製糸女工は彼等製糸業者の欠損、借金及び増大する金利を転嫁されて、賃銀の値下げ、不払ひ、解雇にあひ、これ等女工の出稼収入によつて家計の不足を補つてゐた貧農は年末の支払ひも出来ない様にされた。

社会局の発表によれば、全国の機械製糸工場のうち、十釜以上を持つもの丶従業員は、三十四万九千人（その八割以上は女工）である。だが、十釜未満の小工場こそ日本製糸業中に圧倒的多数を占むるものであつて、その数昭和三年末現在、実に七万六千九十、従業女工数九万四千余である。そして、之等の尨大なる女工は、新潟、長野、群馬、富山、山梨その他近県の農村及び、都市からの出稼である。然もその年齢は、十三才乃至十七八才、最も多数を占むるものが十五才の少女なのだ。一日十二時間以上も働いて、その賃銀僅かに二、三十銭乃至六、七十銭、多いもので一円、一ヶ月の収入十円乃至二十円に過ぎない。しかも彼女らには前借があるのだ。

不況の影響は、云ふ迄もなく、中小工場の没落となつてあらはれ、従業員は、賃銀の不払ひと共に解雇される。大工場に於ては合理化としてあらはれ、食費の低下（その結果は営養不良に陥る）、賃銀の値下げ、操短、解雇となる。かくして尨大なる女工の失業、及び賃銀不払ひは、直接に彼らの生活を破綻せしむると共に、農民、特に貧農の疲弊を促進せしめてゐる。

然して、補償法の適用にも関らず最近の糸価の激落（五月千百円、六月七百九十五円、更に、七月に至り六百七十円となり、明治廿九年以来曾つて見ざる惨憺たる低落を示した）は、この過程を益々深刻化せしめてゐるのだ。

三、失業者の帰村

現在、日本に於ける失業者数は、百五十万と云はれてゐる。日本産業は、戦後の打続く不況のため、年々尨大な産業予備軍を累積して来たが、最近の世界恐慌に伴ふ諸産業特に生糸、紡績、絹紡等々の繊維産業の破綻は、直接に、労働者の大衆的解雇となつてあらはれ、急激に失業者が増加した。ブルジョア並びにその政府は、今や、全く失業解決の力を持たない。彼等はたゞ帰農を奨励し、ブルジョア的諸法令を作ることによつて、自己の困難を労働者農民に転嫁してゐる。では、失業者の帰村は如何に表はれてゐるか。

例を製糸、紡績にとつて見やう。社会局の調査によれば昨年末、十釜以上を持つ製糸工場従業員三十四万九千、その他、昭和三年末現在、十釜以下の製糸工場女工九万四千紡績職工は、同じく昨年末廿五万であらう。これらの従業員の八割は恐らく貧農出身の女工である。彼等が貧農の家計に於て、如何に重要なる地位を占むるかは、例へば、新潟県に於て、出稼女工三万五千人の故郷にもたらす賃銀七百余万円に上るを見ても明瞭であらう。然るに、昨年十二月以来の二割乃至五割の操短は、大衆的失業を生み、手当もなく賃銀も払はれずに帰村した。類似の関係は、その他の産業に於ても起つてゐる。即ち送金の代りに病弱な失業者が農村に現れたのだ。更に、農業に於ける資本主義化の発展は、窮乏化を促進し、その大部分をプロレタリア化せしむることによつて、農村自身の尨大なる失業群を生成してゐる。農村人口の都市への集中、及び五十五万を超ゆる農村よりの出稼人（昭和三年度社会局調査）の増加等々はこれを物語るものである。だが、今や都市に於ける失業者の増大、出稼人の失業、帰村等々は、貧農の収入を激減せしむると共に、その負担を益々加重せしめ、飢餓は目前に迫つてゐる。それは農民、特に貧農の大衆的破壊を促進してゐるのだ。

失業者の増大は、貧農の間に小作地に対する競争を大ならしめる。（五、を見よ）

他方に於て、従来出稼人の多かつた山間地方の農村に於て、都市からの帰村者達が、後れた半封建的な意識を打ち砕くだらう。

四、小作争議の激化

農林省発表昭和四年度小作争議調査によれば、総件数二千二百九十三（昨年同期より五四九件増加）、関係地主一万八千二百九十人、小作人七万七千三百六十五人、関係耕地面積五万三千九十一町歩。これを一争議当りについて見れば（括弧内は三年度）地主七人九分（十人四分）、小作人三十三人七分（四十人）、耕地面積二十二町八反（二十五町八反）、即ちその規模、昭和三年度より著るしく縮小せるを見る。更に之を要求別に見れば、小作料の減免に関するもの六割四分、土地返還に関するもの二割八分、その他八分である。又、争議の結末を見るに（括弧内は昭和三年度）解決六割六分（七割二分）の中、妥協六割（六割七分）、要求貫徹四分（三分）、要求撤回二分（一分五厘）であつて未解決は三割五分（二割七分）である。妥協による解決の激減未解決の激増、すべてこれらの統計は、生活の窮乏化、争議の発展、激化、暴動の頻発を最もよく物語るものであらう。

更に、農林省発表、本年六月迄の小作争議は次の如くである。即ち件数千百七十九（昨年同期より一六五件増加）、関係人員、地主五千五百十六人（昨年より一八〇七人減）、小作人二万一千八百三十二人（昨年より三九九六人減）、関係耕地面積は一万三千六十三町歩で、昨年より三千四百五十町歩の減少にも拘らず、畑地面積の増加（昨年より三十二町歩増）は、土地返還争議の激増（全体の五割四分を占む。昨年は三割四分）と共に、最近の農村の不況を物語るものとして注目に値する。

更に小作争議の調停裁判について見れば争議単位調停申立数（括弧内は同年度争議件数）、昭和元年九五四（二、七五一）、二年一、五五一（二、〇五二）、三年一、六八五（一、八六六）、四年一、五七八（二、二九三）である。即ち、年々激増の傾向を示してゐた申立件数は、昭和三年を頂点として、四年度は、特に、小作争議件数の激増にも関らず、反対に申立数は激減を示してゐる。これこそ、法廷闘争の無力を痛感せる農民の、大衆闘争への進展の、偉大なる自覚を示すものであらう。

五、地価暴落と土地返還の増加

農産物価格の激落、小作料滞納の増加と、小作争議の激化とは、共に、地価暴落の直接の原因となり、地主の経済的根底を動揺せしめてゐる。

日本勧業銀行の調査によれば、本年三月現在田畑売買価格は次の如くである。田一反当り価格、上六五三円、普通四八九円、下三三三円、前年同期に比し六分五厘の低落であり、畑一反当り価格は、上四三七円、普通三〇〇円、下一八二円、前年に比し六分の低落である。之を、価格の最も騰貴せる大正八年に比すれば、田（普通七〇六円）において三割強、畑（普通四一八円）二割八分強の激落である。更に地方別に見れば、普通田価格は、近畿区の六一〇円を最高とし、東北区三七五円、北海道一一七円、沖縄の七九円を最低とし、同じく畑は東海区の四五八円を最高とし、東北区一九五円、北海道の四九円を最低とする。だがこれは平均の数字に過ぎぬ。実際には更に激しい低落があるのだ。特に小作争議の激烈なる地方に於て顕著である。例へば、秋田平鹿郡吉田村に於ては上田反当り二二〇円、同郡金澤町では、普通田一反一八〇円で取引されてゐる。即ち、以前六、七百円にまで騰貴したるに比すれば全くの捨値である。その低落にも関らず買手が殆んどない。かくして地主の経済的没落はより一層速進されたのだ。

地主の経済的没落に伴つて土地返還反対の争議が増加してゐる。没落した地主の土地の投げうり、小作人への強制的売り付け、土地会社、銀行、信託会社の強制的取立て、土地取あげ、小地主（自作兼地主）の自作のための土地取あげ、新に土地を買ひ入れた新地主の土地取あげ等が各地に起つてゐる（前々号「農業恐慌と土地所有関係」を見よ）。

帰村失業者が増大して小作地に対する競争が激しくなつた事も、土地返還争議を増加させた原因の一つだ。地主はこの事情を利用して小作料を吊りあげ、又よりひどい搾取に満足する小作人に貸すために、貧農や組合員から土地を取あげる。

大正十三年一分六厘に過ぎざりしもの、昭和元年一割二分、二年二割一分、三年二割五分、四年二割八分、そして本年は六月迄に（農林省調査）六三一件総件数の五割四分（昨年同期三割四分）に激増した。それは又、農民の極度の窮乏に基くものであつて農民は土地を死守してゐる。そして各地に暴動が起つた。今春に於ける新潟の王番田、坂井、大蒲原、山梨の奥野田、秋田の下井河、山形の長崎等々の暴動を見よ。しかも、それは僅か数反の土地を中心として数百人の大衆動員が行はれてゐるのだ。

六、春繭の激落

本年の春蚕は、掃立農家戸数二百三十万戸、総掃立予想枚数八百三十二万五千、昨年春より二十二万八千枚（二分八厘）の増加を示し、総収繭高は五千二百七十万貫（昨年春より四分二厘増加）と云はれてゐる。

養蚕業は農村の不況に伴ひ現金収入の唯一の道として最近急激に発展した。そして、長野、群馬の如く農民が殆んど養蚕によつて生計を立つる地方は勿論、その他の地方にあつても現金支払の大部分、即ち租税、小作料、教育費、肥料代、借金及びその利子の支払、その他の衣食費等々は、この養蚕収入に依つて支払はれ、今や、農村に於て離すべからざる重要な産業となつてゐる。

然るに、糸価の未曾有の暴落に伴ひ、本年の春繭価格も亦、空前の激落振りを示した。即ち、中心地長野県に於ける価格を示せば、白繭一貫目最高三円五十銭、最低一円八十銭平均二円七十銭。更に、最近五ヶ年間の最高価格（一貫目）を示せば、大正十四年十一円、十五年九円六十銭、昭和二年六円七十銭、三年六円六十五銭、四年七円十銭乃至八円三十銭、然して本年は三円五十銭である。だが之は中心地に於ける相場である。その他の地方及び山間の農村にては、一貫目一円といふ全く惨憺たる価格を以て取引されたのだ。このことは、現在取引されつゝある初秋繭価格（一貫目八十銭）を見ても全く明瞭である。蚕糸中央会の調査によれば、本年春繭の一貫当り生産費は、桑代二円七十九銭、蚕種代二十四銭、労銀一円六十二銭、補温費二十四銭、その他七十銭、合計五円五十九銭で、養蚕農民は桑代さへも回収してゐないのだ。しかも、農民は昨年末から今年春にかけて仕入れた高い肥料代、租税等々の支払ひは出来ない。それは全部借金として農民の頭上にのしかゝつてゐる。

七、野菜類及び鶏卵の激落

一九三〇年春以来、一般農産物と共に野菜類の激落は特に顕著である。野菜及び果実類の産額は、不況のために従来の米作本位の単式経営から、複式経営に移ることを余儀なくされたことと、経営方法の発展及びその奨励の結果、近年急激に増加してゐる。だが価格は又、その増産と不況との故に未曾有の暴落を示した。

神戸地方に於いては、玉葱十貫の価格八十銭。又、石川県農会の調査によれば、金澤地方に於ける野菜の値段、昨年七月と本年七月とを比較すれば（括弧の中は昨年の値段）葱一貫三十銭（五十五銭）、馬鈴薯一貫十一銭(二十二銭)、キャベツ一貫五銭(二十銭)、胡瓜百本五十銭(一円六七十銭)、トマト一貫七八十銭(一円二三十銭)、西瓜一貫八十銭(一円六七十銭)。即ち五割乃至七割の激落である。更にこれを神田、江東等の青果市場について見るも同様、三割乃至五六割の激落である。由来東京を始め大都市を巡る近県の農村、地方の小都市附近の農村は多く蔬菜地であつて富農、中農の部分が之に従事するもの多く、従つて野菜類の暴落はこれ等の層の没落、プロレタリア化を促進しつつある。

又、鶏卵は例へば三河地方において、一貫目昨年九月の価格三円二十銭、本年三月には一円三十銭、四月一円五十銭。同じく長野県地方においては一円乃至一円二三十銭。即ち五割乃至六割の下落である。「養鶏家」は一般に飼料高にも拘らず、鶏卵安といふ矛盾に陥つてゐる。同じ窮乏化《ママ》漁村についても云へる。昨年に比し三割以上の魚類価格の下落と、最近急激に発達せる機械漁業法の使用とは、三十五万の小漁船を約三万の機械漁船にて漁場より駆逐し、共に全国に散在する三百万の小漁民を没落に頻せしめてゐるからだ。

八、農村の夏枯れと米価の暴騰

五月十日、政府は五月一日現在内地に於ける残米高を発表した。それによれば、沖縄を除き総数量三千百八十七万一千石、昨年同期に比し百三十五万五千石の減少で、これを農民の持米について見れば、昨年より七十九万四千石の減少である。更に、七月一日現在では内地在米高二千百八十万石、その中、農民の持米は昨年より七十六万石減少し全国農家戸数五百五十六万戸の一戸当り三石。しかしこれは、地主及び富農の持米が多いので百九十四万戸の貧農、及び百八十九万戸の小農の大部分は、殆んど飯米を持たない。米の生産者が米を食へない。本年上半期に於ける消費量の減少(本年上半期の米消費量一人当り六斗三升一合、前年同期に比し一升二合の減少で、過去五ヶ年を通じて見るも又最も少ない)、及び欠食児童数の増大等々はこの間の事情を物語る。例へば、茨城県稲敷郡地方の某小学校では全校児童三百五十名中一割以上が弁当を持参し得ず、中には一日一食と云ふ悲惨なものさへあり、又、山形地方にては各小学校に八十名乃至百二、三十名の欠食児童がある。同じことは、長野、群馬、岡山、和歌山等全国について見られる。小百姓は米を買はねばならぬ。だが米価は端境期を控へ、残存米の減少、台風の襲来、且つ政府の地主擁護のための米価の維持策等により急激に暴騰した。即ち、六月十一日廿六円九十銭、七月に廿八円台、八月五日三十円九十銭に昇つた。併し、この値あがりはやがて急激な下落に代るだらう。農業を含めての資本主義の恐慌に伴つて、米価は一方的に下落するのでなく、出来秋の下落と夏期の昇騰との開きが、農民の庭先相場と小売相場との開きが一層増大してゆく様になるだらう。蓋し、窮乏に伴つて農民は売り出しを急ぎ、他方一時市場に出た多量の米を手にした米の投機商は米価の吊上げを計るからである。（本誌昨年八月号で取扱かつた米価問題はこの点を見逃して、米価の一方的下落を主張したのは誤であつた）。

本年八月、盆勘定に窮した農民は青田の売買を行つた。新潟県西蒲原郡では数千町歩にわたつて青田売買がなされた。昭和五年度産米の豊作がつたへられ、深川期米相場は急激に下落しつつある。

麦の収穫予想（農林省六月廿四日発表）は、昨年より二分六厘、前五ヶ年平均より五分九厘の減少にも拘らず、麦価は暴落の状態にあり、茨城県地方では、大麦一俵三円五十銭、小麦五円といふ大正三年以来の極安相場であり、長野地方においても、大麦一駄（一石）六円、小麦十円といふ廿年来の大暴落である。加ふるに、初秋蚕は政府の欺瞞策によつて全国的に二三割の掃立制限をなせるにも拘らず長野、濱松、その他における繭取引は、一貫目最高一円七八十銭より二円二三十銭、最低八十銭より一円二三十銭といふ有様である。食ふに米なく、買ふに金なし。かくて貧農は飢える。

九、農村の負債と町村財政の破綻

「農村」の負債は五十億円以上に上るといはれてゐる。長野県農会の調査によれば、同県に於ける農家一戸当り負債は八六八円に達してゐる。しかも、負債総額一億七千六百五十六万四千円の中、七千百三十九万八千円が頼母子の未償還金額であるといふことは、この厖大なる借金が産業資金としてよりも、むしろ、小農民の生計費として充用されてゐることを示すものであらう。農産物価格の激落、それに伴ふ収入の減少はこの負債を更に増加せしむるものだ。例へば長野県にては繭価の暴落による春夏秋蚕の損失は四千七八百万円に達し、その他の農作物下落による収入減を加ふる時は、農家一戸当り平均三百五十円乃至四百円に達する。この額は恰も租税、教育費、肥料代、日用品、雑貨等の購入費に相当し、その結果は租税の滞納、農会費の不払ひ、小学校教員の減俸、町村財政の破綻となつて表はれた。租税の滞納は激増した。熊本税務監督局管内に於ける本年度第一期末国税滞納額は二百三十一万三千円、昨年同期より九十五万五千円の激増である。又、一府県平均滞納額は、府県税三四十万円、市町村税二百万円と云はれてゐるブルジョア、地主の御用機関たる帝国農会、（道府県農会本年度総予算三百八十八万円）の廃止が全国的に叫ばれ、町村農会（昭和三年度農会数一一、四七五）解散の決議及び申請ば既に続々として各地に行はれてゐる。又、小学校教員の減俸及びその閉鎖は、更に大なる規模に於て全国的に叫は《ママ》れてゐる（教育費は町村費の約六割を占めてゐる）。長野県北佐久郡、小県郡、埼玉県比企郡等の町村に於ては、二割乃至五割の減俸が決議され、応ぜざる時は児童の盟休、小学校の閉鎖を以て対抗し、又、宮城県刈田郡の某村に於ては、村税軽減のために三ヶ年間の休校が村民大会によつて議された。即ち、農村経済の破綻と共に、町村財政の破綻は拡大され町村吏員の総辞職は全国各地に行はれてゐる。

十、政府の農村政策

かくの如き、全面的不況、極度の窮乏化、それに伴ふ農民の反抗の増大に脅えたブルジョア、地主共は会議を開き「農村政策」について協議してゐる。救済資金の融通、自給自足経済の奨励、農業生産の合理化、等々。だが、救済資金は産業資金である。然るに農民特に小農、貧農の欲するものは、先づ何よりも生計資金である。かくて、この資金の融通は少数の富農を利するとは云へ、何等農民の多数を救済しうるものでない。

かくて、今や彼等はひたすらに、農民に対して云ふ。「この際、世界的不況の故を明らかにし、極力、自給自足主義の経済を奨励し、臥薪嘗胆を望む」と。そしてこれこそ彼等が農民をギマンする事さへ出来ない事をばくろしたのだ。今日の農村の窮乏は明らかに農業の資本主義化に伴ふ自給自足経済の根柢的崩壊、ならびに農業恐慌より来てゐる。農民生活の改善は資本主義の顛覆を条件としてゐる。然かも、かゝる関係の切迫こそ支配階級が農民に封建的経済への後退を強要することの本質なのだ。

他面に於てブルヂヨアジー並びにその代弁者たちは「農業の合理化」を説いてゐる。品種の改良、耕作方法の改善、機械の応用等による技術的改良、農業経営の改善、生産の多様化、生産及び購買販売の統制等々。これは、全面的に襲ひつゝある農業恐慌に順応したる唯一の道である。だがそれは同時に、広汎な農民大衆をれいらくさせ、プロレタリア化する道であるのだ、そしてこのことは。直接に彼等が反動の、ブルジョア支配の最も強き支柱を失ふことを意味するし、農民の大衆が、プロレタリアートの宣伝と煽動に耳を傾ける様になる事を意味する。それ故にこそ政府はかゝる政策の遂行を躊躇する。だが農業のかゝる方向への進行は客観的に不可避であるのだ。農業政策のかゝる方向の政治的意義に恐慌を感ずる政府は曰く、「農民よ堪え忍べ、自給自足をはかれ！」と。

十一、農民の不平の増大と農民運動

本年三月下旬、ベルリンに於て開かれた第一回全ヨーロッパ農民大会は、第一に、現在の農業恐慌について規定し「現在の農業恐慌の本質は、現代の資本主義的生産の根本的諸矛盾にその基礎をおき」それは亦「小中農民の経営に対して破壊的に作用し、そして現在広汎な農民大衆の注意を惹いてゐる」と正当に評価した。

それは広汎な大衆をプロレタリア化し革命化せしめてゐるのだ。特に注目すべきは、従来小作争議を通じて農民運動に動員された水田地方の米作農民のみならず、特に意識の後れた山間の農民や、養蚕、野菜作その他に従事して従来農民闘争への関心の薄かつた畑作地帯の中小農が、闘争せんとしてゐることである。山村及び漁村に於ける状態は実に深刻である。殆んど米を作らざる山間、漁村の農民は、薪炭、木材、魚類等の販売に従事する。然も、これらの価格の激落、並びに需要の減退によつて彼等は失業し飢餓に瀕してゐる。秋田、山形、長野、和歌山等々の山村並びに茨城、高知等々の漁村の状態を見よ。

だが、注意しなければならないことは、ヨーロッパ農民大会の決定が教へる様に、恐慌の打撃は同様に強大であるとしても、その影響は各階級及び層によつて異なると云ふことだ。不平不満の声は、地主から貧農及び農業プロレタリアに至る迄上つてゐる。だが、その本質は根本的に違ふのだ。地主及び富農はただ収入の減少に不満を持つ。そして彼等は出来るだげ《ママ》小農民の搾取を強化しやうとする。だが小農及び貧農にとつては、それは直接に彼等の破滅を、餓死を意味するのだ。彼等にとつては生きることが問題なのであり、地主の搾取、攻勢に対して徹底的に戦はねばならぬ。即ち、農業恐慌は農村に於ける階級の分化、広汎なる大衆のプロレタリア化を速進せしめる。かくて全国の農民大衆が革命化しつゝあるのだ。

農業恐慌の発展は又農民運動の上に反映してゐる。土地返還争議を中心とする小作争議の激化、暴動化に伴つて小作争議に於ける貧農層の進出、富農的要素の動揺が明確となり、而かも、小作農民以外の広汎な農民の間に不平と反抗とがみなぎつてゐる。貧農失業者の官庁へのおしかけ、陳情、村民大会、が各地に行はれてゐる。農業労働者の反抗もあらはれてゐる。特徴的事実は広汎な農民の闘争への進出と同時に、農民闘争の上にも階級分化が明らかになつてき、特に貧農がいちゞるしく闘争的になつてきた事だ。

昨年末以来特に著るしい社会民主主義者の農民の間への進出は大した成果をおさめなかつた。新労農党は全国農民組合を獲得せんとして、少数の日和見的幹部と農富《ママ》中農層をつかんだにすぎない。

本年二月の総選挙に際しても、「無産党」は農民の関心を集める事に成功しなかつた。農民組合運動の右翼的指導者の間には、左翼化せる農民大衆の進出に対して、その支配を維持すべく大同団結の必要が叫ばれた。

昨年十一月、山形県庄内耕作連盟と全農大衆党系山形県連との合同による山形県農の結成、五年一月新潟県下越、蒲原両農民組合の合同、今年春山梨に於ける平野系の組合と山梨農総の合同、更に、全農新潟県連によつて提案された労農党、大衆党の合同、農民を基礎とした多くの地方政党を結合した全国大衆党の結成(然かもこれ等の合同は結局農民ボスの縄張り協定にすぎない事だ)。

これと同時に、農民の左翼化を基礎として農民組合運動左翼化の努力があり、全農第三回大会はこの努力を表現した。それは貧農層の獲得を目標においてをり、農村青年の結成に主要な注意を向けてゐる。だが、農民大衆の不平反抗の著るしい増大に比すれば、農民組合運動の努力、その力はまだきはめて狭隘である。農民の自然発生的運動は各地に展開されており、今秋に至つて更に昨年末以上に激化するだらう。

十二、結び(秋の展望)

以上、我々は不完全ながら、農村の経済的政治的諸要因を観察して来た。農業恐慌の発展に伴ひ、農村の窮乏化は益々ひどくなり、それは、後れたる農民をすら従来の消極的、屈従的、孤立的態度をやめて、積極的に、大衆的攻勢に出でしめるであらう。農民は小作料は勿論、肥料代、租税、借金等々の支払能力は全く持たない。昨年より今春にかけての小作争議の暴動化は、秋に入つて益々激烈に展開されるだらう。五年度産米は豊作を予想されてゐるが、それは米価の未曾有の暴落を導く。更に従来の米作中心の争議のみならず、桑園、茶園果樹園、野菜畑等々を中心とした畑作争議が未曾有の全国的規模に於て展開されるであらう。即ち、全国小作地総面積二百八十三万六千町歩の中、畑小作地百七万四千町歩、その中、桑畑二十二万町歩、果樹畑二万町歩、茶畑六千町歩。すべて、これらの数字はこの見透しを裏書するものである。だが、このことは直接に地主の経済的基礎を危ふからしめるものだ。彼等は云ふ迄もなく国家権力を背後に最後の力を以て逆襲するであらう。そしてこの衝突は、到るところ自然発生的に暴動となつて表はれるであらう。かゝる時、この広汎な農村の大衆闘争を組織し指導することはプロレタリアートの任務である。若しもプロレタリアートがこの事をなさぬならば、小地主、富農が、ブルジヨアジーが、そして農会や社会民主主義がこの事をなし、プロレタリアートと農民との間の溝を深めるだらう。

米価暴落と農村

星野慎一（関矢留作筆名）

【出典】『プロレタリア科学』第二巻第一一号（一九三〇年十一月一日発行）

今春以来、失業者の帰村、繭価、蔬菜、果実の暴落によつて著るしい窮乏につき落されてきた農民は、今日、米の出廻期を控へて、昨年末より更に甚だしい米価暴落に直面する事となつた。

昨年末の暴落から端境期に向つて昇騰してきた米価は七月卅日、深川正米市場中米建値、石三十円八十銭となつた。東京の小売相場も一斉に高められ、都市のみならず、すでに飯米を食ひ盡して、繭や野菜の売上げによつて米を買はねばならぬ貧農は、小学児童の弁当にさへ困ると云ふ苦境におち入つた。

だが、その当時から、今秋は、農村一般の窮乏から、農民は米を売りいそぎ甚だしい値下りがあるだらうと予想されてゐた。

八月十一日には政府の持米五十万石の払下が発表され、又、八月十五日の水稲作況の発表は、昭和二年以上の豊作を予想した。九月十八日には第三次の官米二十五万石の払下げが行はれた。

これに伴つて、米価は急激に低落し、九月二十日の東京期米相場は、当限廿三日、中限、廿円六十銭、先限十九円八十二銭となり、これに伴つて正米市場も亦低落した。だが、九月三日の農林省第一回米作予想発表は米価の低落を更に一層おしすゝめた。

農林省の予想によれば内地に於ける米の作付反別は昨年度に比し二万九千余町歩を増して三百二十四万余町となり、収穫高は七百卅一万余石を増加して六千六百八十六万余石になつてゐる。更に、朝鮮総督府発表によれば、鮮米第一回収穫予想は前年に比し四割八分の増加であつて五百五十九万余石となる。

これによつて、全国の期米市場は恐ガクし、東京市場は十六円台に、地方市場はより以下に低落し、新潟市場では十三円八十三銭となり、全国の取引所は三日一斉に休会を行つた。期米相場のこの暴落は、大正六年、以来のものである。市場再会《ママ》と同時により以下への低落が予想され、深川正米取引員木村某は、「新米出盛期には石十円乃至十一円を目標とする時代は空想ではない」と云つてゐる。

右の如き米穀市場の動きを外にしても、失業と労働者大衆の生活条件の悪化に伴つて、米に対する消費能力を相対的に減少せしめ、他面、北海道並びに植民地に於ける水田の増加、繭価、畑作物の不況に面して、水田作付面積拡大と水田の集約化への農民努力は、米の生産高を増大せしめてゐる。以上の二つの事に加ふるに、不況からくる農民の売り急ぎはいきほひ、出盛期に於ける米価の暴落をもたらさずにはゐない。

米価の暴落は、繭価の暴落と共に、日本に於ける農業恐慌の主要な要求である。それは、中農小農の経営を破産させ、借金奴隷の地位におひ込むだらう。それは又、小作農民と地主の地位とを同時に悪化せしむることによつて、小作争議をより激化せしむるであらうも、全体的に見て本年は昨年より以上の、そして未曾有の豊作であるかも知れない。地主階級、政府、ブルジョア新聞は一斉に豊年萬作を讃へてゐるが、だが、農民はすでに小作料減免の根拠を作の豊凶に求めてはゐない。生活の窮乏を根拠として深刻な減免要求を戦ふだらう。

全国農民組合は、指令第十五号秋季闘争方針書に於て、次の様なスローガンを掲げた。

不景気だ、小作料免ろ！

豊作物安による損害は地主と政府が負担せよ！　借金の棒引き！　農民負担の悪税はやめろ！　等々。

小作料の五割減、全免の叫びは、農民組合員の間からのみならず、未組織農民の間からも起つてゐる。

米一石の生産費は、物価下落の影響を考慮に入れてもなほ石二十七円はかゝつてゐる今年末の米価は石十五円と見ても農家の庭先相場は十二三となり、これは生産費の半額に達しない。この損失は当然地主と政府とが負ふべきものだ。又負はしめんがために農民は戦ふだらう。

他方に於て米価の低落は地主階級の没落を早める。現物小作料を徴収する地主は十五円の米価によつてたゞ租税を支払ひうるのみである。彼等はすでに昨日生活した如くして生活することは出来ない。そして地主は一方政府の救済を要求し、他方、その困難を農民に転嫁すべく努めるだらう、主持米、立毛動産差押を伴ふ未納小作料の請求、土地の売り逃げ、土地取上げ、即ち、最近の小作争議の特徴的傾向を一層発展させるだらう。

即ち、米価の暴落は土地問題を未曾有の規模に迄尖鋭化するのである。

同時に、米価の暴落は町村、府県等々地方財政の危機を鋭くするであらう。すでに、養蚕蔬菜地方に於てはそれは現実の問題となつており、怠納租税の増大、役場吏員、小学校教員の減俸問題、豊食廃止等々の事実の内に現はれてゐる。かゝる現象は、更に広汎な地方に波及するだらうし、政府の地方機関が計画しつつある各種の失業救済計画を画餅に終らしむるだらう。

濱口内閣は、米価の暴落から生じてくる「恐るべき結果」を予感してゐる。

十月三日午後、帝国農会の幹事会は、豊作の結果として生ずる七千万石の処分方法として、一、政府所有米七千万石は海外市場へ投売りすること。二、米穀調節資金七千万円に、右投売から生ずる収入金を加へて新穀三百万石の買上を政府に要望すること。三、残余の二百万石は系統農会統制の下に農業倉庫に保管し、次年度に持越すこと。鮮米の内地移入に関しては投げ売を禁じ、月別平均移入を行はしむることを決定した。

六日午後の、農林省議は、内地新米の買上、政府所有米の海外市場に対する払下げ、農業倉庫其の他に約五千万円の低利資金を融通して農家の売急ぎを防止すること。特に外米に対しては輸入制限令を明年十二月卅日迄延期し、外米関税を引上げ、輸入制限令の適用を受けないシャム米、加洲米、濠洲米の内地移入を防止すること、植民地米の調節を決定した。

道府県の農会長会議の実行委員は七日農相町田を訪問して三日幹事会が決定した案を陳情し、更に、十二日の地方長官会議に於て町田農相は次の如き政策を示した。その要点は米穀統制は数量調節を主眼とすること、籾米保管に対して資金の融通を計ると云ふ点にあつた。他方に於て政府はヒタスラこれを隠蔽してゐるか、三井物産を中心として、米の大量的ダンピングの計画がすゝめられてゐる。

だが政府が買あげ、資金融通による保管、海外投売等いづれの政策を採用するにしろ、それは日本政府のさし迫る財政難を一層甚だしくせずにはゐないのである。他面、財政上の危険を冒して右の政策を実施するにしてもそれは、高々少数の地主富農を救ひうるにすぎないのだ。

都市労働者と貧農とは、米穀調節資金をもつて、失業者、貧農の生活補償を要求せねばならない。

農村勤労大衆は、すでに、小作料の五割減、ないし全免、借金棒引、租税不納の闘争を、貧農失業者の生活補償の要求を、土地を農民へ、地主資本家政府打倒の闘争におしすゝめるだらう。

村に住むの弁

北海道野幌在住　関矢留作（昭・四・卒）

【出典】関矢マリ子『関矢留作について』（一九三六年）

昭和八年七月以来此の野幌に帰つて住んでゐる。此処は札幌市の東五里、石狩平野の中央、札幌附近から延びて来る岡のはづれである。燕麦を主とする畑作に、畜牛や水田を加へた農業経営が多い。昭和四年以来農業恐慌に襲はれ、加ふるに六七年の凶作に遇ひ農家は一般に著るしい窮迫の内にあつた。以来三年間、此の痛手は少しも医せられてはゐない。併し自分が幼年時代に過した頃に比べて、村の状況には非常な相違があつて興味が深い。電燈、自転車、ゴム靴の普及は必ずしも此の地方だけの事ではないが、乳牛の飼養や石炭ストーブの普及その他生活上の変化には著しいものがある。以前の主食物であつた、玉蜀黍を食ふ者は少くなり、米食が一般的となつた。服装でも土工などの着る「看板」を着る者は少くなり、青い作業服が普通となつた。女達は白い頭布に深く顔を包み、白いエプロンを着て野良に立つ。盆踊などもいつかしら「よしやれ踊」が越後踊に取つて代つて居た。「だから苦しいのも当り前だ」と老人達は窮迫の原因を最近に起つた生活上の変化に認め様とする。確かに自分も、最初、内心恐慌と不作の打撃は思つた程ではないと感じた。乳牛の普及と産業組合の発達とが打撃を緩和してゐたのである。乳牛一頭を搾れば、年二百円位の純益（と云つても労働報酬を含めてだが）は見込み得るもら《ママ》しい。産業組合は低利資金の融通を以って急性の打撃を徐々たるものとなした。米食化は土工組合によるものではなく、堤使用の低地水田化であつたから大して困難の原因となり得べきものではなかつた。石炭ストーブは開墾進捗の必然的結果である。又自転車使用も散居性村落として必須の具たる点疑ひなき所であらう。免に角、只莫大な負債が残り、且つ年々累積されつゝある。

　而して最大の債権者たる産業組合はどうそれを解決しようとするのだらうか。負債すら持ち得ない貧農、富農、最も負債に苦しむ中農などを地域的に結合する事を条件とする、負債整理組合はその設立が既に非常な難問題となつてゐる、産業組合は回収困難な貸金を抱いて統制強化の一路をたどらねばならぬかに見える。

　自分の家族は此の地方で一小地主として生活するものである。北海道では五十町歩以下では不耕作地主の成立は困難だ。大正九年頃、全道的に高めれた小作料は、今日迄そのまゝ保持されてゐるが、昭和五年頃以来、一時的減免や延納は不可避的となつてゐる。数十年間定められた土地の等級は、事実に合はぬものが多くなつてゐる。畑地はすぐに地力を消耗し尽した。水田の生産力の年々増大するに比し、これは注目に値ひする事だと思ふ。乳牛飼養がこの点でも亦推称されてゐるが、一万貫の推肥と云へども、五町歩の畑にとつて決して充分と云ふ事は出来ぬらしい。

　小地主たる限り、農村に生活する事は仲々手間の倒れるものだ。自家用の馬鈴薯、南瓜、トマトその他野菜類は作らねばならぬ。綿羊、鶏、豚の如きも飼へと勧められる。山林の監視、水田用水の分配、泥炭地畑の排水の施設等地主たるものの雑事の外、村の公事に関する仕事が持ち込れる。益々余暇には乏しくなつて、以前友人達に公言してゐた研究の如きも実は実行不可能なのである。現在の時事的諸問題に遠くなつてゐるのは勿論、諸先輩の理論的業績に目を通すこともすでに至難である。と云つて上京を進める友人達の言にも従ひかねるのである。たとへ此処を離れるとしても何事かをつかんでからにしたいと云ふ気がするから。農業経済の研究者にとつて農村生活の実験はどうでもよい事ではなく、それも何時でも出来るわけでもなからう。それに北海道の農業が日本農業の一般的特徴と通ずるものを極めて少ししか持たぬかに考へる人に同意することは出来ない。それ所か日本農業の歴史的地位の評価に当つて、北海道農業の分析は重要であると思ふ。更に一見植民的の一様性しか示さぬかに見える本道農村が、屯田兵村、府県各地団体移住地、農場開墾地、区割地村落等々その歴史的出発に応じて相違する村落制、気風、風俗、自治的発達には極めて興味深いものがある。此処に目をとゞめ様とする者は泥炭地原野の春色や森林に残る姿に心を引かれる者と共に、たとへ風雪の苦を嘗め、散居制村落の淋しさを歎く事があらうとも尚しばしばこの北辺の野にさまよわんとするであらう。

越後村沿革史小誌

【出典】『越後村沿革史小誌』（大橋一蔵先生八十年記念越後村史編集委員会、一九六九年発行）
※一九三五年作成の小冊子を復刻したもの

位置　越後村は幌向原野の西部に位し、江別市街より岩見沢に通ずる国道に沿ひ同市街を距つる約二十町の所にあり。北は石狩川に接し、南部は泥炭地なり。渋川此東部を貫流して石狩川に注ぎたりしも、現今夕張放水路開鑿せられて本部落の東を限るに至れり西方は江別川沿岸より伸びたる耕地に接す。

開村以来北越殖民社の農場として、且又特殊の密居制を以つて一小村落をなし、越後村の名を以つて呼ばる。現今札幌郡江別町字江別太の一部をなせり。

沿革　今より五十年前、明治十九年一月越後国人、大橋一蔵、三島億次郎、笠原文平、岸宇吉等、越後の国の農民を移住せしめ以つて本道の開拓を計り北門の鎖鑰を守らんとし北越殖民社を創立す。同年春大橋、笠原、三島来つて地を空知郡幌向村に相し、五拾余万坪の貸下を受け以つて同社試墾農場となすべく越後国蒲原郡下に移民を募り農民十戸を得て此地に移住せしめたり。当時石狩、江別両川を距てたる対岸には屯田兵村設置せられ、開墾の緒に就きたりと雖も、幌向村は殆んど無人の広野にして明治十五年十一月鉄道石狩川南岸に沿ひて通過したると、江別太鉄橋附近三戸、江別川を溯る二十余町開成社願地内牛山民吉外二、三戸及び川沿ひに土人数戸ありしに過ざりき。試墾場は鉄道より南方に向ひ巾捨間の道路を設け此左右間口四十間奥行百五拾間宛の区画を設け之を一屋敷(二町歩)とし、各屋敷の中央道路に面して三間五間の柾屋一棟を作り道路の左右五戸づつ相対せしめたり。

時に偶々島根県石見国の農民七戸募集者に放棄せられて方向を失ひ難渋するものあり一蔵道庁の依頼をうけ之を救ひて殖民社願地内に移し、越後移民と同様の待遇を与へたり。此七戸は始め渋川沿ひの地に居を設けたりしも二十二年春の大水に遇ひ、以後鉄道北側石狩川沿ひの地に移れり。(こは現今渋川治水工場官舎の所なり)

十九年移住者左の如し。

一柳多四郎　松井　鉄蔵　増田　惣太　轡田喜平太　山田　武七　皆川　勇治　西　与市
大田　友三　小林新左衛門　丸山藤太郎
以上拾戸　越後国移民
茅花善次郎　三反田菊松　二反田常蔵　中村初治　岡本　直吉　茅迫亀次郎　木村　平治
以上七戸　石見国移民

北越殖民社は移民に対し五町歩の未開地と一棟の家屋、二十ケ月間の食料(米麦及び味噌)、家具、農具、種子、耕馬等を貸与し、而して割渡地五町歩開墾完成の後、成墾地の半数と、貸費の半額とを分与すべきを契約せり。

当時殖民社は大橋一蔵主任となり、事務所及び倉庫を江別太に置き、大橋順一郎、大河原文蔵等を試墾掛として移民の保護監督に当らしめ、柿本敏吉、平沢耕平、松川浅次郎をして札幌農学校に農事を伝習せしめ、之を移民に教へしめたり。明訓校に於て一蔵の同志たりし泉重朝亦来りて事業を支援せり。移住民十九年六月二十二日到着し、深林原野を開きて大根、菜、馬鈴薯、蕎麦等を作る。初年は渡航の時期遅れたりしも、次年より大小豆、小麦、玉蜀黍等を作り又藍作、養蚕をなさし事もありき、当時は今日に比し、諸作驚くべき収穫ありきと云ふ。給与の米麦（大人平均一日七合五勺）に薯、大根、玉蜀黍等を混じて食し、又冬期炭焼をなしよりて得たる金銭を以つて日用品を購ひたり生活は寧ろ安易なりしもオコリの猖獗なるあり、放馬の農作を荒すあり、水害あり、脱獄囚の民家を窺ふあり、前途不安なるものありしも一蔵の人格を信じて永住を決し開墾に努めたり。然るに明治二十二年二月廿日一蔵突然東京に於て卒す。憲法発布祝賀の日和田倉橋に於て雑踏の中一老婆の馬車に触れんとするを救はんとし、誤つて自らその厄に遭ひたるなりと伝へる。

一蔵越後国南蒲原郡新潟村大字下鳥の人、資性豪邁、気宇豁達、大志あり、年少より国事に奔走し、広く天下の士に交はる。明治十四年帰国し推されて明訓中学校長となり次で十八年時の蔵相松方正義の慫慂あるや挺身渡航して本道の拓殖に従事せり。当時三県を発して道庁新設せられ、拓殖の方針も亦変更せられて、開拓使以来施行し来りし移住民規則は之を廃し、直接移住者を保護せざる方針なりしに拘らず、特別の詮議を以って殖民社が保護を与へられたるは、道庁に於て一蔵等の人物とその事業とを信じたればなりと云ふ。殖民社を創立するや一蔵邸を江別太に設けて妻子と共に移り住み、移民募集、知来乙直営農場、野幌農場計画等社務に奔走する傍、屢々墾地を巡視せり。移住民が衣服の尻を切らすを以つて怠惰の証として之を戒め、前を切らすを以つて勤労の証として之を賞したりとは今に人々の語り伝ふる所なり。又人に語りて曰く、「天下を経綸するは志士の事、勤倹と忍耐、少を積て大を成すは農業の基なり」と。

一蔵の死と共に殖民社事業頓挫の危に瀕したるも三島、笠原、岸等素志を翻さず、関矢孫左衛門を主任に推し移民開墾事業を続行し、二十三年野幌百十五戸、二十年知来乙三十戸、二十六年晩生内六十余戸を移し、事業の及ぶ所三郡四ケ村に到る。二十三年より事務所を野幌に移し、故一蔵の令弟たりし大河原文蔵当越後村農場事務を担当せり同地の開墾は十九年八町五反なりしもの二十一年二十七町、二十五年四十五町歩に到る。始め開墾遅々として進まず、二十二年頃より馬耕を行ひ開墾漸く進渉するに至れり。殖民社割渡地は屋敷内二町歩に附加して、渋川辺、石狩川辺の土地を狭長に割り（巾二、三十間、長百間内外）抽籤を以つて撰ばしめ斯くする事数回、一戸五町歩乃至七八町に至らしめたり。接続の幌向原野は凡て明治二十五年以後の殖民区画地にして一割縦百五十間横百間（五町歩）なり。是れ、密居制の本部落を幌向原野に特異的たらしむる所以なり。

二十五年成墾地の半ばに対し始めて小作の制を設け、又賃費年賦償還の緒に就けり、当時の小作料は大小豆、小麦三品の石高を以つて之を定め、且つ三年目毎に右三品の平均価格により石代なるものを定め、依りて代金納となすの制にして、一等地二斗五升、四等地一斗二升五合の間なり。而して明治二十五年より二十八年迄の石代は一石四円なりき。

明治二十八年は開村の十年にして且つ、故大橋の七年忌に当る。同年五月十二日越後国弧彦神社の分霊を勧請し、地を撰み祠を立て以つて氏神とす。同年秋十月二十七日、神社境内に開村紀念碑を建て紀念祭を執行す。札幌白野宮司神事を司り、永山将軍、湯池、浅羽雨《ママ》理事官、北垣長官代理、洒匂部長、伊吹課長、佐藤農学校長、南教授、森前農学校長、内田瀞技師等の貴賓臨場せらる。碑は松方伯の題字にして、北越の勤皇家高橋三寅之文を撰す。銘に曰く

　夕張之岳　巍々如彼　石狩之川　滐々如此　北海中原　水甘土美　創業誰居　越後男子　豊碑不譲
　　干山干水

是れ、幌向原野開拓の先駆たる本部落の歴史を大橋一蔵の功業と共に不朽に伝ふるものならん。

殖民社は三十二年成功検査を受け、三十三、四両年に亘りて百八拾六町歩余の附与を受け移住民は右の地五拾七町歩余の分与を殖民社より受けたり。

明治三十四年二月廿日は故大橋の十三回忌に当り部落一同西与市宅にて法会を営む。社長孫左衛門席に臨んで所感を述ぶ。

　創業開基幾苦辛　移民事足自相親　十又三年功就

曰　庶為清酌祭思人

当時江別太に移住し来りし大橋愛蔵は故一蔵の次弟にして同年頃より大河原に代つて農場事務に当れり。

江別太は以前幌向村に属し、岩見沢戸長役場の管下にあり明治二十八年十一月初めて幌向村戸長役場設置せられたり、卅四年十月郡区改正の事あり幌向村南六号線以北を以つて札幌郡江別村に移す。江別太、幌向太と共に当部落も亦此の内に含まれたり。而て卅九年に至り江別小学校分教場設置せられ、冬期五十余名の生徒を収容することゝなれり。

三十五年五百円を投じて多年の懸案たりし渋川口の防水門を設備す。是れ増水期石狩川の逆水侵入するを防がんがためなりき。抑も此地は石狩江別の両川に近く、土地平坦なれば、洪水の害を受くる事数次に及ぶ。明治二十二年五月、二十七年七月、三十一年九月、三十七年七月、昭和六年八月等その著るしきものなりとす。就中三十一年八月の大水害は最も甚だしく、浸水床上四尺に及び、住民一同舟を以つて江別町越後屋に逃れ次いで同所も亦浸水するに及んで野幌小学校へ避難せり。耕作物流失若しくは腐敗し、家屋家財損傷せり。而して三十五年、昭和六年の洪水の被害、右に次ぐものとす。住民の辛惨亦思ふべきものあり。

大正六年六月廿一日殖民社長関矢孫左衛門死去す。住民悲しみ弔ひ小林新蔵を越後に派し葬儀に参列せしめたり。孫左衛門亡後山口多門次後を襲ひて主任となり現在社長たり。

大正十一年より道民多年の熱望なる石狩川治水工事開始せられ、沿岸一帯の地は洪水の難をまぬがれ低湿の地肥沃の農耕地たらんとす。本部落は偶々工事の地域に当り、鉄道以北の地は石狩川提防、工場、官舎の敷地として、又渋川辺の地は夕張川放水路敷地として使用せらるゝに当り、住民或は丹誠の耕地を裂き、永住の地を離れて買収に応じたり。之に依り嚮の石見部落の住民悉く他に転ずるに至れり、以来十三年前後凡六十余町歩の買上をうけたり。而して今日治水事業亦完成の域に達す喜ぶべきかな。

現今殖民社農場住民十一戸、外住居を接する農家三戸、商家二戸、戸数は開村当時に比し減少したるも、こは此地、石狩川と南方不毛なる泥炭地域とに挟まれ耕地拡大の余地乏しかりしに加へて、既述の事情ありしがためなり。殖民社農場住民耕地八十五町歩内自作地三十八町歩、家族総数百二人、一戸当平均九、二人に当る。住民堅忍、着実の気風あり、永住心に富み風俗亦醇厚なり。明治十九年移住越後移氏十戸の内六戸は子孫今尚存す。

　農業の状態を見るに、特色とすべきは畜牛にして、牛百五頭、内現在搾乳頭数六十一、牛乳生産量年々千石を越え、この価格壱万円に達す。耕作は、デントコーンを主とし、全作付の四割を占め、燕麦三割、小豆一割、その他合計二割。一戸当平均七町七反を耕す。外に馬二拾二頭、サイロ五基、発動機三台、脱穀機四台、カツター四台あり。

　大正十五年江別酪農組合の創立に参加し、以来牛乳は同組合の分離所に共同出荷せり。近年の凶作、不況に遭遇して甚だしき打撃を蒙らざるは畜牛に負ふ所少なしとせず、耕地拡大の余地に乏しく、且つ、提防地、泥炭地等良好なる放牧地に恵まれたる此地として、今後畜産の発達尚見るべきものあらん。

　昭和十年七月二十二日住民、北越殖民社相寄り五十年紀念祭を執行す、神社敷地を整へ神殿を改築し、紀念碑亦成る。江別太部落内第一組の有志、及び第七組も亦費を募り来り祝賀す。住民安堵以つて此日を迎ふるを得たるは時世進運の賜なりと雖も又以て先人辛苦の恩恵なしとせず、世は移り人は変るとも先人の功業祖先の辛苦後人銘記して以つて永く語り伝へられん事を望む。

Ⅱ　農民運動関係

左翼農民組合運動当面の諸問題（一）
――全農第三回大会を前にして――

岡本茂一郎（関矢留作筆名）

【出典】『農民闘争』第一巻第一号（一九三〇年三月発行）

一、農村の情勢について、

農民の生活は増々苦しくなつてきた。

金解禁、都市に於ける不景気の結果として農産物の値段が急激に下落しつゝある。米・麦・其の他の穀物は勿論、繭其の他の副業生産物も亦下落してゐる。それは農民の収入を著るしく減少せしめ、農民の負担は増大し、利子の支払肥料の購入租税支払等ます〳〵困なんとなつてきた。米の低落は他面、地主の経済的没落を早め、彼等は自作や転売のために農民の土地を取上げ又土地取あげを理由にして小作料の値上げを計つてゐる。

斯やうなわけで農民の不平は急速に、且つ多様に発展してゐる。農民は窮乏のために小作料減免をより積極的に戦ふと同時に更に、租税引下げや利子捧引、更に肥料や電燈料値下げの闘争に進行してきた。

農林省の発表に於てすら昭和四年の小作争議は増加し、土地返還争議の占める割合は増加した。昨年初頭、我々は幾多の××小作争議がぼつ発したが、昨年未及び今春にかけてます〳〵それが一般化した。秋田農民は××の弾圧に対して三日にわたつて××××を続け、新潟・大阪・山梨等各地に白色テロルとの××的闘争を伴ふ争議が戦はれた。

農民の大衆行動は更に、各種の要求の下に行はれてゐる。滋賀県の農民は産米検査制度の廃止を要求して県庁を××し、富山、高知では数千の漁民が××した。

濱口内閣の金解禁、その為の増々深刻化する経済恐慌は農民の窮乏化を速進せしめ、農民闘争を拡大させ激化せしむるであらう。

農民の窮乏化は、恐慌―経済的危機産業合理化に伴ふ失業者による都市への出稼の困難と失業者の帰村によつて、又緊縮政策に伴ふ賃労働の場面の喪失によつて、促進されてゐる。長野、群馬に於ては多数の女工が失業しつつあるのみならず、その賃銀は支払はれてゐない。

かくて又農村貧農層は明日にも飢えねばならぬ状態にある。

濱口内閣の農業政策は、かゝる農民の窮乏を促進するのみである。貧農青年の出稼を抑へ小作法案を制定し農民反抗の手段を奪ふことこれら一切である。産業組合と農会とは地主の農民支配の機関から不動産銀行と共に、金融資本の農業統制の機関として更に一歩をすゝめてゐる。かくして彼等は農業に於ても亦帝国主義戦争の準備をすゝめてゐる。

濱口内閣は労働者・農民の反抗、その××的運動に対する前内閣の弾圧政策を完全に継承してゐるのみでなく、それはより巧妙になつた。彼等は、三、一五、四、一六の弾圧を承認し、それによつて破壊された組合の合法性をみとめてはゐない

濱口内閣は、社会民主主義諸党の活動及び改良主義者の指導する農民組合の右翼化を、あらゆる方法によつて支持してゐる。単なる弾圧のみによつて労働者農民の革命的運動の生長をはゞみえぬことを知つた。彼等は又や、社会民主主義者の党、及び組合の改良主義的指導者の協力によつて、ギマンによつて労働者農民運動の生長をさまたげんとしてゐる。濱口内閣の反動的小作法は、社民党、大衆党の小作法制定要求によつて支持されてゐるではないか？

政府の右の如き政策の変化に対応して、「合法的無産諸党の右翼化も亦著るしい。農民組合の合法主義的指導者に於ても同様である。彼等は右翼農民組合は富農と地主の側に移行させてゐる。まさにその故に、右翼農民組合は無活動状態（たゞ選挙の場合を除き）におち入り、殊に平野系の全日本農民組合は分裂四散してゐる。

この事実は又、農民大衆の左傾化のあらはれである。全農は弾圧によつて、指導者をうばはれ、合法性をせばめられたとは云へ、未組織及び右翼農民組合員大衆の信頼を集めてゐる。新たに三つの連合会が作られ、二三の単独組合及び青年の団体が全農に合同した。四国□関西では組合員の減少が見とめられるが、関東、北陸、東北地方では組合、組合員数は増加の傾向にある。関東地方に於ける組合員の減少は、比較的富裕な層の戦線からの脱落と、弾圧による組合破壊の結果であつて、農民組合運動が行詰つた（杉山氏の言）ためではない。又農民が要求する所を獲得して満足した（高橋亀吉氏の言）ためでもない。だが、弾圧に恐怖し政府の自由主義的言辞に信頼してこの組合の多数の指導者が、都市の××的労働者を裏切つて新労農党に走つた。全国農民組合を基礎にして労農党を作らんとした彼等の試みは失敗し、この組合の弁護士、名士等と、弾圧に破壊され力の弱つた連合会を支持者としえ

たにすぎなかつた。新潟、千葉等に於ては、大衆的基礎の上に反対派運動が展開されてゐる。それにも拘らず、彼等は、日本大衆党系の議会主義者と共に、全農の強化、左翼化をさまたげ、これを右翼に導く所の危険なる要素である。この組合の「左翼」は都市の××的労働者と、提携し且つその指導の下に、これ等の要素と闘争するであらう。而かも問題は、「左翼」分子が、支配階級の弾圧と戦ひ、且つ、貧農を中心とする大衆を獲得しうるか否かにかゝつてゐる。

我々のすでにのべた農村の情勢は「左翼」が勝利しうる所の物的基礎である。

総選挙に示された所の都市の××的労働組合及び×の強化はその主観的要因である。

而かも、第一回総選挙以来××的プロレタリアの農村に於ける成《ママ》動は偉大な成果をさめてゐるのだ。「労働者農民の政府樹立」「土地を農民へ」のスローガンは現実に農民大衆によつて支持され、農民は××を語つてゐる。新労農党の提案当時、彼等の予想に反して農民の支持者の少なかつたのは、一面に於て二ケ年間に於けるプロレタリアートの活動の成果の偉大さを示してゐるのだ！　が目せう《ママ》に迫まる闘争の飛躍の時期を前にしてブ《ママ》ロレタリアートは、更に多くのことをなしとげるであらう。

二、農民組合の「日常闘争」に就て

昨年春以来、全農総本部は次の如き闘争題目に就て指導した。

一、暴圧反対、香川奪還、団結権獲得闘争
二、市町村会選挙戦
三、立禁反対闘争
四、宣伝週間、立毛差押反対小作料減免闘争
五、反動的小作法紛砕、五十七議会解散、国会選挙戦

右の闘争は凡て、農民の日常利益を守るために、又、農民の政治的自覚を高め、闘争ををしすゝむるために緊切なるもののみである。

殊に、「政治闘争」が重要視された点が注意されねばならぬ。白色テロに対する闘争反動的立法に対する闘

争、及び選挙戦への参加等。この事は、総本部が、第二回大会の正しい決定にしたがつて、而して、「政治闘争は合法労農政党で、そして組合は経済闘争を」と云ふ議会主義的指導者の主張に反して行動すべく努力してきた事を示してゐる。そしてこの努力は正しい農民組合自ら、日常の政治的利益のために戦ひ、又、全国的政治闘争に参加することによつて、政治的意識の水準を高めねばならぬ。そして、まさにこのために、農民組合を小作料中心の経済闘争だけにおしとゞめんとする合法政党の努力に反対せねばならぬ。彼等は自己の政党の存立の基礎を政治闘争の遂行と云ふ点に求めてゐるが、それは、第一に農民の注意を経済闘争からそらし、そして彼等の合法的議会的政治闘争に農民の注意を向けしめることによつて結局農民を資本家地主の国家に売り渡すことを意味してゐる。

とは云へ、総本部は、右の闘争題目を正しく遂行することは出きなかつた。その理由は、

一、都市の××的労働者の指導力が弱かつたこと。全国的政治闘争は、都市労働者との協力、その指導なしには遂行しえない。弾圧に対する闘争、市町村会戦、総選挙戦共にこの欠陥をあらはしてゐる。

二、全農内部の「左翼」の連合会、及び支部が結成されず、且つ、その力が弱かつたこと。

三、「政治闘争は、合法政党で」と云ふ、日本大衆党の幹部が、全農の統一ある全国的闘争をサボリ、政治闘争をこれ等の党の活動として議会主義的に遂行した。新労農党の組合幹部等は全農の中央機関を占領せんと試みたが、これ又同一の傾向をたどつてゐることと。

四、経済闘争の遂行が不充分であること。

団結権獲得の闘争は、部分的にではあるが各地に於て、××署への大衆示威（犠牲者奪還の場合）をもつて戦はれてゐるにも拘らず、総本部はこの闘争をたゞ、農民団体会議によつて官庁その他に抗議するにとゞめてゐる。この闘争は、都市労働者と提携し、全国的示威によつて戦はれねばならぬ。それは、昭和三年三月十七日、検挙された指導者を×××××に村

松警察署へ向つて示威した南部地区七〇〇名の農民の精神をもつて戦はれねばならない。

町村会選挙戦に於て全農は多数の議員を獲得した。総選挙戦に於て、殊に、全農の「左翼的」連合会ならびに支部の全国的結成の不充分さに基く欠陥があらはれてゐる。左翼の連合会の多くは組合の強化拡大の立場から個別的に闘争し、広汎な大衆に対して農民組合の政策を宣伝し、それを、議会主義者のバクロと結合した。又、青年婦人等の無選挙権者の要求、ならびに選挙制度が、××的農民代議士の立候補をさまたげてゐる事を曝露して闘争した。

然しながら、都市労働者と共力《ママ》しその指導の下になされた全国的選挙闘争に参加し、農民大衆の政治的訓練のために闘争することが出きなかつた。そしてこれこそ、尚全農内部に於いて、「左翼派」の連合会、ならびに支部の全国的結成とその左翼労働組合との密接な提携の必要を痛感せしむるものだ。

選挙戦に際して、この闘争を大衆的に、即ち、農民大会に於て候補者の決定し、又そこから選ばれた選挙闘争委員会をもつて戦ふ闘争すると云ふ方針が、その遂行にあたつて多くの困難に当面したと云ふ事はこの方針のあやまりのためではなく、むしろ、かくの如き大衆的闘争方法に対する訓練の欠除をバクロしたものに外ならない。

農民組合が自から「政治闘争」を戦ひ、又、全国的政治闘争に参加せねばならぬと云ふことは、農民組合が経済闘争を過小評価してもいいことを決していみしはしない。反対に、政治闘争は、経済闘争を通じての訓練なしには行ひえないであらう。地主に対して、大衆行動によつて小作料減免を闘ふ農民は、官憲の弾圧に対して大衆的示威をもつて戦ひ、又、反動的小作法粉砕のための全国的示威に参加し得るのである。

言ふ迄もなく小作料減免のための闘争、立禁立毛差押反対の闘争は依然として農民組合の中心的闘争とならなければならぬそれ《ママ》によつて、農民組合が、農村の最も貧窮なる層の主要なるものを獲得する事が出来る。その闘争は直ちに政治闘争にしばしば××にさへ転化する。したがつて、小作料闘争を戦ふことによつて最も××的な農民層を組織することが出きる。

　電燈料値下げ、養蚕家救済等主として資本主義の搾取に対する闘争も最近著るしく発展してきた。農民はこれ等の闘争を通じて資本主義の矛盾を知ることが出きる。これ等の要求のために農民は憤起し、しばしば××をを《ママ》もつて戦ふ。然しながら、この要求の下に農民は恒常的組織を形成することが出ない《ママ》であらうし、又その闘争のかぎりに於て、農民の富裕層と貧農とを区別することは出きない。

　資本によつて窮乏せしめられてゐる農民の不平を取りあげるにあたつて我々は、むしろ、日傭取、出稼、女工、失業者のための闘争を重要視せねぱ《ママ》ならぬ。此等の層は農村に於て広汎なる層を形成するにも拘らず、それは分散せしめられており、又絶えず、都市と農村との間を往復してゐる。それを組織することはきはめて困難であらう。しかしながら現在、これ等の層に対する特殊な宣伝もなされてはゐないし、又かゝる問題は提出されてさへゐない。その多数は都市から帰村した失業者農民家族とむすび付けられ地方の小工業中心地で働く女工・農繁期だけ自由労働者として都市で働く貧農青年・長野・群馬等の養蚕労働者にやとわれる東京の失業者。地方の土木事業に労賃取をする貧農等々。

　かくの如き労働者の最も遅れた（然し農村では最も進んだ）層に対する特殊な働きかけは、主として、左翼労働組合の任務である。同時に、それは農民組合の協力なしにその影響力を確保することはむづかしいであらう。

　一昨年！　及び昨年あつた山梨県の隆基館（組合製糸）及び矢島の製糸工場女工のストライキは、右にのべた題目を提起してゐる。それは、云ふべき多くの経験に富んでゐる。

　我々は更に「農民組合が指導する」（?）地方の小都市の労働組合について右の実例を指摘する事も出きる。

　更に農業賃銀労働に従事する多数の貧農及び純労働者がある。

　それは、地主・富農の家に住込む貧農青年男女の年傭などは季節雇、貧農の家族員からなる日傭労働者（婦人・少年が多い殊に養蚕の場合）その小作地を所有する地主に半賦役的に使用される小作農・長野・群馬等の養蚕地、静岡、その他の茶園等への出稼農業労働者・大農場・国有林果樹園温室栽培其の他に於ける純農業労働者家族等々によつて構成される。

この層も亦分散し、その生活条件は極悪である。小作争議ぼつ興の初期に岡山県藤田農場の労働者が奮起した。北海道では各地で大農場のストライキが起つてゐる。旧評議会はかつて東京近郊農業労働者の小ひさな組織をもつてゐた。都市の××的労働者組合は、農業労働者の独立的組織を「急務」であるとなしてゐる。この仕事に協力する事も亦農民組合の任務である。

農民組合は、たゞ小作農、貧農をその組織の基礎におかねばならぬ。そしてその基礎の上に借金、租税、電燈料の値下げの戦ふことによつて他の広汎な農民層を、獲得せねばならない。

（次号に続く）

左翼農民組合運動当面の諸問題（二）

――全農第三回大会を前にして――

岡本茂一郎（関矢留作筆名）

【出典】『農民闘争』第一巻第二号（一九三〇年四月発行）

三、全国農民組合の組織について

農民がよく結束して地主をやつつけ、又、官憲の弾圧と戦ふために、農民組合は、強固な、而かも活発な組織を持たなければならぬ。

第二回大会で組織方針が変更されたが、これは、正に、右の目的にかなうものであつた。然しこの組織は必ずしもよく実行されてゐるとは云へない。それは、実行されねばならぬと共に、この方針に従つて再組織された組合の経験が学ばれねばならぬ。

第二回大会で組織に関して決められた事の要点は次の如くであつたと思ふ。

一、従来支部は部落（字）別であつたり、村別であつたりして、まち〳〵であつたが、支部の単位は村別に定め、更に宇《ママ》を班にすること。

二、闘争に於て協同することの出きる地区の支部をもつて地区を構成し、そこから地区委員会を選んで、その指揮の下に、その地域の凡ての闘争が、地区の総動員によつて戦はれること。

三、全国を主要な地方に分ち、その地方の各連合会が協議会をもつて相互に経験を交換し、又応援し会《ママ》ふこと。特に強力な連合会が未確立の連合会をたすける。

第一の支部を村別にすることは、従来、一つの字だけに支部があり而かも他の字から全く孤立してゐる場合が多かつたが村単位にすることによつて宣伝、せんどうを、又闘争を全村的に行ふことが出来る。町村会に対する闘争や、村内の各種の機関に働きかけるために殊に然りである。又大衆行動が農民闘争の唯一の方法であるが、地区組織の確立はこのために必要である。そして地区がそれぞれ独自的な指導部をもつ事は殊に必要である。それは、地方的の事情に通じ戦闘的な農民をもつてこれにあたることが出来ると同時に、この指導部は敵の攻撃に対してまもられてゐる。それは、×××への示威によつてうばひかへすことが出来ると共に、他の農民をもつて補充することも容易である。連合会に多くの幹部がゐて、農村内の闘争を一々指揮すると云ふ官僚的な組織は、弾圧の下に於ける二ケ年間の経験によつて最も弱いことを証明された。香川が、宮城が、これを示してゐる。

地区の事務所は弾圧の強化と共に××本部になる事も出来る。

地区委員会は、迅速な動員網、書記局等をもたねばならぬが、この活動に於て青年の活動力を利用することはきはめて有効である。

新潟県連合会は地区組織の強固な所であるが、その経験は学ぶべき多くのものをもつてゐる。山梨県連はこの再組織によつて著るしく活動的となつた。

地区組織の確立と相俟つて連合会の組織も亦単純化する事が出来る。地区組織の確立は、かく分散化する様に見えて全くその反対である。それは、農民の闘争エネルギーを充分に発揮させる事の出来る組織である。そこで、各地区の闘争を全国的闘争に従属させるためには、ニュースを充分に活用する事に如くはない。又、全国的な政治新聞の強固な班を作るにしくはない。

各連合会に、弁護士や、インテリ出の幹部がたくさんゐて、それが、全ての闘争を引きうけてやると云つた方法では、今日、も早如何なる闘争をもなしえない。従来、組合の連合会にゐたか様な分子こそが、農民運動に於ける合法主義者の、そして又議会主義者の有力な地盤になつてゐる。

組合は農民出身の闘争に錬へられた指導者を農村の中に、もたなければならない。

地区の組織は又、青年によつて支持されねばならない。指令、ニュース、新聞等を通じて、その闘争を全国的闘争に結び付ける能力は矢張り青年を外にしては求められない。新潟では、地区の書記は青年部の人によつて占められてゐる。ビラ、ポスターを作成し、それを巧妙な方法で配布し、テン付する能力、又急速な動員、連絡をする事、そして大衆動員の際最も活発な役割をしめうるのも又青年である。

地区組織がとゝのつてゐても青年の活動力が利用されてゐない所（例へば千葉）は活動は決して敏活ではない。

合法主義者とは、新しい情勢に組織を適応させ、農民大衆の中からほとばしり出てくる若々しい、闘争力を結合してゆかうとせず、農民に恐怖してゐる等々云つて闘争をサボル奴等の謂だ！　彼等はこれを意識しても、これを実行しえないだらう。何となればかくする事は彼等の存立の基礎を危くするものではないか？

地方協議会の確立も亦必要である。

全農の全国的組織に於ける困難は、連合会が、××によつて一つ宛ねらひ打ち的に×××、而かも上からはこれを再建する方法がなく、農民を下から自然に立ち上るのを待つと云つた状態である。も一つは、ある連合会では多数の常任闘士がゐるのにその隣の他の連合会は闘士の欠乏に苦しみ、又、一つの連合会では近代的な闘争方法を用ひてゐるのに他の連合会は十年も前のやり方で失敗してゐると云つた様な事情これである。

地方協議会の確立は、右の事情を克服するための一つの有効な方法である。現在ほど、右の事情のために苦しんだ事はないのに、総本部は、地方協議会の設置に努力した様子がない。勿論これは全農内部の対立、特に、大衆党系の指導者のサボのためである。

だが、地方協議会の確立は、決して総本部の統制を分散せしむるに至るものではない。

地方協議会は、総本部と協力して破壊された連合会の再建、他の右翼組合大衆への働きかけ、貧農の密集する目標地点の獲得及び経験の交換、相互援助等の活動をせねばならない。

更に、青年部・少年部組織の問題にふれる必要がある。

青年・婦人・少年の大衆が、農民闘争に参加し始めてきたと云ふ現状は、闘争の偉大なる進展を語ってゐる。それは組織化されねばならぬ。又、闘争の実践は、これ等のきはめて有力な力の故に、組織化を要求してゐるのだ。

青年部確立の必要は、一般に理解されてゐる。けれども、活発な青年部の組織を有してゐる連合会はきはめて少ない。新潟・山梨・大阪・島根等青年部の組織をもち得てゐる連合会は同時に活発な所である。殊に、最近連合会の作られた、富山県連東京府連が青年の活動力にまつ所が多いこと、あるひは、宮城県連の再建が青年を中心としてなされてゐる如き注目にあたひする。

青年部の組織確立は案外困難である様に見える。それが確立のためには第一に組合の側からの積極的な支持が与へられること。第二、地区の活動に於て仕事が与へられること。第三、青年にふさはしい啓蒙の手段が講ぜられること、そして、青年部確立のためには、各地の経験を交換するために、青年の地方的な協議会を設ける必要があり、更に、農村青年を啓蒙するために、適当な文書（パンフレツトやリーフレツト）が出版される必要がある。

青年部に関連して少年部の設立も亦重要となつてきた。東京府の経験では、少年部の確立が、青年部確立の条件にさへなつてゐる。宮城県連豊里支部、山梨県連八幡支部、鳥取等で少年部の組織がかつて試みられた。秋田の前田支部・東京府連青砥支部は最近積極的経験をもつてゐる。少年の問題は大なる注意を向けられる必要《ママ》ある。各地の経験は研究され学ばれねばならない。

四、未組織獲得と戦線統一とについて

しばしば次の様な事が云はれてゐる。

農民組合運動は行詰の状態にある。第一に小作人は争議によつてある程度迄要求をみたすことが出来たし、更にこれ以上の闘争は、政府の弾圧と、土地返還をもつてする地主との逆襲にぶつかつてゐるからと。そしてかゝる見解を主張する人々は、農民組合の組織率が低下してゐると云ふ事実を証明としてあげてゐる。

併しながら、事実は全くこれに反してゐる。なるほど、政府の白色テロルと、地主の逆襲とは農民の組織率を低下せしめたし、又、農民中のある層（富農・中農層）が、闘争が深刻化するにつれて闘争から脱退しつつある事実はある。関西地方にあつては右の事実が組織率の一般的低下となつて表はれてさへゐる。だが、農民の窮乏化は著るしくすゝみ、広汎なる大衆が闘争に進出してゐる。そして闘争も亦深刻化してゐる事実は何人の目にもあきらかではないか、右の現象の基礎の上に、農民大衆の左翼化も亦明白なことだ。たゞ弾圧に恐怖して、闘争せざらんと決心してゐる人々にのみ、農民運動の行詰を云々することが出来る。

全国農民組合は、農民大衆の一般的急進化の情勢を考慮して未組織獲得の問題を提起すべきであらう。

その際次の点が考慮されねばならぬ。

一、貧しい小作農民の密集地点を確定し全力を挙げてこれを獲得する必要があること。この点からして東北地方が注意される必要がある。

二、小作農民の少ない地方であつても、貧農小農の多い地帯は重要視されねばならぬ。

小作農以外の中小自作農、貧農の集団地帯にあつて

は、その地方農民の特殊な要求がとりあげられねばならぬ。殊《ママ》へば、日傭労働者、出稼農業労働者、女工等々。

未組織獲得のためには、全国的指導の下に、各地方協議会を通して各連合会が、努力せねばならない。

農民大衆の左翼化の急速なる進行にかんがみ、更に、農民組合に於けるボス的指導者、ならびに議会主義的指導者の一層の右翼化にかんがみ、左翼的な戦線統一のための努力がなされねばならない。

農民大衆の左翼化は、未組織農民・右翼農民組合、ならびに単独農民組合の全農への合流の多くの事実となつてあらはれてゐる。

昨年中、富山、石川、諸県及び東京府下に全農支部の組織がすゝみ、それぞれ新たな連合会の成立をみた。又、埼玉・長野の農民自治会、上小農民組合は全農に接近し、あるものは合同した。又山梨の平野系の全日農から分裂した日本大衆党支持同盟は同県の全農支部と合同して県連合会を形成した。

左翼化傾向は亦、農村の青年層の間にけんちよである。新潟、島根の労農青年同盟は全農青年部に合流し、又以前山梨平野系に属してゐた山梨青年連盟隊も同様に全農の独立青年部として結成した。又、社民系の山梨農民組合、旧日本農民党系の北日本農民組合・中部農民組合の青年分子の中にも急進的傾向があらはれてゐる。

他面、右翼農民組合に最近あらはれた傾向も亦注目にあたひする。平野力三一派の全日本農民組合は、日本大衆党からの脱退を機として分散の状態に入つた。北海道・静岡・栃木等の各連合会は社会民衆党系の農民総同盟に合流し、他の連合会は、それぞれ、その組合を地盤とする地方政党が作られそれは全くボス的指導者の地盤と化せんとしてゐる。

社民系の農民総同盟に於ては特に右翼傾向がいちゞるしい。その指導者は、小作調停を全力をあげて支持し、農民の闘争をおさへることに努力し、山梨農民組合の如きは、公然と地主が加入すると云ふ状態である。全日農・農民総同盟に於ては一般に、それが、政党の選挙地盤として発展し、組合の基礎は漸次に中農・富農層に移行しつつある。

右の事実は明らかに、右翼農民組合がボス的・議会主義的指導者によつて右翼化してゐること、彼等は、小作農貧農の側から、富農と地主の側に移行しつつある事を示すものではないか？　而かも彼等も亦、農民の多数をその影響下におき、その意識に於て明白に、君主主義的であり、愛国主義的である。

この事実は、戦線統一は、何よりもまず下から行はれねばならぬことを語るものである。

全農の総本部が、戦線統一の問題を農民団体会議の形に於てのみ提起してゐた事は、これ故に正しいことではない。第一に、

右翼農民組合はこれをボイコツトし、又、中部・中央・その他の単独・地方組合のみが、これに参加してゐるが、その活動は決して充分なものではない。そこで、団結権獲得、新民訴反対の闘争がなされた。しかし、それは決して大衆的規模で行はれてゐるとは云ひがたい。例へば、昨年の香川奪還闘争の如きは確かにあやまれる方法で行はれてゐる。

戦線統一は、大衆的な協同闘争と、右翼的幹部に対する闘争との結合によつてなされねばならぬ。右翼的幹部に対する闘争は単なるバクロによつて遂行されるのでなくそれ等の組合内に、大衆的反対派を形成することによつてなされねばならぬ。

戦線統一の問題は、だがしかし、全農と右翼農民組合との間になすのみでなく、全農の内部にも存してゐる。

旧全日系との合同は、第二回大会以来ほとんど進んでゐない。第一に、第二回大会当時合同未完了であつた地方連合会に於ては、その后合同の努力がなされてはゐないし、第二に、日本大衆党系の議会主義的指導下にある連合会は、全農の全国的統一に反対する様な行動をとつてゐる。

この傾向を克服し、全農の全国的統一を実現するためには、地方協議会の確立と、それを通じての協同闘争、更に、青年、貧農を基礎とする刷新派の運動がぜひとも必要である。

五、全農主義に就て

昨年八月大山、細迫、上村氏等によつて新労農党の結党提案がなされ、全国農民組合の多数の指導者がこれの賛成に傾き、三重、鳥取、島根、山形、新潟の有志及び関東地方協議会準備会が断然これに反対した時、総本部は一個の声明をなした。その内容は、噂されてゐる如く総本部は決してこの提案を支持するものではない。総本部は、第二回大会の決定により経済闘争のみならず政治闘争をも遂行し（市町村会戦に然りしやうに）全農の強化拡大のために努力すると云ふ内容のものであつた。

これは第二回大会の決定に立脚するものであると同時に、連合会及び組合員大衆の関心を提案に対する賛否問題から、全農の強化拡大へ向けんとしたものである。

第二回大会は、組合全体としては政党に対する支持関係を結ばず、但し、組合員、ならびに、各支部連合会の政党問題に対する態度は自由であると云ふ決定をなした。

我々は、第三回大会に於ても、第二回大会の決定を変更する必要を見ないであらう。

併しながら、同時に、日本大衆党、新労農党の合法無産政党に対する支持関係は、それが連合会の場合であつても決して全農の強化拡大をもたらすものでないと云ふ事を主張せねばならぬ。又かゝる批判の自由を主張せねばならぬ。

日本大衆党の指導者はその支配する連合会を全農の統一的指導から切り離すことによつて実質的分裂を行ひつゝある。これ等の指導者は、農民組合を、政党の支持者とすることによつて選挙地盤となさうとしてゐるのだ。そしてたゞその事にのみ応じてゐるではないか！　新労農党の提案を支持した連合会の多数は、合法労農政党の樹立が、敵に対する譲歩であり、革命的労働者との分離を意味することをみとめながら、而かも、弾圧をさけるために、この提案に賛成し、結党に参加し、この政党支持関係を結んだのである。それ故、比較的強力なる連合会は反対の立場に立つた。賛成者の立場は、弾圧に対して組合の力を強め、大衆的に戦ふ努力を完全に放棄してゐる。これ等の人々は、敵が合法性を奪はんとする時に、これと戦つて力によつて合法性を獲得せんとするのでなく、一歩退却し、許されたる合法性の領域に闘争を局限しやうとするものだ。然かも新労農党の指導者、細迫、大山、上村、竹尾、石田、稲村等の諸君が、全くの代議士病患者にすぎない事、そしてこの党は全くの議会党であることは五ケ月の経験、殊に過ぐる総選挙に際して示された所ではないか！　提案当時、最も有力な支持団体と目されてゐた新潟、千葉、大阪等の連合会に於てはすでに反対派の運動が地区を中心に強力に展開され、今では、連合会のダラク幹部だけがその支持者になつてゐるにすぎず、彼等は、政党運動にぼつ頭して組合の仕事をほうきするために、組合員大衆の不平をひき起してゐる。（千葉を見よ）

　提案当時、四・一六の弾圧によつてほとんど破壊状態にあつた各連合会（北海道・青森・岡山等）はその後再建されつつある。而かもこの再建は、新労農党への結党によつてゞはなくて秋の闘争を通じて戦ひとられたものだ《ママ》）再建による力の恢復と相まつて代議士病患者の新労農党を分離しうるであらうし、又、分離することなしに組合の強化・拡大を実現しえないのだ。

　更に、新党樹立の提案が、提案者等によつて期待されたほどの支持を農民の間にえなかつたのは、小作料や税金をまけさせるためには組合だけで充分だとする農民の心持の外に、過古《ママ》二年間に亘る革命的プロレタリアートの農民に対する啓蒙的活動によつて、「土地を農民へ」、「労働者農民の××を作れ！」「労働者農民の××的同盟」等のスローガンが理解され、支持されてゐたためである。

　新労農党の発頭人細迫君が、昨年九月二十三日新潟県連南部地区大会にのぞんだ時、農民が土地没収のスローガンを宣伝すると決定し、細迫君等の提案を革命的立場から批判し、これに反対したのは、右の理由にもとづいてゐる。

　故に、農民組合が新労農党や、日本大衆党と支持関係を結ぶことは右の如き農民の政治意識の生長をさまたげたのみならず、農民に議会主義、合法主義を教へ、自からの解放のため農民の闘争を助けるのでなく、これを妨害し、結局、資本家地主の国家を利益するばかりだと云ふ事は明らかだ。

したがつて、政党支持関係は、組合が農民の日常利益をまもるのみでなく、又、解放のための革命的闘争のために役立たんとするならば、決してどうでもよい問題ではない。そして政党問題は次の如くであるべきだ！　農民組合は組合として合法主義的指導者、ならびに議会主義党に反対し、都市の革命的労働者の指導と協力とを求めねばならぬ。

これが、農民組合左翼派の政党問題に対する見解である。

又、同様の理由からして、「全農主義」は、左翼派の根本的立場ではない。

併し、組合が対立する政治的潮流をはらむ時、総本部がこのスローガンを掲げたのは正しい。だが、我が「左翼派」は、総本部のこのスローガンのために右翼的指導者・ならびに合法無産党に対する批判と闘争とを中止してはならぬ。全農の統一・強化・拡大のためにもそれは必要なのだ。それは、第二回大会に於て、我々の先輩が戦つた如く戦はねばならぬ。

だが、我々はこれを、声明書や、口先だけのバクロで行わんとしてはならぬ、「行動に於て農民大衆に教へ、経験を通じて農民自から理解せしむること」。これが「左翼派」のスローガンであり、したがつて、日常闘争の執やうな遂行者であり、又、組合の活動の事務的遂行者とならなければならぬ。

小作争議……最近の発展傾向

星野慎一（関矢留作筆名）

【出典】『帝国大学新聞』（一九三〇年十月二十七日発行）

繭、野菜、果樹の暴落のあとをうけて、米価も又年末には著るしい下落が予想されてゐる。大正九年以来、慢性的となつてゐる農業恐慌は昨年末以来急激な恐慌に転じてきた。それは、工業恐慌からくる貧農（半労働者層）の失業と相まつて農民の窮乏化を一層深め、農民を飢餓の状態におとしいれてゐる。この状態は小作争議の上に如何に影響するであらうか？

▼　▼

まづ最近の小作争議の一般的傾向を見やう。

農林省の統計によれば、昭和元年の二、七五一件以来争議件数は減少傾向に向つたやうに思はれてゐたが、昭和四年、五年と再び増大してきた。昭和四年度の争議件数は二、二九三件で、三年度に比して四四九件の増加五年度上半期のは一、一七九件で昨年同期に比して一六五件の増加である。昭和四年度（特に下半期）と五年の上半期この増大は昭和四年度来の不作に原因する。

だがしかし、総件数の増減如何に拘らず、小作争議は激化し、深刻化しつゝあるといはねばならない。

第一に地主の土地取あげに原因する（これに対して農民は小作契約の継続を要求してゐる）争議が、作の豊凶如何に拘らず増大してきた。この地主の土地取あげとそれに対する農民の決死的抗争とそ《ママ》は深刻化しつゝある小作争議のもつとも重要な特徴である。それは農業恐慌が、「地主の没落」と農民の窮乏化とを同時に導いた事に原因する。物納小作料を徴収する地主は米価の暴落によつて損失を蒙り、金融、株式の不況も彼等の困難を促進してゐる。だが地主は其困難を小作農民に転がすべく努力してゐる。しば〳〵小作料値あげが行はれてゐる。小作料の徴収のために、訴訟、立毛動産差押へ等の強制手段をとる。小作料を滞納してゐる小作人に対して、土地返還訴訟を提起して、立禁等の強制手段をもつて土地を取あげる。他面農産物価格の下落（単に米価の下落のみならず、蚕や野菜の暴落も）と各種賃労働の、と絶とは、貧農を窮乏させ、小作料の滞納は組織未組織を問はず広汎に行れてゐる。農民の減免要求は「不作だから」といふ点からではなくむしろ食へないからといふ点に求められてゐる。地主の土地取あげを増大せしめてゐる事情は以上の如くであるが、こゝに注目すべきは、地主が、小作農民から土地を取あげて自作経営を行ふといふ事と、地主が、貧農小作人から土地を取あげて、中農的、乃至は富農的小作人に小作地を貸してゐるといふ事実が存在する事である。この二つの事実が、土地返還争議増大の根底に存するのであつて、それは結局、日本における資本主義的農業経営の発展如何の問題に関係してくる。然しこゝではこの関連を暗示するにとゞめておく。

▼　▼

昭和四年度には小作契約の継続を要求するもの五九七件で前年度の倍、五年度は上半期だけで六三一件に達し、前年同期に比して二八八件の激増である。

次に争議一件当りの関係人員と耕地とが近年減少の傾向にある。このことは一見小作争議の規模の縮小を語る様ではあるが、事実において争議の深刻化をあらはしてゐる。大正十四年、十五年当時は争議の原因は主に、地方的な悪慣行の廃止とか、気候その他による不作による減額要求とが多かつたこの種の要求には一定地帯の多数の小作人が、数人の地主に対して戦ふといふ形をとつた。しかし、最近の争議殊に土地返還の争議は数年間、小作料滞納を続けてゐる貧農分子に向けられてゐるのであつて、組合のある場合は多数の農民がその争議に動員されるとはいへ、いはゆる関係人員、耕地は大きなものではありえない。この種の争議が多くなつてきたといふ事が、右にのべた傾向の中に現れてゐる。

第三は畑地における小作争議が多くなつてきた事である。元来日本の小作地二七八万町歩の中、一六〇万町歩は水田で、畑小作地は、一一八万町歩である。水田小作料は物納で収穫高の五割標準であるが、畑小作地は大部分金納である（これは畑小作地では各種作物を選択耕作しうること、畑作地に市場へだすものが多くなつたといふ事からきてゐる。）それは従来の畑作価格では総収益の五割には達しなかつた。従来の小作争議はほとんど全部水田小作料に関して起つた。畑小作地の争議は年々増加の傾向にあるが、昭和五年上半期九八一町歩で前年同期に比して三二町歩の増加である。（此増加の実数は多くはないが、争議関係の水田小作地が三九七五町歩減少した事と対照すべきである。）関東、東海道の諸県では畑地小作争議の割合が三分の一から二分の一に達する所が少なくない。桑園小作料の問題はすでに七八月頃から起つてをり五割減から全免が要求されてゐる。

更に、小作争議はその闘争方法の上に注目すべき特徴が現れてゐる。

▼　▼

昨年十一月末の秋田前田村の暴動以来、小作争議に関係する「騒擾事件」は十をこえてゐる。

新潟県王寺川村王番田、大蒲原村、黒川村坂井、富山県大澤野村、東太美村、山形県長崎町、北海道雨龍蜂須賀農場、山梨県奥野田村、落合村、大阪府下上瓦屋等々に起つてゐる。最近では秋田県沼館村の争議が組合会員と官憲との「乱闘」となつた。

右の事実はすべて、地主の攻勢に対して農民が逆襲的に対抗し、それが更に官憲に対する闘争に発展してゐるといふ点で共通の性質をもつてゐる。

地主の攻勢は、司法権に頼る小作料の強制取立て、土地取あげに見られるのみでなく地主組合と土地会社の結成、消防組、在郷軍人会との提携、組合員乃至は繋争小作人を孤立化さすための協調組合の組織の中に見られてゐる。注目すべきは土地会社の激増である。

数年前、関西、中国、四国地方の中小地主を結合した大日本地主組合の支持によつて主として関西地方を中心として土地会社が作られた。最近では、それが全国的になつてきた。大正十四年には一七、昭和三年には六五、昭和四年末には一〇〇余を数へるに至つてゐる。土地会社員の中に、農業経営を大規模に行ふものもないではないが極めて少ない。ほとんど全部は小作料の取り立て、争議に関係した訴訟事務の取扱ひを目的としてゐる。

昭和二年春、奈良県下の土地会社が一せいに立禁を行つた。鳥取県下の土地会社の立禁を中心として淀江事件、箕蚊屋事件が起つた。最近、山梨、新潟、秋田等々に土地会社で活動してゐる。

▼　▼

小作農民の争議戦術にも最近根本的な変革が行はれてゐる。「大衆行動をもつて戦へ！」といふ事がそのスローガンとなつてきた。注目すべき事は、青年、少年、婦人の活躍が目立つてきた点である。盟休の形で争議に動員された少年は、「ピオニール」として恒常的な訓練を与へられてゐる。

他面において、小作調停と、自作農創定との小作問題における役割がはつきりしてきた。小作調停は「争議を未然に防ぐ」べく小作官等によつて運用され、「小作問題の根本的解釈」のために行はれてゐる自作農創定は、むしろ地主土地売り逃げを援けた。

昭和五年度、春以来の桑、繭、野菜その他の畑作物の暴落につぐ米価の暴落は、すでにのべた諸傾向を益々おし進めるであらう。

昭和五年度産米は豊作であると言はれてゐる。第一回作納予想によると六、六八〇万石であり、未曾有の増収である。それによつて、小作争議の件数の上に多少の減少が生じやうとも、争議はます〳〵激化し深刻化するであらう。

全農第一主義に就て

岡本茂一郎（関矢留作筆名）

【出典】『農民闘争』第一巻第一〇号（一九三〇年十二月発行）

本年四月全農第三回全国大会の時「全農第一主義を粉砕しろ」と云ふ労農党の指令に対して抗議せよと云ふ緊急動議が兵庫の一同志によつて出された。これは、左翼の代議員その他大会の多数によつて支持され、労農党の幹部を狼狽させた。其の後左翼の県連の声明書にも、全農第一主義の立場にたつてかゝれたものがあり、又最近労農党の解消問題に対する声明書の中にも全農第一主義の立場からなされたものがある。

全農第一主義は、組合の立場からする合法無産党反対の態度として正しいと考へてゐる同志も少くはない。

だが、我々は今はつきりと云はなければならぬ。全農第一主義は左翼農民組合の掲ぐべき主張ではない。それは、現在、農民運動の状態から見ても、又、農民解放の目的から見てもあやまつた主張である。

けれども、これは決してかつて労農党の本部が主張した様な理由からではない。労農党本部は「全農第一主義を粉砕しろ」と云ふ指令の中に「全農第一主義は農民の政治の無関心に陥らすからまちがひだ」と云つた。彼らの政治闘争とは議会主義的政治闘争であつてそんなものには不賛成であり、反対であるべきた。けれども、この労農党の主張に対して「政党を支持しなくとも政治闘争は出きる」「全農は昔から政党とは独立に組合として政治闘争をやつてゐるのだから政党（合法無産党）を支持する必要はない」とか云つて反対するのも決して充分正しくはない。如何にも、労農党は、組合で戦つてゐる日常要求のための闘争をさへ指導し得ない事を暴露した。彼等は組合によつて支持され、投票をカキ集めてゐるにすぎない。そして、全農第一主義の主張が、労農党や大衆党の空景気の演説にあきあきし、政党支持は代議士病患者共の組合利用にすぎない事を感じた農民を引きつけたと云ふ事は大きな理由がある。我々は合法政党に対する大衆の不満をとらへて全国農民組合から一切の合法無産党の影響をおひ払はねばならない。けれども、それを「全農第一主義」の下に行ふならば、次の一つの誤りをおかす事になる。第一に、それは全国農民組合が、真に階級的に正しい農民大衆の組織であると言ふ事を前提しており、第二にそれは農民は全国農民組合に団結して戦いさへすれば、それだけで、農民の解放が出きると云ふまちがつた方向をいみする。

それ故、我々は全農第一主義に関する一切の宣伝や声明を中止すると同時に、全農第一主義的傾向を、実践に於て克服しなければならない。それには第一に、現在の全農を左翼的××的農民組合として再組織するために努めねばならない。第二に、左翼農民組合は、農民を解放するための大衆闘争は×××の指導の下に於てのみ勝利しうることを明らかにせねばならぬ。それは単に声明だけではなく行動によつて×の支持がなされねばならない。

左翼農民組合は、小作料減免、土地取上反対、借金棒引、産米検査その代《ママ》の反動的法律弾圧に反対して戦ふことによつて貧農を中心としてその他小農、中農をも含む農民の大衆組織とならなければならぬ。だが、更に、この部分的な日常要求のための闘争を通じて、大衆に「土地を農民へ」「労働者農民の政府樹立」等々の革命的要求を自覚せしめて、かゝる要求のための闘争の真の指導者は○○×××なる事を明示して大衆の××的訓練を計らねばならぬ。改良主義的農民組合は、これこそ反対に大衆の××的自覚、××的訓練を怠り、合法主義、議会主義を大衆の間に広めてゐるのである。

農業恐慌の尖鋭化と工業恐慌とによつて農民の窮乏はドン底まできており、地主や資本家の農民に対する搾取は一層強められてゐると同時に、大衆の不平、反抗は拡大し、他面地主、資本家政治支配は、国際的にも又、国内的にも危機をはらみつゝある。一つの全国的な××によつて労働者農民が天下をとるのでなければ、この状態から解放されえないと云ふ考へが大衆の間に広がつてゐる。それ故にこそ「土地を農民へ」「労働者農民の政府樹立」「ロシアの話」が組合の座談会に於て話題にのぼつてくるのである。農民組合は決して研究会ではなく、一つの闘争組織である。だが、右の諸問題の討議が農民の切実に要求しつつある日常利益のための闘争とむすび付く時、それは決して革命的な空語には了らないのである。農民大衆の部分的日常要求の、革命的スローガンとの結合は、座談会、演説会等々の小集会の外に、地方的乃至全国的な農民大会、農民代表者会議の形態に於て、又各種国際的カンパニア（メーデー、八月一日デー其の他）への参加によつて試みられねばならない。

全国農民組合は第二回大会以来、左翼的方針を採用し、それによつて指導されてゐる。そこで労働者との同盟が主張の中にとり入れられて「土地を農民へ」「労働者農民の政府」がスローガンとして採用されたのだ。だが、労農党と大衆党とはその一部を、支配しており、現在の指導部（総本部）は右の合法無産党に対する顧慮からして左翼的方針を実現しえない。しば〲合法主義者と妥協をやつてゐる。しかも、左翼の連合会は、その勢力が分散しており、左翼組合としての活動、闘争を充分にはやつてゐない。理論に於ても実践に於ても全農主義的傾向を脱してゐない。又、公然×××の指示を声明してゐる所でも、それが口先だけにおわつてゐる。全国農民組合の××化のために、合法無産党にとつてその指導部をうばはれた連合会にあつては、支部、地区を基礎とする反対派の結成が急務であり、この反対派は左翼の連合会、地区、支部と共に打つて一丸として全農内に強固な「左翼」を形成《かたちづく》らねばならない。この「左翼」は自から、××的農民組合として活動しこれを拡大すると同時に、全農の××化のために闘争しなければならない。大衆の革命化が急速に行はれ、それが労農党の解消運動の如き形であらはれてゐる今日、このことは急務であり又必ず成功的になしえられるであらう。

全農第一主義を清算せよ！　全農の革命化、拡大強化のために！

一九三〇、十一、二十九

Ⅲ　小作料と農民生活

小作料に関する覚書（一）

関矢留作

【出典】『経済評論』第三巻第九号（一九三六年九月一日発行）

此の稿は故関矢留作氏よりの私信をまとめたものである。編者は昨年末氏を北海道に尋ねてより、五月氏が新潟に於いて卒去するに至る迄の間、地代問題並びに日本に於ける小作料に就いて屢々書信を以つて氏より指導的意見を仰ぎ得たのである。次に発表する一文は小作料に就いて氏が私信に述べられた見解の一端であり、氏は尚ほ手許に貴重なるノートを残されたと聞く。後日それを整理して発表する機会を得れば幸と思ふ。尚氏が造詣深き農業理論家であつた事に就いては多言を要しないであらう。

岐阜にて　小島玄之

はしがき

小作料の研究に就いては、ウイツトフオーゲルが支那に就いて分析してゐるやうに、又マジヤールがその著「支那農業問題」中東洋に於ける米作地に就き再三注意を喚起してゐる如く、水田経営の特性が考慮されねばならぬ。北海道の畑小作料は総収穫の五分の一にしか過ぎないけれども、剰余労力の全部を吸収してゐる点では内地の水田小作料と異る所がない。従つて小作料も単に率だけが問題でなく、その率の意味する所が重大であらう。英国に於いて資本主義地代は封建地代よりも大であつたからこそ地主が小農小作人を追ひ払つて大小作人を入れたのであり資本主義的大経営の発展の道が開かれたのでもある。斯る過程が日本に行はれなかつたと云ふこと、其処には水田耕作の特性が作用してゐると思ふのである。但しそれは社会的諸制約との交互関係に於いて問題となることである。斯る意味に於いて小作料問題の探究の為には水田耕作の技術的経済的特性に関する歴史的研究が必要であらう。然るにその点に就いては日本の同志の間に従来殆んど注意が払はれてゐなかつた。左に於いて水田耕作の特性が小作料に及ぼす影響を二三略述することにしよう。

一　水稲耕作と大経営

農業の資本主義化に対して封建的生産関係（土地所有と小作制度）が桎梏となつてゐると云ふことは否定し得ないであらう。併し生産関係が桎梏とならない場合に於いても或る事情に依つて農業の資本主義化が困難な状態に置かれるならば古い生産関係が存続され、若くは再生産されるであらう。従つて此処に於いて、農業の資本主義化が行はる《ママ》べき技術――経営形態（経営用式《ママ》）を考察し、水稲耕作がそれに及ぼす影響を探求する必要が生じるのである。

大経営必ずしも経営面積の拡大と一致するものでな

いと云ふことはカウツキーが「農業問題」に於いて明かにしてゐる。併し日本の農業の最も重要部分を占むる水田経営に関する限り、経営面積の拡大を伴ふことなくして大経営の発展を考へることは出来ない。但し搾乳、温室、果樹園、花卉、採種等に於いて既に資本主義経営が存在することは、議論の余地なきことであり、それ等経営が水田経営と同一に論じ得ないことも亦明かである。又それ等経営に於いて日本農業が資本主義化されてゐることは事実であるが、それは市場的並びに立地的制限を受け園芸化されてゐるので、技術的条件として園芸に依る水田経営の置き換へが支配的過程として問題となることは出来ない。

かくて眼を水稲耕作に注ぐ時、資本主義的経営の発展は微弱であるばかりでなく、一般に大経営が分解過程をたどつてゐる傾向さへも見受けらる。（これは厳密に分析すれば封建的性質を多分に持つた地主手作（註一）の崩壊であつて、資本主義の影響を表はす一面に他ならない）。単に資本主義的大経営の発展が微弱であるのみならず、水稲耕作に於いてはその技術的条件さへも具つてゐないのである。この事実並びに土地所有者（大自作農をも含めて）さへも地主化する（して来た）と云ふ事実は、水田経営に於いて技術的に大経営が不可能ではないかと云ふ疑問を誘発する。諸多のブルジョア農業学者が日本農業に於いて、大経営の発達しない論拠を其処に求めて社会的桎梏を抹殺する点見逃し難い。故に筆者は果して技術的に大経営が、水稲耕作に於いて、半永久的に社会的桎梏の如何を問はず不可能であるか、どうかを解明せんとするのである。

先づ簡単に多少の研究の結果得たところの結論を述べれば、水田大経営化の技術的条件は具つてゐなかつたが、それはその発展の為の刺激が無い為であつて、不可能なのではないと云ふことである。それは最近農業の進歩に依つて、後ればせながら成熟しつゝあると云ふ事実に依つても窺ひ知ることが出来る。蓋し成熟しつゝあるとしても、その技術を存分に採用して、水田耕作の資本主義化が一般的過程となるか否かは又別個の問題である。茲に於いて日本に於ける水田小作料の特殊の性質から、技術上の条件が成熟しても、経営の資本主義化が支配的には進行しないと云ふ社会的制約が作用する。何となれば半封建的な搾取関係並びにそれと結びつくところの土地所有性一般が斯る過程の進行を妨げてゐるから。

徳川中期以来地主の大経営が崩壊過程を辿り明治二十年代に至つてほゞ完了してゐる。

彼等の大経営は、譜代奉公人もしくは年期奉公人に対する封建的搾取に依つて成立してゐたので、それが封建的関係の解体と運命を共にしたのは必然である**（註二）**。

現代の小作制度はそれ等地主大経営の崩壊に依つて生じたもので、そこには又依然として封建的関係が残留されてゐるのである。今日地主の小作人に対する関係は、純封建的なものでないことは議論の余地がない。けれども地主と小作人との関係を単なる自由契約と見なすことは、（櫛田氏一派の如く）早計である。勿論法律的形式に於いて、地主の土地所有権はブルジョア的であり、彼の小作人に対する関係も亦同様である。然し搾取関係の実質には、封建的関係並びに慣行がからみついてゐることを見逃すことは出来ない。この場合勿論搾取関係が慣行を存続せしめてゐるのであつて、慣行に依つて搾取関係が存続されてゐると考へるべきではない。最近の論争に於いて、斯る傾倒した見解が行はれがちなことは注意すべきであらう。この点に就ては後に詳述する。

日本に於ける小作契約は概ね無期限であり、一定の小作料額が定められてゐながら、不作引の存すること、又小作料が前納されず後納であること、地主が耕作内容に干渉すること、小作料が現物納であることこれ等総ては地主と小作人との関係が単なる自由契約でないことを立証するものに他ならない。斯る点に就ては既に横井博士や柳田氏等明治中期の農学者が指摘してゐるところである**（註三）**。

註一　「地主手作」は明治二十二年末頃迄かなり普遍的であつた。その点に就ては「新地主論の再検討」（「改造」昭和六年六月号所掲）「維新前後の日本農業に於ける賃労働」

（「改造」昭和十年十二月号所掲）以上二論文に詳しく資料が述べられてゐる。然しその著者は地主手作をもつて資本主義的農業経営の萌芽形態なりとしてゐるが、自分は之を封建的地主経営の最後形態と考へるのである。「終身奉公と奴僕」を使用する地主経営の衰退は元禄年代にほゞ完了し（この過程は刀狩「豊公」に始つたと見るべきである。）年期奉公に依る経営の崩壊は明治二、三十年時代に行はれたと見るべきである。右論文の著者は「地主手作」に於いて資本の演ずる役割が、殆んど絶無であることに注目せず、又その年期奉公が小作関係に対して持つ関係にも注目してゐない。若しそれ等の点に注意を払つたなら「地主手作」が資本関係の発展と共に崩壊すべき運命にあつたことは自ら明かとなるであらう。

註二　この点歴史研究の為の課題を提出したものである。柳田國男氏等の農民研究にその片鱗が窺はれる。又土屋氏が徳川時代並びに明治初年の賃労働として発表したのは凡てこの種のものである。

註三　それは歴史的地位から云つて、フランスのメタイヤー、ロシアの雇役農民に類似する。

二　水稲耕作の特殊性

小作料が農業生産物の全余剰部分を代表すると云ふ点は（多くの場合労銀部分さへ含むこと）多くの人の指摘してゐる通りである。然しこゝにも一つの問題が起る。

一般に資本主義地代は、超過利潤の地代化されたものに過ぎないけれども、その絶対額は、全剰余部分を含むところの封建的地代より小さいと云ふ筈がない。これは資本主義経営に於ける労働の生産性から必然に生じることである。例へば、英国の地主は、農奴若くは小作人の支払ふ地代よりも資本家的借地農の支払ふ地代の方が多額であつたればこそ、農奴或は小作人を追ひ払つてそれに代る資本家的借地農に土地を貸付けたのであらう。即ちその額は同一であつても、半封建的小作人にとつて高い地代必ずしも資本家的小作人にとつて高い地代とは限らない。ところが、今日日本の小作料が資本主義経営発展の制限をなすと説明する場合、往々にして封建的小作人と資本家的借地農と混合するやうな解説をする者がある。

一定額の小作料が如何に小農民の全余剰生産物を搾取するとしても、そのことから直に資本家的農業者にとつても同じことが当嵌められるとは云へない。即ち温室経営や搾乳経営の如きは、反当り米二俵半以上の地代を支払ふとしても尚ほ且つ経営者の手に利潤が残り得るであらう。斯る場合同一額の地代であつても、経営様式の如何に依つてその地代の経済的意義が異るのである。同様に北海道畑作経営の小作人は、その地主に支払ふ小作料が全収穫高の四分の一に過ぎないとしても、それが全余剰労働に該当するならば、量率の如何を問はずそれは半封建的地代と規定さるべきであらう。故に問題は経営形態の如何にあり、その経営の生産力にかゝつてゐる訳である。然し日本の水田経営に関する限り、現行小作料を支払つて大規模耕作をなし、農業労働者に労賃を支払つた後平均利潤を得ることの出来るやうな経営形態を工夫したものはなく、それは今日の技術的水準からみて明かに不可能事と云ふべきであらう。更にそれのみならず相当の土地を自作する農業者が、雇人を使用して経営するよりも、余分の土地を小作人に貸付けた方が有利な状態に置かれてゐる。（自作農の地主化・地主手作の崩壊）それ等は何故であるか？　少くとも斯る事情は、ドイツやロシアに行はれた過程とは非常に異つてゐる。彼の地に於いては、中小地主の一部は封建的経営を資本主義的経営に乗換ることが出来た。彼等は地代に相当するものの他平均利潤を得なかつたとしても、それに依つて多少の利潤を懐にねぢこむことが出来たのである。ところが日本に於いては、それが不可能で、その不可能な理由は単に小作料の高額のみから説明し終ることは出来ない。又人口過剰の我国としては農業労働者の欠乏等に依つて説明することも出来ない。

茲に於いて筆者は、水稲耕作の技術的特性並びにその労働の生産性に関して研究する必要を痛感するのである。

水稲耕作の労働過程は、（イ）耕耘整理。（ロ）栽培（苗代、田植、除草、施肥、害虫駆除）。（ハ）収穫（刈取、運搬、乾燥、脱粒、籾すり、俵拵へ）の三つに分類し得る。

今日までのところ、経営を大規模化することに依つて、分業を行ひ、機械化を実現することの出来る余地は、耕耘の畜力化と、調整作業の動力化だけであつて、最も気候上の制限大なる栽培労働に至つては、完全に手労働の範囲を脱してゐない。この部面に於いては、例へ大規模化したとしても協業を行ひ得るのみであるが、その協業に依つて生産力を高めうる余地は乏しい。（せい〴〵封建的大経営の大田植の場合を除き）除草に於いては太一車や八反取の普及の為に、協業の利益がなくなつたと云つてもよい。今仮りに大規模化して耕耘、収穫方面で生産性を高めて見ても栽培過程に莫大な労力を要することゝなり、これらの労働はその性質上賃労働を以つてする場合その能率は著しく低下する。又臨時雇として雇ふことは難しく、常雇として雇ふならば他の期間の労働がないと云ふ不都合な結果になる。

資本家的経営者の立場からすれば、労力利用の不平均は、その利潤に影響するところ大なるものがある。北海道に於ける資本家的大経営が、労働期間の平均してゐる養畜経営に多いと云ふことも上記の理由に基くものである**（註一）**。

水田経営大規模化の技術的条件も部分的には既に成熟しつゝあるのであつて、その一つは水稲の直播機である。之は北海道の水田五町――十町歩経営を可能ならしめるところの技術的革命をもたらし、おそらく裏作を行はない東北、北陸に於いても行ひ得るであらう。他の一つは畜力除草法である。除草器具の発達史は興味あるもので、草取爪→雁爪→太一車→八反取→畜力除草と云ふ発展過程を辿つてゐる。

畜力除草機を使用することによつて、如何に水稲耕作の労働が節約されるかは、富民叢書中「成功せる農業経営」に出てゐる渡邊義雄氏の業績に依つて明かである。帝国農会の調査が反当り二十日余計上してゐる時、同氏の経営に於いては九日にして足り、しかもよき収穫高をあげてゐると云ふことである。

刈取は最も多く労働を要するが、比較的期間が長いのでさほど困難ではない。むしろ一定期間に集中して多大の労力を要するのは田植であり、柳田國男氏の如きは、水田耕作は田植の労力に依つてその耕作反別が制約せられ従つてそこに大規模化、機械化に対する運命的障害があると見ておられる。併し筆者はこの見解をとるものではない。何となればそれは北海道の直播法が暗示する如く絶対的なものではないからである。

更に最近唱へられつゝある多角的経営の如きも、労力を平均化することに依つて資本家的農業経営の発達に好条件をもたらすと看做し得るであらう。以上の如く水田大経営は、その刺激が少くない為に、技術上の研究は遅々たるものであるけれども発達の方向は示されてゐるのである（註二）。故に一段と刺激を与へるならば、それは急速に発達し得るであらう。

技術的発達に対する将来の可能性に就いては兎に角、今日までのところ、経営を大規模化するとしても（家族労働に依つて為し得る以上に）小作者にとつて小作料を得る以上の利益がないと云ふ事情は、水稲耕作に於ける農家労働性に依るところである。それは例へ大規模化に依つて労働の生産性を多少高め得たとしても、次の事情が影響するからに他ならない。即ち従来の様式に於ける水稲耕作は、土地と労力だけあれば後に僅少の農具と肥料を要するに過ぎず、為に技術的構成が低位にあり、その労働の生産性がたいしたものでないとしても、剰余生産物（労働）の総額は大なのであつた。それを図示すれば次の如くである（関係を明かにする必要から北海道の畑作と内地の水田とを比較することにした）。

右（次頁 —— 引用者注）の図に依り内地の水田一町歩と北海道の畑作五町歩とを比較すれば、労働の生産性に於いて $\frac{2}{3}:\frac{4}{3}$ となり、二倍の差しかないけれども、反当り地代は四円対四十円の差が生じるのである。

次に内地の十町歩経営では、労働の生産性が $\frac{4}{3}:\frac{4}{2}$ となり明かに増進してゐるけれども、反当り四十円の小作料を支払ふならば、やはり何等の利潤も残さないであらう。

以上は絶対地代に於いて表はれる関係を例示したのに過ぎない。その作用に依つて多少の技術が改善されたとしても、従来の地代水準が維持されてゐる限り、利潤を生ずる余地がないと云ふ事情に支配されてゐ

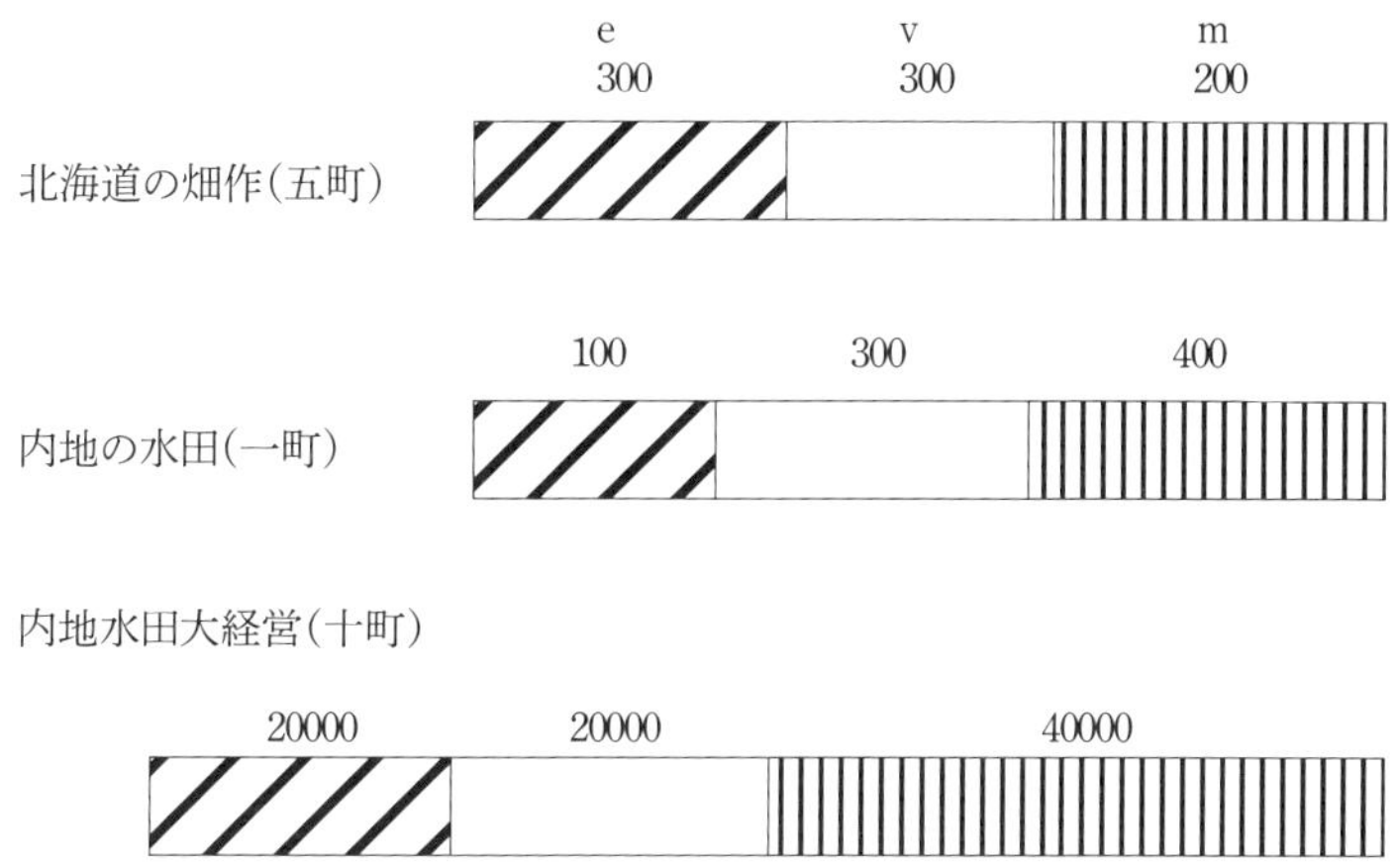

註　cは生産用具、vは労働賃金（自力労働をも含めて）、mは剰余価値。

る。斯る事業から自作農（富裕な）が正に資本家的農業者へ転化し得べき時に当つても（地代の水準が低位にある場合）方向を転じて小地主となるのである。若しより優れた技術上の条件が具つてゐるならば、或は彼等も農業資本家たり得たかも知れない。けれども技術は水田耕作に関する限り先進国に発達した農業技術の成果をそのまゝ輸入することが出来なかつた**（註三）**。従つて水田耕作に於ける技術は新しく発明されねばならぬのであるが、斯る発明を達成する為には、利潤を追求するところの農民自身にその為の経済的余裕が与へられなければならぬ。然るに日本の水田地代の特殊な性質の為、農民が多少の生産性を高め得たとしても、それに依つて生ずる利潤が彼等自身の手に残らないと云ふ関係こそ、現在まで技術的発達を低位のまゝに止めてゐた根本原因なのである**（註四）**。

　更に技術の発達しない理由として耕地が分散的であると云ふ点も看過することは出来ない。何となれば地主が自ら農業経営者たらんとしても、彼の所有地が集団的であるとは限らないし、自作農に於いてはそれが尚更であるから、その為に経営面積の拡張は障害をうけるのである。のみならず一般的に耕耘機その他畜力機を使用する為には水田の区劃が甚だ不便な状態にある。北海道に於いては畦をとばして数枚の畑を耕耘する方法が行はれてゐる。兎に角技術の発展が水田に於ける新しき経営形態を可能ならしめるとするならば、水田の区劃の現状は維持出来ないであらう。

又一般小作農が土地を買入れて大経営を行ふとすれば、土地買入れの為に莫大な前貸し資本を要することは周知の点であり、小作地を借集めるとしても、従前以上の小作料の支払ひを約束しない限り、地主は従来の小作者から土地を取上げて彼にその耕地を新たに貸与すると云ふことはしないであらう。かくて土地所有性一般の矛盾は、封建的搾取関係に依つて加重され、農業資本主義化の防害をしてゐるから、例へ今後大経営の技術的条件が成熟したとしても、それが水田耕作の支配的過程となりうるとは考へられない。併し地主の自作化の傾向が技術的条件の成熟に伴つて行はれつゝある事実、又自作農の間に於いてもその経営を拡大せんとつとめ或る程度の成功を遂げるものが生ずるであらうことは明かである。だがそれも資本家的大経営としての発展性は如上の事情に依つて制約されてゐる（註五）。

尚注意すべきことは日本に於ける米価問題が土地問題の一面に過ぎないと云ふことである。水田が支配的耕作形態であるのは米価が高く維持されてゐるからに他ならない。今日の米価は明かに生産費以上であり、小作料をそのまゝ生産費中に算入するから米価が生産費を割つてゐるやうに見えるのに過ぎない。若し一つの大きな農業恐慌が進行するならば、それを契機として水田の少からぬ部分が他の地目に変更されると共に、農業の資本主義化に対する大きな刺激を与へるものと考へることが出来よう。それは現にみるところの技術上の発達や、地主の自作化或は農業の多角経営化を刺激したのが、大戦以後の農業恐慌に条件づけられてゐると云ふことに依つても想像されるであらう。

（未完）

註一　この点第二巻参照（第二巻とあるのは資本論第二巻のことゝ思ふ、その個所に就ては明かでない――編者――）

註二　資本主義的農業経営の発展の停滞性――その原因を技術の未発達に求めることは正しい。けれども技術が何故発展しないかと云ふことを問題としないのは誤りである。把握は常に全機構的でなければならない。技術が未発達であると云ふ理由は次の諸点から観察する必要があらう。

一、先行の技術の特殊性。水田経営に於ける田植、除草の機械化が可能であるか、又冬季労働の欠閑《ママ》を克服する方法あるや否や。それ等の点は一応探求されてゐるけれども、未だ有効な方法が見出されてゐない。二、工業の技術は欧米に於ける数百年の成果を移入することに依つて達成せられたのであるが、農業――自然的条件に著しく作用され、アジア的水田形態を有する――を機械化（資本主義経営の基礎となるのに充分な程）する方法は、独自のそれに適応した技術を発見しなければならない。例へばプラオは日本国内に於いてさへ地方に依つて多様な形態をとり各々のその地方の小工業の生産物となつてゐる。三、日本政府は一つの農具研究所を持つてゐない。それは農業の技術的指導が地主の願望のまゝに、地代の増進を可能ならしめるやうな方向へのみ行はれたからであつて、経済的余裕に乏しく且つ科学的教養の低い小作農は勿論自作農や地主すらその方面の研究を為すものはない。この点に就き柳田國男氏は、日本の農事改良が主として労働を増やすやうな方向へのみ行はれて来たと述べてゐる。明治中期以来の米価の連続的騰貴は、小作料の騰貴とは無関係に地主の収入を増大せしめたのであつて、その為に地主は、敢て農業技術の発達をはかり経営の進歩をうながすやうな困難な道を求める必要にせまられなかつたのである。四、故に日本に於いて農業の生産力（労働の生産性）の増進の条件となるものは、一つの大なる農業恐慌が襲ふか若しくは（それと関連することではあるが）農村に於て階級闘争が勝利的に進行するか、それ以外にはないであらう。政治闘争の問題ではあるが、大なる農業恐慌が農民闘争を激発し、それが勝利的に進行することに依つて、小作料の全国規模に於ける減額が成功するとすれば、農民の間から資本主義的農業経営が発生し、と同時に農民の階級分化も新に起るであらう。又農業恐慌の為米価が低落することに依り農民の不平不満が激発したとしても、…………に依つて圧迫され敗北した場合、地主はその為にうける収入減を克服する方法として、資本家的経営に逃げ道を求めるであらうことは容易に想像し得るであらう。而しその時こそは日本の水田経営が没落する日であり日本農業の作物編成に大変化が行はれる時であらう。だが正にそのことは地主のみならず都市資本家特に帝国主義者達を恐怖せしめずにはおかない。これこそ先に行はれた金再禁止、その後引続き企てられてゐる米穀法強化等の原因であつたのである。

註三　この場合、ドイツ、ロシアの資本家的地主が、英米の農業機械を輸入して使用したのとは、大いに事情が異つてゐる。

註四　水田耕作の新技術が農民自身の手に依つて発見された一つの例として、北海道農民の発明した水田直播機を挙げることが出来る。

註五　以上に於ける筆者の論述の眼目は、大経営の優越性を否定することなしに、しかも小経営が支配的である理由を説明することであつて、従来多くの論者が水田経営の発表に対する制限を論ずる場合、水田に於ける大経営の劣性を暗に容認してゐることに気付かないでゐるのである。

おことはり　編者が病気入院中の為全部発表出来ず整理も充分ならず、故人の意見を正しい姿で発表し得なかつたことを、筆者並びに読者にお詫びしなければならぬ。後半はいづれ発表する手筈を整へ度いと思ふ。

《遺稿》小作料に関する覚書（二）

関矢留作

【出典】『経済評論』第三巻第一〇号（一九三六年十月一日発行）

三、半封建性と経済外強制に就て

では農業生産力の発展を妨害してゐる半封建的搾取関係は、如何なる方法手段によつて、或は如何なる過程を経て排除されるであらうか？

勿論農民運動がそれに関連し、そのための決定的役割を演ずることは今更言及するまでもない。それを如何にして演ずるかゞ当面の問題である。

そこで、先づ半封建的諸関係が、如何なる形態で存続してゐるかを究明する必要があらう。問題とする残存諸関係が、純封建的なものでないこと説明は要しないであらう。こゝに注意すべきは、封建的内容を有する小作関係（小作制度）が、地主の小作人に対する身分的関係によつて維持されてゐるといふわけではなく、小作農の貧窮な地位、彼等相互間の競争そのものによつて、剰余労働の金額を土地所有者の手に引渡さゞるを得ないやうな結果をまねいてゐると云ふ点である。

小作人が団結と闘争によつて小作料を低下しうると云ふこと、並に小作人が現行法律関係の下にそれを敢行せんとする努力は、右の事情を裏書するものであらう。その点に就ては後に詳しく触れるであらう。併し、小作人の競争（耕地に対する）が高率小作料を地主の手に得せしめる一つの理由とはなるとしても、それを以て直ちに、農業生産にブルジヨア的自由競争が行はれて居り、地主と小作人との関係が、封建的遺制によらず単なる自由契約に過ぎないと云ふ論拠とすることは誤である。

徳川時代においては、年貢減免の要求や、農民の団結そのものが既に非合法であつた。さうした情態の下におかれてゐた農民と、現在の農民との身分的、法律的差異は否定し難い。それまでも一色に塗りつぶして、封建的諸関係を云々することは勿論正しくない。半封建的諸関係の存続を問題とする論者が、その点を看過し、さうした盲目的誤謬を犯してゐるわけではなからう。唯反対者側から頻りにさうしたデマが飛ばされてゐるといふことは、論争を正しく発展させるためにも悲しむべきことである。

ブルジヨア的法制の下において、且つ形式的ではあるがブルジヨア的土地制度の下において、封建的搾取関係が行はれてゐるそれ故にこそ、我々はそれを半封建的と規定してゐるのではないか。

換言すれば、土地所有が問題となる場合、その形式と内容とが区別されねばならない（註一）。内容は形式を決定するとは言へ、それは必ずしも同一物ではない。正に日本の土地所有の場合、形式はブルジヨア的（と云ふのは商品生産に対応すると云ふほどの意味）でありながら、内容に於て封建的である。これ即ち半封建的と規定する所以である。

日本における土地所有関係は、それを法律的形式から見れば明かにブルジョア的であり、この限りではアイルランドのそれと(但しマルクス時代の)同一種類のものと看做し得るであらう(註二)。

併し土地所有の性質規定は、法律的形式のみによつてなすべきものではない。何となれば、日本の土地所有を見ても、それは分散した所有形態が多く、資本制生産方法に適合したものではないし、それは又封建的内容を有する小作関係及び小作料と結び付いてゐることによつても明かである。故にその所有の実質的内容(生産手段として演ずる役割から云つても亦搾取手段として演ずる役割からしても)は、寧ろ封建的と云ふべきである。繰返へすことになるがかゝる矛盾に充ちた様相をこそ、吾々は「半封建的」と規定するのである。

然らば今日ブルジョア的形式の下に、封建的搾取関係が存続されてゐる理由は何か。それは他ならぬ過小農経営(本質的にも封建的な)が行はれてゐる結果である。しかして過小農経営が残存する理由は色々あらうけれども、それが何であるかはこの場合問ふ所でない。

かくてこの実質的には封建的な搾取関係こそが、小作人の地主に対する卑屈な地位、各種の封建的慣行の残存を条件づけてゐるのである。

マルクスが、農奴制が賦役労働の原因となることは少く多くの場合その反対に賦役労働が農奴制の原因となると云つてゐる(資本論第一巻、二〇八頁)ことは、右の点に就て参考にすべき意見であらう。

こゝで各種の慣行について一言することにしよう。

明治維新の変革が、上から行はれたゝめ、農村においては、地主と同一人である庄屋や名主輩が、そのまゝ戸長や区長となり社会的に支配的な地位を占め、又徳川時代に一つの社会組織をなしてゐた村(部落)が、そのまゝ(多少の変革はうけたと云へ)今日まで存続してゐることなぞ、それらのため小作関係に影響を及ぼす封建的慣行の諸相も亦揚棄されずに残存することゝなつた。然しながら、小作関係と封建的慣行との相互関係において、いづれが決定的要因であるかは、地主と小作人との関係のいちゞるしく残存してゐる所ほど旧来の関係がいちゞるしいといふ点を見れば自ら明かであらう。

山田盛太郎氏の如く、小作料が経済外強制（註三）によつてのみ維持されてゐるかの様に主張することは正しくないと思ふ。それは現在問題となり得る経済外強制の性質を分析することによつてわかる。

地主は、小作料の水準が一度定められるや否や、既存のあらゆる関係を利用してその維持向上を計るのである。その関係の中に経済外的の《ママ》ものを含むことは云ふまでもない。

民法成立後、地主は却てそれより従来の諸関係、諸慣行を守るの可能性を与へられるに至つた。それは結果において習慣法的関係（註四）――小作人の地主に対する隷属的な契約内容を有する――を確保することになり、地主は又その権力に頼つて自己の地位を維持せんとしてゐるのである。このことは、数年来の小作争議、法廷戦の結果明かに立証されてゐる。

その形式上、民法規定によつて発動されるところの公力は、封建的なものでないやうに見えるけれども、それが封建的であるか資本主義的であるかは、その公力の動く所、即ちそれが資本主義的搾取を確保するためにか、若くは封建的搾取を維持するためであるかといふ点によつて、その歴史的社会的規定がなさる《ママ》べきである。今日に至つて小作法の制定が問題となる所以も、その公力が資本主義的であると規定し得ない社会的根拠の厳存することを物語るものではないか。

米価政策や「農事指導」の如きを、経済外強制と看做すことは出来ないとしても、立入禁止や治安警察法の如きが多分に封建的性質を帯びた経済外強制であること異論の余地がないと思ふ。然るに立入禁止、財産差押等を、「その本質は商品経済によつて従つてまた近代的財産関係によつて規定せられる」（註五）強制作用と看做し、単なるブルジョア法制に基く法律的強制とする意見の如きは、農民運動の実践に全然縁の無い者の空論である。実際に立入禁止、治安警察法等が、小作争議抑圧のため発動される場合、それが如何に封建的な野蛮性を発揮するかは、実践家の身を以て体験してゐるところであらう。

農民の無智や、伝統的に順致された卑屈な性格や、迷信、宗教の如き、何れも経済外強制として地主小作間の関係に影響し作用するのであり、吾々が経済外強制と云ふ場合、敢て身分的な、「徭役労働を強ひる直接の強制とか、隷農制度を維持するための事実の力」（註六）としてのみ機械的に理解すべきではない。

如斯農村における経済外強制の存続を否定することは不可能であるけれども、同時にそれを過重評価することの危険にも注意しなければならない。

地主は農民を支配してゐる。併し工場労働者も亦資本家の支配下にある。農民は地主と小作契約を結び、相互の意志によつてその契約を変更することが出来る。地主が個人として直接的に経済外強制を用ふることは許されてゐない相互の個人的関係はブルジヨア民法の形式によつて規制されてゐる。地主が立毛差押、土地返還等をなし得るとしても、それに対して或る程度法廷に於て争ふことが出来る。そのことは又小作農民運動を合法的たらしめる所以でもあらう。けれども屢々展開される小作農民の流血的闘争は、そのブルジヨア的形式すらが農民の生存にとつて桎梏となつてゐるからに他ならない。

とは云へ地主小作人間の関係に、封建的臭味、経済外強制が存続し、作用してゐることは、前述の通り疑の余地なきことである。唯それは直ちに小作人が身分的の隷属関係におかれてゐることを意味するものではない。又立入禁止、立毛差押等も、その形式上それを以て直ちに農民の封建的隷属と規定することは早計である（註七）。

地主の小作人に対する関係、或は小作制度並に現在の水準の小作料が、経済外的強制によつて維持されてゐるとする見解は、一般的には否定さるべきでない。だからと云つて、地主が個人的な直接の権力によつて小作人からの搾取を維持してゐるとするのは失当である。だが、さうした失当を犯すよりも、経済外強制と云へば、個人的な直接の権力を指すかの如くに誤解し、それの存続を主張するのに対し批難する者があるならば、吾々はかゝる批難に対しても蒙を啓くの必要がある。

地主の土地所有と、封建的土地領有関係とは別個のものである。領有関係が土地に対する所有権と異るのは、その土地に住する人民に対しての支配権をも含むからである。

要するに問題とするところの経済外強制とは、木村氏の理解する様な機械的意味のものではない。

以上に於て略述したところの諸要因――封建的諸関係とそれの維持的作用を有する経済外強制とを克服することなしに、小作農民は、低い小作料を獲得し難いであらう。従つて組合運動は、それ等の諸要因を除去すべくより広汎な任務を課せられ、より広汎な闘争を喚起し指導することによつてのみ、半封建的搾取関係の排除を期し得ることになる。単なる小作料減免の闘争が、如何に困難な諸障害に当面するかと云ふことは、既に長年に亘る尊い経験と犠牲に照せば明白である。

蓋し、貧農の真に要望するところは、単に合法的な小作料(資本主義的地代)と云ふやうなものに限定されるのではなく、生活のための闘争であつて、それが資本主義農業発展のための障害の清掃に終るか、それともヨリ高度のものを齎し得るかは、農業の技術的発達、就中社会全体の経済的発達水準によつて決定されるものと信ずる。

註一　内容は形式を創造する。決定する。併しそれ故に内容は常に自己に相当した形式を着てゐるといふわけではない。内容は発展性を有し、内容の新しい発展は、旧い形式を破壊し而して自己にふさはしい形式を創造しなければならない。「新しき酒は古き皮袋に盛るべからず。」

註二　マルクスは、「資本論」(第三巻下の一六六頁)において、アイルランドの農業につき、資本家的生産方法が行はれることなしに、資本制生産方法に照応せる土地所有様式を形式的に存ぜしめてゐると云つてゐる。アイルランドの小農民が支払ふ地代は、余剰労働の全額のみならず賃銀部分までをも搾取するものであると云ふ点も亦、マルクスの指摘してゐる通りであらう。山田盛太郎氏は、日本の土地関係をアイルランド的であるとすることに反対して居られるけれども、私はその点氏の意見に組し得ない。

註三　氏がこの場合経済外強制の意味を昨年（一九三五）末帝大での講演において述べて居られる様に、習慣法的な意味に解釈するとしても。

註四　「金納地代の成立と共に、土地の一部を占有して耕作する農民と土地所有者との間の伝統的、習慣法的な関係は、成法の不動的な規定に依つて定められた一の契約的な純粋の貨幣関係に転化される。」（マルクス資本論第三巻下の三三七頁傍点引用者）

註五　櫛田民蔵全集、第三巻「わが国小作料の特質について」三三三頁。

註六　木村荘之助氏「経済外強制に就て」（社会評論、昭和十一年一月号所掲）

註七　野村耕作氏「日本に於ける農業大経営の発生」（プロレタリア科学研究第一集所掲）――編者は、手元に野村氏の同論文を所持してゐない為、如何なる個所において、野村氏が立入禁止、立毛差押等を直ちに農民の封建的隷属と規定して居るのか、指示することが出来ない。関矢氏の原文には唯さうした規定をしてゐるものとして野村氏の名と所掲誌名のみが録されてゐるに過ぎない点を附言しておく。（小島）

四、過剰人口の問題

過剰人口の重圧が、現行小作制度を維持すべく作用してゐることは否定出来ないであらう。さうした視角から茲に過剰人口の問題を取上げることにする。

工業の急激な発達によつて、農村の人口が減少し、ために農業の機械化、資本主義化を促すと云ふ事情は、アメリカにおける南北戦争の時代に現はれた事実によつて証明されてゐる**（註一）**。併し、農村に農業人口の過剰なる圧迫がある故に、農業の資本主義化が行はれ得ないと云ふこと（政策を立てる場合に考察されることではあるが）を主張するのは失当である。利潤を追求する資本はさうした事を、それ程決定的に顧慮するものではない。そのことは英国における土地囲ひ込みによつて明かな通りである。尤も英国においてはアメリカ合衆国への大量的移民によつて、農業の資本主義化が促進されたと云ふ点は認めなければならない

（註二）。

今日我国において、農村から都市に職を求めて出る人口は莫大なものであるけれども、強ちそれは小農経営が大経営によつて駆逐されつゝあるためではない。日本にはさうした事実が存在しない。

過剰人口は、小農民の間においては不可避的事実として発生する。それは、小経営の上に成立する家族制度の産物以外のものではあり得ない。早婚、多産、養育するのに費用労力がかゝらぬこと、更に小供が小経営においては必要労働ともなるといふこと、かくて過小農経営の必然的産物として、それが存続するかぎり過剰人口の圧迫は絶えないであらう。他方、小経営の上に立つあらゆる封建社会に於て、殺児、疾病、早老、飢餓、乞食、浮浪者等の存在は、一つの必然的な法則であることも見逃し得ない。

かゝる人口現象が、借地する小農をして、その余剰生産物を土地所有者に提供せざるを得ざらしむる様に作用することは事実である。併しそのことあるが故に、農業の資本主義的形態が発展しないといふことはあり得ない。彼等の激しい競争が、地代を高め、それ故にそれだけ資本家的経営の利潤を減少させると云ふことは考へられるけれども、資本は、その同一の競争を利用することによつて安価な労働力を得ることが出来るわけではないか？

日本の工業的発展が、今日以上であつて農村から高い賃銀により多くの人口を吸収し得るものと仮定すれば、農業の資本主義化が進行するかも知れない。けれどもその場合高い利潤が、農村から資本を吸収すると云ふ反対現象によつて相殺されるといふことも考へなければならない。

要するに、過剰人口と云ふ現象も、過小農経営と不可分離である以上、それが現行小作制度を維持すべく作用すると云つても、決定的な要因ではあり得ないであらう。

東浦氏の如く、日本の工業化が不充分であり、農村の過剰人口を充分に吸収出来ぬために、零細経営並に小作関係が旧来のまゝ存続すると説くことは正しくない（註三）。

註一　カーパー「農業経済学」参照。

註二　レーニンは植民地によつて農業問題を解決せんとする見解を批判してゐる。

註三　東浦庄治氏「日本農業概論」――かゝる見解は独り東浦氏に限らない。

むすび（註――編者）

惟ふに、生産様式に変化の行はれないかぎり、土地私有の存続するかぎり、小作農民相互の間の競争が克服されないかぎり、（これは日本農村の現在の人口状態を前提とするなら、共同経営――共同耕作的方法によつて初めて克服されるであらう）小作料の水準は、よし引下げられたとしても、それだけのものは小作権として独立化するか、或は小作株として地価的性質を帯び、畢竟それは耕作者から離れて耕作者に対立することになるであらう。否寧ろそれが必然と云ふべきである。

最後に、理論的に言へば、地主の土地××（無償の）を含むところの土地国有が、農村のあらゆる半封建的諸関係を一挙に廃止する方法であることは明かだが、その場合次の如き問題を考慮する必要がある。

土地所有と云ふことは、小農民経営（特に日本での様な水田経営にあつては）の必要条件であり、自作農の如きが従つて右の政策に同意し得るか否かは別個に且つ研究を要する問題である。

更に土地を国有化するとしても、小経営の基礎が維持されてゐるならば、彼等相互の間において必然に生ずる競争の結果、地価や小作料に類似のものが新しく発生するであらう。そのことはロシヤにおける土地国有以後に発生した農民の諸関係が教へてゐる。

従つて土地国有の当面する意義は、一時的に地主搾取の桎梏を取り除くこと、並に生産力（農業技術）を開放することであつて、この生産力によつて初めて小農経営を技術的経済的に変革することが出来るわけである。

小農間の競争を妨止するため、共同経営の諸形態が採用されるといふことは考へられるけれども、それさへ技術的基礎を必要とするのであつて、技術的基礎なき共同経営は維持すること困難に陥るであらうこと、ソヴエートの農民小説「貧農組合」「開かれた処女地」等に描写されてゐる如くであると思ふ。

かくて、吾々の任務は、半封建的諸関係の排除てふ問題を解決すると同時に、水稲耕作においては、ブルジヨアジーが殆んど旧態依然たるまゝの技術しか遺産として吾々の手に残さない故に、過小農経営をして大経営へ急速に発展転化し得べき技術的基礎をも、独自に発見し確保する必要がある。

水稲耕作における技術的立遅れを克服するために、僅かながらの成果を分析し、我がものとすべくたゆみなき努力が払はるべきである。水稲耕作の特殊性を取りあげて問題としたのも、他ならぬさうした意企によるものであることを附言して大方の注意を喚起したい。

(註)　最初に一言した通り、この稿は、関矢氏より編者への私信を、一つの論文に纏めたものである。従つて前後の連絡等に於いて不完全な個所が多いと思ふ。その点は編者の責任であり、筆者の関与するところではない。「はしがき」としたから「むすび」と都合上くぎりをつけたまでで、編者はそれが完全な一文の結論となつてゐないであらうことを特に断つておきたい。かゝる不充分な諸点は、何れ氏の遺したノートを整理することによつて償ひ得ると思ふ。

——小島

農民の家族とその生活（一）

関矢留作

【出典】『経済評論』第三巻第一一号（一九三六年十一月一日発行）

（編者前書）　こゝに発表する一文は、最初掲げる目次によつても明かな通り「日本農村と農民の生活」と題する故関矢氏の著作論文の一部である。氏は右の著作のために尨大な三冊のノートと草稿を遺されたのである。今編者の手元にある遺稿中には、こゝに発表する以外の各篇が単に目次と各参考文書の指示に止り、漸くその第二篇のみが発表し得る程度に纏められてゐた。編者は、他の諸篇にも同様の草稿が遺されてゐて、全体を発表する機会には是非全篇纏められることを切望してゐる。併し、こゝに発表する部分（第二篇）だけでも、優に一個の独立した論文として恥ぢない内容を有してゐることは、読者も共に異論なきことゝと思ふ。唯、内容、文体共に、あまりにも常識的であると云ふ点で或は飽足らなく感ぜられるかと思ふから、敢て一言附言しておきたい。

　嘗て編者が或る農民団体の本部員たりし頃、同席の書記で「馬鈴薯」の花を知らず、甚しきは「うね」の何たるかを知らない者が多い状態であつた。理論の具体的でなければならないことが要求されるとしたら、当面「馬鈴薯」の花を知らず「うね」の何たるかを知らないやうな理論家にとり、此の一文は実に重要な教訓を与へ得るものと信ずる。又内容の常識的であり、叙述の平易である点を罵る者は、先づ自ら常識の程度を反省すべく、この一文は頂門の一針たり得るであらう。

尚ほ、最初の「緒言」は「日本農村と農民の生活」全体のために書かれたものであることをお断りしておく。

——小島玄之

総目次

論文「日本農村と農民の生活」

——農村の社会関係、農民の生活の史的変遷に関する研究——

第一篇　日本農村

——農村の経済地理学的・社会学的分析——

Ⅰ　地理的条件と社会的分業の成立
Ⅱ　水田地帯
Ⅲ　養蚕地帯
Ⅳ　畑作地帯
Ⅴ　園芸地帯（都市近郊）
Ⅵ　果樹園芸地帯
Ⅶ　土地利用の傾向と人口
Ⅷ　気候の影響

第二節　農村に於ける職業とその分化
Ⅰ　生活手段としての農業、その分化と耕作の専門化
Ⅱ　農村に於ける農業外の職業

第三章　農村に於ける階級層

第一節　自作農
Ⅰ　日本農民の原型としての自作農
Ⅱ　その起源、構成、分布
Ⅲ　自作農の経済的地位、地主及び小作への分化
Ⅳ　大自作農と小自作農

第二節　小作農
Ⅰその起源、構成、分布
Ⅱ　小作農の経済的地位――小作関係

第三節　地　主
Ⅰ　その起源、構成、分布
Ⅱ　地主の経済的地位
Ⅲ　富農の地主化、小地主の自作化

第四節　富　農
Ⅰ　経営面積別の分化について
Ⅱ　富農の発生
Ⅲ　村落に於ける富農の地位

第五節　奉公人、農業労働者
Ⅰ　その起源、構成、分布
Ⅱ　労働者の地位
Ⅲ　都市その他労働者の供源としての農民

第四草《ママ》　交通の発達と農村

第一節　交通機関の発達
Ⅰ　国道の開通とその影響
Ⅱ　馬から馬車、駕籠から人力車

Ⅲ　鉄道による交通系統の変化、水運の衰退
Ⅳ　自転車と自動車
第二節　人の往来
Ⅰ　交通の発達による往来の頻発
Ⅱ　都市風の侵入
Ⅲ　出稼・移住
第三節　物資の移動
Ⅰ　農村の販売市場化、小売商の増加
Ⅱ　農産物の商品化の傾向刺激

第二篇　農民の家族とその生活（本誌所載ノ分）

第一章　農民の家族
第一節　農民家族の由来
第二節　農民家族の構成
第二章　農家の生産と労働
第一節　農家生産の「自給自足制」
Ⅰ　食料の自給
Ⅱ　被服の自給
Ⅲ　その他必需品の自給
Ⅳ　商品生産の不可避性
第二節　農家の商品生産
Ⅰ　商品生産の農家生計に及ぼす影響
Ⅱ　農民の商行為
第三節　農業労働の家族的組織とその進化
Ⅰ　農業労働の一般的性質
Ⅱ　稲作々業の特性
Ⅲ　養蚕作業の特性
Ⅳ　年労働日数と副業
Ⅴ　農法の発達と家族的小農組織
Ⅵ　農具の発達と農業労働
Ⅶ　賃労働の発展
Ⅷ　共同経営**（以上本号所載）**
第三章　農民の衣食住――物質的生活
第一節　農民の住居
第二節　衣　服
第三節　食　物
第四節　保　健
第四章　家　族　関　係
第一節　家　長　制

緒　言

本論文の目的は、第一に農村に於ける啓蒙運動の見地から、農村の社会的経済的諸関係、並に農民の生活様式の変遷を明かにすることである。

従来我々が農業問題を論じた場合、それは単に農村の主要階級間の経済的関係を分析するにとゞまつてゐたかの観があり、ためにその理論は抽象的となり、実践においてはある特殊の農民部分以外に訴ふる力が乏しい結果ともなつたのである。

農村には古い諸関係が色濃く残つて居り、それを分析することなしに農民のイデオロギーを統一することは不可能であるのみならず、広汎な運動を展開し指導することも困難である。例へば、生活改善運動の如きに、如何に対すべきであるかと云ふことなぞ、今日まで何等明かにされてゐない。そのために欠く可からざる、農村、農民に対する深い理解が欠けてゐたのではなからうか。

深刻な農業恐慌は、農民の生活様式に対して、過去に復帰すべきか（重農主義、……論客の唱ふる如く）、或は一歩前進すべきであるかと云ふ課題を提起してゐる。そして、それこそは我々に取つても、歴史的批判をなす上に好き条件を与へてゐるのである。そのために一部のブルジョア農学者達は、良き資料と或る種の尊い研究に到達しながら、優れた見透を把握し得ないで立迷つて居る。否、その見透を故意に避けて通らうとしてゐる。

我々は、勿論さうした点に大胆であり得ると同時に、一歩前進すべく農民の生活に光明を与へ、その生産部面における発展的要因としての社会的技術的諸問題に亘り、理論的成果をあげなければならない。

かゝる意味において、筆者の研究が幾分なりとも貢献するところあれば幸である。

第二篇　農民の家族とその生活

第一章　農民の家族

第一節　農民家族の由来

近世の農民家族は、中世紀末兵農分離以来のものである。

正倉院文書中に記録されてゐる大家族は、一つの家族性の下に統一されてゐたとしても、それは決して一つの世帯を中心としたものでなく、又同一の家屋に居住してゐたものでもなかつたのである(**註**)。

かゝる家族制は、荘園発達時代に崩壊して、中世の土着武士の大農がこれに代つてゐる。彼等は体僕を使役し、又その附近の隷農と臣従関係を結んでゐた。

徳川時代の自作農民は、兵農分離以後に土着武士の直接的隷属関係から開放された隷農であつた。又同時代に至ると農家の人員も、今日のそれよりは多少多かつたやうであるけれども、既に一世帯を中心としたものとなつてゐた。

註　奈良東大寺正倉院の建立は今を去る千二百年、その主要な納品は聖武天皇とされてゐる。従つて同文書記載のものは、奈良朝時代、或はそれ以前と言はねばならない。

第二節　農民家族の構成

現代の農民家族は、一組の夫婦を基本としたものであつて、老いたるその両親（夫方の）小供等によつて構成されてゐる。親子に当る二組の夫婦が同居することはあつても、兄弟に当る二組の夫婦が同居することは稀である。

農林省の統計より計算すれば、全国農家一戸当平均人員約五人となつてゐる(**註**)。

家族の構成員が年の進むにつれて変化することは云ふまでもない。寡婦で数人の子供を有する一家族は、その子供が青年期に達すると、一世帯を有する家族となる。又一家が破産すれば、家族の分散するやうなことが起るけれども、農地、家屋の存するかぎり他の農家がそこを耕すことになるであらう。

農民家族存続の条件は、土地、労働、換言すれば経営そのものである。一般に農業資源、即ち土地の存するかぎり、家族は分家を重ねて増加する傾向がある。

註　農林省昭和五年度農家経済調査(全国二百二十戸平均)の結果は、七・三〇人となつてゐるが、同年度農家総戸数は五、五九九、六七〇戸であり、大正九年国勢調査の結果農業人口は二七、一三八、〇〇〇人とあり、その間非常なる人口移動がなきものとすれば、一戸当平均は五人足らずと看做される。要するに確たる数字を表はすことは困難であるが、五人前後であること間違なからう。

第二章　農家の生産と労働

第一節　農家生産の「自給自足制」

我国に於ける明治中期までの農家は、自己の家族が消費する物資の大部分を自ら生産してゐたのである。更に自家で生産されなかつたものも、概ね村内若くは附近の町村に求めて得ることが出来た。今日に於いてもなほ、自給自足は農家生産の重要な部分をなしてゐるけれども、資本主義商品生産の影響を各部門において受けてゐることも亦事実である。

I　食料の自給

徳川時代から恐らく明治の中葉期に至る頃までは、大部分の日本農村に於て、食糧穀物及び副食物の自給が行はれてゐた。購入されてゐたものは、塩と祭祝宴その他特殊な場合稀にのみ用ゆる乾物の類に過ぎず、酒、醬油、油等まで自造されてゐたのである。

酒、醬油、油等農家の必需品を生産する工業が、独立して農村に発達し初めたのは、徳川時代も末期のことであつたと思はれる。特にそれらの生産物に課税されるやうになつてからは、小規模の自造が全くあとを絶つことゝとなつた。こゝにも農民を貨幣経済に駆り立てた動因の一つが見受けられる。

併し現在にあつても、農家の主食物の大部分が、尚ほ自給されてゐることは周知の事実である。その場合、自給し得ざるほどの零細な経営が多数存在し、彼等が労賃収入を以て主食物を購入することを、一概に農家経営の商品生産化と看做し、零細農家の自給自足を否定するのは早計である。

II　被服の自給

故関矢留作氏

農民の被服材料として欠く可からざる綿に就いて見れば、その産地が比較的限定され（気候的にも政策的にも）てゐたから、多くの地方（特に東北・北陸なぞ）において、その原綿は購入されてゐた。併しその場合でも、簀に巻いた原綿を買ひ求め、自ら糸に紡ぎ、布を織り、染め、衣に調製してゐたのである。従つてその原綿を自給せざる地方の農家に於ても、衣服にするまでの生産行程は、多く自給の状態であつた。けれども極貧農までもがかくありしかは疑なきを得ない。

さうした時代においては、婦人も今日の如く、一生の間に多数の衣類を用ひなかつたではあらうが、それでも尚ほ糸取り、機械、裁縫等に所要する労働の量は、莫大なものであつたゞらうし、それ等の労働は婦人によつて担当されてゐたのであつた。

この家内作業の破壊された革命的過程が、農村に於て如何に行はれたかと云ふ詳細な研究に就いては、未だ満足なものに接してゐないが**（編者註）**、恐らく自給的生産から、一時地方的に専門化された商品生産と化し、然る後それが大工業に圧倒せられたものであらう。綿業の大工業化が進むに従つて、原綿の生産者は、その品質が揃はず、外国綿の圧迫をうけ、他方家内的の綿布生産も、原綿が高価となり反対に生産物の価格は下落して、遂に共に廃絶の已むなきに至つたのである（註）。

農民の被服材料として、綿に劣らぬ重要な藁が、稲作と同様に普遍的であることは云ふまでもない。

藁は、草履、草鞋、雪靴等の履物類を初め、蓑、藁帽子、笠等の細工物から、寝具、蓆等の敷物の原料として実に広く利用されてゐる。湿気の多い日本の、水中で労働する機会が多い農民にとつては、藁は優れた材料であるから、戸外で多く使用されたのも偶然ではない。従つて藁工品の製作は、縄、俵の如きもの丶製作技術と共に、農民に取つては欠くべからざる一つの資格とされてゐる。

然るに明治中期以後、商工業の発達に伴ひ、縄、菰の需要が高まり、藁の価格は高価となつたけれども、他方右に代るべき工業製品が普遍化すること丶なり、藁工品の生産は衰頽の道を辿るに至つた。藁製品が外観粗野であるため、軽んぜられることは惜むべきであるとしても、か丶る傾向は多かれ少かれ避け難いであらう。

故に藁製品の商品化は発展性に乏しいけれども、現に生産農民の間に於て藁加工が多く自給されて居り、そのために却つて綿布の場合とは反対の傾向を示してゐる。即ち、藁工品が代用工業製産品によつて圧迫され、その販途が狭められ丶ば狭められる程、農民は自用として藁を一層多く消費自給しつ丶ある。綿の場合には、直ちに他の作物への転向が迫られたけれども、藁の場合、それが主要産物穀物の副産物であると云ふ事情に支配されるからである。

Ⅲ　その他必需品の自給

徳川時代の中期以後、低湿な沖積平原の開墾が行はれるにつれ、家屋材料や燃料を自給することの出来ない村落が増加した。

初期における農業集落が、山間の平地や山と平原の接触線に多く発達し、肥沃な沖積平原は「原」として棄られてゐたのも、村落の附近に木材のあることを必要としたことがその一つの理由となつてゐたのであらう。自然経済を営む農民に取つては、それ程家屋材料の有無が重要な役割を有してゐた。

明治初年に至り、国有林が制定され、其後も引続き林野統一の企図が行はれたゝめに、山村に於てさへ燃料を自由に得られない状態となり、木材は勿論屋根に用ふる萱、葭、燃料にするそだ、下枝等の類すら購求品の内に数へられることになつた。山村に於けるそれ等必需品の自給が、この種の強制によつて破壊せられたと云ふことは、特に東北地方において甚しいであらう。又そのため一般に屋根葺、芝刈等の際に行はれた農家の共同作業形態も衰退するに至つた。

屋根に麦、稲の藁を使用することは今日も尚ほ行はれてゐるが「コバ」アタン等の使用も増加の傾向にある。又水田専門の地方に於ては、藁を燃料にしてゐるけれども、それは永く行はれ得ることではなからう。養蚕地方では桑の枝が燃料とされ、北陸の如き米作を主とする地方の農家は、屋敷の周囲に木を植ゑて燃料の自給を計つてゐる。

最近に至るまで、否最近に於てもある程度まで、農民は大部分鋸、斧、鑿、鉋等の使用を心得てゐる。そのため、特に器用な者が大工として重寳がられてゐたに過ぎないと云ふ部落も多く、金物を造る鍛冶屋、木具を作る桶屋等が、部落に於ける農業外専業として商人以外に存在したのである。併し、農民が彼等からその製作品を求める場合にも、物々交換の形式を幾分備へてゐた。最近では、それ等金物も都市に於て大量生産され、木具の如きもブリキ製品その他工業製品に代り、農民は貨幣によつて購入せざるを得なくなりつゝある。

Ⅳ　商品生産の不可避性

農家経済は、今日に於ても自給自足的傾向を多分に有して居り、その傾向は恐らく過小農経営の存するかぎり、急速には排除されないであらう。

併し徳川末期以来、農業に於ては前述の如く、購入すべき物資の種類が増加して来り《ママ》　恐らく今後も続いて増加してゆくであらう。それを購求せんがためには、貨幣を持たなければならず、貨幣を得んがために は、当然自己の生産を販売しなければならない。かく て農民は商品生産者となることを強ひられてゐる。そ れは単に自己の消費物資を購はんがためのみならず、 租税や利子の支払も亦現金であることなぞによつて も、農民に取り商品生産は不可避となつてゐる。

（編者註） 故人はこの論文の草稿を一九三三年に書いて居られる。従つてこの稿が書かれて以後「経評」誌上等に於て発表せられたかゝる過程に対する意義ある研究に就いては関知して居られない。

註 今日尚ほ農村の老婦人の間には、自家用の綿布を織つた時代の記憶が保存されてゐる。長塚節の小説「土」に出てゐる勘次の家には、座繰機があり、手織木綿が見られる。

第二節　農家の商品生産

Ⅰ　商品生産の農家生計に及ぼす影響

農家生産の「自給自足」制を破壊しつゝある商品生産は、農家の生産種目を単純化する傾向を有する。それは、たゞに農民自身の消費する多種類の物資を、生産する必要がなくなつたと云ふだけには止まらない。一度商品として生産せらるゝや、その価格と生産費との対比——その生産行程の経済性——は、農民の切実な関心を喚び、その注意は、少数若くは単一の種類に集中せられるほど綿密となるから、生産物の種目が単純化されることになる。就中、専門化的傾向を最も広汎に且つ強く辿つて来た生産物は、稲作と養蚕とである。

然しながら、農家生産の専門化とその経営の大規模化とには、相伴はない制約が存して居る。何故なれば、農作物にあつては、労働が生産期間の全過程に亘り均等に配分されてゐないのに、農家生産の専門化は、その不均等性を益々甚だしからしめられ、更にさうした事情は、家族員間に於ける労働力や耕地の性質の多様性によつて強められるから。

若し同じ稲作にしても、早生と晩生とを組み合せて、一時に多量の労力を支出しないやうにするとか、或は冬期間に藁細工をするなぞといふ方法が、順調に実施されるならば、右の如く商品生産に伴つて農家の労働が不均等化されるといふ傾向も、幾分は緩和されるであらう。近時頻りに強調せられつゝある農家経営の多角化と云ふことも、畢竟明治中年後単一化の道を進んできた我が農家経営に対し、上述の事情を指摘して農家に於ける労働の均等化を計らうとするものに他ならない。

併しその試みも、農業恐慌のため収入を激減せしめられた農民経済に対し対抗する方法としては適切であると云へ、農業労働の生産性を向上せしむるものではないし、行詰つた農家経営の進歩的打開方法ではあり得ない。換言すれば、現在唱へられつゝある農家経営の多角経営化も、零細農をして最低生活水準を維持せしめ、商品生産化の傾向と半封建的農家経営との矛盾を幾分緩和しようとする、実に姑息な方法ではあるけれども、農業生産の根本的な行詰を打開し得るものでは断じてない。それは寧ろ、矛盾の一時的糊塗に過ぎず、根本的には矛盾の一層の深刻化を齎すことになるであらう。

明治中年以後、従来市場のために生産されてゐた作物中、綿、藍の如きは減滅したけれども、繭の如く持続されたものば《ママ》その生産量が増大してゐる。又自家の需要を充すべく生産されてゐた米、麦その他の穀類は、商品化される部分が増大するに至つた。と同時に、市場のために生産せられる新な作物として蔬菜や園芸作物の類が増加し、自家需要のために製作せられてゐた藁工品も、新に市場用の莚、縄等として製作され、農家の市場に対する関心は益々激甚となるに至つた。それ等生産物は副業として製作されるものが多いけれども、何れにせよ、現金手得を目的とするものであるから、農家生計費中現金支出が多くなれば多くなる程商品化部分が重要視されることは当然である。

Ⅱ　農民の商行為

農民経済の貨幣経済化は、否み難い事実であり、それは農民の生活をして著しく不安定なものたらしめたのである。何故なれば、農家生計費中の現金支出部分は不可避的に増大しつゝあり、而もそれが生産、生活のための必需品を占め或は拒否し難き課税であるのに対し、その支払のために商品化される生産物は、その生産において既に自然的障害を受けるばかりでなく、販売に当つても甚しく不利な諸条件（註一）におかれるからである。さうした事情は、富農的分子に貨殖の機会を与へたと同時に、絶対多数の農民を零落の危機に陥れることゝなつた。

農民間の競争は、多く商品経済に刺激されて激しくなつた現象であるが、小農民相互の競争は、必ずしも競争者の何れかに勝利を齎すものではなく、それは寧ろ農民一般に対する商人の優位を導くものでしかない。

農民は、工場主の如くその生産物を売つて利潤を得んがために、原料や労働力を購買するものではない。たゞその生活の必需品を購買せんがために販売するのである。故に彼等は、市場の性質を理解した上で、購買し販売するものと看做すことは出来ない。農民の商行為は、利潤を目的とする生産に基礎をおくものではなく、生活に追はれ窮余の策として強ひられた逃道でしかない。

かゝる事情こそ、農民がその消費経済に於て、又生産物販売に於て、如何に盛んな商行為を営み、その競争意識が如何に激烈を極めやうとも、さうした表面の現象を以て、直ちに農民経営の資本家的商品経済化を云々し得ない所以であつて、それは寧ろ農家経営の自給自足制が、商品交換によつてその姿を変じたものと理解さるべきであらう。この点に就ては平野氏の次の意見が正しいと思ふ。

「商品流通過程に置かれた生産物の一部は、小農民の剰余生産物でもなければ、その生産物が商品として市場のために生産された結果でもなく、したがつて、こゝに独立生産者における平均利潤も亦成立しえまいことはいふまでもない。この故に、農業生産物の商品化＝貨幣化はひとり農業の生産過程そのものにおける資本主義の発達を意味しないばかりでなく、むしろ封建以来踏襲されたまゝの農業の狭隘な経済的存立条件が何等変化なく残存してゐるところへ、急激に突如として押し寄せた資本制商品経済が、肥料、衣服の購買のために貨幣調達を余儀なくし、したがつて、この経済的強制によつて、小農民の生産物の一部、実は生活資料の一部を商品に転化することを余儀なくした衝撃破壊だつたのである」(註二)。

要するに、資本主義が我国過小農経営に及ぼした諸影響の一つとして、農民の商行為を取り上げることは正しいけれども、それを以て農民経営の資本主義化の論拠とすることは早計である。その商行為が如何なる性質のものであるかを規定するためには、農民の如何なる要求に依るものであるか、即ち利潤を目的とした生産に基くか、或は自給経済を出でない補足的意義のものでしかないか、それを先づ明かにする必要があるであらう。

註一　例へば、生産農民に統制なきこと、生産品の貯蔵その他需給関係市場に対する持久能力並に設備を有たないと云ふ条件、そして決定的には、常に売急がなければならないと云ふ不利な立場、生活の貧窮に追はれてゐると云ふ事情が考慮されねばならない。

註二　平野義太郎氏「日本資本主義社会の機構」二一四頁。

第三節　農業労働の家族的組織とその進化

農民家族の労働力は、小供から老人に至る男女より成つてゐる。

耕耘その他の主要なる労働作業に於ては、少くとも一人の成人の労力を中心としなければ、家族の労力組織は成立しないが、併し、婦人、老人、少年少女も各種の仕事を担当しなければならない。

農家経済が自給自足的に営まれてゐるかぎり、家事と農事とをはつきり分離することは出来ないであらう。けれども、商品生産の発達は、農事労働を家事労働から独立せしめる傾向を有し、従来の農業経営の指導者達が、農事労働の方面のみ極力指導に努めたことも見逃し難い。

農家の家事労働は、炊事、衣服の調製、家屋の修繕、掃除、買物、供養、育児等を包含する。炊事、衣服の調製、掃除及び育児等は婦人の担当する労働であるが、一般に農家経済が貨幣化すると共に、かゝる家事労働の種類は減少する。蓋し以前製作してゐたものも商品として購買する場合が多くなるからである。

I　農業労働の一般的性質

今日農民家族によつて行はれる農業労働は、多く肉体労働であるが、決して単純なものではない。それは多種類の作業を含み、広汎な作業領域に亘り、絶えず綿密な注意を配ることを要求されてゐる、一種の熟練労働である。

農民は、幼少の時代から家族に於て、諸種の労働作業に追ひ使はれ、習慣的にそれを行ふやう馴練される。普通農家にあつては、労働の質を異にする家族員が、その能力に応じて仕事を分担する。併しながら、家族全員が同一の作業に協力することに依つて、短期間に集中的に完了しなければならないやうな場合も多い。（耕耘、田植、除草、刈取等）それ等労働作業に於て、假令分業を行ふとしても、それを集中することには気候その他の制約があるため、それによつて得る利益は少いと云はねばならない。

その労働作業は、作物の生育過程に応ずるものであるから、或る程度の予定を立てる事も一般的には可能である。けれども、事実全過程に亘り正確な予定を立てることは殆んど不可能と云つてもよからう。何となれば、年によつて生育期間を異にするのみならず、その日〳〵の天候を予測することすら難渋である。こゝに農業作業の計画に対する困難が存する。

特に大陰暦は地球公転の一周期と一致するものではなかつたので、それが行はれてゐた時代には、作物の作業期間を決定するために特別の方法を用ひてゐた。即ち八十八夜と云ひ二百十日と云ふなぞ総てその類で、立春を起点として、それから数へて幾日と云つたのである。今日の大陽暦に変つてからは、さうした方法は必要なくなつてゐる。

II　稲作々業に就て

日本に於ける農業労働の特性を条件づけてゐるのは、何と云つても水田稲作と養蚕とである。先づ稲作に就いて見よう。

水田は、水を保つに適する程度に土地を区割して畦をきづき、河水若くは堤池の水を導く溝を掘り、灌水し得る設備を必要とする。

我が国に於ては、地形が傾斜してゐるため、水を得るには困難でなかつたが、そのため水を湛えるべき耕地の区割は狭小となつた。殊に山間の渓谷の水田化は、比較的容易であつたから、極めて狭小な区割の水田が少くないのである。信州更科の田毎の月等はその標本的なもので、それに似たものは、全国至る処の山間部に見られるであらう。

灌水を適当に施し得る設備を有つた水田の造作には、荒地の開墾以上に労費を要するものであり、それが地主の発生、地価の高位なることの一原因ともなつてゐる。

水田を維持するためには、灌溝の調節、堤の修理、畦畔の塗り直し等々の間接作業が必要とされる。雪の多い地方に於ては、毎年春期の増水が引いた後にこの作業が行はれる。一般に稲作の生育中は、水穂期に至るまで絶えず水の供給、調節が行はれねばならない。

北海道の大部分を除く稲作に於ては、移植法が行はれ、「苗代」に播種して特別の管理が施されてゐる。この方法は、雅苗の管理に便であるのみならず、本田の耕耘を急ぐ必要がないと云ふ長所を有するので、特に二毛作田にあつてはそれが絶対的条件となる。併し、その反面「田植」と云ふ繁忙な作業を必要とすることになる。

北海道に於て直播法が多く行はれてゐるのは、生育期間を短くするためであると云はれてゐる。而て直播法は除草に幾分多くの労力を要することになる。

「田植」は、一時に多量の労力を必要とするため、それに要する労力量は、農民家族の経営耕地面積を決定する――唯一ではないが主要な――条件となる。その時期は、種々なる事情から各地方大体一定してゐる(註一)。北部地方に於ては、田植を急ぐ傾向があるけれども、南部では二毛作の麦、菜種等が収穫を終つて後に行はれてゐる。又一般に六月中旬下旬の梅雨期が「田植」に好適であると云ふ事情も考慮されてゐる。

二毛作を行ふ所を除けば、本田の耕耘整地は稲苗の成長するまでの期間に行へばいゝ。北陸、東北地方の如く、一字当り作付面積の比較的多い所にあつて、却て蓄力耕耘が少いと云ふのは、右の事情から耕耘を急ぐ必要がないためと考へられる。これに対して二毛作の普及してゐる東海、西国地方に於ては、畜力耕耘が比較的普及してゐる。

水田区割の狭小であることは、鋤の能力を充分に発揮せしめ得ない憾みがあり、従つて本邦伝来のもちかゝえ鋤は能率の極めて低いものである。

「田植」に続いて間もなく除草が初る。穂ばらみまで、三回乃至五回普通四回行はれるこの除草は、稲作々業中最も多く労力を消費するものである。その作業は、上半身を折り曲げ、熱した泥中に於て労働するもので、老人婦人に取つては極めて不健康な性質のものである。その点廻転除草器は、能力的であるばかりでなく優れてゐること明かである。

除草から刈取に至るまでの期間は、夏の農閑期と称せられ、諸種の催事が営まれるのであり、全国的に八月の中旬から九月下旬にまで亘つてゐる。

除草作業を畜力化する方法も試みられてゐる。それは除草器を牛に曳かせるので、稲作に要する労力を著しく減少せしめるから、それの普及は比較的大面積の経営を可能ならしめることになるであらう。併し畜力除草器も、他面に於て、牛の調教が容易でないことや、牛によつて踏み倒される稲株を直して歩かねばならぬと云ふやうな欠点が伴ふ(註二)。

稲の刈取後、乾燥、脱粒、脱稃、精選、俵拵へ等の作業は、秋期晴天の続く日本列島の東南斜面(表日本)に於ては、田面や庭先に広げそこで調製されてゐるが、西北斜面(裏日本)に於ては著しく手数を要するのである。先づ「はざ」を作つて、それに稲を藁付のまゝ束ねて掛け、充分乾燥させて後叺に積み、冬期に至つて調製を行ふのである。冬期越後平野なぞを旅行する人々は、田の畦に榛ばからになつたものゝ並木を見るであらう。これはその地方に於ける乾燥労苦を物語るものに他ならない。

刈取器は、今日に至るも尚ほ使用に供し得るものが発明されてゐない。併し脱粒、脱稃になると機械化が実現されつゝある。

千歯が「からくだ《ママ》」に替つたのは徳川時代の中頃であつた。近年足踏廻転脱粒器がそれに代り、更に発動機を使用する大型のものも普及の緒についたのである。而てこの調製作業の機械化は　秋期晩くまで戸外の労働が可能な地方に於ては特に著しい。二毛作の行はれてゐない地方では、秋から冬にかけ長期に亘つて調製を行ふ事が出来るから、比較的それの機械化は進んでゐない。

稲作を中心とする経営は、既に明かな通り、その作業が全期間に亘り平均的に分配されず、繁忙期と閑散期が存し、従つてそのために一戸当り担当し得る経営規模も拡大することが困難である。而て従来の農法の発達は、かゝる事情を緩和する方向ではなく、却てその傾向を甚だしからしめたかの観がある。

例へば、正条植は「田植」の作業を一層複雑ならしめ、多肥に伴ふ深耕も同様の結果を招いてゐる。多肥に伴つて倒伏の危険は増大し、又穀物検査制度は乾燥、精選、俵装の手数を多大ならしめてゐる。

かくの如く技術的改造が、労働の生産性を向上させることよりも、寧ろ土地の生産性の増大を齎したことは、技術的指導が地主と米穀商の側からなされて来た結果に他ならない。それは、恰も養蚕の改良が製糸工場主の側から進められたのと軌を一にしてゐる。

註一　田植の時期は「農事試験場報告書、作物栽培法」（三三一頁）によれば次の如し。
東京地方（六月上旬―中旬）、畿内（五月下旬―七月上旬）、東北（六月中旬以前）、北陸（五月下旬―六月上旬）、山陽（六月上旬―中旬）、四国（六月下旬）、九州（六月中旬―七月上旬）、東海道（六月中旬―下旬）、陸羽・山陰（五月下旬―六月上旬）。

註二　村田新八氏著「有畜経営法」参照。

Ⅲ　養蚕労働作業の特性

養蚕は、本邦に於て永らく副業と看做されて来た。それは養蚕業が余剰の労働を以て小使銭を稼ぐ程度のものとして発達して来たと云ふ事情を示すものである。事実我国の如く甚しき「過剰労働力」の存する国にして始て、養蚕業は今日の盛大を致し得たのである。

「養蚕は本来非常に手数のかゝるものである。而も極短い期間に労力を集注してやらなければならない」**(註)**。

養蚕はその大部分の作業を、婦人や小児の手によつてなすことが出来る。と云つても、それは決して仕事の容易さを語るものではなく、老婦や小児までもが極めて繁忙な労働に動員されることを意味する。家の居室は総て蚕室にあてられ、給桑は夜間と雖も中止することを許さないし、その労働の激しいことは家畜に対する給餌の如きものと同一に語ることが出来ない。桑葉も一時に多量を採取して保存することは困難である。近時発達した条桑育は、その困難を取除かんとする試みの一つであると云へよう。

養蚕の期間は、水稲の生育期間と大体に於て一致してゐる。そのために、本邦に於て養蚕の著しく発達した地方は、長野、群馬、福島の如き水田の少い山地であつた。近年繭価の昂騰に刺激され、殆んど全国的に養蚕は普及した。水田地方に於ては、農閑期を利用し、或は水田除草の回数を減じて、現金収入を得んがために蚕を飼ふ者が増大したからである。特に夏秋蚕の増大は右の事実を示すものに他ならない。

養蚕地方農家の冬期の仕事となつてゐた製糸、絹織の如きは、今日既に農家の手を離れて、完全な大小の資本家的工業と化してゐる。従つてこの地方の農民は、冬期に於て失業者の地位におかれることゝなつた。而て製糸工場に働くこれら高原地方の貧農の子女(女工)は、その青春を消耗しつゝ、その仕送りによつて家族関係の存続のため、零細農家の生計の保助的役割を演じてゐる。とは云へ、製糸工業の発展が、従来の農村生活、家族関係に対して革命的の影響を与へ、今日も尚ほ与へつゝあることは否み難い。製米《ママ》会社は、「純朴なる」気風を保存しつゝある地方に向つて、競争的に女工募集を企て、一方これらの地方の子女は、近代的工場、並に都市風俗の体験、見習ひを通じて、急速にその「純朴なる」気風を清算すると云つた状態を齎してゐる。

註　佐藤寛治《ママ》氏著「日本農業の特質とその改善」。

Ⅳ　年労働日数と副業

稲作、養蚕作業の性質に就いて右に述べた如く、農業の生産期間は、一年の一部分を占めるに過ぎず、その労働は極めて不均一に配分せられてゐる。かゝる事情は、家族の労働のみによつてなさうとする農民経済の、年労働日数を少なからしめると云ふ結果を生ずる。その上繊維産業の発達、農業労働の機械化、農学の発達等は、さうした傾向を一層助長してゐる。

かくて二毛作、多角経営、出稼、副業等の発達は、明かにその間の余剰労働を利用せんとする努力と関連してゐる。

本州西南部地方の乾田及び畑地に於ては、多毛作が発達してゐる。麦類、蕓苔、葱類を初め莢豌豆、馬鈴薯等が晩秋に播かれて夏までに収穫される（註）。併し二毛作と雖も決して労働日分配の不均一を解決するものではない。水田の多い北陸、東北地方では、一時的の冬期出稼が少くない。尚ほ同地方は、東海道、中国の如き地方に比較し、一般の農業の機械化が遅れてゐるけれども、それは冬作の存しないことに関係があると思ふ。耕地面積の広い新潟県の如き所に於て、畜力耕耘が比較的普及せず、愛知、岡山の諸県に於て農業用動力が発達著しいのは、右の関係を物語るものではなからうか。それは又、東北、北陸地方に於て、冬期労力が極めて不利に用ひられてゐることをも物語つてゐる。

数年来農家がその農閑期若くは「余剰労働」を利用するものとして、副業が頻りに奨励されてきた。

水田地方では、藁工品の製作が冬期の副業として最も多く行はれてゐるけれども、従来のやうな自家用品の製作は減少し、蓆、こも、かます、縄等の商品的生産の傾向が著しい。又、大根、甘藷の切り干しその他、農業から得られる原料の加工が広く副業として行はれてゐる。

併し、要するに「副業」の特徴は、それが極めて小規模であり、従て販売に困難であると共に、それによつて収益が実に少額であると云ふ点にある。又、副業によつて各種の用具を要するものもあるが、少量の生産であるため、用具の使用率は極めて低いものである。一般に農家の「副業」は一戸必ずしも一種に止まらない場合が少くない。

小農民経営に於ける労働日分配の不平均、年労働の少ない事実は、「副業」と云ふ方法によつて根本的に解決し得るものではなからう。この問題は、家族を中心とする農家労働組織の揚棄なくしては解決し得ないものではないかと思ふ。

註　冬作々物の栽培時期は、

品名	播種期	収穫期
蘭	十二月中下旬	七月上旬
葱頼	九月下旬―十月上旬	六月中下旬
甘藍	九月下旬―十月上旬	五月下旬―六月上旬
馬鈴薯	十一月中	六月中下旬
胡瓜	十月下旬―十一月上旬	五月下旬―六月上旬
蕓苔	九月下旬―十月上旬	五月下旬―六月上旬
莢豌豆	九月下旬―十月上旬	四月――六月上旬

V　農法の発達と家族的小農組織

本邦の農業が決して遅れたものでないと云ふ主張**(註一)**は、一見奇異の感を抱かしめる。併し、各種作物に対する綿密な栽培法、反当収穫高の増進等、土地の収約的利用の方面に於ては、確かに諸外国の農法に劣るものではない。これは、日本の島国的特質と云ふよりも、寧ろ鎖国的伝統に基くものであるかに思はれるけれども、兎に角、農具の発達、畜力の利用、人間労働の生産性等と云ふ見地からすれば、日本農業は依然として封建的生産方法を脱却してゐないと云はねばならない。のみならず、斯る畸形的農法の発達は、屢々経済的方面や、労働の生産性を犠牲にして行はれたかの如き傾きさへ存するのである。

水稲耕作に於ける農法の発達が、労力閑繁の不平均を一層助長した事に就ては、既に述べた通りである。又作物個体の生育過程に関する綿密な取扱ひが、労働における分業や協業の発達を阻害する傾向に関しても既にこれを述べた。我々はこゝで技術発達のかゝる方向こそが、日本における小経営を一般的に存続せしめてゐる重要な原因である点に就いて注意する必要がある。

或は、日本が島国であつて、土地狭小な上に人口過多であり、一定面積に多数人口を養ふ必要があるから、かゝる農法こそ最も適したものであると論ずる者があらう。併しそれは逆説であつて、日本の国土に多数の人口が生存するためには、既にかくの如き農法が行はれてゐたからであらう。又、英国の如く狭小な国土にも拘らず、その海洋的発展によつて必ずしも国内に日本の如き「過剰人口」を作り出さなかつたと云ふ点を考慮するならば、日本の過剰人口と農業経営との関係、並に特殊的な農法の行はれてゐる状態を、我々は土地の狭小なことや人口過多と云ふ点から説明するのではなく、鎖国政策の下に、国内から出来る限り多くの地代を生産せしめんとした徳川幕府の政策、並に同時代からの伝統に依るものと見る必要があらう（註二）。移民、植民に対する帝国主義的観点が、如何にその発展を防げてゐるかは、茲に改めて論ずることを要しないであらう。

註一　佐藤寛治博士、前掲書。

註二　封建時代における農業の技術的発展は、殆んど支配階級の政策、教育に依存し、それによつて変化する。蓋し支配者が、全余剰生産物を略取するため、生産者たる農民の間には、技術的改良のための刺激も余裕も存しない。

Ⅵ　農具の発達と農業労働（編者註）

日本農民によつて使用されてきた農具の特徴を明かにするに先立ち、先づその農具の種類と普及程度を簡単に列記しよう。

イ　耕耘に要する農具

鋤。鋤は耕耘器として、最も古くから使用されてゐるものである。その種類には、普通鋤、踏鋤、洋鋤等があり、地方に依つてその形も幾分変つてゐる。

鍬。鍬にも使用の目的と土地の状態とによつて色々差異のあることは周知の通りである。その代表的なものを挙げれば、平鍬、三本鍬、窓鍬、唐鍬、島田鍬、備中鍬等がある。

平鍬は本邦に於て古くから使用された鍬の原型を伝へてゐるもので、今では主として作がけ、蔬菜、園芸等畑地の耕耘に用ひられてゐる。三本鍬は水田の耕耘に用ひ、窓鍬は粘土質の堅い土地に適し、唐鍬、島田鍬は何れも新地の開墾用に使用され、備中鍬は土中に打ち込みその抵抗を感ずることが少いため、水田の耕起、重粘の畑地の荒起しに適用されてゐる。

耕耘用として鋤鍬の外に広く用ひられてゐる器具としては、レーキ、スコップ、スペイド等洋式農具、畜力機、田打車、うね立器、プラオ等をあげることが出来る。

ロ　栽培に要する農具

播種器。播種器は、苗代には必要がない。園芸用として点播器が使用されてゐる以外に、水稲栽培における代表的なものとしては、僅に北海道で使用されてゐる水稲直播器を見るに過ぎない。

「田植」には、田植くわ、正条植が共に普及して居る。

除草のためには、草取瓜、八反取、水田除草器として廻転除草器が多く使用され、近時畜力除草機の発明を見たが、それはまだ一般に普及してゐない。

ハ　収穫、調製に要する農具

鎌。鎌は鍬に次いで応用性の広い道具であり、草刈鎌、笹刈用大鎌等を初め各種の形のものが用ひられてゐる。本邦に於ては、収穫に当つて、経営面積等の関係から、アメリカ流の刈取器は発達し難い。

千歯（拖把）。これは今日殆んど使用されず、廻転脱穀器に代つてゐる。調製器具としては、モミスリ土臼、萬石、唐箕、精白用キネ、及び近時工夫され乾燥器等が使用されてゐる。その他、豆類の打ち落に⊠伽が、麦打台、水力用精白機械も使用されてゐる。

ニ　動　力

我が国の農業は、動力利用の点に於て、実に微々たる進歩しかしてゐない。

畜力利用は、耕耘と運搬に幾分発達して居り、関西地方には牛が多く、東北地方には馬が多く使用されてゐる。

風力は殆んど《ママ》普及せず、水力も僅かに精白等に利用されてゐるのみで、それも電力精白に圧倒されつゝある。

電力モートルは、精白、揚水に使用されるやうになつたが、耕耘、刈取等の作業に発動機、電力が使用されることは殆んどない状態である。近時、動力の共同利用が発展しつゝある傾向は注目すべきである。

ホ　運　搬　用　具

徳川時代には、穀物や薪炭が多く人の背や車をつけない馬の背によつて運搬されてゐた。其後荷車、馬車、牛車が使用されるやうになり最近ではそれがリヤカーに代つてゐる。北海道に於ては冬期馬橇が使用される。

ヘ　伐木、木材加工用具

伐木用、大工用としてのこぎりは、殆んど如何なる農家に於ても使用され、その他斧、のみ、かんな等も一般に普及してゐる。

ト　その他「副業」用器具

副業用器具として最もよく普及して居るのは、製縄機、製莚機であらう。その他養蚕を初め諸種の副業に夫々各種の用具が使用されてゐるが、それを一々こゝに列挙することは省略する。

右に於ては、本邦農業に使用される主要農具を列記したに過ぎないので、各種農具の発達史に関しては、別に立入つた研究をする必要があり、それは興味ある問題でもある。

以上にあげた諸用具を一瞥すれば、本邦農家に於て使用されてゐる農具が、まだ手道具の範囲を脱してゐない状態にあることが判るであらう。欧米に於て普及してゐる畜力機も、部分的には使用されてゐるが、まだ全体の特徴を左右する程度のものには至つてゐない。

手道具の特徴とするところは、人間の体力を源泉として、その作業若くは伝導と作業とをつかさどる点にある。労働作業の性質は、鍬をもてば耕耘、鎌をもてば刈取と云ふやうに、その場合に使用する道具によつて定められる。又、千歯より廻転脱穀器の方が進んでゐると云ふのは、前者が単なる作業機に過ぎないのに、後者は転動機をも含んでゐるからである。而て人間の作業は、後者に於て遥かに能率をあげ得ること争ひ難い事実である。

手道具による作業は、体力と熟練の如何によつてその能率に大なる差違を生ずるものである。然るに、本邦農業においては、早苗取、田植、刈り束の練束、竹箕のあふり方等水稲作業を初め、縄なひ、俵作り、草履、草鞋等の細工物を作る場合にも、何等道具を使用することなく、単なる手技に類する作業が多いのである。かゝる作業は、幼少時より自家労働に親んで来た者に取つては比較的容易であるけれども、他の職業から農業に転ずることを困難ならしめるものである。

次に、畜力機並に動力機械の意義について一言しよう。それ等機械類の普及の程度が極めて低いといふことは、それ故にそれ等機械の有する意義を無視してよいと云ふことを意味するものではない。

特に動力機の如き、近年著しくその普及範囲を拡大しつゝあると同時に、将来の労働組織に対し暗示を与へてゐるものである場合、その意義は一層重大視されねばならない。

大正六年以来、一般に労働賃銀が騰貴するに伴つて、農業労働賃銀も著しく高騰したのであつた。この傾向は、大戦景気の消滅以後も継続した為め、富農経営をして、農業機械を使用し労働を節約する方途に出でしめることになつたのである。この事情こそ、本邦に於ける農業機械の研究の発達に多大の刺激を与へたのであつた。

役畜は、本邦の小経営にとつて殆んど飽和状態にある。恐らく一町歩以下の小経営にとつては、それの使用日数が少いために、役畜を養ふことは却て不利であらう。又その程度の経営規模のものでは、飼料も自給的に安価には供給し得ないのである。

家畜を使役する日数が少いことは、適当なそのための機械が工夫されないからであると云ふ意見にも、勿論一理あるに違ひない。近年研究されつゝある水田畜力除草機は、それが成功すれば畜力農業の地域を広め得るであらうと云ふ見透を与へてゐる。

併し、稲刈作業に至つては、その畜力化は勿論器械的方法も全く成功してゐない。欧米の麦類に用ひる刈取機を、本邦稲刈に適用し得ないのは、水稲の穂が垂下すること、水田区劃の小面積なこと、水稲茎桿を散乱させないやうに結束しなければならないこと等の理由に因るであらう。

要するに現在までのところ、水稲作業においては、播種——それに畜力か動力が応用されることになれば必然的に「田植」と云ふ尨大な労力を要する一作業は排除されるであらう——と、刈取の両作業が殆んど手労働の範囲を脱し得ず、畜力、動力を利用し得ない状態におかれてゐる。唯、僅かに耕耘と除草の作業においての、漸く畜力使用の緒を見出さうとしてゐる程度であるが、それとても全般を支配するまでには発展してゐない。

抑々畜力、動力をそれ等労働過程に利用する為めには、生産農民の手に、経営に投じ得べき一定の資本が必要である。然るに本邦に於ける耕作農民の絶対多数を占める小経営農民には、さうした経済的余裕を見出すことが殆んど不可能な状態である。

若し、富農的生産農民が、経営に投じ得べき余裕を有ち得たとしても、彼はそれを経営に投ずることなく、それよりもより有利な方法を手近に見出し得たのである。即ち高い地代を搾取し得る地主に転化することによつて、彼は平均利潤すら引き出すのに困難な経営の拡張を避けたのである。従つて、一般に本邦における経営農民には、何等畜力、動力を応用しようとする経済的根拠もなく、又要求も起り得なかつたと云ひ得るであらう。最近に至つて、この傾向は後述する如く幾分是正されつゝあるが、要するに、日本の若き産業資本が、一〇〇％欧米の機械を利用し短期間に今日の発展を遂げたことと、右の事情とを照し合せて見ることは、実に興味ある問題であらう。

編者註　この項には、草稿の末尾に、特に「整理を要す」と著者自身附記してあつたのを、殆んど原文のまゝ幾分前後を整理した程度で発表するものであるから、故人としても、恐らく斯る姿で発表することは不満足であらうが、編者の浅学敢て存分の整理を果し得ざりしこと、共に読者へもお詫びする外ない。

Ⅶ　農業に於ける賃労働の発展

本邦の農家にあつては、その繁忙なる時期に、外部からの補助的な労働を必要とするものが少くない。その補助的労力としては「結」（ユイ、イイ）と称する一種の習慣的な契約に基き労力交換をなすものと、賃銀労働を雇傭するものとの二つの形がある。

労力分配が平均的に行はれない水田地方や養蚕地方にあつては、小農層すらも農繁期には補助的労力を必要とすることが屡々である。併しかゝる場合には、多く「結」の形が行はれてゐるのではないかと思ふ（註一）。而て反対に、農繁期に於てすら農業その他の雇傭労働の機会を探し求めてゐるやうな過少農経営が多数存在するのである。彼等の経営は、農業の繁忙な時にも、自己の家族の労働力を充分に活用し得ないほど零細なものである。

従つてかゝる農民の存するかぎり、土地や資金に恵まれた農民の間には、その労働力を使用して拡大し資本家的利得をねらふ可能性は存在するわけである。過小農経営を基礎とした、かゝる過剰労働力は、一方に於て耕地に対する競争を喚起し、高率地代を擁護する働きをなすけれども、他面には右の如く、低廉な労働力を富農経営に供与して、それに資本家的利得を得せしめるやうな可能性をも与へるのである。我々は、農民家族経営に於て資本家的利得を目的とし、雇傭労働を使用する如きものを「富農」と呼ぶ。

農民の間から成長する、かゝる富農経営の資金となるものが、驚くべき勤勉によつて作り出され、又異常なる倹約によつて蓄積されるものであることは屡々見受けるところである。又奉公人若くは賃銀労働を使用する場合に於ても、経営主の家族は有閑者となつてゐないばかりか、自ら範を示して雇人を使駆するのである。併しこのことは、決して資本家的搾取者としての富農の性質に反するものではなく、否却つてその特性であると云はねばならない。

富農の経営は、経営面積に於て幾分大であるため、畜力利用や農具を効果的に使用し得る等の点に於て、中小経営より優れてゐるとは云へ、その技術や労働報酬（註二）の点に於ては、そのために必ずしも著しく優秀であり得るとは限らない。故に本邦における富農経営存立の如何は、第一に労働賃銀の低率であることか、然らざれば雇日傭者の使役方法の巧みであるかにかゝつてゐる。

農業労働賃銀の水準は、地方によつて同一ではない。何等かの事情によつて貧農が多数存する地方か、或は中心都市の労働市場より影響を受くることの少ない地方ほど、労賃は一般に低位である。大都市の近郊に比較的富農経営の少ない理由は——この場合園芸蔬菜経営は別なり——右の事情より推定されるであらう。反対に小作制度の普及してゐる地方は、貧農が多いために富農も多いと云ふ現象も容易に理解出来よう。又、債務を負ふた農民が、それを返済し得ないで、債権者に対し労力を提供すると云ふやうな形態も存続してゐる。

概して本邦の農業作業には、単純な機械的なものが少く、作物の生産過程に綿密な注意の要求せられるものが多いこと、及び手業、道具の使ひ方等に於ける熟練の如何によつて能率に大なる差異を生ずる場合が多いこと等の特殊性に就ては、既に述べた如くである。このことは、雇傭労働における労働者の選択、その使用方法によつて経営の利得に大なる影響を及ぼすことゝ密接な関係を有するのである。

本邦農村には、古くから一種の年期奉公制が行はれてゐた。これは、年少なる者を仕事の見習と云ふ口実を以て、一定期間無俸給、食物衣服を供するのみにて使用することである。俸《ママ》公人の多くは、年期の明けた後独立の一家を持つことを望みとして勉強するので、土地や嫁入の世話まで雇主がしてやるなぞと云ふことも、所によつて行はれてゐたのである。開墾し得る耕地も減少し、地主手作の縮小するに伴つて、農村にはかゝる慣習も衰えたけれども、却つてそれは都市商人の間に普及したかの観を呈してゐる。

農村においてその慣習が衰えるに至つた原因は、都市に於て比較的熟練を要せず、且つ賃銀をも得られる如き機会が増加した為め、従来中農以下の次三男に取つて、処世の方法であつた右の如き奉公制を顧る者が少くなつたからであらう。

今日でも地主や、高利貸を兼ねた農民の間に於て、債務者を債務の代償に、極めて安価な賃銀で労役せしめる如き方法が残つてゐる。

年期奉公の慣習が衰微するに至つた他の原因として、地主や富農の家事経済が商業の発達に伴ひ単純化されたこと、或は産業革命の結果農家の労力閑繁の差が大となり、そのため長期間の年雇（常雇）の意義が自ら減少せしめられ、臨時雇、日雇にて事足りるに至つたと云ふ点なぞも挙げられるであらう。

右の如き傾向は、本邦の中農的富農的農民をして、多かれ少かれ季節雇若くは日雇なしにその経営を維持し得ない状態たらしめたのである。稲作における田植、稲刈、除草、養蚕における上簇、桑摘み、茶園の茶摘み等の繁忙な時期には、経営の比較的大なる農家にあつては賃銀労働を使用せざるを得ないであらう。臨時雇も多くはかゝる時期のものである。

大正九年の農業労働調査の結果を見ると、日傭、季節傭合せて二七三萬を算へてゐるが、その中には労働交換による「手伝人」の如きものも算入されてゐるのではないかと思はれる。何れにせよ、我国の中農的富農的農民が、繁忙期に於て季節雇若くは日雇なしにやつてゆけないことは事実であり、それ故に被雇傭労働者の数も相当多数に及ぶであらうことは明かである。

農繁期にのみ使用せられる農業労働者の労働時は、極めて長時間なのを普通とするが、それも一般勤労農民の労働時間と大体に於て等しい。

定雇は、その食糧被服等を現物で支弁せられるものが多数を占めるであらう。それに対し日雇や季節雇の賃銀には貨幣払が多い。

その他農業に於ける労働形態として、請負賃銀制度も広く行はれてゐる。農業には結果の明瞭でない仕事が多いので、請負制の場合は時間制が採用され、その監督には雇主自らが共に働くことによつて当る点は他の場合と異らない。

本邦農業に於ては、地主の直営による経営があまり行はれてゐないが——利益を目的とせず地主の自家用品を生産する場合は別として——それには先に述べた如き、農業作業が複雑でありその監督も困難であると云ふ事情に影響されてゐると思ふ。

農業における賃労働を問題とするに当り、我が国の標準的な富農経営の多くが、雇人のみを働かしめるのみでは、満足な結果を得られず、場合によつては自身の生活さへ脅かされる程度のものであると云ふことを考慮しなければならない。故に彼等が富を蓄積した場合、多く地主化する傾向が最近まで支配的であつたと云ふことも、さうした関係を抜きにして完全な説明をすることは出来ないであらう。

本邦農村の小作料が高く、地主の利得が大であることは周知の事実である。そしてそれが富農をして地主化せしめる傾向の最大原因となつてゐることも既に論じた通りである。けれども、地主が自己の所有地に於て、安価な労働を巧みに監督し働かせ得るならば、或は地代より以上の利得をあげ得たかも知れないであらう。然るに我が国農業労働の性質を考ふる時、雇傭労働者をして小作人以上に長時間、且つ勤勉に働かしめる事は全く困難である。従つて地主自らの経営は、その点からしても不利な立場におかれ発展を防げられてゐる。同様のことは富農経営にも当嵌る。

次に、富農発展の基礎が、貧農の余剰労力の搾取と云ふ点にあることを述べたが、そのため生産的農法、農具の採用が富農発達の条件となると云ふことを否定し無視するものではない。

現に、本邦に於ても（北海道は別として）耕耘用牛馬の飼育が中富農の条件の一つとなつてゐる。彼等は、自己の耕地に牛馬耕を実行して、より大なる耕作をなす可能性を得ると同時に、近隣の小農の耕地に貸耕することをも行つてゐる。

耕用牛馬の飼育と共に、それに附属する馬具、農具の一切に要する資金を予め支出することは、小農や貧農に取つて不可能である。又経営面積の稍大なる農家でない限り、その役畜を経済的には使用し得ないであらう。而も、田植や刈取が畜力化されてゐず、畜力除草機すら普及するに至つてゐない状態の下では、牛馬耕によつて経営規模を拡大する農民は、賃銀労働を用ふることなしにそれ等の作業畜力化されてゐない田植、刈取――を済し得ないことになる。賃銀労働の使用が不利であるならば、そこにも資本家的経営の発展を阻害する要因が潜在することになる。

発動機や発動機用の脱穀器、籾磨器等が、富農経営を強めてゐることは明かである。それが富農自身によつて購入される場合は勿論、共同で購入されて利用する場合に於ても、それを最も有利に用ひ得るのは他ならぬ富農である。富農に取つては、自身で購入するよりも、共同で購入してそれを利用した方がより有利であらう。動力機が、産業組合農事実行組合等によつて盛んに共同購入されるのは、さうした富農の利益を裏書するであらう。

近年小作争議が激化するに伴ひ、小作料は低下し、米価の低落と共に益々その生活を脅かさるゝに至つた地主階級の間に於ては、土地を小作から返還せしめ自作農化しようとする傾向を示してゐる(註三)。農業機械化の発展が、かゝる傾向の技術的根拠となつてゐることは見逃してならない。と同時に、昭和二年の金融恐慌、昭和四年の金解禁等によつて、農業恐慌は益々深刻化し、都市失業者の帰村出稼の困難等によりいやが上にも農業労働賃銀を低落せしめたことが、地主自作化の有利な経済的条件となつてゐることは云ふまでもなからう。

貧農がその労働力を売るべく余儀なからしめられるのは、彼がその労働力を満足に働かせ得るほどの耕地を手に入れ得ないためばかりではない。それは寧ろ彼が食つてゆけぬからであり、その日その日の生活に追はれるからに他ならない。特に農業の最も繁忙な初夏は、貧農が僅かなその貯蔵米を食ひ尽した時期であり、彼等の多くは、労働を切売りすることによつて、家族の食ひつなぎを計らなければならない状態に追ひ込まれてゐるのである。そのため彼は往々にして、自家の耕作を捨てゝも賃稼ぎをしなければならないことがある。尤も地方に依つてはその時期に飯米を地主から借る習慣の所もある。さうした習慣は、決して自由契約に基く貸借関係としては理解し難く、農村に残存する封建的な関係と看做さなければならない。かくて貧農の僅少な耕地は、耕耘、播種の時期を失ひ、施肥除草も充分に行はれないと云ふ結果に陥るのである(註四)。

以上略述せし点から見て明かな通り、農業の専業化の傾向は、或る部分的作業に於ける畜力機械力等の応用を刺激すると同時に、農家の労働の家族的組織を破壊し、貧農をして賃労働者たらしめる方向を強ひてゐる。そして畜力、機械力を利用する経営が増加すればする程、小農経営は不利な立場に陥り、零細農の増加てふ一般的傾向に拍車を加へることになる。

註一　かつて露国の農民経済学者チヤヤーフは、我国農学者の間に推賞されたその著作に於て、農民経営の経営耕作面積は、その家族の財産状態によつては決定せられず、その家族の労働力の大小によつて定められると云ふ理論を提起した。革命前の露国に於けるが如く、極めて粗本的な三圃により、而もそれがミールに於ける土地共有の状態の下にあつては、或は右の如き関係が統計的に表示せられたかも知れない。併しその真否を検討することはともかくとして、本邦に於けるが如く、土地所有が農業経営に於て演ずる役割の大なる所にあつては自ら事情を異にするであらう。即ち農家の経営規模は、その労力によるよりも寧ろその所有する若くは小作する耕地の大小それ自体によつて影響せられるところが大であり、それは又財産状態によつて左右されることになるであらう。

註二　本邦に於ては農業がその経営を拡大するとしても、土地――それを購入する場合は勿論小作する場合も――や農具や労賃に支出せられる出費が増大するに比し、経営の純収益はそれに伴はない。蓋し本邦の小作料は（従つてその資本化された土地価格も）、小農経営の利潤部分をも包含する（表現する）のを常とする故に、経営の技術的構成が著しく優秀でないかぎり、労賃支出を控除した以上に残る利得は僅少であつて、借入資金の利子すら支払ひ得ないからである。

註三　近時小作争議中土地返還を原因とするものゝ数が累年激増しつゝあることは、その統計が明かに示してゐる通りであり、既に周知の事実となつて居る。特にその土地返還争議も、先には小作争議の紛糾から導き出されたものが多かつたが、最近に至つては、地主の自作化を目的とするものゝ数が多数を占めるに至つてゐる。即ち、帝国農会発表の統計に依つて見るに、原因別比較中「小作料関係又は小作地引上」による小作争議が、昭和五年一、〇〇二、昭和六年一、三〇七、昭和七年一、五二〇となつて居る。その中の何％が地主の自作化によるかは詳かでないが、小作人の要求事項別比較中「小作契約の継続」が昭和七年に至つて一、三六七件に上り全件数の四〇％を占め断然第一位を示してゐる点から、その傾向を推測することは困難でないと思ふ。

註四　長塚節、小説「土」（七五頁）には、貧農のかゝる生活状況がよく現されてゐる。

Ⅷ　共　同　経　営

封建時代に於ても、強ち家族が農家経営の唯一の労働組織とは限らなかつた。地主手作や富農経営の如き、雇人使用の上に立つ組織は別として「結」に基く共同作業の形態が行はれ、それは今日に至るも尚ほ全国的に残存して居るのを見受ける。即ち、地方によつて「ユイ」「イヽ」「エヽ」等と呼ばれ名称は異つてゐるが、それは田植、稲刈等一時に多数の労力を要する作業において、家族の労働だけでは不足を来す場合に、近隣の農家が労働を交換し合ふところの組織である。「結」は又、有力な地主が農業の繁忙期に多数の人手を確実に得るため予め約束しておく如きものと異り、中小農民の間に多く行はれてゐた労働交換の相互扶助的組織であつた。それは五人組の如く、行政機構の末端として活動するものでもなく、その範囲は今日の大字よりは小さくて固定的な組織体ではなかつたやうである（**註一**）。

「結」による共同作業（労働交換）も、今日では田植、稲刈、動力による脱穀等の場合にのみ行はれてゐる状態に止まつてゐるが、古くは狩猟、漁猟、伐木、家屋建築（建前）、屋根葺等可成広い範囲の作業に亘って行はれたものゝ如くである。現在においても農家で秋の収穫後に「秋事」「刈あげ」「秋あげ」等と称し、餅やおはぎの如きものを作り祝ふ習慣のあるのは、その起りが「結」の仲間に対しその労働を「ねぎらう」意味からのものではなからうかと考へられる。

村の古い慣習として「結」が行はれてゐたと同時に、休日を一定することや、田打ちにしてもそれを初める期日を一定しておくと云ふやうなことが行はれ、甚しきは一定期日以前にそれを行ふ者に対し制裁を加へたと云ふ如きこともあつた。併し、要するにそれらのことも、各農家が村全体の労力の交換関係に対して鋭敏な関心を抱いてゐた為めではなからうか。

抑々本邦の農村は集村制であり、一定個所に住家が密集して、各人の耕地も相互に入り組んで村の周囲に散在して居ることが多い。そのために、各人が他人の耕地に行はれてゐる労働作業の方法並にその進行状況に就て、知悉する機会を常に与へられてゐた。かゝる事情が、如上の様な慣習を生み出さしめたものと思はれる。併し此の点に就いては尚ほ充分検討さるべきであらう。

何れにしても封建時代の我国農村に於て、「労力の交換」「共同作業」が或る程度普及してゐたことは否み得ない。然るに、さうした農業労働に於ける村人の古い共同関係は、農業経営の商品生産化によつて逐次破壊され、今日ではその残存形態も狭隘な範囲に止まり、更に財産関係の分裂に伴ひ、かゝる制度は労力の雇傭関係におき代へらるゝに至つたのである。

乍然、鋭敏なる農村観察者柳田國男氏が指摘して居られる如く**(註二)**「結」は全く死滅のみを約束されてゐるものではないであらう。何故か？

現在我々は二つの方向からこの「結」を利用し或は新たに復活発展せしめようとする働きかけの存するのを見ることが出来る。その一つは、産業組合農会等富農地主の利益を中心とした団体の指導による共同作業、並に小作争議防止を目的とした地主的性質を有する共同経営であり、他はそれ等諸団体の官僚化、或は地主的共同経営に対する、中心農間における自主的な相互扶助の傾向である。近時部落を単位としてかゝる意味の農事実行組合が、中小農の利益を目的として結成されつゝあるのはその一つの現れと見ることが出来よう。これら二つの傾向に就いて、今更その階級的、歴史的意義を云々する必要はあるまい。

かく共同経営が俄に問題とされるやうになつたのは、小作争議が激発し、地主の生活が不安に脅かされるやうになつて以来のことである。

小作争議を未然に防止する目的を以て発生するに至つた共同経営は、地主若くは自作農が、土地及び資本の一部を提供し、小作人が農具と労働とを提供して、それを一個の経営となしその得たる利益を出資に応じて按分するものである。特殊な故障の起らぬかぎり、一般的にかゝる方法による経営が、個々の経営によるよりもより多くの生産をなし得ること、従つて生産能力を高め得ることは既に試験済みである。併し假令一時的にさうした方法が良き成果を挙げ得たとしても、利害相反する階級関係が根本的に解消されてゐないからには、その発展に多大な期待をかけ得ないことは明かである。

それには、単に経営を合併することにのみ止まらず、生産的な農具を使用し、全体の作業をも共同化する可能性を有すると云ふ点に於て、進歩的な一面を認め得るけれども、その反面、この経営に参加する労働者は、経営の結果に利害を感じ関心を有するが故に、通常の大経営の労働者とは同一視し難い意識を抱くことになり(註三)、又利益分配の基準として従来の既存土地価格が採用されるかぎり、小作関係の本質が解消されてゐないことも明かで、さうした点に於て終局的には地主の利益擁護を目的とすることになるのである。更にかゝる経営に於ては、殆んどその発案が地主の側からなされ、その指導も地主によつてなされることを考慮するならば、思ひ半に過ぐるものがあらう。凡そ資本主義社会に於て、経済的に有利な立場におかれてゐる者(資本家なり地主なりと云ふ)と、不利な立場におかれてゐる者(労働者なり小作人と云ふ)との間に結ばれる協調とは、前者の搾取なり支配なりをヨリ円滑に且つヨリ強化する方便以外の何ものでもない。かゝる粉飾された方便こそ、最も反動的な、そして危険性を有するものであると云ふ意味から、我々は地主的共同経営を峻厳に批判しなければならない。併しその場合注意すべきことは、終りに来るものほど、新しきものへのヨリ良き見透を随伴すると云ふ点である。

右に比すれば、小作人が共同で地主から土地を借り受け、それを共同経営するものは本質的に異つた意義を有する。我我に取つても、さうした形態こそ前者に比し一層興味が多いのである。即ちその場合には、農民相互の間に於て各種の共同作業、機械器具の共同利用が行はれ、それによつて団結意識を植ゑ付けられることにもなる。

かゝる共同経営は、農産物の生産費低減を目的として頻に奨励されて居り、且つ実際にも相当の効果をあげつゝあるのであるが、その意義は、単に生産費の低減にのみ止るものではない。何となればそれは、生産性の低下を通じて農民に共同の訓練を与へ、農業生産の家族的規模、若くは資本家的規模の経営以上に勝れた形態への展望を与へ得るからである。

今日一般に行はれつゝある共同作業の種類は、共同苗代、共同掃立等で、それ等の作業は右の共同経営の萌芽的形態に過ぎないけれども、我々はそれを決して過小評価すべきではない。

問題は誰が如何にして指導し発展せしめるかにある。そのためには、我々の側に於ても共同経営の発展のための技術的基礎を充分に確保し検討する必要があらう。農民戦線が躍進を遂げれば遂げるほど、それは現実的な性質を帯びる問題であつて、断じて学徒の空想に終るものではない。

（第二編未完）

註一　筆者は寡聞なためか、未だ「結」に就いて徳川時代の為政者或は勧農家等が云々したといふことを耳にしない。又、今日に於ても、この組織は極く一部的にしか行はれてゐないと信じてゐる者が多い。露国に古くから行はれてゐた農業アルテルなるものに就て筆者は充分な研究をしてゐないから、断定的なことは云へないが、本邦の「結」はそれに類似するものではないかと思はれる。

註二　柳田國男氏「日本農民史」参照。

註三　かゝる経営の労働者は、通常大経営の雇傭労働者に有りがちな「労働者怠惰」なる傾向は生じない。

農民の家族とその生活（二）

関矢留作

【出典】『経済評論』第三巻第十二号（一九三六年十二月一日発行）

明治初年以来か〻る生活に対しての法的制限は取除かれ、他方農民経済の商品化は、生活様式を自由に選択すべき可能性を与へたのである。

前章第一節に於て、既に農家経済の自給自足制の崩壊状態に就いては分析したけれども、次に再びそれを衣・食・住の各々の方面について検討し、更に現在より将来への変遷の特徴を研究することにした。

第三章　農民の衣・食・住——物質的生活

その生産物の過半を年貢として上納せしめられた徳川時代の農民は、残余の生産物と、農耕に費された時間以外の余剰労力を以て加工を加へたものとによつて生活しなければならなかつた。而もその生活の様式について、当時の支配者が如何なる制限を加へたかは、「慶安御触書」その他に見るが如くであつた。

第一節　農民の住居

農民の住居と云つても、その材料の自給から購入への過程、並に農民家屋の機能とその間取り、その変遷、水の問題、火の問題等と分つて分析する必要があらう。

家屋及びその材料の自給は、今日すでにその半が破壊されてゐるけれども、前時代の様式もまだ依存されてはゐる。

草若くは藁を以て葺いた屋根は、殆んど全国に見受けることが出来る。昔は葭や茅は所有地或は共有地から刈つて来て用ふることが出来たし、麦藁や稲藁も多く自家産のものを用ひてゐた。併し近時板屋根、瓦屋根、アタン屋根の如きが増加し、古い藁屋根にも廂なぞその付け足しの部分だけに新しい購入材料を用ふるものが多くなつた。

新しく造られる家屋の屋根に、草葺の屋根が捨てられつゝあると云ふ理由は、第一に材料の欠乏と云ふ点にあるであらうけれども、次の様な関係も見逃し得ないであらう。即ち、草葺屋根の場合、水はきをよくするためその傾斜を急角度にする必要があり、そのため家の建坪が広くなると屋根の高さが著しいものになり、而も屋根の巨大な割合に部屋の数が少ししか取れないと云ふ理由にもよるであらう。

建築用の材木としてアメリカ松材が農村にまで多く用ひられてゐるのは周知のことである。農家において各種の用途に使用される棒（ハザ木、物の柄、干物竿、垣の棒等）の如きものすら、林野統一以来は購入しなければならなくなつた村が多い状態である。

一般に農民の家屋は、生活の場面であるのみならず、仕事場を初め貯蔵場、社交場をも兼ねなければならない。それは、多く本屋と納屋とに分れ、本屋には家族の炊事、摂取、就寝等にあてられる部分と、接客、儀礼の場合使用される座敷とがある。

北陸、東北の農村には、納屋と本屋とをたゞ一棟の内に有する農家が多く、その場合には、厩が家屋の入口に近く設けられ、比較的広い土間を有して、そこで穀物の調製や俵拵へ等の作業が行はれてゐる。

納屋には農具や収穫物を置き、雨天の日若くは冬期に調製作業等をこゝで行ふのである。貧農は、貯ふべき多くのものを有たないが、中小農にしても、貯ふべき設備が不完全であると云ふ点から――勿論借金に追はれて貯蔵する余裕を有たぬと云ふ経済的な窮迫に追はれてゐるためからでもあるが――穀物をでき秋に直ぐ売らねばならぬことになる。

養蚕を行ふ農家では、その飼育に当つて居室を蚕室に代用せざるを得ないため、この期間家族は充分な休息を取ることは不可能である。

最近農家における自給制の強化策として、頻に堆肥の使用と云ふことが奨励されてゐるけれども、適当な堆肥場の設備なくして、肥効の豊な堆肥を得ることは出来ない。又、同様のことは、副業としての養豚、養鶏等の場合にも言ひ得られる。要するに、自給肥料にしても農業経営の多角化にしても、そのためには設備と云ふ点からだけでも、投下資本を必要とすることは明かであり、さうした資金を如何にして調達するかと云ふことが先決問題であらう。それを容易に得られるのは、少くとも今日の農村では富、中農に属するものである。

本屋には、日常用として炊事、保温のためのゐろりを設けた台所を中心として、居間、寝室等があり、臨時用として座敷が設けられてゐる。多くは座敷にのみ畳を敷き、他は藁蓆を敷いた板の間か、或は土間に藁を並べその上に蓆を敷いたまゝの形式である。何れにせよ床板を張つて畳を敷くことが、中小農の間にも行はれるやうになつたのは、明治初年以後のことであらう。とは云へ、今日に於てすら貧農の多く、殊に東北、北陸地方の農民の住居は、土間に蓆を敷いたまゝのものが寧ろ普通の状態である。

ゐろりを切つた台所は、炊事用の火所であると共に、食事や簡単な応接もそれを囲んで行はれる。又、夜間や冬期には、こゝで藁加工等の手仕事が行はれる。本邦西部、中部地方特に都市に隣接する農村では、農家においても改良かまどがゐろりに代り、炊事用として普及してゐる。

本邦では、食事毎に煮焼をする慣習であるから、この炊事場ゐろりの周囲が、食堂兼応接の役に用ひられるのは不思議ではない。尤も水洗の場所並に食料貯蔵場が、共に他所に存すると云ふ不便はそのため否み難い。これは、都市住宅において、ガスと水道栓とが手近に集められ、台所は炊事専門に用ひられてゐるのと対照して見ると興味深いことである。従つて燃料節約、能率増進の立場から、炊事用の火所をかまどとして独立化される傾向は、地方によつて緩急はあるが一般的となつてゐる。特に燃料の不充分な地方では、早くからかまどを設ける形式が行はれてゐる点は前にも一言したが、さうした改善は、ゐろりを中心とする家族の団欒に動揺を齎すものであらう。

農民家族の居室には、右の如き土間の外に、寝室、居間も通常設けられてゐる。寝室には地方によつて万年床を習慣とし、居間は小供や老人の居所となる外、婦人の裁縫等にもあてられてゐる。併し夫婦に特別の寝所が与へられず、雑魚寝の如き状況を呈し、甚しきは親子兄弟二組以上の夫婦が同室に休むことさへ往々農家では見受けるのである。

座敷を出居《デイ》と呼ぶところがあるのは、柳田國男氏の説によると、古代に出居と呼ばれたのは、一種の客間であつたが、それは決して今日の客間の如く奥まつた一室ではなく、戸外から腰を下して接客の出来る戸外に面した板敷の一室のことであつたと云ふ。惟ふに、古代の村中心の社会生活が、中世以来字中心の社会生活に推移されるに伴つて、農家の座敷（出居）の有つ役割も変化したのであらう。今日では、座敷は強ち戸外に面すると云ふことよりも、むしろ奥まつたところに設けられると云ふ風が重んぜられてゐる。

座敷は、冠婚葬祭等の折に用ひられ、その場合の来客の宿泊室ともなる。

明治初年以後、農村における中農以上の農家においては、少からぬ費用を投じて座敷を造り、それを造らないことを恥とするやうな風潮が広まつたのである。そして、それは近頃になり生活改善論者の批判を受けることになつた。夫々の農家において、座敷に多額の費用を投ずるやうなことは、将来村の倶楽部の設立、その利用方法の拡大が実現するに従つて中絶されるであらうし、同時に家屋は住居本位のものとなるであらう。

古代に日本の村落が、渓谷や丘陵を選んで発達したのは、先に触れたやうな家屋材料、燃料等が手近に求められると云ふことも理由となつてゐるが、水の便といふのも一つの理由になつてゐたに相違ない。「河へ洗濯に山へ芝刈に」行ける様な場所に住居を造ることが望ましかつたであらう。今日でも山村では谷川の水を溝でひき、それを以て各戸に水溜を作つて、そこで衣服の洗濯や食料の調製を行ひ、時にはそのまゝ飲料にも供してゐる。かゝるかけ水が、交通の発達と共に不潔となりつゝあるのは云ふまでもない。

各戸に井戸を掘つて、これを用ふるに至つたのは、鑿井技術の発達した近世以後のことである。現代の衛生科学の見地から見れば、農村の井戸の過半は飲用に不適とのことである。それに対し、昔から飲んできたのであるから大丈夫であると思ふ者も少くないが、確かに近世交通の発達と共に、井水が伝染病を媒介することも少くないであらう。

農村においても、稀に水道の設備を有するところを見受けるが、水源の豊富であり且つ集村制をとつてゐる本邦の村落にあつては、必ずしも将来水道施設を普及せしめることも困難ではないと思ふ。

次に燃料に就いて見るに、それは水に比較してその商品化が容易であり、現在ではそれが事実となつてゐる。故に、燃料の経済的な使用法と云ふことが、農村生活改善運動の重要な題目ともされるのである。そして前述せし通り、従来農民の家庭生活の中心となつてゐたゐろりの廃止も、この方面から刺激されてゐる。さうした傾向は、家族制に対して個人主義に支援を与へる事情と考へることも出来よう。例へば、ゐろりの集団的なのに対し、炭火、火鉢の使用、こたつ、改良かまど等の普及は家族に分散の機会を齎すことになつてゐる。

ゐろり火は単に炊事、保温のためのみならず、照明の目的をも兼ねてゐたのであり、ゐろり火の明りを以て「夜なべ」に縄をなひ、ボロをついだ時代の記憶を、今日まだ保持してゐる老人がゐるであらう。

かゝる時代から、種油を用ふる時代、石油ランプを使つた時代を経て、今日の如く電燈を点ける時代へ進んだ過程を思へば、隔世の感ありと云はねばならない。この過程は、農村の各層を通じ一律に進んだものでは勿論ないけれども、今日では全般に電燈が採用されるやうになつてゐる。

北海道の散村においては、電燈配線に少からぬ費用を要するため、電燈料が高価であるため、それを使用出来ない家が混在してゐるところが多い。

本邦内地の密集村落制は、現在の如き耕地散在の欠点を存するとは云へ、それは共同耕作によつて除去せられるから、散村に比較して生活の協同等と云ふ点に就き有望な支柱となるであらう。

夜間照明設備の発達と相俟つて、紙障子をガラスに代へ、窓を多く取つたりして昼間も室内を明るくする傾向が見られる。併しそのために、天井のない根屋裏に下つたすゝや蜘蛛の巣や壁のしみなぞも目立つこととゝなり不愉快を与へることになつた。

農民家屋の外観には、昔通りの草葺も多いけれども、内部の設備、その生活の諸様相に至つては改善のあとが著しい。

第二節　衣　服

衣服は、その材料に関する限り、商品経済化が殆んど完全に近いまで遂行されてゐる。唯、藁細工品は例外であるけれども、それとて藁加工の被服類は減少しつゝある。そして洋服その他仕立上つたものゝ購入が次第に多くなりつゝある。

前章において述べた如く、従前農民は、綿を買ひそれを紬ぎ糸にして自ら織つたものであるが、最近では直接織物を買ふやうになり、而も織物の模様は益々豊となつた。それに反し地は薄くなり弱くなつたので、手織木綿の丈夫なことが回顧され惜まれてゐるのである。更にメリンスは、その美しいことゝ弱いと云ふ傾向を助長してゐる。一般に服装が華美になつたのは、勿論農民の嗜好の変化を意味するものではあるが、もとはと云へば人目を惹きつけるやうなものを作らねばならなかつた織物業者からの刺激によるであらう。農民は寧ろ地味なもの地味なものと求めてきたのであるけれども、さうしたものは商品として次第に得られなくなつたでの《ママ》ある。

唯、よそ行の目的のため、紬の一揃を持つと云ふことは、著しく貧しからざるかぎり農民の間の習慣であつたらしい。

農民の間に織物工業が衰へるに従ひ、絹織物は得難いものとなつた。そして毛織物がよそ行にも普だん着にも用ひられるやうになり、従来農民の知らなかつた各種の編物技術も、手織製品に伴ひ普及しつゝある。

衣服中出来合品で農村に最も早くから普及したのは恐らくメリヤス製品の下着類であらう。それは、特に冬の寒い地方の人々に喜ばれた。既成品の足袋は、従前全く足袋を使用しなかつた層にまで普及した。その他、古着の類や既成品の仕事着、小供の洋服等の購求も増加してゐる。併し、普通衣服の調製は、各戸の婦人の任務となつてゐるし、既成品と自家製とを問はず、その修繕（ボロつゞくり）は、婦人の裁縫労働の重要な部分となつてゐる。更に自家に於いて製作さるべき衣類で、増加を見た種類のものもある状態で、要するに、衣服製作の社会化は、まだ開始されたに過ぎないのである。

農民の仕事着は、近時に至つて工場労働者の用ひる既製作業服の如きものを使用する傾がある。併し従来のものとしては木綿の胴衣と股引から成つたものが多い。山の作業には手甲、脚絆等が用ひられ、寒気の加はるにつれ綿入の袖無し類が使用される。雨天の場合には笠とみのが伝来の服装となつて居り、笠は日除け用にも使用されてゐる。

自給時代には家内労働が多く、婦人は戸外の作業に従事することが少なかつたのであらう。そのため婦人の特別の作業服は見当らない。故にたすきで袖を絞り上げ、裾を折りあげて脚絆を履いても、矢張り普段着なのである。東北、北陸地方に普及してゐるモンペの如きも、普段着を汚さずに作業し得るため役立つてゐるに過ぎない。それは家内労働と戸外労働とをかけもつ必要から、さうしなければならなかつたのであらう。

水田の作業は今日でも素足で行はれるところが多い。素草鞋から足袋草鞋となり、更に草鞋をやめてゴム足袋になり、近年ではゴム底の足袋が相当に普及してゐる。

農民が屋内で作業する時や、休日、日常の訪問等に用ひてゐる仕事着でも礼服でもない普段着がある。婦人や老人年少者にあつてはさうした普段着の外に、特に仕事着と云ふものは用ひない。男女を通じ普段着には筒袖が多く、角袖は礼服以外に行はれてゐない。綿入、袷、単衣、下着、はんてん等と、時節に応じ区別はされてゐるが、着換もなく常に垢染みたものを纏つてゐるものが多い。

東北地方では寝衣を用ひる者が少いと云ふが、それは強ち東北地方に限られたことではなからう。

中年以上の農村婦人の服装は、概ね男子と区別がない。年若い婦人の服装が華美になつたとは屡々耳にする批評であるけれども、それは彼女等に流行遅れになつてはいけないと云ふ恥があり、商人達も農村に都市の流行品を持込み、或は帰村する女工が都市風に染まつて来る等と云ふ影響をも受けるからである。

小学校児童の服装は、最近洋服化の傾向が著しく、小児の服装にも毛糸編物や洋服が多く用ひられるやうになつた。

農民は貧富の差によつて仕事着に著しい差異を認めないけれども、礼服なぞになると貧農は全然着換を持たないし、彼等の持ち合せてゐるものは、男ならば徴兵検査や嫁取の時に作つたもの、女ならば嫁入の時に拵へた晴衣で一生を間に合せてゐる状態であり、親子相続いて用ひてゐることも稀ではないが、中農以上になるとさうしたことは少くなる。

下駄の普及も明治に入つてからのことであり、草鞋、草履等藁製品が今でも共に用ひられてゐる。併しそれが次第に衰退しつゝあることは否み難い。

第三節　食　物

農民の食糧品は、未だ多くが自給の状態にあることは先にも述べた通りである。農民の大部分は、自家において生産した米・麦・芋・野菜類等の作物を主な食糧として居り、それらの食糧を購入する者は、耕作反別の少い貧農、小作農若くは養蚕等を主とする農民である。

農民の魚類消費額は、一般に少額であるけれども、海岸地方を除くかぎりそれは購求されるのであり、肉類も鶏肉の外は購入されてゐる。

調味料としては、味噌を除けば塩・砂糖・醤油・酢等何れも購求品であり、酒、煙草も同様である。かくの如く、購入されてゐる食糧品の種目は、必ずしも少くないけれども、それらの金額は、自給する主食物、蔬菜類に比較して決して多くはない。

主食物としての米も、徳川時代においては、農民に取り食物としてよりもむしろ支配者への年貢として作られてゐたと云ふべき状態であつた。故に、その時代では米を主食物としてゐた地方ですらもカテ飯と称し、菜葉、大根、豆類の葉、木の葉等を混じて米を節約する方法が行はれてゐた。「米を粗末にすれば目がつぶれる」とは、日本農民の間に広く普及した信念であり、恐らくさうした状態の下におかれて来たものには当然の信念でもあつたであらう。併し明治六年地租金納制以後、米は商品化され（その多くは小作米であるが）、他方農民の米を消費する量は、徳川時代の農民に較べて明かに増大し、米の作付面積も亦年々増加することゝなつたのである。

かくて水田専門の地方の農民は、極貧農を除き今日では殆んど米を食して居り、米麦混合も、水田と畑の混交してゐる丘陵地方に多い状態となつてゐる。しかしながら、甘藷、馬鈴薯、大根等の副食物の量を多くすることによつて、米の消費を節するといふことは、今日でも一般に農家婦人の家政の要諦とされてゐる。又、農業恐慌の深化による窮乏農村、特に北海道、東北地方に於いて、多くの農民が米食はおろか混合食すら三度を摂るのに窮してゐることは周知の状態である。

次に農民の副食物、調味料に就いて見れば、農民の間における魚類肉類の消費量は、一般に僅少であるが、養鶏の発達と相俟つて卵、鶏肉の消費は一時増大したであらう。しかし最近では、養鶏も農家の副業としてより独立した大企業化の傾向を辿るに至り、農家から聞える鶏の声も一時に比し少くなつた。

日常肉類を摂取し得るほど、日本の農民は営養の点において文化的に恵まれてはゐない。衣類の変遷、交通機関の発達等に比較して此の方面の状態はその進歩の跡が実に遅々たるものである。肉類が用ひられるのは、来客の場合か病人の出来た時に過ぎないであらう。交通機関の発達は、乾燥、塩漬の海産物を安価ならしめ、生魚を供給する領域をも拡大したけれども、農民の消費はそれほどに増加してはゐない。現に部落において、日頃魚屋の出入するやうな家は、一、二軒の地主富農のところに限られて居り、多くの農民は、祭か祝事以外魚屋に用のあることは少い状態である。

蔬菜類は農民自ら生産するもので、それの生産は商品化を目的とする場合にかぎらず、自家用として欠さず作られてゐる。主食物を節限するため、芋類・大根等が汁、雑炊に混じて食され、麦・そばの粉で作つた団子類や麺類も米の代用とされ、豆腐、油揚等は祝日、仏事等の折に用ひられる。

塩は味噌に加へられ、又は漬物類に用ひられる。自給味噌は、農民に取り調味料として最も重要なものである。醤油は特別の場合にのみ使用される地方が多く、自家用醤油の制限が取除かれたとは云へ、それは著しく普及してゐない。砂糖の消費量が今日の如く多くなつたのは、恐らく明治中期以後のことであらう。併し農家において日常食事に、調味料として砂糖が使用されることは極めて少ない。団子の如きものでも、農民は砂糖も用ひない状態で、僅か祝日のお萩正月の汁粉等が砂糖の用ひられる場合であることを思へば、農村の砂糖消費の状況を推測し得るであらう。唯、農民は砂糖を進物用として屡々購入してゐる。

米食においては、パンの如く数日に亘る保存が不可能であるため、飯は一日に一度は必ず炊かねばならない。のみならず汁その他各種の食物調理のため、如何なる家庭にあつても一日に一回乃至三回の煮焚《ママ》は食事のために必要となつてゐる。農家にあつては、野菜類の採取、洗浄、穀物その他食料品の保存に要する手数が少くない。又、水汲み、燃料等にも水道、ガスの場合に比し数倍の労力を要し、食物調理のためその種類が少なく行程も簡単であるにも拘らず、農民は比較的多くの労力を消費するのである。しかも、農村婦人の担当する労務は、食糧調理に限らず多方面に亘つてゐるため、食物調理方法等には殆んど注意を向ける余裕がなく、激労に疲れた家族の空腹を如何にして満すかと云ふこと以外に顧慮することが出来ない状態である。

かくて炊事は、育児、衣服調修、屋外労働等と共に、婦人から教養に必要な時間を奪ふ結果となつてゐる。婦人の封建的な隷属的地位は、かゝる家族的な労力配置に根強く結び付いて居り、特に文化生活の低い農家においてより甚しいことを見逃してはならない。

葬儀その他の場合に、炊事を手伝ひ合ふ習慣は、各地の農村に今日でも見られることであるが、共同作業、托児所運動等の進展に伴つて共同炊事が提唱されるのも遠くはないであらう。

本邦における小作農の少からぬ部分及び経営面積の過少な自作農にあつては、飯米すら自給し得ないのである。又、自給し得るほどの分量を収穫し得たとしても、支払の必要上売却を余儀なからしめられるものが決して少くない。かゝる農民は、飯米を購求するための現金を得るために賃稼をしなければならない。西南部地方に於ては、裏作の麦、豆類等が米の欠乏した時期に収穫され、次いで各種の野菜類の栽培も可能であるから、その点において東北地方に比し有利な条件におかれてゐる。

最後に、娯楽機関の乏しい農村においては、食事が祝祭日等に於いて娯楽の役割を果してゐる。赤飯、おはぎ、餅の類を作る他に、砂糖、酒を初め魚肉、豆腐、油揚等が用ひられるのもそれらの日であり、一般に沢山食ふことをすゝめるのが客をもてなす方法と考へられてゐる。

第四節　保　健

俗に農業は健康を保つかの如く云はれてゐるけれども、農民の体格が都会人のそれに比し優れてゐないと云ふことは、年々行はれる徴兵検査の成績が示してゐる。その成績に現はれた争ひ難い事実からしても、農民の健康が一般に考へられてゐるほど優れてゐるものでないことが明かであらう。

一概に農業労働と云つても、それは多種多様な作業を含んで居り、一括的に論ずることは出来ないけれども、それが健康的であるやうに云はれてゐるのは、農民自身が経営主である場合が多く、従つて休息時間、労働時間を比較的任意に決定し得ると云ふ点に当嵌られるに過ぎないであらう。

鍬による耕耘作業は、激労に属するであらうし、必ずしも激労に類しなくとも、腰を屈め通す田植や水田除草稲刈の如きは、局部の筋肉に甚しい疲労を感ぜしめる。そして長時間泥水に足をひたしてゐる水田作業は、老人や婦人に取り病気を誘発する場合が少くない。又、換気の悪い土間、納屋に於いて調製作業を続けることは、塵埃を飛散せしめ呼吸器を害するであらう。

農村の清浄な空気が健康的であると讃美されてゐても、帰村した結核の女工その他によつて移入された細菌は、猛威を振ひ繁殖しつゝある。それは、清浄な空気に慣れた者に取りより伝染性が強いと云ふ細菌の性質、並に農民は免疫性にとぼしいと、医学的に説明されてゐるが、細菌の繁殖条件は、さうした自然的な条件によるのみならず、農民の生活それ自体の窮貧化、並にそのための甚しい激労と云ふことにもよるであらう。しかもその予防、医療の諸設備は怖る可き状態のまゝ放置されてゐる。

農民は一般に多食であるにも拘らず、栄養には決して恵まれてゐないことは前項に述べた如くであり、食事の第一の目的は腹を充すと云ふ点にあるので、穀物・芋類等により含水炭素は摂取し得るとしても、蛋白質は恐らく必要な分量を摂取し得ないであらう。それは特に成長期にある小児に悪影響を及ぼすものと思ふ。勿論一般成人の体質に影響するところも大であらう。

併し、農民の罹病率の高い原因は、右のやうな栄養摂取の不充分に基くよりも、衛生設備と医療機関の不備に因るところが多いであらう。飲料水が不完全であり、歯を磨く者が少く、手技の使用は明かに不潔である。又、肥料に人糞を使用するため寄生虫保有者が多いと云はれ、南崎博士は、蛔虫の幼虫が肺及び気管へ侵入することは肺炎その他に関係するところ少くないであらうと云ふ疑問を提起して居られる。その他ゐろりに薪木をいぶらせるところでは、そのために目を害する者が少くないであらうし、蠅、蚊、蚤等が多く、特に小児はそのためひどく苦しめられて居り、それは皮膚病の原因になるばかりでなく、屡々伝染病を媒介する等数へあげれば実に保健上憂ふべき点が多い。

以上の諸事項は、都市の貧窮層に於いても共通するものが少くないけれども、農村特にその中以下の層に甚だしいのは断定して差支へなからう。

医療機関の不備に就いては、茲に説明するまでもないことであるが、それは、医療設備の必要な機会が少いからでなく、それを必要としても支払能力を欠いてゐるためであることが明かで、現に農村には、尚ほ効果の疑はしい売薬や、施術者の活動する領域があり、医師にかゝる前に富山の薬やその他の売薬を試みるのが普通にされてゐる。最近組合医療の問題が唱へられ、その設置が普及しつゝある点は注目に値する。

第四章　家族関係

第一節　家長制

農村の家族関係は、家長制的であり、現在においてもその関係は失はれてゐない。父に対する子の、夫に対する妻の服従が、一家の統制の中心となつてゐる。

父に対する子の間柄は単なる愛情の関係ではなく、妻の夫に対する関係も亦同様である。父の命に反し家業に耐えない息子は「勘当」されるが至当と考へられ、又「家風に合はない妻」「子なき妻」は去らしむる事ができると考へられてきた。

子女の結婚に対しては、主として両親の間で取り決められてゐる。恐らくかゝる伝統は、兵農未分の時代から農村の郷士の間に残存し、その後に於ても武士階級の側から農民に規定されてきた制度であると思ふ。「慶安御触書」によれば、当時の支配者が、農民に対し如何に右の如き家長制を強要してゐたかを窺ひ知ることができる。

併し、徳川時代においても尚、武士と同程度の家長制が、農民の間の慣習となつてゐたかどうかは疑はしい。例へば、婚姻に当つて農民の間では、古来から当事者間の合意により行はれる風習があつたが、男子と共に農業労働に重要な役割を果してゐる婦人にあつては、武士階級の間に於ける妻の如き極端な抑圧を被ることはなかつたであらう。此の点では、明治の社会的変革が、却つて農民の間に於ける家長制の発達を促したかの感がある。

農民の家族関係における家長制は、今日尚ほその正常な経済的基礎を有してゐる。それを単なるイデオロギー的残存慣習と看做すことは明かに誤りであらう。

家長制の下にあるとは云へ、農村婦人は同じく都市の俸給生活者の間に見るやうな惰落——生産労働から全然遊離した家婢的地位——に陥つてはゐないし、又夫婦職場を異にする労働者家族の場合におけるが如く、家長権の衰退した関係にも達してゐない。

明治維新以後、農民の家庭における家長制が一応強化の傾向を辿つた反面、その後における急激な資本主義経済発展の影響を受け、家長制の危機を齎してゐる事実も否定し難い。即ち、農民の間に於いて、家族外に雇傭労働を求める機会は一般に増大して来たし、子は父と教養を異にすると同時に農業経営に対する方針をも異にすることになり、交通機関の発達と職業の自由とはさうした意見を異にする子弟に職業を他に選ばしめる機会を与へることにもなつた。従つて農家における父と子との間の対立は著しくなりつゝある。

第二節　相続制と分家

長子が家を継ぐと云ふ思想は、一般に古くから行はれてゐた。そして出来るだけ財産を分割して次三男を分家させることが近世農村の慣習となつてゐた。幕府が土地分割の禁令を発したのも、この風が広く行はれてゐたことを裏書するものであり、日本農村の集村制は、その慣習の存続に好都合な条件を与へてゐたのであらう。新しく土地を得る余地のある北海道の農民の間では、今日でもさうした分家の風が盛んである。

新潟県の魚沼地方における地主階級の間には、新宅、別荘、出店、隠宅なぞと称し、分家を設けて本家を中心に結束する風習が今でも強く残つてゐる。これは中世郷士の風を伝へてゐるものであるかも知れないが、農民の間における分家も、或は遠く遡れば右の風を伝へたものではないかとも思はれる。

併し、徳川末期に至り、耕作地を見出すことが困難になるに従ひ、次三男の地位は悪化し、分家の風も次第に衰へるやうになり、中農にあつても分家した次三男は小作農になる他なく、小貧農の次三男に至つては奉公人となる運命に追ひやられたのである。

徳川時代末期には、地主の子弟は油屋、醤油屋、商人等の職業によつて身を立てることが出来たが、最近ではさうした新店を開くことは困難となり、教員、村役場の吏員等の如き職に就く者が少くない。中小農の次三男は、今日では都市のプロレタリアと全く共通の進路しか与へられてゐない。それに中小農にあつては、家産を相続する長子と雖も、負債を引きつぐことなくしてその伝来の耕地を耕すことは出来ないのである。

第三節　婚姻関係

家長制家族における子女の結婚は、家長の命令或は少くとも同意を条件とするのが普通である。併し、本邦農村に於いては結婚当事者間の意志も相当重んぜられてゐたかの如くで、未婚の青年が夜間未婚の娘の所に通つて婚姻の同意を求めるやうな事が習慣的に行はれて居り、地方によつてそれを「ヨバイ」「夜アソビ」等と呼んでゐる。一人の娘の同意を得た青年は、その上更に□連中と称する青年の団体に於いて仲間の同意を求める必要がある地方もあつた。かゝる慣習は種種な理由によつて今日では殆んど失はれて居り、婚姻の対象を部落外に求めることが多くなるに従つて、婚姻に際しての両親の意志は益々重要視されるやうになつたのである。

さうした傾向は、単に交通の発達や協同体区域の拡大のみによるものではない。地主その他村の有力者が婚姻の対象を遠方に求めたのは古くからのことであらうが、村における階級分化に伴ひ、婚姻の対象を遠方から求める慣習が一般化するに至つたのであらう。同じ階級のものから適当な配偶者を選ばうとすると、同部落内では困難となり、他村に求める必要が生じたのである。

農家の婚姻に於いては、新婦は婚家の労働組織に適合しなければならない。

右の如き関係は、家長制の衰退に反し、農家における家長の権力を必要とすべき事情を増大することになつた。併しさうした事情も、反面において反対的な傾向により弱められつゝある。

女子の間では、農家に嫁ぐことを嫌ひ、町家、俸給生活者の妻となることを望む傾向が著しくなつたのもその一例であるが、それは女工に出る娘が多くなつたり、次三男が都会に働き口を求めなければならないと云ふことから必然的と云はねばならない。

都市に比較して農村人口の婚姻率が高いのは、結婚年齢の低いためと、家族制が農村に於いて比較的鞏固に残存してゐると云ふ点から説明し得るであらう。けれども農村の結婚年齢が、生活、分家の困難等の事情から次第に高まりつゝあることも見逃し得ない。

最近の生活改善運動は、結婚式に費される費用を低減しようとしてゐる。俗に「娘三人持てば身上がつぶれる」と云はれてゐる如く、娘の結婚に要する費用が過重に膨張したその根本的の原因は、徳川幕府の農民政策にも拠るであらうが、先に述べたやうに結婚の相手を遠方から求めるやうになつた為めでもあらう。何となれば、嫁を貰ふ家に対しても、貰つた家が近隣の家に対しても、相手を近隣から求めた場合より以上の「つけとゞけ」を必要とし、体面もつくろふことになる。又、遠方から嫁を貰つた場合、村の連中に「一杯買は」なければ様々な防害や乱暴を受けると云ふ風習もあつた。嫁の親元としても、「嫁が風呂敷包一つできた」なぞと一生涯夫や姑達から云はれて、娘が苦しめられるであらうことを憂へ、無理をしても財産以上の仕度を整へてやると云ふことにもなつたのである。兎も角かゝることが、農村に個人主義を持ち込み対立意識を激成し、村の協同関係を衰退せしめる結果を齎したことは疑ひなからう。

本邦の家族関係に於ては、一般に嫁の姑に対する絶対的服従が要求されてゐるけれども、かゝる関係の典型的なものを我々は農村に於いて見受けるのである。

特に自給自足制が今日程破壊されてゐず、家内労働が多かつた時代には、嫁に対する姑の関係は、終日家内労働の指揮監視を通じて激しいものであつた。従つて今日農家において見られるやうに、長男が新妻を伴れて戸外の労働に従事し、老母は食事、子守、ボロつぎなぞ家内労働に従事してゐると云ふ状態は、家内工業の崩壊以後より一般化したものと思はれる。さうした分業は、明かに家庭内における姑の実質的権威を縮少せしめるやうに作用してゐる。

かくて姑の地位にある母親達は、嫁の勤めの足らぬことを嘆息せざるを得ない状態が多くなり、我々は農家においてさうした老人の嘆息を屡々耳にするのである。

第四節　家族制下に於ける婦人と未成年者

農家の婦人が家長権の下に隷属せしめられてゐることは疑ひないけれども、それは徳川時代の武士階級の間に於けるが如き絶対的の隷属ほどのものではない。

農村婦人は、屡々男子と並んで戸外の作業に従事するのみならず、男子以上の能率を発揮すべき作業領域を有してゐる。更に、農家経済の一半を占める家事経済は、主として婦人の担当する所となつてゐる。既にかゝる事情は、家長権の濫用、その絶対化をある程度まで制約し得る根拠となつてきたと云ふ点で触れたが、だからと云つて、男子と対等の地位におかれてゐるとか、農家の主婦が自由を享楽してゐるなどとは云へない。唯、右のやうな事情から推察すれば、長野やその他養蚕の盛んな地方に「嬶天下」の多いと云ふことも理解出来るであらう。

農家の主婦は、都市労働者や俸給生活者の主婦以上に、より繁雑な労働に従事し、より少ない睡眠時間の下に疲労し続けてゐる。近時農村の子女が農家に嫁ぐのを厭ふのも決して偶然ではない。特に工女やその他の職に就いて、一度都会の生活に慣れ、或はそれを見聞した若い娘達にあつては、姑の下で右のやうな苛酷な労働を強ひられる農家の主婦を見て耐えられないのも当然であらう。

次に、農家の未成年者に就いて見れば、小学校教育の普及によつて、未成年者の地位は著しく改善されたであらう。昔は、寺子屋へ通ふ子供も少数であり、七、八歳にもなれば子守の役を負担され、力の出るに従つて戸外・屋内の作業に夜となく昼となく追ひ廻されたのである。故に、小学校開設の当初、親達の最も大きな不平は小供の手伝を除かれると云ふ点にあつたと聞く。

小学校へ通ふ間は、家庭的な労役から解放されると云つても、最近まで小供を背負つて通学する貧農の児童がゐた地方さへあり、彼等は今日尚ほ依然として都市における労働者や俸給生活者の小供に比し、ひどい状態におかれ、大人の労働の手伝を強ひられる機会が多いのである。

農村児童の死亡率、虚弱児並に欠食児の問題、壮丁体格の低下等は、何れも農村青少年の地位を知るのに意義ある資料を与へてゐる。

（編者後記）　故関矢氏夫人まり子氏の手によつて記念出版「関矢留作について」が発刊され、その中に前号所掲の本論文総目次と同じものが発表されてゐる。それを両者対照して見るに、本誌発表の論文は勿論、目次さへまだ未完成の下書的なものであることがわかるし、「第五章」の草稿が欠けてゐる。にも拘らず編者は、その未完成草稿発表の意義あることを信じ、茲に草稿発表を敢行したのである。前号発表後、まり子夫人は編者に書面を寄せ「昭和八年出獄直後書いてその後捨てゝかへりみなかつた古原稿が鄭重な扱ひを受けるとは、気の小さい彼は赤面してゐるでせう。全く当惑してゐる次第です」と云つて来られた。全くその整理に当つた編者の無学から、故人を「赤面」させ、夫人を「当惑」させ恐らく読者に不満を与へたであらうことを幾重にもお詫びする。しかしそれにも拘らず編者は本論文の価値をあくまで認めるものである。最後に引続き四号に亘り、貴重な誌面を提供された本誌編集部に深く感謝します。

小島玄之

《解説》関矢留作遺稿集「農業問題と農民運動」について

桑原真人

一　掲載した関矢留作の遺稿論文について

＊本書第一部の「関矢留作遺稿集『農業問題と農民運動』」というタイトルには、以下の意味あいがある。一九三〇年（昭和五）十月以降の出版予告が出ていたプロレタリア科学研究所編『プロレタリア講座』全一二巻のうちの一冊として、星野慎一（関矢の筆名）『農業問題と農民運動』が企画されており、「出版されることのなかった関矢の幻の処女作のタイトル」（大和田寛「『講座』派農業理論の主流―野呂とその周辺の人びと―」〈『農業史研究会会報』第一四号、一九八三年三月〉）としての意味を踏まえて本書に採用することにした。

＊掲載論文の配列は、二〇一三年六月二十二日に開催された第一回関矢留作研究会（船津功氏の主宰）で、報告者の船津功氏が配布した資料を参考にしたが、原則として各論文が発表された順に時系列で配列した。

＊本書に掲載された各論文の調査に当たっては、札幌大学図書館の渡部毅氏の協力を得た。

第一部　関矢留作遺稿集「農業問題と農民運動」

◇Ⅰ　農業・農村問題関係

①「農業問題研究の任務と方法に就て」〈プロレタリア科学研究所『プロレタリア科学』第二巻第一号、一九三〇年（昭和五）一月一日発行〉

＊プロレタリア科学研究所創立総会に於ける報告、「星野慎一」のペンネームで公表。

②「農業問題に関する二三の論点について」〈プロレタリア科学研究所『プロレタリア科学』第二巻第四号、一九三〇年四月三日発行〉

＊「星野慎一」のペンネームで公表。

③「危機に於ける日本農業」（一）〈産業労働調査所『産業労働時報』第一〇号、一九三〇年四月十日発行〉

＊無署名、のち、プロレタリア科学研究所編『日本農業の特質と危機』（共生閣、一九三〇年十一月発行）に、「附録」として収録。

なお、本書の初版序文には、プロレタリア科学研究所と農業問題研究会の連名で、「この冊子は当研究所員にして、農業問題研究会に所属する青木〔恵一――引用者注〕が、『プロレタリア科学』其の他の雑誌に発表した五つの小論文をまとめたものである。〈中略〉尚附録として加へた小論文は、『産業労働時報』の四月号、六月号に発表されたものを再録したものである。調査所がその不備を認め、近くその修正の必要性を語つていた。これをこゝに再録したのも亦、左にのべたと、同一の理由によるものである」と記されている。

また、巻末の解題には、「『危機における日本農業』これは『産業労働時報』に、産業労働調査所が発表したもので、多くの問題を提出してゐるものであり、注目される必要があると信じて、同調査所の許しを得て、こゝに附録として採つた次第である。これについては尚、交渉にあたってくれた『農業問題研究会』の序文を参照されたい」とある。

④「土地所有関係に於ける最近の特徴について　危機に於ける日本農業」(二)〈産業労働調査所『産業労働時報』第一二号、一九三〇年六月十五日発行〉

＊無署名、のち、プロレタリア科学研究所編『日本農業の特質と危機』(共生閣、一九三〇年十一月発行)に収録。

⑤「日本農村の最近の状態」〈産業労働調査所『産業労働時報』第一四号、一九三〇年九月三十日発行〉

＊無署名。

⑥「米価暴落と農村」〈プロレタリア科学研究所『プロレタリア科学』第二巻第一一号、一九三〇年十一月一日発行〉

＊「星野慎一」のペンネームで公表。

⑦「村に住むの弁」〈一九三五年六月起稿〉

＊「北海道野幌在住　関矢留作(昭・四・卒)」の肩書で、『駒場ニュース』に投稿予定の原稿が、関矢マリ子『関矢留作について』(一九三六年八月発行)に全文引用されたもの。

⑧「越後村沿革史小誌」〈一九三五年七月発行、一九六九年四月、大橋一蔵先生八十年記念越後村史編集委員会によって複製版を作成〉

現資料は、一枚物、折りたたみ、一五センチメートル。冒頭に「江別町長　金子薫蔵」による次の「序」文が付されている。

越後村ガ開拓セラレシヨリ茲ニ五十年、今ヤ美田良圃相連リ水陸ノ交通漸ク整備シ安住ノ地ヲナスニ至レリ。千古原始ノ地、拓キテ今日ニ致セル先人父祖ガ粉骨砕身ノ努力ヲ追懐スレバ、転タ感慨無量、真ニ感激感謝ニ堪ヘザルモノアリ。

今回開村五十年紀念祝典ヲ挙行スルニ当リ、関矢留作君古文書渉漁《ママ》シ、古老ニ尋ネ、越後村沿革誌ヲ成ス。書冊ヲナスニ至ラズト雖モ、其記述スル所、拓地殖民ノ由来ヨリ自然人事ノ関係、起業家伝記ニ至リ越後村ノ変遷ヲ詳カナラシム。正ニ後裔ニ伝ヘテ発奮興記愈々郷土発展ニ資スベキナリ。

昭和十年七月

江別町長　金子薫蔵　識

◇Ⅱ　農民運動関係

①「左翼農民組合運動当面の諸問題——全農第三回大会を前にして——」(一)〈農民闘争社『農民闘争』第一巻第一号、一九三〇年三月発行〉

＊「岡本茂一郎」のペンネームで公表。

②「左翼農民組合運動当面の諸問題——全農第三回大会を前にして——」(二)〈農民闘争社『農民闘争』第一巻第二号、一九三〇年四月発行〉

＊「岡本茂一郎」のペンネームで公表。

③「小作争議……最近の発展傾向」〈『帝国大学新聞』一九三〇年十月二十七日発行〉

＊「星野慎一」のペンネームで公表。

④「全農第一主義に就て」〈農民闘争社『農民闘争』第一巻第一〇号、一九三〇年十二月発行〉

＊「岡本茂一郎」のペンネームで公表。

◇III　小作料と農民生活　※関矢留作の歿後に公表された遺稿

①小島玄之編「小作料に関する覚書」（一）〈叢文閣『経済評論』第三巻第九号、一九三六年九月一日発行〉

＊遺稿。冒頭に「岐阜にて」、編者の小島玄之によって、本稿の掲載事情を解説した文章が付されている。

②小島玄之編「小作料に関する覚書」（二）〈叢文閣『経済評論』第三巻第一〇号、一九三六年十月一日発行〉

＊遺稿。

③小島玄之編「農民の家族とその生活」（一）〈叢文閣『経済評論』第三巻第一一号、一九三六年十一月一日発行〉

＊遺稿。冒頭に、編者の小島玄之による「編者前書」が付されており、それによれば、もともとは関矢の「日本農村と農民の生活―農村の社会関係、農民の生活の史的変遷に関する研究―」と題する論文の一部であることが示されている。

④小島玄之編「農民の家族とその生活」（二）〈叢文閣『経済評論』第三巻第一二号、一九三六年十二月一日発行〉

＊遺稿。

二　「関矢留作遺稿集」の編さん構想について

現在、関矢留作の長男である関矢信一郎氏（江別市西野幌在住）が保管する関矢留作関係の遺品の中に、「関矢留作遺稿目録」と題する一通の文書がある。この目録の作者と作成年代は不明だが、そのタイトルから判断して、一九三六年（昭和十一）五月十五日、帰省先の新潟県北魚沼郡広瀬村の関矢家本家で、関矢留作が急逝した後に作成されたものであることは言うまでもない。以下にその全文を示そう。

《関矢留作遺稿目録》

（　）《ママ》ノート類

（1）農村問題研究（一九三四年）　（2）同上（一九三六年）　（3）農村研究第一（一九三一年以降）

（4）地方経済史研究（一九三六年）　（5）歴史研究（一九三四年九月）　（6）哲学研究（一九三三年十月）

（7）読書ノート（一九三五年六月）　（8）技術ニ関スル問題（一九二五年）

（　）《ママ》断簡類

（1）日本農村ト農民ノ生活（日本農村ノ社会経済学的研究）

（2）同上ノ中　第二篇　農民家族トソノ生活

（3）水田経営ニ関スル愚見

（4）読書ノートヨリ農業問題ニツイテノ項目摘出

（5）農村報告文学プラン

（6）村ニ住ム弁

（7）間隔ノ理論ニ関スル研究

（8）書籍購入費

（　）《ママ》書簡類

（1）農業問題　（2）農民及ヒ経済史　（3）歴史研究ノ領域　（4）歴史学ノ方法　（5）古代史

（6）民族　（7）哲学　（8）観念ノ役割　（9）批評ト感想

また、この遺稿目録に付随して、「関矢留作遺稿集編集プラン」（菊判八〇〇字詰、約五〇〇頁予定）というタイトルの文書があり、その内容は以下の如くである。

《関矢留作遺稿集編集プラン》

一、刊行のことば　（三頁）
二、評伝――彼の思想と生涯（時代・環境・著作・思想乃至理論）　（五頁）
三、主要著作　（一五〇頁）
（一）農業理論と日本農業の特質
（1）農業問題研究の任務と方法
（2）農業問題に関する二三の論点
（3）半封建的生産関係と経済外強制
（4）地代理論と日本の小作料の本質
（5）土地所有に於ける最近の特徴について
（6）危機に於ける日本農業
（7）最近の日本農業状態
（8）日本農業に於ける生産力
（9）水田経営と日本農業の停滞性

三、年譜
四、作品・スケッチ
五、写真

この「関矢留作遺稿集」の編集プランは、さまざまな事情により、今日に至るまで遂に実現することはなかった。この点に関連して、元北海道大学経済学部教授で後に武蔵大学経済学部に転じた故内海庫一郎氏の「忘れられた理論家、星野慎一（関矢留作）のこと」と題する回想記がある（渋谷定輔・埴谷雄高・守屋典郎編『伊東三郎　高くたかく遠くの方へ―遺稿と追憶』〈土筆社、一九七四年〉）。
敗戦後の一九四九年（昭和二十四）、北海道大学法文学部に赴任することになった内海氏は、「昔の仲間」である今野良蔵氏（国民経済研究協会）に挨拶に行ったところ、「産労の関矢」の遺族が札幌郊外の野幌に住んでいるからぜひ訪問してはどうかと助言され、野幌に住むマリ子未亡人を訪ねては何かと交流を深めたという。その際、関矢家には「留作氏の遺稿が大ブロシキ一杯も残されていた」という。そして、内海氏は次のように述べている。

〔遺稿には――引用者注〕歴史的に重要な農民委員会に関する提案らしいものも、あったそうなのだが、その中には見当たらなかった。（それは農民組合を解消して農民委員会を作れ、という趣旨のものではなかった、という）その遺稿を、かつての産労時代の親友である高山洋吉氏が、刀江書院から出版するというので未亡人がそれを全部、高山さんに渡してしまった。そして、その後、「高山さんのところから、いま出すのはまずいらしいから、内海さん取り戻して来てくれないか」という話になった。もともと私との相談ずくで渡したものではないのだから、余計な下請けをする必要はない、と思ったのだが、「まあ、まあ」と思って、東京に下宿していた息子に、遺稿のつつみを取りにやったら「また代々木の奴らの差し金だろう」というようなことで、別に代々木の代理人でもないのに、高山さんから散々しかられた、ということである。

私の手元にある『プロレタリア科学』の創刊号には、関矢さんが星野慎一という名前で書いた農業問題研究会の方針書がのっており、その後、野呂の農業理論を批判した「二三の論点について」を同じ『プロ科』の五年四月号に発表しているし、さらに関矢さんの死後、『経済評論』に遺稿が二度ほど発表されている。守屋典郎『日本マルクス主義理論の形成と発展』には、関矢氏のもので公表されたものの殆んど全部の書名が出てくるが、『農闘』の創刊号と二号にのった、岡本茂一郎という署名の「左翼農民組合運動当面の任務」がふくまれていない。『産労』『農闘』の一九三〇年前以前のものには、関矢さんが書いたものが色々あるはずだが、それがどれとどれなのか、尋ねあるいているが、まだ確認できない。『農闘』の全目次が渋谷の『農民哀史』の附録に出ていることだし、『産労時報』ないわけではない。近く総目次を発表しようと思っているのだが、関矢執筆のものを教えてくれる人はいないだろうか。

最初に引用した「関矢留作遺稿集」の編集プランが、この内海氏の回想記に登場する刀江書院の計画と何らかの関係があるかどうかは分からない。しかしながら、最初の「関矢留作遺稿集」の編集プランには、農業・農民問題に関する研究論文に止まらず、東大農学部の卒業論文と共にスケッチ・写真などの作品からなる附録なども含まれており、戦前に企画された刊行物としての印象が強い。戦後の一九六二年、高山によって設立された刀江書院からの刊行物にしてはやや異質な内容であり、両者の構想は別のものであると考えられる。

この点に関しては、関矢の妻マリ子も、後に、夫・留作の死後「お友達の方達によって遺稿集も企てられましたが、戦争に突入したあの頃、夢のような話でした」(『風雪越佐　解放運動新潟県旧友会会報』第一二号、一九七四年三月）との回想を残している。

なお、生前の関矢留作には、「星野慎一」のペンネームで『農業問題と農民運動』というタイトルの単行本を『プロレタリア講座』全一二巻のうちの一冊として刊行する計画があったが（大和田寛「『講座』派農業理論の土壌」〈東京大学農学部農業経済学科『農業史研究会会報』第一四号、一九八三年三月〉）、もちろんこの企画も「関矢の幻の処女作」のままに終わっている。

三　関矢留作と日本資本主義論争におけるその評価

昭和初期の論壇において、明治維新とそれによって成立した近代日本社会の評価を巡って講座派と労農派が対峙する、いわゆる日本資本主義論争（封建論争）が数年にわたって繰り広げられたことは周知の史実であろう。この論争開始初期における主要な論点は、小山弘健編『日本資本主義論争史』上（青木文庫、一九五三年）によれば、以下の二点であった。同書の第二章「論争の序幕」第一節の冒頭では、次のように指摘されている。

すでにのべたように、日本共産党による労農派批判の末期において、本来の論争課題から重心が移行した結果おのずから問題となってきた二つの論争点があった。第一は、日本資本主義の現段階・とくにその矛盾と恐慌の特質をめぐる論争であり、第二は、日本の農業生産＝土地所有関係の特質・とくに小作料の性質をめぐる論争がそれである。主として、三〇・三一年のあいだに展開されたこの二つの論争を、資本主義論争の序幕とみなし、まず第一のそれからみていくことにする。

旧制新潟高校を経て東京帝国大学農学部を卒業後、産業労働調査所農民部に所属した農民運動の指導者・関矢留作の経歴から言えることは、この論争において彼は、講座派に属する新進気鋭の論客としての位置を占めていたということである。そして、前記の論争の二つの課題からいえば、当然のことながら、後者の小作料の性質を巡る論争に深く関係していたのである。

そこで、最近の日本資本主義論争を巡る研究の中で、関矢留作はどのように評価されているのかという点を中心に紹介しておきたい。なお、前記の小山の著書で関矢留作は、『プロレタリア科学』第二巻第四号（一九三〇年四月号）に「星野慎一」のペンネームで発表した「農業問題に関する二三の論点について」という論文が、巻末の「戦前論争の関係文献」一九三〇年の項に挙げられているのみである。

本題に入りたい。先ず、一九六七年（昭和四十二）に青木書店から刊行された守屋典郎『日本マルクス主義理論の形成と発展』の第四章第二節「農業理論への新しい取り組み」では、労農派との論争の中で、農業＝農民問題に関する「左翼陣営の理論的進展」を支えるものとして、野呂栄太郎が「指導的地位」にいたことを指摘し、この他に「注意すべき理論家」として、京都の村上吉作（野村耕作）と産業労働調査所で活動していた関矢留作（星野慎一）の二人を挙げている。そして、関矢について次のように述べている。

関矢も、日本の耕作農業の停滞を土地所有関係の重い負担―小作料、地高、細分された土地所有―にみていた。彼の初期の理論には「われわれが小作制度は封建的であるというとき、それは、地主の封建的土地所有と、地主の農民にたいする身分的関係を基礎にしていると主張するものではない。……日本の小作料が農民の余剰労働の一切をふくみ、それ故に、その経済的内容において封建地代の特質を有するからである」（星野「農業問題に関する二三の論点について」『プロレタリア科学』一九三〇年四月、三五ページ）というような、弱さもあった。しかし彼は農民運動における実践的指導者としてその理論をみがいていったから、地主の小作人にたいする搾取関係における半封建的性格を形式的にはみず、その多様性においてみただけでなく、理論的にも急速に高まっていた。彼が残した手紙は彼が並々ならぬ力量に達していたことを示している。

「日本に於ける小作契約は概ね無期限であり、一定の小作料額が定められてゐながら、不作引の存することと、又小作料が前納されず後納であること、地主が耕作内容に干渉すること、小作料が現物納であることこれ等総ては地主と小作人との関係が単なる自由契約でないことを立証するものに他ならない」(関矢「小作料に関する覚書」、『経済評論』一九三六年九月、七五ページ)。

「民法成立後、地主は却ってそれにより従来の諸関係、諸慣行を守るの可能性を与えられるに至つた。それは結果において習慣的関係――小作人の地主に対する隷属的な契約内容を有する――を確保することになり、地主は又その権力に頼つて自己の地位を維持せんとしてゐるのである。このことは、数年来の小作争議、法廷戦の結果明かに立証されてゐる」(同上、同年一〇月、二六ページ)。

彼の関心が常に運動と結びついていたことは、つぎのようにもいっている。――「以上に於いて略述したところの諸要因――封建的諸関係とそれの維持的作用を有する経済外強制とを克服することなしに、小作農民は、低い小作料を獲得し難いであらう。従つて組合運動は、それ等の諸要因を除去すべくより広汎な任務を課せられ、より広汎な闘争を喚起し指導することによつてのみ、半封建的搾取関係の排除を期し得ることになる」(同上、二八ページ)。

守屋氏は関矢留作をこのように評価しているが、このような評価に異議を唱えたのが北海道大学経済学部教授の長岡新吉氏である。一九八四年(昭和五十九)、同氏によってミネルヴァ書房から刊行された『日本資本主義論争の群像』の第四章「論争の季節」(二)では、「関矢留作の場合」(二三三頁以下)として取り上げられている。

長岡氏は、先ず関矢の生い立ちと経歴について簡単な紹介を試みている。そして、一九二九年(昭和四)に東京帝国大学農学部を卒業して産業労働調査所に入り農民部を担当した関矢が、翌一九三〇年十二月、共産青年同盟関係の治安維持法違反容疑で豊多摩刑務所に収監され、一九三二年二月から一九三三年六月まで未決囚として二年半の獄中生活を送ったこと、その年六月の公判廷で政治運動からの絶縁を表明して懲役二年、執行猶予三年の判決を受けて出所し、「転向者」として故郷の野幌に帰村した関矢が、北越殖民社農場の地主としてだけでなく、農業恐慌の打撃を受けた開拓農家のための負債整理組合長として奮闘する姿に、「東大でのかつてのインテリ左翼活動家」としての「新しい姿」を見出したのであった。

そのような中でも、関矢の日本農業に関する問題意識はいささかも衰えることはなく、数多くの読書ノートや研究ノートを残していること、そこから「一人の左翼農業理論家の、農村の民俗的諸側面にも深い関心を寄せる農村問題研究家への転成」を指摘する。そして、「この農村問題研究家に、私は、封建論争に転回しこの人物の出獄前後に一つのピークに達していた日本資本主義論争に対する、いま一人の冷静な批評家の姿を見出している」という。長岡氏は、守屋氏も取り上げた関矢の「小作料に関する覚書」(『経済評論』一九三六年九月、同十月号に掲載)について、次のように指摘している。

関矢は、この論稿のなかで、日本農村における「半封建的諸関係」の「存続」の問題に関連してこう書いている。「ここで注意すべきは、封建的内容を有する小作関係(小作制度)が、地主の小作人に対する身分的関係によって維持されているというわけではなく、小作農の貧窮な地位、彼等相互間の競争そのものによって、剰余労働の全額〔原文は「金額」だが誤植であろう――引用者注〕を土地所有者の手に引渡さざるを得ないような結果をまねいているという点である」と。そして、このような把握にもとづいて、関矢はこういうのだ。地主・小作間の「搾取関係の実質には、封建的関係並びに慣行がからみついていることを見逃すことは出来ない。この場合勿論搾取関係が慣行を存続せしめているのであって、慣行に依って搾取関係が存続されていると考えるべきではない。最近の論争に於いて、斯る顚倒した見解が行われがちなことは注意すべきであろう」と。私は、この関矢の文言に、プロ科の理論家として出発しながら「講座派」理論に単純にくみしえない鋭い批評家の眼をみるのである。

このような関矢の視点は、いわゆる「転向」とは無関係であり、検挙以前からのプロ科時代から首尾一貫した主張であるという。長岡氏は、関矢がかつて『プロレタリア科学』に発表した論文で、「同郷の先輩」ともいうべき野呂栄太郎を批判し、そして、この『経済評論』に掲載された遺稿では、山田盛太郎を批判していることを指摘したうえで、「柳田民俗学への接近」という項目のもとで次のように述べている。

しかし、ここで注意を要するのは、この『経済評論』の論稿は『プロ科』の論稿の単純な延長線上にあるのではない、ということである。急逝した年の「読書ノート」に関矢留作は「三、農村経済、農業問題に関する自分の見解をまとめておく事。『農業問題に関する二三の論点について』の発展、――獄中の思索の反省　山田相川に対して、先駆一派との区別点を明示して、」と書き、「労農派」理論と一線を画しつつも「講座派」主流への批判を内包した理論の構築を明らかに企図していたのだった。そして、『経済評論』の論稿に、『プロ科』の論稿にはないこの「読書ノート」のいう理論上の「発展」があるとすれば、それは、水田稲作農業の技術的特性に着目し、それを不可欠の説明要因として地主・小作関係成立の論理を説いていること、これであろう。

このように述べた長岡氏は、労農派の猪俣津南雄（関矢にとっては、長岡中学校の先輩にあたるが）批判の立場にあったはずの関矢が、「日本の水田稲作農業の特殊性に注目するこの『経済評論』の関矢留作は、のちにその内容を詳しくみる『農村問題入門』時点の猪俣にかなり接近していたといえるのである」として、その後の関矢の「柳田農政学」への接近を指摘する。そして、『経済評論』一九三六年十一月号と同十二月号に掲載された関矢の「農民の家族とその生活」と題する遺稿について、以下の様に述べている。

柳田学の批判的摂取を志した晩年の関矢留作の農村問題研究の結晶であった。ここに紹介されているかぎり、その内容は概説の域を出るものではないが、それでもそこには日本における農業労働の特殊性や農民の物質的生活のあり方などが生き生きと具体的に記述されており、とくに農業労働については地主・小作関係形成とのつながりを明瞭に意識して書かれていることが注目されるのである。夫の遺志を継ぎ、北海道大学農学部助教授（当時）高倉新一郎に励まされながら、夫の作成したプランにしたがって妻マリ子が執筆し完成させた『野幌部落史』（北日本社、一九四七年。一九七四年、国書刊行会より再刊）も、ある意味では、晩年の関矢留作のいま一つの結晶であった、とみることができる。

ちなみに、守屋氏の関矢留作評価に対する長岡氏の見解は、次のようなものである。なお、以下に引用する＊印の注は、長岡氏著書の二四〇頁の最終行で、「かなりスコラ的になって来た」という猪俣の一九三五年頃の封建論争についての評価に関する箇所に付けられている。

＊ここでの私の関矢留作評価は、守屋典郎『日本マルクス主義理論の形成と発展』（前掲）のそれとはまったく異なる。『プロ科』一九三〇年四月号の論稿と歿後公表された『経済評論』一九三六年九、一〇月号の論稿の間には論理の基本的骨格にいささかの変化もみられないと私は思うし、また、「講座派」理論と「実践」のみを基準にその理論の「弱さ」や「高まり」を判定する視点では、とてもこの若くして逝った優れた農村問題研究家の人物像を捉えきれないであろうと考える。本書のこの項全体がこの点を明らかにしているはずである。

最後に一九八八年（昭和六十三）、北海道新聞社から道新選書として刊行された鷲田小彌太『野呂栄太郎とその時代』を取り上げてみよう。本書第五章では、「もう一つの『日本資本主義発達史』――関矢留作」と題して、「忘れられた理論家」としての関矢が取り上げられている。

著者が哲学を専門としているためか、ここでは関矢の小作料に関する論文の研究史的意義に関する直接の言及はない。だが、「五　マルクス主義運動への参入」の項では、守屋氏が関矢の理論的「弱さ」を指摘した、『プロレタリア科学』に掲載された論文の同じ個所を引用しながら関矢の猪俣批判を紹介し、以下の様に述べる。

地主の封建的土地所有と、地主の農民に対する身分的関係（「経済外強制」）とを基礎に猪俣批判をおこなったのが、二九年の野呂である。（第四章参照）関矢は、この野呂の主張をさけて、猪俣批判を敢行しようとするのである。しかし、ここで、関矢が自らの立場としているのは、猪俣の影響下にあった時（「二七年テーゼ」以前）の野呂のと同じであり、基本的には猪俣のと同一のものだとみなしてよいのである。

もとより関矢は、野呂とも猪俣とも独立に思考した、自立的思考の持ち主だった、というだけでは不十分である。関矢は、にもかかわらず、政治路線では、「左翼」社会民主主義者猪俣に対立し、野呂に同調していたのである。

また、「九『三二年政治テーゼ（草案）』」の項では、「ただし、関矢が、本質的に、理論上は、野呂とは違っていること、猪俣に近いことをもって、私は、関矢は猪俣に同化しているなどとただちに主張したいのではない。両者は、党組織論において、必ずしも一致をみなかったであろう」と指摘し、次のように述べている。

猪俣と関矢のちがいは、関矢が「封建的」「半封建的」をいうのは文字通りの封建的＝身分的なものの意味でなく、その「内容」において、封建的あるいは半封建的と相通ずるものを含むがゆえに、なのである。およそこの点でいうならば、猪俣の方が、むしろ単純明快なターム使用をしており、実践的農民運動に対する適切なデリケートさに欠けていた、といってもよいのである。

この第五章の最後は、「一二　もう一つの『日本資本主義発達史』」という節で終わっている。一九三四年春、関矢は、一九三九年が北越殖民社による野幌移住・開村五十年の節目にあたるところから、記念事業として『野幌部落史』の編さんを委嘱されたことに触れ、負債整理組合長としての多忙な日常生活の合間を縫ってこの仕事に打ち込んでいたことを指摘している。

この部落史の編さんは、元来博物学的志向の強かった関矢にとっても、その心を「大きく動かす仕事」であった。負債整理組合の仕事は、関矢にとって予想以上に労力を強いられたが、漸く「野幌部落誌編纂大綱」が完成した直後に、関矢の命は絶たれたのである。「この村史は、近代北海道史、開拓史の一個別であると同時に、字義通りの意味で、もう一つの『日本資本主義発達史』であったのである。関矢によってはじめて、これは書かれるべきはずのものであった」。このため、『野幌部落史』の完成は、周知のように妻のマリ子に委ねられることになる。

第二部　関矢留作小伝および書簡類

I

船津功「忘れられた思想家・関矢留作——昭和初期の社会主義運動家の生涯」

＊注——I「忘れられた思想家・関矢留作」の原稿は未完のため、本書では残された原稿となる第一、二章および第三章の第二節を収録した。なお、文中の書簡および引用資料末尾に附された文書番号は、著者が独自につけた整理番号である。

《目　次》

＊ゴシック体の部分は、本書に収録した完成原稿

第一章　野幌に生まれる

第一節　野幌神社の秋季祭

野幌神社の秋季祭

一九九一年（平成三）九月一日、午前十一時より野幌神社の秋季祭が行われた。秋空は青く、高く、広く、風もなく、温かく、穏やかな好日であった。開けはなされた社殿には、北越殖民社ゆかりの人々を中心にした氏子達が着席していた。トウモロコシ、卵、雑穀などの秋の収穫物に加え、鮭や果物、菓子などが奉納され、宮司の祝詞が奉じられた。

野幌神社の創建の由来はつぎのようである。一八九〇年（明治二十三）五月、新潟より野幌に入植した北越殖民社の人々が、天照皇大神、大国主之大神、伊夜日子大神（越後一之宮の弥彦之大神）の三柱を守護神に決めた。翌一八九一年四月二十五日、現在の神社地に神壇が設けられ、「降神之処」と記した神標が立てられ、北越殖民社社長の関矢孫左衛門が祭主として神事を奉じた。神社地として北越殖民社より、境内地九反一畝二〇歩、畑地四町三反一〇歩が寄附された。

戦後、一九四七年（昭和二十二）の農地改革による畑地の解放、同年六月、学制改革による野幌中学校の敷地として、境内の右側、現在、江別市野幌農村環境改善センターのあるところが寄附され、境内地四・〇八五ヘクタール、境外地一万三〇三ヘクタールとなった。野幌中学校が現在地の西野幌九一―三に移ったのは一九八〇年三月二十七日のことである。

野幌神社の例祭は、北越殖民社移民が新潟港に集合した四月二十五日を開村記念日として春季祭と定め、秋季祭は初め八月十五日とされたが、農事多忙のため後に九月一日に変更された。最初の社殿は一八九五年（明治二十八）四月に造営された。現在の社殿は、一九二八年（昭和三）十一月に開村四十年記念事業として造営された。同年は江別村開村五十年記念祭も挙行されている。その後、一九六八年の北海道百年記念にあたって、保存工事がなされた。

古田島薫平翁頌徳碑

収穫祭の後、社殿の南（向かって左）で野幌報徳会によって建立された古田島薫平翁頌徳碑の除幕式が行われた。古田島薫平は一九〇一年（明治三十四）、新潟県北魚沼郡川口村に生まれ、一九二九年（昭和四）、北海道帝国大学農学部を卒業。以後、野幌で農業を営み、一九三四年より一九五〇年まで北越殖民社株式会社専務取締役を務め、一九四六年から翌年まで江別町農業会会長を務めた。

また、一九三四年からは江別町会議員となり、一九四七年、江別町長に当選。一九五一年に再選され、一九五四年、市制施行に伴い江別市長、一九五五年に再選され、一九五六年まで市長を務めた。さらに、野幌報徳会会長をはじめ、その他、多くの役職も歴任した。この古田島氏の出身基盤は野幌部落なのである。

野幌報徳会の創設

古田島薫平翁頌徳碑を建立した野幌報徳会の創始も、北越殖民社と密接に結びついている。

一九〇五年（明治三十八）頃、平沢政栄門らによって造田化のため溜池敷地として借地申請された西野幌の三〇町歩が、平沢没後、他の村の人々に貸し下げられるという問題がおこった。殖民社の人々はこの土地を維持するため種々交渉、立木をレンガ工場に売ったり、各戸からも資金を出したりして買収、共有地としたのである。土地は一九〇九年に開墾が完了した。

共有地の管理、運営の適正化をはかるため、関矢孫左衛門は二宮尊徳の「報徳精神」による報徳会を組織しようと考えた。「社団法人野幌報徳会定款」の第一条には、「本会ハ二宮尊徳先生ノ遺法ニ依リ報徳ノ主義ヲ奉ジ、徳義ヲ重ンジ、産業ヲ奨励シ、部落ノ円満発達ヲ計ルヲ以テ目的トス」と記されている。

報徳会は一九一〇年（明治四十三）十二月、社団法人野幌報徳会設立願を内務大臣に提出し、翌一九一一年四月一日、瑞雲寺で総会が開かれた。総会では三月二十日付けの内務大臣許可指令書が示され、定款、基本財産管理規則等が決められた。会長理事・関矢孫左衛門、理事に山口多門次以下四名、評議員の菊田常吉、長谷川富次郎ら一〇名が選出された。同年四月三日、野幌尋常小学校で発会式が挙行された。

報徳会の基本財産は、畑二九町二段二畝一六歩（買入価格三〇〇〇円）及び郵便貯金五〇円である。土地収入は一カ年賃貸料二〇〇円以上になる。報徳会は、「基礎頗る強固なり而して事業の大体は産業奨励と云ふよりも寧ろ慈善公共の事業団体にして会員一七四名を有せるが本道には社団法人の慈善的事業団体は八個あるも本会の如き二宮尊徳翁の遺法に基き報徳の二字を冠したるものは本会の設立を以つて其の嚆矢なりとす」（『北海タイムス』一九一一年四月五日）と報じられている。

報徳会の活動

共有地は、塩崎寅吉、土田金蔵、久保共□郎らに貸付けられた。その賃貸料により報徳会は講演会や品評会などの農事関係行事等、各種団体への寄附、神社拝殿の建設費拠出などの慈善事業を行った。

しかし、一九一七年（大正六）の産業組合、さらに一九二七年（昭和二）の農事実行組合の発足などにより、報徳会の活動は農事関係より、講話などの学習方面に移っていった。

戦後、農地改革により報徳会の共有地も消失した。野幌報徳会の定款も、その目的を「報徳会精神に基き道義の昂揚と経済の確立を促進し生活福祉の増進を図り部落の円滑な発展を期すこと」と変更された。活動を縮小しながらも、地域の自治的組織としての性格を継承しているといえるだろう。現在の報徳会は、例年六月三十日に千《せん》古園《こえん》でおこなわれる「開村記念祭」を主催することが最大の事業である。

三島億二郎翁石祠

「古田島薫平翁頌徳碑」の除幕式の後、碑の右、神社境内の西南のすみにある一八九八年（明治三十一）に建立された三島億二郎翁石祠（一八六八年〈明治元〉の戊辰戦争前は億次郎、戦後、億二郎）に拝礼が行われた。

石祠の左右と後には三島億二郎の事跡が漢文で刻まれている。しかし文字の判読が困難となったので一九三九年（昭和十四）に石祠の前方に碑が建てられ、漢文を読み下して刻み、裏面には新たに碑を建てた由来と建碑者二七名の名が連記されている。ここでは、長谷川富一氏から提供された拓本により石祠の漢文を紹介しておこう。

前方の碑文は、関矢マリ子『野幌部落史』記載の漢文とは小異がある。

三島翁名詞記

翁諱心億字称億二郎越後国古志郡長岡人生伊丹家出嗣川島氏後改三島父徳兵衛母川島氏年少好学講武長扈從藩主維新之始一藩流離授業興学克安人心常説人以北海道拓殖事業十七年渡航周遊似擇其地十九年創□

（以上、碑の左）

起北越殖民社二十三年四月募縣民一百餘戸男女五百人移于野幌斫樹闘蒙排通道播種耕耘而従来無人境至雞犬之聲相聞一朝羅病痾帰国□朝廷以特旨叙従六位二十五年三月二五日遂卒享年六十八葬先塋側嗚呼翁闢此境拮掘罪

（以上、裏面）

勉綏民如子人々咸感其徳今茲里人相謀義□建石□春秋祭祀報其恩以　不墜其業於足手記其事蹟以垂後昆云爾

明治三十一年四月

従七位　関矢忠靖　撰文

島後次郎　謹書

（以上、碑の右）

関矢孫左衛門忠靖によって撰された文章の大意は以下のようである。越後国長岡藩士の三島億二郎は一八八六年（明治十九）、北越殖民社を作り、一八九〇年四月、移民を組織して野幌に入植、開拓に従事したが、病をえて帰国、一八九二年三月二十五日、六八歳で死去した。野幌の人は三島の徳をしのび石祠を建て、春秋の祭祀にその恩

表1-1　野幌太々神楽の種類と内容

舞の分類	舞の名称		内　容
古典系	悪魔祓	(アクマバライ)	天孫降臨に先だち経津主命が日本の国に御降り、国土の悪い神々を平定した事を表わす舞。
	鎮護鉾	(チンゴホコ)	天地創成のとき、漂う土地を鉾をもって固定した神事を表わす舞。
	稲田宮	(イナダミヤ)	出雲国にお住みになる平奈豆津の神の姫8人が八俣の大蛇に狙われたとき、須佐之男命が大蛇を退治したことを表わす舞。
	岩戸開	(イワトビラキ)	天照大神が天の岩戸にお隠れになったとき、諸々の神々が相談し、天の岩戸の前で御神楽を舞って岩戸をお開きになったという神楽の起源を表わす舞。
雅楽系	雑　議	(ゾウギ)	悪魔退散に威力のある神器として弓、矢をもって舞う舞。
	四神剣	(シジンケン)	祭神たる海神を守護する朱雀、青龍、玄武、白虎の四神の舞。
他芸系	地久楽	(チキュウラク)	宇宙天地の泰平を神に感謝する舞。
	泰平楽	(タイヘイラク)	天下泰平を表わす舞。
	羽返し	(ハガエシ)	神代からの名鳥である鶴の羽を返す神事を表わした舞。
	稚児舞	(チゴマイ)	神楽の一番最初に奉納することから先稚児ともいわれる優雅な舞。
他宗系	福神遊	(フクジンアソビ)	恵比寿、大黒の舞で迎福神が海辺で遊ぶさまを表した舞。
	五行玉	(ゴギョウダマ)	支那の五行説に基づくもので、青・白・赤・黒・黄色の玉と三宝を採物に使う舞。
行事系	宮　清	(ミヤキヨメ)	神様が鎮座する宮地のけがれを大麻をもって払う舞。
	神　勇	(カミイサミ)	神様を諫み申し上げる舞。
	奉　幣	(ホウヘイ)	ご神体ともいえる幣帛を神様に奉る舞。
	五穀捧	(ゴコクササゲ)	倉稲魂命よりお授け下さった五穀の稔りを天津神、国津神に献じ奉る舞。
	榊　舞	(サカキマイ)	神木たる榊を神様に捧げる舞。
田遊系	五穀散	(ゴコクチラシ)	倉稲魂命が神代の農神に五穀の種子を奉る舞。

出処)矢島叡・岡田祐一・氏家等「郷土芸能の継承と定着(1)一野幌太々神楽と丘珠獅子について一」(『開拓記念館調査報告』第13号、昭和52年)より。

に報いている。

三島億二郎の石祠への報恩を終えて、祝賀会に入った。野幌報徳会長の菊田常吉氏の挨拶の後、同会顧問の長谷川富一氏、今川健蔵氏ら、来賓の祝辞が述べられ祝宴になった。

野幌太々神楽

祝宴の間、社殿の右側にある舞台で野幌太々《だいだい》神楽が舞われた。

野幌太々神楽は、一八九八年(明治三十一)、新潟県三条市八幡神社の神楽を継承した舞楽を神社に奉納したのが起源といわれる。五十嵐全作たちが伝承の中心であった。関矢孫左衛門は、野幌部落の団結と娯楽のため神楽を奨励し、保存につとめた。

昔は神楽の名称は単にお神楽とか大和神楽とか呼んでいたが、一九五五年(昭和三十)頃から神楽の由来、舞の種類から「野幌太々神楽」と名づけられた(表1-1に種類と内容を挙げた)。太々の名称は、かつては奉納神楽を大々、少々などと区別したことから来たものであるが、今日では、単なる美称として使われているものである。一九五七年四月、神楽の保存会が作られ、そして一九七三年三月、野幌太々神楽は江別市の無形文化財に指定された。

野幌開村五十年記念碑と開基百年

舞台のさらに右、野幌中学校の跡地には、一九八九年（平成元）に建てられた「野幌開基百年」の大きな石碑がある。その手前のオンコに囲まれた花壇の中に、一九三九年（昭和十四）六月に建立された「野幌開村五十年記念碑」がある。碑文には、北越殖民社による開拓の経緯が簡便に記されている。

野幌開拓が成功した理由として、新潟人の質実剛健の気質と「社長其人ヲ得」と関矢孫左衛門を中心とする北越殖民社の団結が説かれている。

野幌神社の創立、太々神楽の奨励、報徳会の創設等が、関矢孫左衛門を指導者とする北越殖民社の方針として行われたこと。神社、神楽、報徳会などが現在も維持されていること。関矢孫左衛門の威徳が今日まで伝えられていること。古田島薫平にみられるように北越殖民社から江別に尽くした人材が輩出していること。これらが野幌開拓と北越殖民社の特徴といえる。

狛犬の台座に関矢留作の名

神楽からカラオケに移った祝宴で、北越殖民社について語り、関矢孫左衛門をたたえる人々も、社殿前の左右に奉献されている狛犬に注意を払うことはないようである。狛犬は一九二〇年（大正九）四月、殖民社二代目社長、山口多門次を建設委員長にして建てられたものである。右の狛犬の台座正面には、建立の「寄附者人名」として「金

十円　山口多門次」とあり、そのつぎに「金二十円　関矢留作」と刻まれているのに気づく人はいないだろう。野幌の人々、江別市民にとって、関矢留作はまったく忘れられた存在なのである。この関矢留作の生涯を追うことが、本書の目的である。

建設委員長山口多門次に続く建設委員の内には、関矢留作の名はみられない。委員に入っていないのに寄付金は二番目である。一九〇五年（明治三十八）生まれの留作は狛犬建設時、一四歳であった。年齢上の事情もあるだろうが、これは野幌における留作の位置を象徴しているようである。留作は関矢孫左衛門の息子として野幌に生まれ、東京で社会主義運動に参加、帰郷後、三一歳で夭折した人物なのである。

『日本社会運動人名事典』の関矢留作

江別ではまったく忘れられている留作も、社会主義運動関係の運動家、研究者たちの間では無名の存在ではない。社会主義関係者の人物文献としては最も簡明で一般的である『日本社会運動人名事典』（青木書店、一九七九年）にも留作は記載されている。以下、留作の一生を述べる前提、予備知識として紹介文を引用しておこう。

関矢留作　せきやとめさく　一九〇五、五、二―三六、五、十五（明三八―昭一一）　筆名・星野慎一。新潟県魚沼郡出身で、土地の旧家であったが、明治初年北海道に渡航して江別町野幌で開拓の先鞭をつけた孫左衛門の子として野幌に生まれた。新潟県立長岡中学をへて、一九二九年東京帝国大学農学部を卒業した。在学中共青に加入し学生運動に従事。卒業後産業労働調査所に所属、農民部を担当して農村問題の調査にしたがい、『産業労働時報』の時評欄や農業問題に関する部分の執筆にあたった。またプロレタリア科学研究所に属し、農業問題研究の責任者であった。二九年以降全農が社会民主主義傾向を強めた際、これを是正する目的で結成された、全農戦闘化協議会に参加、特にその関東地協の組織活動に協力した。そして組織を全国化するために、雑誌『農民闘争』の発刊に努力し、連絡や同誌主要論文の執筆に活躍して、状況と運動の理論的分析と指導に力をそそいだ。三〇年末共青関係で検挙され、三三年出所。北海道に帰り、農業に従事する中で農民への啓蒙活動をつづけ、農業農村問題の論稿はのち『経済評論』『唯物論研究』などに発表された。郷里新潟に帰省中、心臓の障害で急死した。

〔文献〕農民運動史研究会編『日本農民運動史』一九六一

長沼の野呂栄太郎碑

社会主義関係では無名でない関矢留作ではあるが、北海道長沼に生まれ、同時期に社会主義思想家、運動家として活躍し、お互いに知己でもあり、同じく若くして逝った野呂栄太郎（一九〇〇－一九三四）の著名さにくらべれば、その差は歴然としている。野呂は『日本資本主義発達史講座』（岩波書店、一九三二年）の刊行を指導した「講座派」の論客として、日本共産党の委員長を務めたことで知られている。野呂の主著『日本資本主義発達史』は岩波文庫に入り、全集も新日本出版社から出版されている。

野幌から南東に一〇キロメートルほど離れた長沼町に、野呂栄太郎の記念碑が二つ建っている。

一つは、馬追運河沿い、長沼町を東西に貫く道道三号の、市街地を抜けかかる左側、道道より一〇〇メートルほど入ったところに建っている。一九七四年（昭和四十九）十月に建立された野坂参三揮毫の「野呂栄太郎碑」である。あるいは北海道的といえようか、原野を背景にしてふさわしいともいえようか、いささか大きめな碑である。碑の右側には、日本共産党員としての活動を中心にして野呂の略歴を記した別の碑が建っている。

もう一つは市街の中央、長沼町役場の右、長沼小学校との間に一九七四年四月三十日に建てられた、「野呂栄太郎学童の像」である。隻脚であった野呂が学生服姿で、松葉杖をつきながら通学している像が刻まれている。像の下には、長沼での生活を中心に野呂の生涯が述べられた文章が記されている。文の中には日本共産党はおろか社会主義の語もない。

二つの碑は、社会主義者、日本共産党員としての野呂の評価と地元での微妙な立場を表しているといえる。町役場の正門右にある長沼町観光案内板にも、「学童の像」は記されているが、「野呂栄太郎碑」は示されていない。しかし野呂は、関矢留作とは異なり、社会主義陣営は元より一部で神聖視される、地元でも認められた存在なのである。

「忘れられた農村研究家」関矢留作

野呂について書かれた著作、論文は数多い。留作については、死去の直後、一九三六年（昭和十一）八月に妻マリ子が著した小冊子『関矢留作について』があるのみで、諸書、論文で触れられることも少ない。関矢留作は「忘れられた農村研究家」なのである。

関矢留作の生涯を追う前に、留作が生まれ育った野幌を開拓した北越殖民社について、概観しておく必要があるだろう。

第二節　北越殖民社による開拓と関連史跡等

江別市の概観と特徴

江別市の中央を、札幌から岩見沢、旭川方面に向かう国道一二号が貫いている。この国道を車で走って気づくのは、江別市は官庁や公の施設が散在しており、適当に商店街があり、工場があり、住宅街があることである。江別には戦後の一九六四年（昭和三十九）より造成された大麻団地を除くと、官庁街、商店街、工場地区、住宅団地等、特定の機能を有した地区が無いといえる。その理由の一つは、江別市の形成過程にあるようである。

一八七一年（明治四）の対雁村設置、一八七六年の樺太アイヌの対雁強制移住、一八七八年の江別屯田による江別兵村、一八八一年の篠津屯田による篠津兵村、一八八五年の野幌屯田による野幌兵村、一八八六年の北越殖民社初期の入植による越後村、一八九〇年には北越殖民社の野幌入植が行われた。江別市は、別々に形成された幾つもの村落が集まってできた街なのである。このように一つの中心から形成された街とは異なり、幾つかの拠点が存在するため、江別にはＪＲの駅が大麻、野幌、高砂、江別、豊幌と、人口一〇万の街ながら五つある。

石狩川、千歳川（江別川）、夕張川、旧豊平川と江別は河川の多い街でもある。山はないが南から北へ、石狩川にぶつかるまで緩やかな野幌丘陵が連なっている、風の強い街である。れんが造りの建物が多く、れんが工場の煙突が散見され、王子製紙江別工場の大煙突が目立つ町でもある。

野幌丘陵の大部分を占める南側は野幌森林公園で、北側が市街地である。丘陵の東北と石狩川を挟んだ北は低湿地、泥炭地である。ここが農耕地帯で、前記の河川に囲まれている。そのため水害に泣かされたことが、江別の歴史の一面にもなっている。野幌丘陵の東、千歳川までの地帯・野幌と、現在の夕張川付近・江別太を開拓したのが北越殖民社とされている。

現在の江別の名称は、元来は江別太と呼ばれた地形から出たものである。アイヌ語のエベッ・プトゥ（江別川の・川口）の意である。「エベッ」には、「ユベオッ（鮫居る川）」、「イ・プッ（それの・人口）」、「ユ・ペッ（硫黄水・川）」がなまったもの等の諸説がある。「イ・プッ」は往時、文化の中心だった千歳に入るところのことである。「ユ・ペッ」は昔、上流夕張川のユ（硫黄水）が千歳川に流れたところからきたのではないかと考えられている。現在の千歳川を江別では長らく江別川と呼んできた。

野幌は「ヌプル・オ（渇処）」と「ヌプ・チル・オ・ペッ（野の・中に・ある・川）」の二説がある。地名研究家の山田秀三は、後者が自然であると述べている。

この他、早苗別川はアイヌ語「サノイナイ」或は「サノユベ」から出たと思われる。越後沼の原名は「ヨシュプトウ」である。

アイヌ語地名で明らかなように明治以降、和人による本格的な入植が始まる以前は、千歳川周辺の江別太、野幌には先住民族であるアイヌの人々が住んでいた。一九七八年（昭和五十三）の夏、道央自動車道の工事中、千歳川河口から三キロメートルほどの通称馬蹄沼で発見された江別太遺跡からは、二〇〇〇年ほど前の簗《やな》が発掘された。石狩川、千歳川に囲まれた江別太周辺は、アイヌの人々の主食である鮭に恵まれていた。また、苫小牧より美々川を北上、ウトナイトー（ウトナイ湖）をへて千歳川に入り、石狩川に至るルート、かつて千歳川放水路の建設計画が問題となったルートは、昔はアイヌの人々の自然運河だった。江別太は河川による交通の要衝だったのである。

そのため、アイヌ語地名には河川に関するものが多い。アイヌの人々は生活の多くを河川に依存していたからである。一九一一年（明治四十四）刊『札幌区史』所収の、一八七三年（明治六）十一月の札幌周辺の地図には、エベツプトにアイヌ人の家五戸が記されている。かつて三島億二郎、関矢孫左衛門らが北海道探索をした際、アイヌの人々が案内したこともある。

北越殖民社は、雨竜町の華族地主による蜂須賀農場、十勝、芽室町等の財閥資本地主による十勝開墾会社等に対し、会社組織地主の典型といわれた。殖民社は小作争議が一度もおこらなかった模範的農場といわれ、昭和初期以来の地主制後退期にも資本地主への転換を見せず、北海道的大地主の例外的存在であった。

北越殖民社の創業

一八八六年（明治十九）一月、新潟県長岡町坂ノ上町の三島億二郎方に北越殖民社本社が置かれた。三島は早くから北海道開拓を志し、すでに一八八二年六月に第一回の北海道視察を行っていた。以後、三島は一八八六年七月に第二回、一八八七年六月に第三回、一八八八年に第四回、一八九〇年六月に第五回と北海道巡遊を行っている。

新潟県と北海道は江戸期以来、日本海廻りの北前船による交易が盛んで、幕末以降は人的交流も進んでいた。札幌農学校長に就任していた森源三の影響もあった。折からの松方デフレで苦境にあえぐ農民の北海道移住が考えられたのである。司馬遼太郎『峠』（新潮社、一九六八年）に描かれているように、長岡藩は戊辰戦争のとき、旧幕府側の奥羽越列藩同盟に参加、薩長を中心とする官軍と激烈な北越戦争を戦った。荒廃した旧長岡藩領の再建の一助として、北海道移住が必要だったのである。

次頁の表1-2は、一八九二年（明治二十五）から一九二二年（大正十一）までの、北海道移住者の出身県別戸数を示したものである。新潟県が一位である。上位一〇県は東北・北陸地方である。それらの県は北海道に近く、交

表1−2　北海道移住者出身県別戸数（明治25年〜大正11年）

	県　名	移住戸数（戸）	比率（%）
1	新　潟	47,273	8.9%
2	青　森	46,668	8.8%
3	秋　田	43,299	8.1%
4	富　山	40,736	7.7%
5	石　川	40,521	7.6%
6	宮　城	39,050	7.3%
7	岩　手	29,484	5.5%
8	山　形	28,122	5.3%
9	福　井	22,804	4.3%
10	福　島	14,984	2.8%
	その他	178,358	33.7%
合　計		531,299	100.0%

出処）黒崎八州次良「明治後期−大正期における北海道農業村落成立の前提についての若干の考察」（『社会学評論』74号より作成）。

通網があること、雪国であること、農民の階級分解が激しく、大地主と多数の小作人が再生産される地域である。

ただし、北海道に入植した貧農は、極貧農ではないようである。極貧農はすでに気力なく、没落したままになる例が多い。北海道移民は、貧農でも新しい大地を求め、人生生活をやりなおそうとする気概を持った人々であった。

北越殖民社の性格

表1−3は北越殖民社創業時の出資者を示したものである。出資者は長岡を中心にした近郷の士族、地主、商人、高利貸で、土地所有者が絡んでいる。出資金合計五万二〇〇〇円は、例えば一八九七年（明治三十）に渋沢栄一らが創設した十勝開墾社農場の一〇〇〇万円と比較すると異常に低額である。ところが、表1−4にみられるように、この出資者の多くは一八七八年十二月二十日に、長岡町表町三丁目に開業した第六十九国立銀行の株主たちなのである。この銀行の支援があったことが、北越殖民社の一つの特質である。

一八九〇年（明治二十三）には、道庁より殖民社に対し一戸五〇円、合計一万四〇〇〇円の補助もなされた。三島、関矢、大橋一蔵らは政府高官と知己があった。このことが、土地払い下げ等において殖民社に有利に働いたと思われる。

創業当時の北越殖民社の性格は、第六十九国立銀行に結集した長岡及びその近在の士族、地主、商人が、銀行資

表1-3　北越殖民社農場創業時の出資者の出資金、所在地及び所有面積

(単位：円、町)

氏名	出資金	所在地	所有面積
笠原　格一	14,800	南蒲原郡三条町	23.69
岸　宇吉	5,500		—
小林　伝作	4,500	古志郡長岡町	122.09
関矢　孫左衛門	4,200	北魚沼郡下条町	111.54
山口　万吉	4,200	古志郡長岡町	44.84
大橋　一蔵	4,100		—
渡辺　清松	4,100	古志郡長岡町	48.18
三島　億二郎	2,800	古志郡長岡町	27.92
遠藤　亀太郎	2,800	三島郡才津村	327.19
小川　精松	2,800	古志郡長岡町	54.83
早川　和中二	1,000	南蒲原郡四ツ沢村	35.33
五井　伊次郎	1,000	古志郡十日町	24.87
高野　徳平	200		不詳

出処）山本敏「越後地主と北越殖民社」(『農業経営研究』I、昭和30年) 68頁より作成。

注）所有地価200円を１町歩として計算 (近藤康男編『農業経済研究入門』〈昭和29年〉、59頁より)。

表1-4　大株主の変遷

明治11年11月 (創立時)			明治13年12月31日			明治15年6月30日		
氏　名	職業	株金(円)	氏　名	職業	株金(円)	氏　名	職業	株金(円)
三島　億二郎	(士族)	3,000	遠藤　亀太郎	農	12,300	大塚　幸三郎	商	8,800
山田　権左衛門	農	3,000	山田　権左衛門	農	11,750	渡辺　清松	商	8,500
遠藤　亀太郎	農	3,000	大塚　幸三郎	商	8,800	山田　権左衛門	農	7,600
関矢　孫左衛門	農	3,000	高頭　仁兵衛	農	8,400	遠藤　亀太郎	農	7,450
岸　宇吉	商	3,000	野本　恭八郎	商	7,000	高頭　仁兵衛	農	6,300
青柳　逸乃助	農	3,000	外川　善一郎	農	6,300	木村　儀平	農	5,500
志賀　定七	商	1,500	青柳　逸乃助	農	5,500	高橋　九郎	農	5,250
目黒　十郎	商	1,500	木村　儀平	商	5,500	中村　平作	農	5,000
山口　藤吉	商	1,500	高橋　九郎	農	5,250	山口　万吉	商	5,000
渡辺　良人	商	1,500	中村　平作	農	5,000	志賀　定七	商	4,500
小川　清松	商	1,500	田中　仁四郎	農	4,600	野本　恭八郎	商	4,250
谷　利平	商	1,500	志賀　定七	商	4,250	田中　仁四郎	農	4,200
木村　儀平	商	1,500	近藤　八郎次	農	4,000	近藤　八郎次	農	4,150
(所有株数30株、株金1,500円以上のものを所載)			目黒　十郎	商	3,700	池田　忠蔵	商	4,000
			岸　宇吉	商	3,650	岸　宇吉	商	3,650
			柳町　甚平	(士族)	3,650	山崎　又七	商	3,650
			関矢　孫左衛門	農	3,500	小林　伝作	商	3,600
			山口　権三郎	農	3,500	渡辺　良人	商	3,550
			(所有株数70株、株金3,500円以上のものを所載)			関矢　孫左衛門	農	3,500
						山口　権三郎	農	3,500
						青柳　逸乃助	農	3,500
						(所有株数70株、株金3,500円以上のものを所載)		

出処）笠原昭吾「創立前後における第六十九国立銀行の性格」(『金融経済』75号、昭和37年８月) より引用。

注）明治11年及び同13年分は未公刊資料所収のものをもちい、明治15年分は『第八回実際考課状』を利用した。

本や政府の保護をうけながら越後の貧農、小作を北海道開拓に投入し、自己の経済的基盤を拡大、強化するとともに貧農の自立を促進することにあった。一八八六年（明治十九）、北海道庁設置に伴い、政府の北海道開拓方針が直接保護から間接保護に変わってからも、北越殖民社の経営が維持できた理由はここにあるだろう。同時に当時の北海道は、「北門の鎖鑰《さやく》」から「北門の宝庫」として資源開発が喧伝されていた。

大橋一蔵の移民願

新潟から渡道し、移民村創設の陣頭指揮を執ったのが大橋一蔵である。大橋が移民願を出すに至った経緯は、一八八六年（明治十九）四月、江別太に居を定めた大橋らが岩村通俊北海道庁長官に出願した「移住民之儀ニ付願」にも示されている。

私共県地同志ノ者トモ申合セ、当道中適当ノ地ヲ相撰開墾ニ従事仕、年々貳百戸以上農民ヲ移住為致、一ハ以テ当道ノ隆盛ヲ企図シ、一ハ以テ県地ノ窮民ヲ救助仕度計画罷在候。〈中略〉此窮民ヲ沃野千里人烟稀少ノ当道ニ移候ハバ、最モ万全ノ策ト奉存候。而シテ其墾地成ハ壹町歩ヲ得レバ其五反歩ハ地主五反歩ハ小作人ノ所有トナスノ約束ヲ結ビ、此細民モ終ニ地主トナルノ幸福ヲ得ルヲ楽ミ、辛苦労働モ旧ニ倍シ、多年ノ後ニ至リ候テハ十分ノ好結果ヲ得可申ト確信罷在候。〈下略〉

北越殖民社創業当時の計画は、毎年二〇〇戸以上移住、開墾地は殖民社と小作人が折半するというのである。この方針が詳細に決められたのが「互換約定書」である。この契約で移住した者を普通移民と呼んだ。内容の中心は、移住者の費用は殖民社が負担する代わりに、成墾地は開墾者と殖民社で折半し、社所有地は小作せよという点にあった。小作人は土地持ちにはなれるが、完全な自作農にはなれない（土地は殖民社と共有）という契約内容であった。しかし、これは他農場の小作移民に比べればずいぶん温情的であった。一八九〇年（明治二十三）には、殖民社の保護を受けない代わりに、一〇分の九の土地分与を条件とする少数の独立移民もあったのだ。

関矢ら地主と小作人との身分の差は歴然としていた。関矢らは「旦那様」「関矢様」と呼ばれた。小作人にとって、関矢一族は「雲の上の人」であり、「貴族」であった。今でも野幌の古老からは、「関矢様」「孫左衛門様」の言葉を聞くことができる。その語感には、偉い人だったというだけでなく、お世話になったという感謝の思いがこもっている。現在でも残る関矢一族に対する畏敬と感謝、これが野幌における関矢ら地主の存在形態の一面を象徴している。

だが、経営主体としての殖民社と小作人との間は、基本的に地主と小作の関係で貫徹されていた。野幌開基百年記念として出版された『野幌』には、「水害の年や作柄が思うほどよくなかった年には、農民たちは、殖民社の「旦那さま」に聞き入れられるまで、ひたすら懇願を続けて小作料の納入延期の許可を受けなければならなかった。そして、収入がえられなかった年には、農民たちが必要とする日常の米、味噌までも殖民社に貸付けてもらい急場をしのがねばならないこともあった」と記述されている。また、越後村の七戸の人々が小作料の減免を願いに殖民社事務所を訪ねた時、山口多門次二代目社長から、「なに、この捨子供らが〔入植時、小樽で困っていた彼らが殖民社に入れてもらったことを指す――船津注〕」と、一喝されたとの話も語り伝えられている。

入植地の選定と「北征雑録」

北越殖民社は江別太と野幌を入植地として選んだ。当該地は札幌に近く、一八八二年（明治十五）には小樽―幌内（現在の三笠市）間の幌内鉄道が開通し、江別駅が置かれていた。鉄道を挟んで西側にはすでに江別、篠津、野幌の各屯田兵村が形成されていたが、この理由に加えて、やはり土地状態と気候判断が入植地選定の重要な基準であったろう。

一八八六年（明治十九）七月三十日、三島らと共に江別太を視察した関矢孫左衛門の「北征雑録」には、以下のように認められている。

午前七時汽車札幌ヲ発ス、南東ニ向カフ、路傍原野開ケ、麦馬鈴薯、唐黍、麻。隠元豆、粟、大小豆等也。木瓜、南瓜、夕顔等モアリ、其出来方ハ丈長ク実熟シ内地武州辺ノ如シ。茄子宜シカラズ、里芋ハ見ス。

〈中略〉

一　屯田兵江別四五十戸アリ、石狩川之辺ニ二百戸四千坪、外に四千坪アリト云。大通リヲ通ジ、小路ヲ為整然圃場を墾キ、規律ハ陸軍法ニ準スト云。病院アリ週看所アリ。

一　ノツ幌ニ官林アリ周囲十二里一九町。〔現在の野幌森林公園――船津注〕

一　味別〔厚別のこと――船津注〕ニ信濃人水田ヲ開ク、草出来宜シク昨年ノ冷気猶登シリ、本年ハ収穫多カラント云。

一　手前九時汽車江別に着ス。二時間、家並商店アリ、日用品□ク、千歳川ヲ渉リ西ノ方ニアリ、外ニ小舎並七戸アリ。

一　開墾地ハ森林中ニシテ南ノ方谷内放ニ湿潤ナリ。排水渠ヲ穿□ハ上地ナラン、地質ハ石狩川ノ沙泥を以成立ツモノナルハ赤白色ニシテ耕作ニハ膏沃ナリ。

一　既ニハタケトナルモノ各七、八反、馬鈴薯、人参、麦、菜、大根等ヲ植エ本年五月以来ノ創設ニ係ル、其大勉法ニ見エタリ。樹ヲ伐リ根ヲ去ルヲ大業トナス、打起スハ容易ナリ。一ハ凡一日二十五坪位ハ為セリ。
一　移住者ハ純粋ノ農者ニシテ夫妻トモ開墾ニ従事セリ。実ニ数百里波濤ヲ超ヘ斯深林無人ノ境ニ破屋ニ将来ノ目的ヲ以天ト為ハ人情可憐事ニシテ何レ日朝鶏犬相聞ノ楽郊ト為シ、事大誹ニ訴ルノミ。

植物の発育、実りは武州（現在の埼玉県、東京都）と同じぐらいで、開墾地は湿地であるが排水渠を掘れば上地となり、耕地に適した沃野である。すでに各戸、七、八反の畑が作られ、江別屯田は四五〇戸で病院等もある。厚別では水田も開かれているというのである。北海道開拓を割と容易に考えていたようでもある。

大橋一蔵と越後

すでに触れたように、一八八六年（明治十九）四月、江別太河東に事務所を置いた（現在の東光町三八番地附近といわれる）のが、大橋一蔵らであった。大橋一蔵は一八四八年（嘉永元）、越後国南蒲原郡越後村大字下鳥に生まれた。大橋家は上杉謙信麾下の大橋弥五郎より一蔵まで十一代、家は郷士であった。一蔵は一七歳の時、江戸で学んだ。二七歳の時、再び上京、前原一誠を知り、一八七六年（明治九）の萩の乱に連座、下獄した。大橋は前原より、北海道の国防上の重要性について影響を受けたという。一八八一年六月、特赦で出獄、帰郷した。時代は自由民権運動の高揚期であった。

一八八〇年（明治十三）、北魚沼郡長だった関矢孫左衛門らは、民権運動に反発、子弟を教育し、忠孝・道義を回復して国体（天皇制）を強固にするため私立学校の設立を進めていた。大橋はこの運動に加わり、一八八三年三月三日、弥彦神社の地に明訓学校が開校されるや校長に就任した。学校運営に当たる学校例会の会頭は関矢である。

その後も大橋は北海道開拓について、松方正義、品川弥二郎らに建言。一八八五年（明治十八）、明訓学校が県立に移管するや、校長の職を関矢に譲って北海道視察に出た。その翌年、初代北海道庁長官の岩村通俊と同船で渡道したのである。

越後村の創設

以下、高間和儀の筆になる名著『江別太郷土史』（一九八五年）に導かれながら、越後村の創設について述べてゆこう。

野幌、幌向の原野開墾に最初に着目したのは、士族授産を目的に一八七八年（明治十二）に設立された開進社であった。幌向原野は一八八二年九月、開進社によって地所開墾出願が出されていた。

実際に江別太開拓を行ったのは、一八八六年（明治十九）に入植した北越殖民社であった。大橋らは一八八六年五月七日付で幌向原野西部の六〇万坪（約二〇〇ヘクタール）の払い下げを受け、入植集落の造成に入った。集落は本州方面の密居制をとり、幌内鉄道から南へ一〇間（一七メートル）幅の道路を設け、間口四〇間（六八メートル）、奥行一五〇間（二五五メートル）、六〇〇坪（二ヘクタール）の耕宅地を道路の両側に五戸毎配した。耕宅地の中央に三間（五メートル）、五間（八・五メートル）の柾屋を建てた。

一八八六年（明治十九）六月二十二日、新潟県蒲原郡より八戸が入植、七月までに一〇戸一一世帯となり、越後村と称した。八月に島根県（石見国）の七戸が入植した。小樽で募集人に逃げられ困惑していた人々である。地元では「七戸《ななこ》」、「石見《いわみ》」と呼ばれている。

越後村の西側、現在、柵内と呼ばれる一五、六町歩のところで、プラオ、ハローを使っての馬耕が試みられた。明訓学校で大橋と一緒だった泉重朝が営農指導に当たった。この頃から馬耕が行われるようになり、殖民地割渡地は屋敷内二町歩に加えて渋川（現在は夕張川が流れている）あたりの石狩川辺の土地を狭長に割り（幅二〇～三〇間、長さ一〇〇間内外）、くじで各戸に割あて、一戸当たり五～七、八町歩の土地を耕作するようになった。

越後神社と『越後村沿革史小誌』

一八九五年（明治二十八）五月十二日、開村十周年を記念して、越後の弥彦神社の分霊を氏神として越後神社が建てられた。同年十月二十七日には、境内に開村記念碑が建立された。

この時代の江別太の様子を、関矢留作の筆になる『越後村沿革史小誌』から引用しよう。この小誌が出版されたのは一九三五年（昭和十）七月である。留作は翌年の五月に急死している。

深林原野を開きて大根、菜、馬鈴薯、蕎麦等を作る。初年は渡航の時期遅れたりしも、次年より大小豆、小麦、玉蜀黍等を作り又藍作、養蚕をなさし事もありき、当時は今日に比し、諸作驚くべき収穫ありきと云ふ。給与の米麦（大人平均一日七合五勺）に薯、大根、玉黍蜀《ママ》等を混じて食し、又冬期炭焼をなしよりて得たる金銭を以つて日用品を購ひたり生活は寧ろ安易なりしもオコリの猖獗なるあり、放馬の農作を荒すあり、水害あり、脱獄囚の民家を窺ふあり、前途不安なるものありしも一蔵の人格を信じて永住を決し開墾に努めたり。

短文のなかで留作は、作物について述べ、村民の生活を具体的に記述している。東京帝国大学農学部卒の農学者であり、昭和初年の不況下、庶民の生活が困窮をきわめていた時に社会主義運動に入り、後に柳田國男の影響も受けたその面目をしのばせる文章である。

現在の越後村の人たちに、昔の越後村について語ってもらおう。

――昔は越後神社のところを古川〔ヨシュペトウ〈越後沼〉からパンケヨシュペ〈渋川、改め夕張川〉に入った川――船津注〕が流れており、神社の周りには堀があり、神社は中島になっていた。社殿は現在の国道側、馬頭観音のある辺りにあった。一九七一年（昭和四十六）の国道一二号の切り替えで今の位置に移した。六月二十二日が記念祭で、終戦後の祭の時は小屋がたてられ演芸会が行われた。子供相撲も奉納された。一八九五年（明治二十八）に建てられた開村十年記念碑の石は仙台の石を東京に持って行き、刻んでもらって、越後村に運んだと聞いている。「柵内」の所からは、最近でも柵に使ったらしい木杭が出ることもある。

――麻や菜種、粟などを作った。麻でぞうりを編み、粟でもちを作った。家で食い、使うものは自分で作った。一九一六年（大正七）より乳牛飼育が始まった。泥炭地であること日銭がいることで飼うようになった。乳牛の値段は随分高かった。野性的というか気の荒い牛だった。一人一頭あてで飼えば副収入としては一番よかった。東側、現在の道央自動車道のほうは谷地で、やぶで向こうが見えなかった。一帯は殖民社の土地で、耕作している土地以外の土手や原野で自由に牛を飼った。土地は殖民社が縦長に切って、あちこちとくじで割り当てられた。平等だったのかもしれないが、今では土地が売りにくいし、農作業がやりにくい。トラクターのガソリンや手間だけでも大変だ。住居も密居制にし、本州の農村に行ったとき、「ああ、この通りにやったんだな」と思った。

――雪解け水、春水と台風による夏水と、水害には泣かされた。堤防がないから、わずかな増水で水害になり、一面、湖のようになった。平地なので長期間、水が引かず作物がくさった。秋の水害がひどく、肥えた土がもっていかれてしまうのだった。越後村の水害がひどいので、後の人は野幌に入ったのではないだろうか。野幌の人達の家が高台に建っているのは、水害を避けるためだ。大橋一蔵が死んで関矢孫左衛門になってから、千歳川を挟んで場所も離れているせいか、越後村の方は別扱いになったようだ。正月の殖民社事務所への挨拶も野幌は元日だが、越後村は三日だった。お寺も野幌は瑞雲寺だが、越後村は違う。

——一九三六年（昭和十一）、夕張川が渋川のところに切り替えとなり堤防も整った。その翌年、函館本線の線路も切り替えとなり今のところを通るようになった。線路も国道も現在の堤防の辺りを走っていた。夕張川の鉄橋が完成した時はお祭り騒ぎで、餅がまかれた。橋は途中に展望所があるというので評判だった。江別川の橋は今の鉄橋のところにあり、木橋で穴があいていた。橋脚には川の氷の衝突を防ぐための木の枠がつけてあった。

——一九五五年（昭和三十）以降は酪農を主にやる農家がふえた。米や小麦を中心に作るようになったのは、一九七〇年頃からだ。今でも、れんが造りのサイロが残っている家は多い。

大橋一蔵の死と関矢孫左衛門の登場

大橋一蔵は一八八九年（明治二十二）二月十一日、明治憲法発布祝賀の日、東京・和田倉橋で雑踏の中、老婆が馬車に触れんとするのを救って自ら犠牲になったといわれる。

北越殖民社関係者は、北海道の直接事業関係者として関矢孫左衛門を推薦した。三島はすでに老境に達しており、関矢（国会議員）は、南、北魚沼二郡の郡長という役職を投げうって渡道することになった。関矢マリ子は、「大橋一蔵は、『はねあがり』の所があった」と話していたそうである。萩の乱、明訓学校、北越殖民社と変転した大橋の一面を伝えているかもしれない。

殖民社は一八八七年（明治二十）、北海道庁から樺戸郡月形村知来乙の樺戸集治監用の既墾地二四〇余町歩の払下げを受け、大農経営を試みたが失敗した。これにより以後、殖民社は小作経営に移るのである。

先に述べたように野幌原野は、一八七八年（明治十一）に開進社の開墾が計画されていた。実際に許可されたのは、一八八一年（明治十四）十月、仙台の伊達氏の分家である愛媛県宇和島の旧伊達藩主、伊達宗徳であった。現在の野幌若葉町辺りは、宅地造成が行われる前は伊達屋敷と呼ばれていた。「開進」、「伊達屋敷通り」の名が、野幌郵便局より道道江別恵庭線（昔の広島街道）へ向かう白樺通り（開拓時の二号線）のバス停名に残っている。

現在、道央自動車道を跨いでいる若葉四号橋の通りが伊達屋敷通りである。一八八六年（明治十九）、殖民社は野幌に三〇七万坪（約一〇〇〇町歩）の貸下げをうけ、独立移民が入植を始めた。地割は貸下地三〇七万坪を間口六〇間、奥行二五〇間、二〇〇戸であった。越後村のような密居制は廃されたのである。その後、青森、徳島、鳥取など十数戸が入植したが、その定着率は極めて低かった。

一八九〇年の移民募集

一八八七年（明治二十）以降、新潟県では三島、関矢らによる移民募集が続けられていた。

野幌の瑞雲寺の元（本）寺、長岡市長倉町の了元寺住職、小泉惇麿氏は以下のように語っている。

北越戦争で長岡城が落城したとき、藩主の牧野の殿様が会津に逃げる途中、寺に寄られた。寺の前の道は、通称、長岡・広神線と呼ばれ、峠越えに山古志村を下り、関矢家のある広神村へ通じ、さらに会津へ向うのである。長倉から山古志を越え広神に至る地帯は粘土質で、土が赤いので赤道《あかみち》と呼ばれた。この辺りからも広神村の関矢家の山の仕事に村人が行ったものだ。現在は広神村へ行くには小谷を国道一七号で北上するが、昔は赤道が主要街道だった。広神村の関矢孫左衛門が長岡藩士の三島億二郎と親しいのは、一つには、この道で長岡と広神村が繋がっていたからだと思われる。

寺は北越戦争で火を掛けられた。長岡の八〇パーセントが焼失したといわれる。現在の本堂は、その後、別の寺の建物を譲り受けたものである。この本堂で三島が農民を集め、北海道移住を説いたと伝えられている。了元寺から分かれて野幌に瑞雲寺が行ったのは、こんなご縁があった三島や関矢に頼まれたからである。

また、一八九〇年(明治二十三)三月二十二日、長岡の三島億二郎から野幌の関矢孫左衛門に宛てた、次のような書簡も残されている。

○御地四十戸トシ蒲原三十戸トシ古志三島廿四五コトスレハ九十四五戸ナリ、老台御発途後ハ長岡与ハ御地方ヘハ手ヲ附ケ能サル事ト存候、御含置ク被下度候

○魚沼四十戸ヲ宰領ヲ二人附シテナリト、一時ニ移リシ得候ハ　三回ニテ大略百戸移シ能フベキ、偉ノ残数ハ五月始移し度存候

○早川君昨日、長岡発上京、家内同伴六日横浜、与渡道三日ニ御度候

右御承了又御考置被下度候　敬具

億二郎

関矢様

野幌への入植と明治時代の生活

新潟市の白山神社を詣でた後、関矢孫左衛門が引率した第一陣、蒲原郡出身者二一八名が、一八九〇年(明治

表1-5　北越殖民社農場累年移住者戸数

年　　次	野幌農場	越後村農場	晩生内農場	計
明治19年	—	17	—	17
明治20年	—	17	—	17
明治21年	37	17	—	54
明治22年	37	17	—	54
明治23年	152	17	—	169
明治24年	164	18	—	182
明治25年	164	18	—	182
明治26年	164	18	—	182
明治27年	220	18	15	253
明治28年	220	18	50	288
明治29年	287	21	70	378
明治30年	287	21	70	378
明治31年	274	21	70	365
明治32年	260	21	70	351
明治33年	192	21	70	283
明治34年	160	21	78	259
明治35年	160	21	78	259
明治36年	145	21	78	244
明治37年	142	21	78	241
明治38年	144	21	80	245
明治39年	144	23	84	251
累　計	144	23	84	251

出処）北海道農会『北海道農業経営法一班』（明治41年）、42～43頁より作成。

二十三）五月二日、新潟港を出港、六日に野幌に到着した。第二陣の古志郡、三島郡、魚沼郡出身の一五七名は山口多門次が率い、五月十日に野幌についた。合計で一一五戸だった。

この年、江別太にあった事務所を野幌に移した。現在も千古園前のバス停に「殖民社」の名が残るものの、かつて事務所があったことを偲ばせるものはない。

以後の殖民社の累年移住者戸数は、表1－5の如くである。北越殖民社は新潟県からの移民計画を廃し、北海道全体を対象として募集移民を行うことになる。しかし、表1－6のように新潟県出身者が圧倒的に多い。質実で粘り強く、律儀な越後人気質と同郷意識が、殖民社の結合を強めた一つの理由であろう。一八九〇年の移民時の「申合規約」には、道路や排水工事の労働義務だけでなく、冠婚葬祭、貸借等の日常生活全般が規定されていた。このような殖民社主導による自治的、家族的関係も、殖民社団結の一要因である。

野幌では一八八九年（明治二十二）、江別より広島に繋がる道が完成され、同年、幌内鉄道の野幌駅も開駅していた。一八九二年、小作法が改正された。従来の保護を廃し、各戸に割渡す五町歩のうち半分に対して開墾料を文給、小作料は四年目から徴収することとし、半分は従来通り小作人の所有地とした。

入植時以降、明治後期までの殖民社の人々の生活を、民俗学に造詣の深い歴史家の関秀志氏は、『写真集えべつ風のまちの歴史』(江別青年会議所、一九八二年)所収の「北越殖民社」の中で、次のようにまとめている。

> 当時の農家は一戸当り約五ヘクタールを耕作するのが普通で、最初の開墾小屋を改築して三間×五間の柾屋を建てる者が多く、中には四間×七間の越後風の草ぶきの家屋も少なくなかった。
>
> 一三、四歳以上六十歳以下の男女はみな労働に従事し、玉蜀黍《とうもろこし》、大麦に白米を少し混ぜて飯にたき、又はかゆ、雑炊としたものを常食とし、菜、大根、蕪《かぶ》等を副食とし、馬鈴薯、南瓜《かぼちゃ》を間食としていた。労働者は紺木綿の半てん、小着物、股引《ももひき》、脚絆《きゃはん》、草鞋《わらじ》、蓑《みの》、笠又は編笠等だった。居間には莚《むしろ》を敷き、その上に薄縁《うすべり》を敷くのが普通で、衣食住ともに極めて質素だった。しかし、外出などには小綺麗な長丈の服を着用し、角巻や羽織を着るものもいた。農家の主な副業は冬期間の伐木で、木材、薪炭として江別まで搬出した。又、煉瓦工場の燃料にもっとも適していたハンノキを湿地や河岸から伐出し、利益を得た農家もあった。明治後期の主な作物は大麦、燕麦《えんばく》、小豆、大豆、小麦、水稲、馬鈴薯、玉蜀黍、菜種、蔬菜類だった。

表1-6　北越殖民社農場小作人の出身地別戸数

出身県	戸数
新潟県	145
島根県	8
富山県	7
香川県	6
石川県	5
愛知県	4
徳島県	3
秋田県	3
兵庫県	2
福島県	1
青森県	1
計	185

出処）農商務省食糧局編『開墾地移住経営事例』（大正11年）、79頁より引用。

表1-7　北越殖民社農場の所有面積分布（大正10年）　（単位：町、％）

	田	畑	計	山林	原野	その他	合計
野幌農場	12.8 (51.0)	856.4 (63.1)	869.2 (62.9)	38.9 (73.8)	141 (75.9)	67.5 (60.9)	1116.6 (64.5)
越後村農場	— (—)	152.7 (11.3)	152.7 (11.1)	0.6 (1.1)	23.9 (12.9)	8.3 (7.5)	185.6 (10.7)
晩生内農場	12.3 (49.0)	342.1 (25.2)	354.4 (25.7)	13.2 (25.0)	20.9 (11.2)	35.1 (31.7)	423.5 (24.5)
新篠津農場	— (—)	5.00 (0.4)	5.00 (0.4)	— (—)	— (—)	— (—)	5.00 (0.3)
合計	25.1 (100.0) (1.5)	1356.2 (100.0) (78.4)	1381.3 (100.0) (79.8)	52.7 (100.0) (3.0)	185.8 (100.0) (10.7)	110.9 (100.0) (6.4)	1730.7 (100.0) (100.0)

出処）北海道産業部編『北海道ニ於ケル農場経営ノ実例』（大正12年）、89～90頁より作成。

表1-8　北越殖民社農場の小作料（明治34年～農地改革前）　（単位：石、円）

期間	農場	1等地	2等地	3等地	4等地	5等地	6等地
1886年	野幌（大小豆・小麦）	0.200	0.180	0.160	0.150	0.140	—
～	江別太（大小豆・小麦）	0.250	0.200	0.175	0.125	—	—
1910年	晩生内（大小豆・小麦）	0.250	0.200	0.175	—	—	—
1911年	野幌農場	1.500	1.350	1.200	1.000	0.900	—
～	野幌川辺農場	1.300	1.200	1.150	1.000	—	—
1918年	晩生内農場	2.000	1.500	1.300	—	—	—
	越後村農場	2.000	1.500	1.350	0.950	—	—
1919年以後	全農場	3.700	3.200	2.500	2.300	2.000	1.800

出処）浅田喬二『日本資本主義と地主制』（御茶の水書房、昭和38年）、468頁より引用。
注）平均相場は明治24～28年石4円、29～33年石4円50銭、34～39年石6円となっている。

小作制大農場の成立

殖民社は一九〇〇年（明治三十三）、野幌貸下地に一〇二一・三町歩、川辺貸下地三三八・二町歩、江別太貸下地一八六町歩、翌年には樺戸郡浦臼村晩生内《おそきない》に貸下地四七三町歩の付与を受け、二〇〇〇町歩を超える小作制大農場となった。晩生内では開墾地の三分の一を小作人の所有とした。

一九二一年（大正十）における殖民社の田畑は二〇〇九・八町歩で、移住者に分譲された田畑面積は、野幌農場五七三・六町歩、越後村農場七・八町歩、晩生内農場九七・一町歩、合計七二八・五町歩で、田畑面積の二九パーセントにあたる。表1－7にみられるように、分譲地以外の農場総面積は一七三〇・七町歩で、八〇パーセント近くが田畑面積であり、畑面積が圧倒的であった。

殖民社の経営状況

殖民社の小作料の変遷は表1－8のようになる。小作料の改定が二度行われている。小作料は反当

表1-9　小作料減免の推移（1907～1936年）

年	小作料（円）	徴収小作料（円）	減免率（%）	備考
1907（明治40）	8,683	8,683	0	
08（明治41）	8,927	8,927	0	
09（明治42）	9,109	9,084	0.3	
10（明治43）	9,337	9,337	0	
11（明治44）	11,791	6,964	40.9	8.16大水害
12（明治45/大正1）	12,091	11,712	3.1	
13（大正2）	12,343	9,594	17.9	6月大雨
14（大正3）	13,258	13,258	0	
15（大正4）	13,682	13,362	2.3	
16（大正5）	13,885	13,885	0	
（この期間、記録なし）				
26（大正15/昭和1）	26,895	21,740	0.2	冷気候
27（昭和2）	27,683	26,514	4.2	
28（昭和3）	25,109	24,090	4.1	
29（昭和4）	26,402	25,406	3.8	
30（昭和5）	21,798	20,914	4.1	
31（昭和6）	※12,646	12,598	0.4	減免50～70%（大
32（昭和7）	※5,609	5,594	0.3	水害及び昭和恐慌）
33（昭和8）	24,846	20,687	16.8	水害及雨害
34（昭和9）	26,951	262	2.7	
35（昭和10）	21,468	13,456	37.3	相対的不作
36（昭和11）	613	13,277	32.3	

出処）北越殖民社『営業報告』より作成。ただし、1917～1925年は『営業報告』なし。また1931、32年の小作料は、初めから減免した数値を記入したと思われる（表中※印）。

収量の六分の一以下で、他農場と大差がない。ただし、一九一九年（大正八）の改定小作料が戦後の農地改革まで維持された。凶作の年には、減免措置がとられたことは表1-9で明らかである。これらの小作人保護方針が、昭和恐慌期にも小作争議をみなかった一因であろう。次頁の表1-10をみると殖民社の全収入中に占める小作料割合が、一八九五年（明治二十八）以降は八〇パーセント以上に達し、九〇パーセントを超える年も少なくない。一八九五年には殖民社の基盤が確立し、大正期以降も小作料収入に依存した典型的な小作制大農場の形態を保っていた。

しかし、昭和期に入ると小作料割合が低下、凶作の深刻度を表わしている。特に留作が死去する一九三六年（昭和十一）とその前年が際立って低く、それ以後、一九四六年までの停滞も注目される。反当小作料は一九〇六年（明治三十九）に一円を超え、一九一九年（大正八）以降、二円を超えるようになる。だが、一九三一年（昭和六）以降は二円を切っている。昭和の凶作がいかにひどかっ

表1-10　北越殖民社小作料収入の推移

	収　入(円)(A)	小作料収入(円)(B)	小作料徴収(反)反別(C)	反当小作料(銭)(B)/(C)	収入中の小作料(%)割合(B)/(A)
1889(明治22)	104	—	—	—	—
90(　23)	366	—	—	—	—
91(　24)	169	—	—	—	—
92(　25)	326	73	98	74	22.4
93(　26)	716	466	421	111	65.1
94(　27)	590	430	718	60	72.9
95(　28)	931	783	985	79	84.1
96(　29)	1,330	1,155	3,080	38	86.8
97(　30)	1,709	1,639	3,080	53	95.9
98(　31)	1,969	1,650	3,080	54	84.0
99(　32)	2,845	2,843	4,994	57	99.9
1900(　33)	6,523	6,251	5,635	111	95.8
01(　34)	4,240	3,626	5,771	63	83.3
02(　35)	5,371	4,612	5,998	77	85.9
03(　36)	5,600	5,355	6,047	89	95.6
04(　37)	3,377	2,814	5,987	47	83.3
05(　38)	6,365	6,241	7,188	87	98.1
06(　39)	9,693	8,551	7,592	113	88.2
07(　40)	9,844	8,683	7,733	112	88.2
08(　41)	9,680	8,927	7,976	112	82.3
09(　42)	9,615	9,109	8,143	112	94.7
10(　43)	10,013	9,337	8,409	111	93.2
11(　44)	8,032	7,064	8,509	83	87.9
12(明治45/大正1)	12,294	11,712	8,674	135	95.8
13(　2)	10,924	9,594	8,920	108	87.8
14(　3)	13,542	13,258	9,533	139	97.9
15(　4)	13,806	13,632	9,882	137	98.7
16(　5)	14,325	13,885	10,070	138	96.9
17(　6)	16,614	14,755	10,669	138	88.8
18(　7)	16,218	15,719	10,829	145	96.9
19(　8)	25,801	25,295	10,600	239	98.0
20(　9)	22,105	20,828	10,700	195	94.2
21(　10)	28,931	28,162	10,796	261	97.3
22(　11)	—	—	—	—	—
23(　12)	—	—	—	—	—
24(　13)	—	—	—	—	—
25(　14)	—	—	—	—	—
26(大正15/昭和1)	24,596	21,742	10,286	211	88.4
27(　2)	30,364	26,514	10,317	257	87.3
28(　3)	28,838	24,090	10,310	234	83.5
29(　4)	30,478	25,406	10,567	240	83.4
30(　5)	25,096	20,914	10,350	202	83.3
31(　6)	15,254	12,598	10,471	122	82.6
32(　7)	17,415	5,594	10,487	53	75.4
33(　8)	25,557	20,687	10,604	195	80.9
34(　9)	28,257	26,219	10,333	254	92.8
35(　10)	110,408	13,456	7,435	181	12.2
36(　11)	39,802	13,277	7,211	183	33.4
37(　12)	21,145	16,234	—	—	76.8
38(　13)	21,166	16,796	—	—	79.4
39(　14)	22,961	16,655	—	—	72.5
40(　15)	20,968	17,092	—	—	81.5
41(　16)	23,308	17,408	—	—	74.7
42(　17)	40,927	17,091	—	—	41.8
43(　18)	33,852	16,848	—	—	49.8
44(　19)	28,552	17,318	—	—	60.7
45(　20)	27,382	16,900	—	—	61.7
46(　21)	48,703	18,186	—	—	37.3

出処）安田晋「北海道移民経営の特質についての一考察 ―北越殖民社の経営形態を中心に―」(『新潟史学』第15号、昭和57年10月）より。

たかを、ここからも知ることができる。殖民社においてさえ、小作制が機能しなくなってきているのである。

農地の開放

一九三五年（昭和十）から国の自作農創設維持事業により、晩生内農場四二〇町歩の解放が始まった。晩生内農場の殖民社所有地は五〇町歩足らずとなり、農場事務所は閉鎖される。また、殖民社が一九二三年（大正十二）頃に購入していた十勝管内音更村の三〇町歩余の土地も、一九四五年に解放している。

殖民社は一八九九年（明治三十二）に合資会社、一九〇七年には株式会社に組織変更する。表1−11は一九一三年（大正二）の株主の移動を示したものである。創業当初に出資した長岡近郷の商人資本が殖民社から手を引き、豪農の関矢一族に経営の中心が移っている。酒井は新潟県広神村の関矢と親しい地主、飯塚は孫左衛門の生家である。なお、一九一三年の株主名簿にみられる今井藤七は、札幌の丸井デパートの創始者で新潟県出身である。

戦後の農地改革に際して殖民社は、農地だけでなく自主的に山林原野も開放し、一九四八年（昭和二十三）七月二十日に解散した。このときの殖民社の所有地は、

表1-11　株主の移動（資本金10万円）

1908（明治41）株主名簿		1913（大正２）株主名簿	
氏　名	株　数	氏　名	株　数
笠原 格一	342	関矢 孫一	416
関矢 孫左衛門	303	笠原 格一	342
岸 宇吉	242	関矢 孫左衛門	321
山口 万吉	171	酒井 文吉	250
小川 清松	154	飯塚 弥次郎	200
渡辺 六松	128	渡辺 忠	140
酒井 文吉	128	内藤 賢郎	100
大橋 敬作	128	古田嶋 要次郎	100
遠藤 六太郎	85	森山 汎愛	50
長部 松三郎	85	山口 多門次	41
山崎 又七	85	今井 藤七	30
三嶋 徳蔵	60	五十嵐 キヨ	10
柳町 久造	40		
山口 多門次	40		
高野 タマ	9		
計	2000	計	2000

出処）北越殖民社『営業報告』より作成。

一〇七五町七反二畝四歩だった。殖民社の解散業務の清算が終了したのは一九五二年のことだった。

以上、殖民社の歴史を紹介してきたが、ここで関矢留作に関係するものを中心にまとめておこう。野幌を開拓したのは北越殖民社であり、その中心に新潟の豪農、関矢一族がいたこと。留作は関矢孫左衛門の息子であり、野幌では「旦那様」「関矢様」と呼ばれる存在であったこと。殖民社設立の目的は北地警備に端を発しており、そのために地主の経営基盤の拡大と貧農の自立促進が必要であったこと。このため、殖民社には自治的、温情的な性格があったこと。しかしこの殖民社においても、昭和に入ると凶作続きで経営が悪化、留作の晩年の一九三五年（昭和十）からは一部、農地解放が行われていること。このことは、殖民社の目的の一つである自作農創設の側面を物語ると共に、すでに小作制を維持することが難しくなったことを意味しており、戦後の農地改革の内在的要因があったことを示しているといえるだろう。

現存する殖民社関連施設と機関

野幌に現存する殖民社関連の施設、機関である野幌神社、野幌報徳会、野幌太々神楽、越後神社、殖民社事務所跡等については、すでに触れた。以下、その他の殖民社の関連施設について記してみよう。

野幌の瑞雲寺は、三島億二郎に説かれて一八九〇年（明治二十三）、関矢率いる新潟県からの集団移住の時、独立移民と共に渡道したものである。翌一八九一年五月二十日、本堂が落慶した。野幌部落では、国元の宗旨を伝えず全戸、瑞雲寺の檀家になった。野幌神社といい、瑞雲寺といい、自然発生的ではなく、北越殖民社の創業とともに移民の結合、団結を促進するための一助として創設されているのである。

野幌小学校は一八九一年（明治二十四）九月五日、瑞雲寺の住職が教員となり、寺子屋式教育場が開場されたのが始まりである。一八九六年十月十五日、当時の野幌神社境内、現在の野幌農村環境改善センターの場所に校舎が完成、野幌尋常小学校として開校した。修業年数は四年であった。関矢留作が通学したのはこの校舎である。さらに、一九〇五年二月一日に開設された志文別簡易教育所を、一九一六年（大正五）十二月二十四日に合併して現在地に移転したのである。これが、現在の野幌小学校の前身となった。

この間、一九〇四年（明治三十七）に赤松の苗が「上学田」の校庭に植えられた。学田は学校維持費捻出のための土地で、道内各地に地名が残っている。野幌では瑞雲寺を挟んで北に下学田、南に上学田が設けられていた。この松は一九〇〇年、関矢孫左衛門が郷里の新潟県より持参した種で育てられた苗木であると伝えられている。一九一六年（大正五）の校舎新築、移転の際には、赤松も移植された。以後、赤松は野幌小学校の象徴として育樹され、一九七五年（昭和五十）六月一日、現存する一四本が保護樹木として北海道より指定されている。

野幌森林公園の保存に貢献

北越殖民社が開墾だけではなく樹木の育成に熱心だったことは、野幌開墾百年記念事業の一環として一九八九年（平成元）に出版された『野幌』に詳しい。殖民社は現在の野幌森林公園の維持にも努めていたのである。野幌原始林は一八九〇年（明治二十三）、御料林に編入され、一八九四年には国有林として道庁所管となった。一八九九年、野幌国有林は町村基本財産として周辺町村に分割されることになる。すでに一八九二年、森林保存の重要性を訴える意見書を岩村通俊道庁長官に提出していた関矢孫左衛門は、野幌国有林の分割に反対。野幌部落だけでなく野幌屯田兵村、広島村とも協力して反対運動を行い、分割を中止せしめたのである。

一九二八年（昭和三）七月には、殖民社事務所において森林防火組合が発足した。初代組合長は、後に二代目殖民社社長となる山口多門次である。戦後、野幌森林防火組合は一九四七年四月一日、野幌森林愛護組合と改称した。

一九七〇年五月十六日には、野幌小学校の五年生以上の児童によって野幌愛林少年団が結成され、一九七三年には自治会が中心となって野幌森林自衛消防隊が組織された。このように、野幌森林公園が保持されたのは、殖民社関係者の果たした役割が大きかったことを忘れてはならないだろう。

元野幌農協組合長の長谷川富一氏は折に触れ、殖民社関係者による野幌森林公園保存の歴史を紹介し、自然保護、環境改善の必要性を説いている。一九〇八年（明治四十一）に登満別《とまんべつ》に設けられた林業試験場が、現在の文京台緑町に移設されたのは、一九二七年（昭和二）のことであった。

北越殖民社関係者と新潟県の交流

江別は殖民社ゆかりの施設、機関があるだけでなく、今なお北越殖民社関係者と新潟県との交流が進められている。一九六六年（昭和四十一）には、大橋一蔵、関矢孫左衛門らによって設立された明訓学校の遺徳を継ぐ、新潟・明訓高校の生徒らが越後神社を参拝した。

さらに、一九七九年（昭和五十四）九月五日から八日にかけては、野幌開基九十年記念事業の一つとして、今井健三氏を団長とする訪問団が新潟を訪ねた。訪問地は新潟市、弥彦神社、三条市、見附市、長岡市、広神村であった。各地で殖民社ゆかりの史跡を見学、人々との交流を深めた。

第三節　関矢孫左衛門と千古園

関矢家の先祖

関矢家の先祖は上杉謙信麾下の武将、越後国、枇杷島《びわじま》（現在の柏崎市）城主、宇佐美駿河守定満の家臣、関忠員《ただかず》であったといわれる。関氏は藤原姓を名乗っている。上杉謙信の生涯をテーマとした海音寺潮五郎の歴史小説『天と地と』では、宇佐美駿河守は父の如き慈愛で謙信を補佐した智将として描かれている。関氏は布施氏、内山氏、瀬下氏とともに枇杷島上四家老の一人であった。一五六四年（永禄七）、宇佐美定満の変死により宇佐美家は没落し、関氏も浪人となった。前出『天と地と』によれば、定満は謙信に異心を抱く謙信一族の長尾政景（謙信の養子、上杉景勝の実父）を湖の舟遊びに誘い、ともに湖底に沈んだのである。

次頁の関矢家系図（表1‐12）を参照していただきたいが、関忠員の子、関大八は上杉景勝から刈羽郡の大肝煎《きもいり》（大庄屋）に任ぜられ、「矢」をつけて「関矢」を姓とすることになった。この大八の子と思われる関矢大八忠長には二人の男子があった。長男は妾の子で多郎兵衛（吉郎兵衛の史料もあり）、次男が本妻の子で大二郎といった。忠長の跡は大二郎が継ぎ、多郎兵衛は柏崎町の能登屋惣兵衛の摘養子となり、関矢多郎兵衛忠卿と名乗った。多郎兵衛は後に没落したが、五人の子供の内、長男の惣右衛門忠光が魚沼郡広瀬村（後の広神《ひろかみ》村、現在の魚沼市）並柳《なみやなぎ》新田に移り住み、並柳における関矢の先祖となった。現在の関矢家では惣右衛門を初代としている。

表1-12　関矢家系図

関忠員《ただかず》 ― 関大八 ― 関矢大八忠長 ＊初めて関矢を称す

- 大二郎
- 多郎兵衛忠卿 ＊吉郎兵衛とも
  - 1代（並柳関矢家祖）惣右衛門忠光　慶安二年生　享保七年二月四日卆

2代　孫左衛門忠久　元禄七年生　宝暦三年四月一〇日卆
―3代　又左衛門忠正　享保元年生　天明四年八月八日卆
―4代　孫三郎忠義　延享四年生　文政五年一月七日卆
―5代　徳左衛門忠慶《ただよし》　安永九年生　天保七年九月一四日卆

6代　惣右衛門忠雍《ただやす》　享和九年生　天保六年一〇月一〇日卆
―7代　久左衛門忠□《ただのり》　文政一二年生　安政三年七月二九日卆
―8代　徳左衛門正信　文化一四年生　安政四年二月二八日卆

9代　孫左衛門忠靖　天保一五年一月二四日生　大正　六年六月二一日卆

（出処）関矢靖司作成「関矢家家譜ノート」、『広神村史』下巻（昭和五十五年）、一九頁より作成。

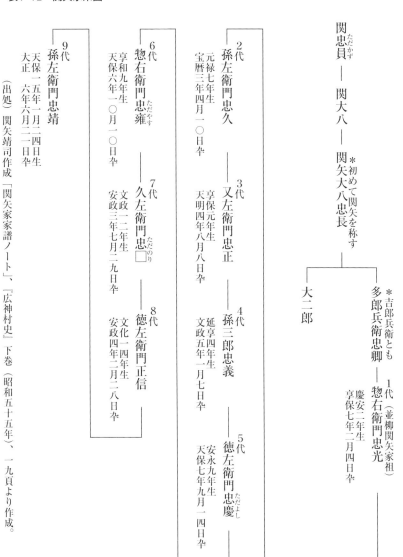

表1-13　1928年（昭和3）末、関矢、飯塚、佐藤3家の所有地価

氏　名	所在地	田畑地価	山林原野地価	宅地地価	合　計
関矢　孫一	広瀬村大字並柳	17,903円55銭	481円59銭	2,618円47銭	21,003円61銭
飯塚　昌和	新道村大字富岡	6,423円38銭	460円7銭	517円44銭	6,986円89銭
佐藤　稔	北条村大字北条	7,778円70銭	148円62銭	928円87銭	8,856円39銭

出処）小林二郎編『最新詳密新潟県地価特銘鑑』（精華堂、昭和4年）より作成。

以後、関矢家は代を重ねるが、八代目の徳左衛門正信が野幌に移住した孫左衛門忠靖の父である。なお、刈羽郡枇杷島の関矢氏は後に関屋と称するようになる。〈関矢〉は珍しい姓で、〈関屋〉あるいは〈関谷〉と誤記されることが多いが、同祖にも〈関屋〉が存在するのである。

関矢家の家訓と地域貢献

関矢家は先祖の惣右衛門以来、「華美をさけて素朴をまもる」を家訓に勤勉と倹約につとめ、地域開発にも奉力した結果、魚沼郡屈指の豪農となり、代々、庄屋、大庄屋をつとめた。二代目孫左衛門、四代目孫三郎は、宝暦、天明の飢饉の時、私財を投じて窮民を救った。また、孫三郎から七代目久左衛門までの間に、関矢家によって土地の川に架設された石橋は、北は小手谷から南は塩沢、六日町方面に及ぶ約九〇カ所に達した。広神村だった地域では、今でも「関矢の石橋」のことが語り伝えられている。

関矢家は神仏への信仰が厚く、学問への造詣も深く、神社、仏閣の新造、改築につとめた。六代目惣右衛門、七代目久左衛門は、当時、名声の高かった刈羽郡南条村《みなみじょう》（現在の柏崎市大字南条）の漢学者、塩沢南条の塾に学び、並柳に帰ってからは、正徳堂という塾をひらいている。

南条の塾があった柏崎・新道の飯塚家から孫左衛門が関矢家に婿養子として入り、柏崎・北条《きたじょう》の佐藤家から留作がマリ子を娶ることになる。表1－13にみられるように関矢家同様、飯塚家、佐藤家ともに豪農であり、土地の人々から「旦那様」と呼ばれる存在であった。

越後国魚沼郡

越後の地勢は、西北は大海に対して陽気なり。東南は高山連なりて陰気なり。ゆえに西北の郡村は雪浅く、東南の諸邑は雪深し。是陰阳《いんよう》の前後したるに似たり。我住魚沼郡は東南の阴《いん》地にして、巻機山《まきはたやま》・苗場山《なえばやま》・八海山《はっかいさん》・牛が嶽《うしたけ》・金城山《きんじょうさん》・駒が嶽《こまたけ》・兎が嶽《うさぎたけ》・浅艸山《あさくさやま》等の高山其余他国に聞こえざる山々波濤のごとく東南に連り、大小の河々も縦横《たてよこ》をなし、陰氣を満して雲深き山間《やまあい》の村落なれば雪の深さをしるべし。

江戸期天保年間に著わされた『北越雪譜』の一節である。

魚沼地方は越後第一の豪雪地帯であり、現在では銘柄米「こしひかり」の主作地として知られている。国道一七号、あるいはJR上越線の小出《こいで》から会津若松を結ぶ国道三二五号線、またはJR只見線を破間川《あぶるまがわ》沿いに北東へ四キロメートルほど入った所に旧広神村がある。北に鳥尾が峰、東に権現堂山の山々が折り重なる並柳高原の中央を破間川が蛇行しながら流れている。広神村は一九五五年（昭和三十）三月三十一日に広瀬村と藪神村が合併してできたもので、二〇〇四年（平成十六）に他町村と合併し、魚沼市となっている。

孫左衛門、飯塚家に生まれる

孫左衛門は一八四四年（天保十五）一月二十四日、現在の柏崎市新道の大庄屋、飯塚七重郎の四男として生まれた（次頁、表1-14参照）。幼名を直吉（後猫吉）、諱《いみな》を恭卿、通称を孫左衛門、戊辰戦争に従軍したときは正人と変名した。号を道庵、または北海道人といった。広神村並柳の人は今でも孫左衛門のことを「北海道旦那」と呼んでいる。孫左衛門の孫娘の貞子は、飯塚家十三代の知信と結婚する。

飯塚知信は一九四七年（昭和二十二）三月十五日、北越殖民社第四十回株主総会で殖民社四代目の社長に選出され、北越殖民株式会社の解散を見とどけた人物である。また、孫左衛門の甥の佐藤貞雄と飯塚まつ子の四女が、留作と結婚するマリ子である。日本石油の創立者、内藤久寛も孫左衛門の甥になる。

新道の飯塚屋敷

関矢家、佐藤家ともに往時の屋敷はすでに取払われているが、飯塚家の豪邸は柏崎市新道に現存し、戦前からの大地主の暮しぶりをしのぶことができる。飯塚屋敷は現在、柏崎市が管理しているが、飯塚家の分家で屋敷の近くに住んでいる飯塚敬一氏は、飯塚屋敷について次のように語ってくれた。

「敷地は三〇〇〇坪、俗に言う一町歩のお屋敷である。現在の主屋は昭和三十年に改築され二階となったが、以前は平屋で玄関の間口が八間あった。昭和二十二年に昭和天皇が北陸巡行の時、おとまりになった。普段は裏門を使い、当主が在宅の時、正門を開けるのだった。それにより、村の人は旦那様がご在宅だと分かるのだった。庭が名園として有名である。飯塚知信は戦前、衆議院議員、貴族院議員を務めた。大地主で多額納税議員だった。戦前に首相だった若槻礼次郎と親しく、自分の家にも若槻の書がある。屋敷には男二人、女六人ぐらいの使用人がいた。農業学校ができるとき、校地、実習田とも、飯塚知信が寄附したのだ。短気だが豪気な人だった」

飯塚家は山林地主として、戦後も勢いを維持していたのである。

表1-14　飯塚家系図

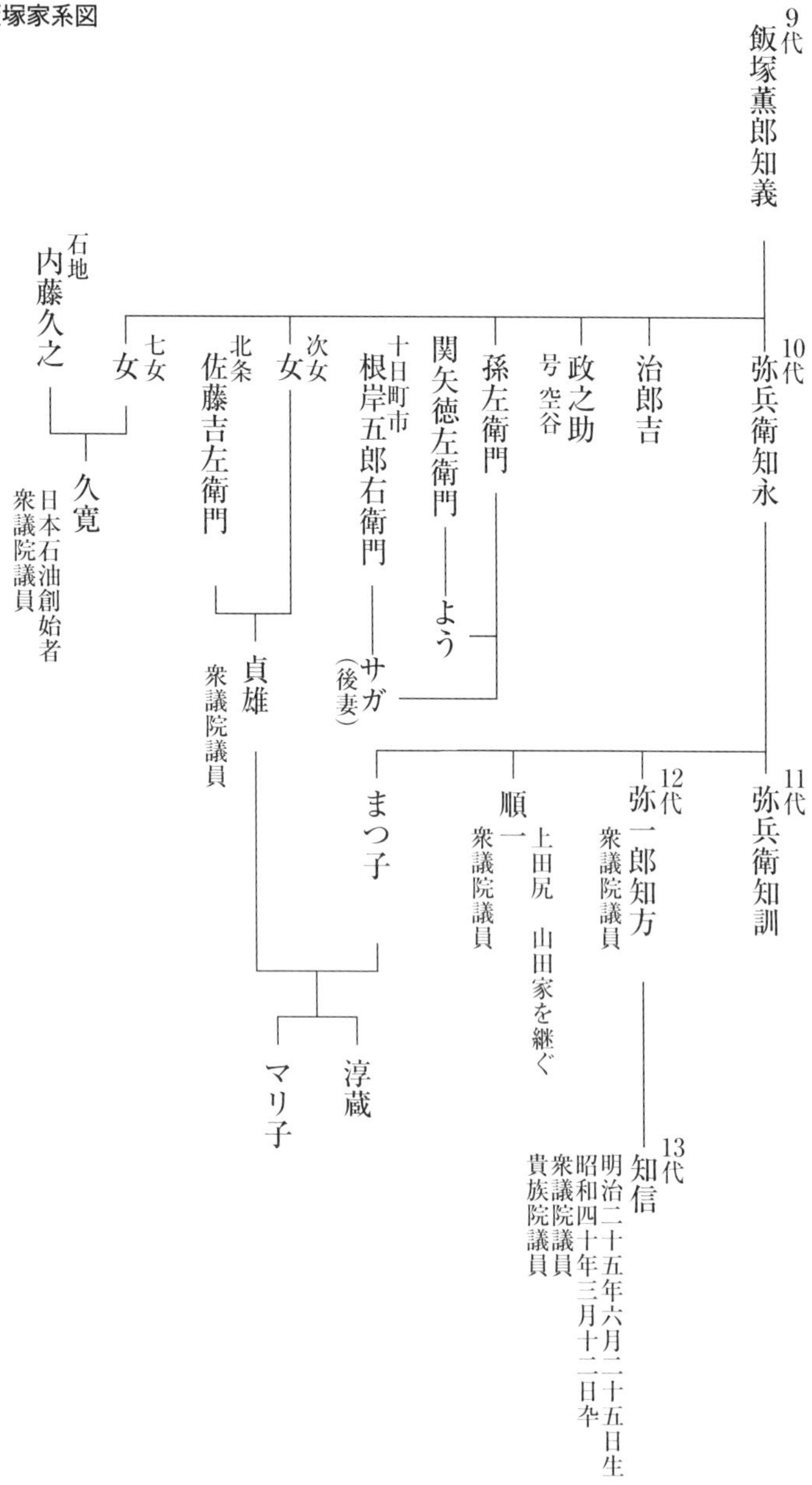

（出処）牧田利平編『越佐人物誌名家系譜』（野島出版、昭和六十一年）、山田喬『加賀村 山田家の人びと』（昭和六十年）より作成。

表 1-15　並柳関矢家系図

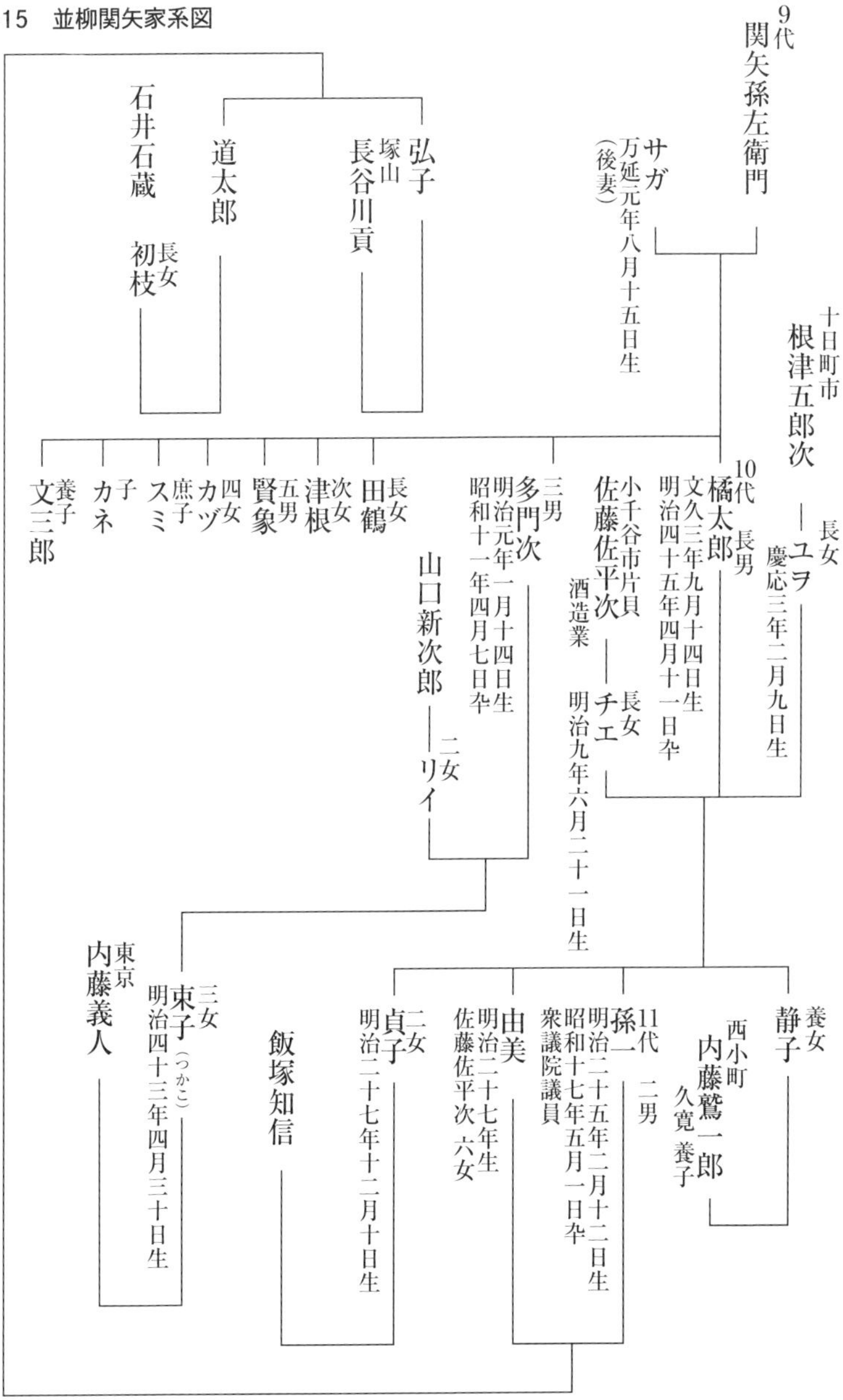

(出処) 関矢靖司作成『関矢家々譜ノート』、牧田利平編『越佐人物誌名家系譜』(野島出版、昭和六十一年)より作成。

孫左衛門、関矢家の養子となる

飯塚家に生まれた孫左衛門は少年時代、関矢家の人々と同じく柏崎の塩沢南条の塾に学び、漢学を修めた。孫左衛門の勤王思想はこのとき、培われたといわれる。

一八五七年（安政四）二月、並柳の庄屋、関矢徳左衛門が亡くなる。翌一八五八年四月二十一日、柏崎・平井の庄屋、高野和七郎の仲介で孫左衛門が関矢家の嫡養子に迎えられた（前頁、表1－15参照）。弱冠一五歳であった。関矢家を継ぐと孫左衛門は累積赤字三〇二八両余の清算を進め、養家の再興をはかった。孫左衛門は領主の糸魚川藩より広瀬郷一一カ村（並柳新田、今泉村、山口村、泉沢新田、黒鳥新田、三ツ池村、金ヶ沢村、田中村、栗山村、下田村、長堀新田）の割元庄屋に任ぜられ、名字帯刀を許された。

新潟時代の孫左衛門の活動

一八六二年（文久二）、外国船来航がうわさされるなか、孫左衛門は石黒忠悳《ただのり》（一八四五－一九四一）と、新潟の海岸と諸藩の政情を視察した。石黒は後に軍医総監となり、貴族院議員、枢密院顧問などを歴任し、子爵となった。軍医として森鷗外のライバルと言われた人物である。孫左衛門と石黒の友情は終生変わらなかった。

幕末の動乱、孫左衛門は勤王倒幕運動に身を投じた。一八六八年（慶応四）六月二十二日、越後国与板で勤皇の農兵隊として方義隊が発足した。孫左衛門は正人と変名し、取締として参画した。方義隊は官軍の一翼として北越戦争に参戦し、後、居之隊と改称された。

一八七七年（明治十）、西南戦争に際し、第一四大区長（後の北魚沼郡長）だった孫左衛門は、七カ条からなる意見書を作成し、魚沼郡の有志に政府軍への従軍を訴え、七六名の有志を集めた。孫左衛門は有志と上京し、新選旅団第六大隊第三中隊長を命ぜられるが、しかし参戦することなく解隊となり、孫左衛門も帰郷した。

一八七七年（明治十）八月、孫左衛門は岸宇吉、三島億二郎らと銀行設立の準備を開始した。翌一八七八年十一月二十日、第六十九国立銀行として開業許可がおりた。頭取が孫左衛門、取締役が三島、副支配人が岸であった。第六十九国立銀行は、後に株式会社六十九銀行となり、さらに長岡銀行と合併して株式会社長岡六十九銀行となり、一九四八年（昭和二十三）に北越銀行と改称され、現在に至っている。

また、孫左衛門は一八九〇年（明治二十三）七月一日の第一回衆議院議員選挙において、改進党員として当選している。

孫左衛門の死

渡道後の孫左衛門は、北越殖民社社長の職に専念した。一九〇六年（明治三十九）、江別村村会議員に当選、就任しているが、その公的活動は新潟時代に比べて僅かなものだった。一九一二年（大正元）九月、孫左衛門は「北海道開拓の功」で藍綬褒章を授けられている。この時、孫左衛門は自らの肖像と漢詩を印刷した掛軸を北越殖民社の各戸に配った。この掛軸は現存している家が多い。

一九一一年（明治四十四）十二月十五日、孫左衛門は中風に罹り、殖民社事務所への出勤が難しくなった。以後、孫左衛門三男の山口多門次専務が社長代理の立場で経営、指導にあたることになった。北海道立図書館に寄託されている孫左衛門の日記「北征日乗」（一八八九年七月～一九〇二年、計四四帖）、「耳順録」（一九〇三年～一九一二年、計二六帖）、「古稀栞」（一九一三年～一九一六年五月十六日、計四帖）をみると、「古稀栞」は余白が多く字も相当に乱れている。病中だったからであろう。

関矢孫左衛門は一九一七年（大正六）六月二十一日に死去した。行年七四歳。荼毘に附された遺骨は六月二十九日、山口多門次に伴われ、殖民社一同に見送られながら、新潟県北魚沼郡広神村並柳に送られた。翌月五日、並柳において本葬が執り行われ、関矢家の墳墓に埋葬された。遺骨が野幌を立った六月二十九日を記念して以後、同日に千古園祭が行われている。

千古園

千古園は密生したハンノキの原生林であったが、孫左衛門によって開墾された。孫左衛門はここを居住地とし、岡の上に茶室道庵を造り、ここでの詩作を無上の楽しみとした。庵はその後、池のそばに移され、東屋風に造り変えられて昔の面影はなくなった。千古園の北側の道路を隔てた所に殖民社事務所があった。

一九一二年（大正元）八月十三日、藻岩山の南面、八垂別にあった約一五トンの大石が運ばれた。この大石に孫左衛門の筆による「留魂」の文字が刻まれた、留魂碑が建立されたのは同年十一月十二日のことであった。碑の下には孫左衛門の鬚、爪の外、愛用の茶器等が埋められ、一九一三年四月二十六日に碑の除幕式が挙行され、千古園の築庭工事も行われた。

一九一八年（大正七）九月十五日、北海道開拓五十年記念として故関矢孫左衛門は拓殖功労者として表彰された。この時、野幌部落より庭木、樹木を移植、山口多門次の指導で千古園の西方に日本式庭園、東方には西洋式庭園が造られた。以後、園内には殖民社関係の開拓功労者を顕彰した碑が多く建てられたが、現在、庭園の跡を伺い知ることは困難である。そして一九七一年（昭和四十六）八月十二日より、千古園は江別市の史跡公園となり、市民の憩いの場として今も親しまれている。

誠実で質実、そして勤勉な関矢家の家風、豪農、名主として地域社会に貢献するとともに、行政機構の末端に連なる家柄、尊攘運動、北海道開拓と国事に奔走する孫左衛門の生き方は、留作にも影響を与えたと思われる。

第四節　留作の幼年時代

留作の誕生と実母キヨ

関矢留作が誕生したのは、一九〇五年（明治三十八）五月二日だった。孫左衛門の日誌「耳順録」の同日には、次のように記されている。

一　妾キヨ男性分娩午前十時俄然産気ヲ催シ産婆来ルニ既ニ出産母子健全
児名　留作　四日五十嵐三郎戸長役場届タリ

次頁、野幌・関矢家の系図（表1-16）を参照して頂きたい。留作の母キヨは、北越殖民社の移住民の娘で、孫左衛門の内妻であった。新潟県並柳の本妻サガは、一度も北海道へ来ていない。関矢マリ子『関矢留作について』には、キヨについて以下のように記述されている。

母は父の村から程遠からぬ須原村の農家の娘です。母の父は当時未だ家内工業として残存して居つた同地方産の紬織り行商人として、各地を歩いて居るうちに、北海道渡航の話を聞き、「士《ママ》地持ちになれる」「郡長様さへお出でになるのだ。」と云ふ言葉の下に、限りなく故郷に愛着を持つ、家族を連れてやつて来たので

表 1-16　野幌関矢家系図

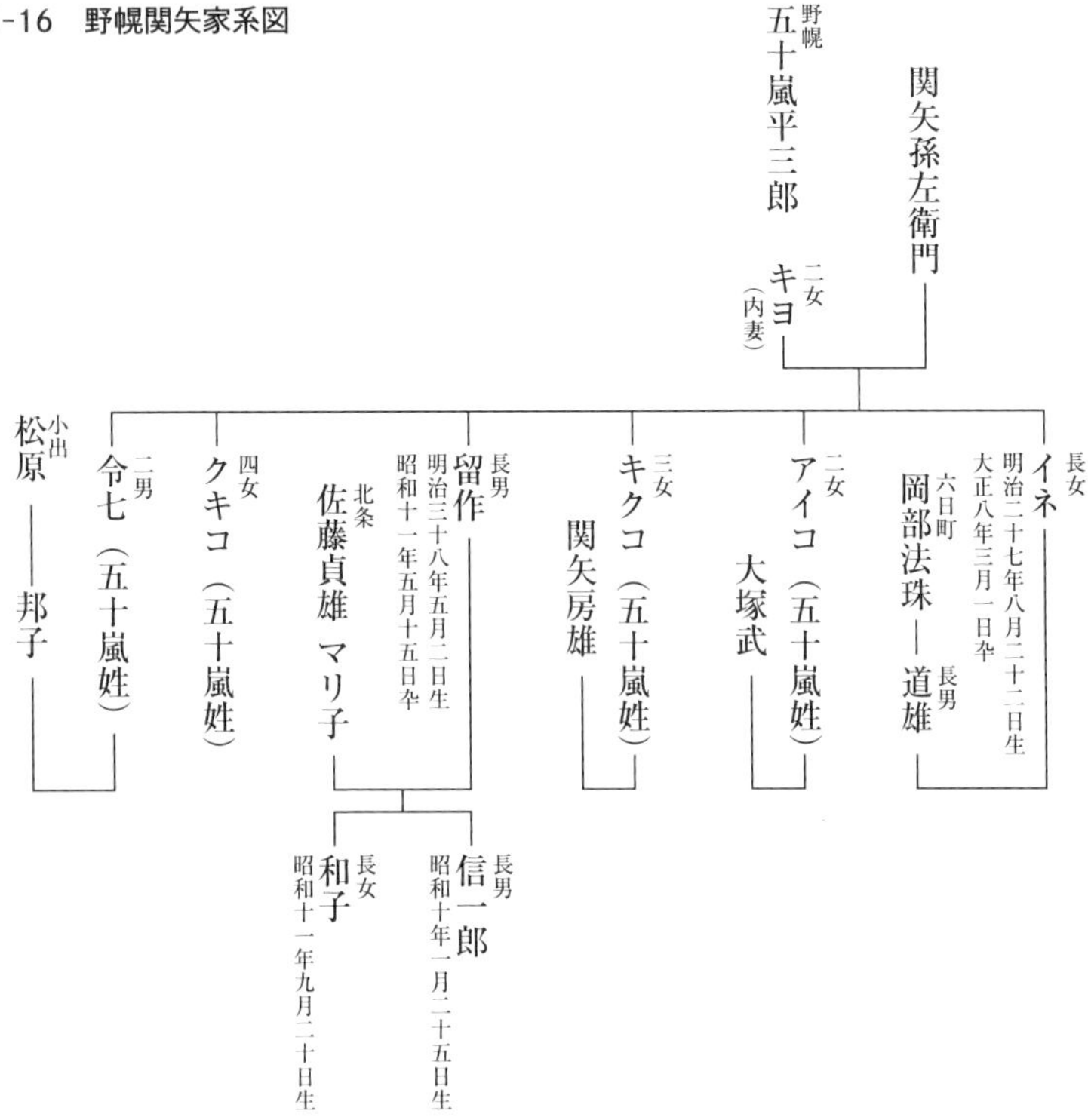

（出処）関矢靖司作成『関矢家系譜ノート』、『瑞雲　瑞雲寺開教百年記念誌』（平成二年）より作成。

す。母はよく私共にも当時を語ります。広瀬の谷はまだ雪に埋れて居つたが、峠を越えて長岡の里に出た時は、もう桜や菜種の花盛りで、生れて初めての旅、まるで夢の様であつた。長岡から信濃川を川蒸気で渡り、新潟から九日もかゝつて小樽の港に上りそこから汽車で野幌まで来た。野幌には最早や停車場があつた。〈中略〉先ず森を切り開いて、炭焼きをなし、笹を苅り、荒地を起して、そのまゝ馬鈴薯を植えたが、大変よく出来、味もよく、朝から夕食まで殆んど「芋汁」ばかりで、「御飯がおかずの様なものであつた」と言つて居ります。母の父は又、天理教信者でもあつたのです。「作の事をかまはない物好き者」と家族に非難されるだけ、所謂「世間通」であつたらしく、移住者募集の功によりある程度の特権が与へられて居つた関係上、兎に角関矢の父をよく知り、娘を男手ばかりの事務所へよこしたのです。それが動機で父と同棲する事になつたらしい。当時母は二十前、父は四十を越えた年配でした。次々に入地する移民は先ず事務所に荷を解く。母はその世話を実によくやつたさうです。熊とアイヌのエゾ地へ、夫との同行を拒んだ内地の妻とは異つた階級に育ち、どんな粗食にも、労働にも堪え、忠実に働らく関矢の実母を父は好ましく思つたに違ひありません。関矢もよく私に、母の村への「功績」に就いて語りました。この階級を異にした父母の下に育てられた彼の幼少年時代は又、特殊のものだつたと思はれます。

系図にみられるように、長女、イネ（イ子《ね》とも）と長男、留作が関矢姓で、ほかの兄弟は五十嵐姓である。留作が関矢家の籍に入れられたのは、一九一一年（明治四十四）四月五日のことであった。

留作誕生時の関矢家の家族構成は、「耳順録」十二月三十一日の記載から知ることができる。

関矢方　主人　婢　キヨ　庶子　イ子　アイ　キク　留作　雇人　左市　シン　サヨ婆
山口方　多門次　妻　リイ　長女　タダ　三女　カウ　四女　テイ　四女　リセウ

山口多門次
孫左衛門の三男、山口多門次は、野幌にあって孫左衛門を助け、北越殖民社の専務として社の経営にあたり、孫左衛門の死後は文字通り殖民社の中心となった人物である。
山口多門次は一八六八年（明治元）一月十四日、孫左衛門の三男として並柳で生まれた。一八八五年、新潟県南蒲原郡福島村猪子場の山口新次郎の二女リイと養子縁組、山口姓となった。翌年、県立農学校を卒業した。一八九〇年の北越殖民社集団移住に際しては第二団を引率、入植したことはすでに述べた。以後、日清、日露戦争に従軍、帰郷後は殖民社事務所に常勤することになる。

一九〇七年（明治四十）八月二十五日、北越殖民社が株式会社に組織変更になると専務取締役に就任、一九三四年（昭和九）八月二十五日には社長となった。しかし、その僅か二年後の一九三六年四月七日、殖民社事務所で永眠した。臨終に際し、自分の殖民社指導の三大根本として、部落に党訓を作らぬこと、産業組合を組織して経済力を充実したこと、農学校を建てて実業教育を行ったことを述べたという。一九三二年の出獄後、野幌に帰郷した留作を半ば保護し、半ば監視する役割を行ったのが多門次だったと言われる。留作が新潟県の並柳の関矢家で急死したのは、山口多門次の遺骨を持参した時であった。

殖民社の事務員であった渡辺楽治は、山口多門次の日常を以下のように記している。「私が殖民社に雇用されて以来、山口専務殿は、週一度位は、草鞋履きで農場内を巡回、小作農を督助。作物の除草等作業が遅れる場合は、作物のなかを通って無言の教えをさる。よって、次回の巡回までには除草手入れ終わること常であった」（『北越殖民社長山口多門次翁を偲びて』〈一九七二年〉より）。

長谷川富一氏は、晩年の山口多門次の思い出を次のように述べている。

「背は大きくなかったが、かっぷくの良い人でいつも着流しの和服を着ていた。殖民社の奥の和室に座って茶を飲みながら事務を監督していた。そういう時代だったので、青年団の機関誌『原始林』に左翼っぽい記事が載ったり、野幌倶楽部〔殖民社事務所の隣に、一九二〇年九月に建設された集会所――船津注〕の蔵書に『天皇とプロレタリア』というような本があったりした時は、いやな顔をした。『君達、若い者はいづれも非生産的な顔をしているな』といった」

山口多門次は晩年の孫左衛門に殉じたように、国事に関心をしめさず地域と生産に密着した人物だった。一九三七年（昭和十二）六月三十日、山口多門次の「頌徳碑」が千古園に建立された。

江別村の誕生

留作の幼年時代、明治末期から大正初期の江別の状況について簡単に触れてみたい。

留作が生まれた一九〇五年（明治三十八）は日露戦争の終期にあたっている。孫左衛門が亡くなった一九一七年（大正六）に留作は新潟の小学校に転校しているが、この年は第一次世界大戦の最中であった。明治維新以後、太平洋戦争の敗戦に至る日本近代史は戦争の歴史であるといわれる。戦前の日本人の常として、留作もまた戦争の谷間で生きてきたのである。

一九〇六年（明治三十九）四月一日、江別、対雁、篠津が合併して二級町村制による江別村が誕生した。人口九三二六人、戸数一五九三戸であった。二級町村制は開拓途次、人口も希薄、町村財政も確立していない北海道独特の地方自治制であった。例えば町村は法人であったが、公民の制は設けられず、町村長は北海道庁長官の任命制である。村会議員の定員は一二名、もちろん男性のみで財産制限のある制限選挙である。関矢孫左衛門は一九〇六年六月一日に施行された第一回村会議員選挙に当選、一九〇八年六月一日の第二回選挙にも当選している。

一九〇九年（明治四十二）四月一日、江別村は一級町村制の村となった。当時の人口は一万四三二六人、戸数二一一四戸であった。一級町村制も北海道特有の地方自治制であるが、一定の財産を有する男子は公民として認められる等、本州方面の町村制とほぼ同内容のものである。

一級町村制施行に伴う第三回の村会議員選挙においても孫左衛門は当選した。定員は二〇名だった。一九一二年（明治四十五）五月三十一日、六月一日に実施された第四回村会議員選挙では、孫左衛門に代わり、山口多門次が当選、一九一五年（大正四）五月三十一日、六月一日の第五回選挙でも山口多門次は連続当選をはたしている。関矢孫左衛門、山口多門次は北越殖民社の代表としてだけでなく、村会議員としても江別の発展に尽す、地域の有力者であった。

明治三十年代以降の野幌の農作物は大豆、小豆を主とし、ほかは亜麻、大麦、玉蜀黍、馬鈴薯などであった。北越殖民社では自家用の水田開発も行われていた。日露戦争を契機として、軍馬用の燕麦と軍需用の亜麻の需要増加により作付が増加、また戦後経営としてビール用大麦の栽培が進められている。景気に敏感な商業的畑作農業の色彩を強めるのである。この間、一九〇二年（明治三十五）に冷害凶作、一九〇四年に石狩川大洪水、一九一三年（大正二）には全道的な冷害大凶作におそわれている。

第一次世界大戦の影響により、江別は石狩川河運を中心とする商業都市として発達した。定期船が隔日で江別―月形間、江別―石狩間を往復し、月形村以南の石狩川沿岸各村の農作物は、いったん江別に陸揚げされ、さらに鉄道によって札幌、小樽方面に輸送された。一九一五年（大正四）の江別の人口は、一万七四八七人、戸数二二一二戸に達していた。

一九一六年（大正五）六月一日、江別に町制が施行された。村議の山口多門次はそのまま町議となり、一九一八年五月三十一日、六月一日に行われた第二期町議選挙でも再選をはたしている。

小学校入学以前の留作

「耳順録」の記載を中心に、留作の幼年期を追ってみよう。

一九〇六年（明治三十九）一月十三日　晴

一、庶子留作風邪ニ付宮下医士招待

同年一月十六日　晴

一、宮下医士来ル留作稍愈ヨ

一九〇七年（明治四十）一月二日　晴

一、買始トシテ家内子供一同江別行

正月二日の初売りの買物は、通例とされる慣わしであった。留作がその対象となったのは一九〇七年（明治四十）の大晦日からであった。「耳順録」には、「留作　鉄砲　剣　竹馬　ラッパ　勲章」と記されている。一九一一年の歳暮祝儀で留作は五〇銭を与えられている。以後、一九一七年（大正六）の孫左衛門の死去まで、この金額は変わっていない。

孫左衛門はほとんどの年末年始を野幌で過ごしているが、一九〇九（明治四十二）の正月は新潟県並柳の本宅に居た。同年一月五日には、「一、北海道子供書初来ル　別姓　米子　愛子　菊子　留作」とあり。野幌と並柳の両宅の交流と、留作の成長を知ることができる。同年九月二十四日には、「一、子供等茸狩リ遊ニ行」の記述が見られる。

一九一〇年（明治四十三）六月十二日、孫左衛門は内妻キヨとの間に生まれた留作を含めた子供五名の認知と将来へ向けての財産分け等を考えている。留作については次のように記されている。

一、留作学費西野幌収入ヲ充
一、キヨ　米《イネ》　愛　菊　留作　クキハ別荘ニ在殖民社株式利益ヲ以充ツ留作ヲ以後ヲ立ツ

一九一一（明治四十四）四月四日、留作は関矢家に入籍している。戸主は孫左衛門の長男で並柳在住の橘太郎だった。

留作の家庭教育が本格化したのも、この年だった。〝明治四四年一月九日付け〟とある留作用の「平かな手本」、〝明治第一回伝修了　明治四四年八月十日　関矢留作〟の署名が入った「孝経」が現存している。関矢マリ子『関矢留作について』に、「小学校入学前から、父に強いられて孝経の素読をやらせられ」とあるとおりである。なお、日付は不明だが、同時期のものと思われる「手習本」、「千字文」も残されている。

一九一二年（明治四十五）三月五日には、関矢孫左衛門は財産処分の覚書をしている。「一　関矢孫左衛門北海道跡イ関矢留作継承維持スル事ト為ス」とあり、七八町六反五畝四六歩の農地を譲ることなどが記されている。

野幌小学校時代

留作は一九一二年（明治四十五）四月一日、野幌尋常小学校に入学したが、同月十五日、「出来方宜敷ヲ以二年生」に飛び級している。一年生の児童数は一五名程度であった。なお、野幌小学校の在校生名簿には留作の名を見ることができるが、学籍簿は未発見である。留作は尋常科四年までを野幌小学校で送ることになる。

翌一九一三年（大正二）三月二十四日、留作は二学年を修了、四等賞を与えられている。同年十月三十一日、孫左衛門の「北海道財産殖民社株式所有の畑」が「関矢留作へ譲」られている。一九一四年三月九日、留作は三学年

亜璃西社《ありすしゃ》の読書案内

北海道の歴史がわかる本

桑原・川上 著／石器時代から近現代まで、約３万年の北海道史を、52のトピックスでイッキ読み！　気軽にどこからでも読める、道産子必読の歴史読本。
四六判・368頁／本体1,500円＋税

北海道の古代・中世がわかる本

関口・越田・坂梨 著／２万５千年におよぶ古代・中世期の北海道を、32のトピックスでイッキ読み！ 考古学＆文献史学の専門家がコラボした初の入門書。
四六判・248頁／本体1,500円＋税

時代小説で読む！北海道の幕末・維新

鷲田小彌太 著／北海道の幕末・維新期を舞台にした時代小説を、北海道出身作家の作品を中心に幅広く紹介。物語を愉しみながら歴史に親しむブックガイド。
四六判・176頁／本体1,600円＋税

時空を超えて 甦る、幻の体操伝習所体操場

大櫃敬史 著／日本初の屋内体育館「体操伝習所体操場」の全貌を、貴重な設計図などから解明。同時に日本近代体育の草創期を、豊富な図版で回顧する。
A5判・128頁／本体3,000円＋税

新装版 北海道音楽史

前川公美夫 著／北海道における西洋（クラシック）音楽の移入と受け入れられ方、そして人々がどのようにかかわったかを丹念に辿るノンフィクション大作。
A5判・676頁／本体5,000円＋税

明治期北海道映画史

前川公美夫 著／明治30年のシネマトグラフ北海道初上陸に始まる、道内各地での映画草創期の実情を、丹念な調査・取材で明らかにする精緻な映画史研究。
A5判・416頁／本体3,600円＋税

北海道 地図の中の鉄路

堀淳一 著／地図エッセイの名手が、新旧地形図のべ200枚で道内全線を走破！ 乗り鉄歴80年の知見から、独自の視点で車窓風景の知られざる魅力を綴る。
A5判・4[illegible]頁／本体6,[illegible]円＋税

監獄ベースボール

成田智志 著／明治期の北海道で、獄中の囚人たちに野球を通して希望を与えた典獄・大井上輝前。その半生を、史実を基に大胆に描く異色の長編歴史小説。
四六判・296頁／本体1,600円＋税

議会に風穴をあけたやつら、その後

陽太千裕 著／地方議員の活動を長年追ってきたジャーナリストが、道内地方議員たちの実像をルポ。発想力と行動力で地域に新風を吹き込む姿を活写する。
四六判・144頁／本体1,500円＋税

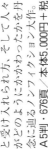

を修了、「卒業学術品行ヲ審査シ其成績優秀ニ付特ニ褒状ヲ授与ス」と三等賞を与えられ、賞品紙五丈、雑記帳一冊を贈られている。一九一五年三月二十四日、留作は四学年を修了、二等賞を贈られている。年次が進むに従い成績があがっている。留作の努力家ぶり、堅実さの一面が表れているといえる。

江別第二尋常高等小学校入学

一九一五年（大正四）四月一日、留作は江別第二尋常高等小学校に入学した。

江別第二尋常高等小学校は、一八八五年（明治十八）から八六年にかけて移住した野幌屯田兵の子弟教育のために一八八一年九月十五日、公立江別西学校と命名されて創設された。当時の修業年限は四年であった。一八九一年に私立江西尋常高等小学校と改称され、尋常四年、高等三年制となる。続いて一九〇一（明治三十四）に公立江別西尋常小学校となり、尋常四年、高等四年制となった。一九〇八年には尋常科六年、高等科二年になり、翌一九〇九年、江別第二尋常高等小学校と改称された。

日露戦争後の野幌駅附近の景況を、久保栄は小説『のぼり窯』（一九五二年）のなかで次のように描いている。

今でこそ、行きずりの旅行者の記憶にも、延広〔野幌のこと――船津注〕の地名と煉瓦工場とが結びつくようになったが、もとこの部落は、線路を挟んで工場とは反対の側にある屯田兵の開墾地から開けたので、駅の本屋《ほんおく》もそっち側にあり、車窓からは見えないが、毎朝、礼太郎が廻らずにすます改札口を出たところには、屯田の記念に雪国らしい針葉樹を植えた小さな広場が出来ていて、それを囲んで、駐在所や三等郵便局や、雑貨屋、馬蹄屋、駄菓子屋などが、形ばかりの市街地をつくっている後ろには、兵村の方式の名残りをとどめる同じ格好の粗末な小屋が、その頃のことにしてはまだ半分は建て変わらずに、同じ間隔で畑のなかに並んでいるのが、これは汽車が駅を出離れるとすぐ見える。

江別第二尋常高等小学校時代

留作も、野幌駅周辺のれんが工場と屯田兵屋を見ながら、江別第二尋常高等小学校にかよったのであろう。尋常科五年、六年の留作の学業記録は未発見である。江別第二小学校の開校百周年記念の同窓生名簿によれば、留作は一九一七年（大正六）三月、第一六回卒業生として尋常科を卒業している。同級生は三九名であった。留作と同級で後に江別市収入役を務めた原吉次郎は、江別第二小学校開校八十周年記念『八十年の回想』のなかで、在学当時の事を次のように記している。

尋常科が六学年で高等科が二学年までで、高等科三学年は現在の江別小学校に併置されておりました。私共卒業当時の先生方は八名でした。当時の在校生は四百二、三十名で、私共高等科二年卒業時の同級生は十八名でした。また校舎が北西向の関係で採光とか保温その他色々の事情から現在の方向に一八〇度の転廻したのも私共の卒業当時です。校舎の周辺には大木が相当ありまして、校舎の整備とともにこの大木もある程度伐採されましたが、この跡が大変です。校舎前庭の広場にする為にこの大木の根が邪魔になりますから私どもは十数日間この「根っ子掘り」をやらされ、太さ三センチほどのロープで根を引っぱったものです。たまにはこの太いロープが切れて、いやと云うほど尻を打ち、痛い目にあったこともありました。〈中略〉当時は今の錦山神社前あたりは深い沢で、大木雑草などが密生していて昼でも薄暗い気がする通りでした。〈中略〉幾星霜すぎた現在、当時の同級生をみると、大望を抱き上級学校または専門の講習所に進まれた方は不運にしてほとんど他界されていますのは不思議でなりません。

表1-17　江別第二尋常高等小学校高等科1年1学期の成績

科目	修身	国語				算術	歴史	地理	理科	図画	唱歌	体操	手工	裁縫	農業
		読方	綴方	書方	平均										
評点	80	85	80	58	74	80	90	85	80	75	70	82	／	／	85

出処）江別第二尋常高等小学校「学業操行成績考査簿」より作成。

「大望を抱き上級学校」に進学し、他界した同級生という思い出のなかに、関矢留作も連想されていたことであろう。

留作は一九一七年（大正六）、江別第二尋常高等小学校を高等科第一学年第一学期終了で中退し、新潟県北魚沼郡広神村並柳の関矢家に引き取られるのである。孫左衛門の死去に伴い、新潟県で教育を受けるためである。留作は一九二三年に旧制新潟高等学校へ入学するまでの六年間、北海道に戻っていない。高等科一年一学期の成績は表1-17の通りである。忌引の八日は、孫左衛門の死と関係があると思われる。当時の校長は桐野彦二、担任は小沢新蔵であった。

第二章　新潟時代

第一節　広瀬村並柳での生活

並柳の関矢家へ

一九一七年(大正六)、孫左衛門死後の七月から十月にかけての時期――後に見るように広瀬村下条尋常高等小学校入学が十一月一日である――に、留作は新潟県北魚沼郡広瀬村並柳の関矢家本宅に到着した。

父がなくなつてはじめて並柳へつく日、小千谷から一行多数人力車を連ねて六里の道を走った。雷の晩であった。電灯のあるせまい雁木の町を幾度か走ったがこの光景は長く頭に残つた。

破間川の谷、北側は第三期の礫混じりの赤土から成る厚い層、信の川の沖積から成るものであったろう。

それが軽い侵蝕をうけて一連の上部の平らな山を形作り、南側は中世層の岩山である。そして北側に連る河岸段丘や扇状地の上に、広瀬谷の村々が形成られる。低地は勿論、斜面も階段状の水田が作られ、他に桑畑、檜や杉の木立、人家の間をつづる。背後の山々は灌木状の短い木々におほわれてゐる。

破間川は南側の岩山の根を流れ、時に急流岩をかみ、石原や洲を作つて流れてゐる。一見非常に狭く思はれるこの土地も破間川に流れ込む水流の沢が沢山あってそこには亦それぞれ小ひさな聚落があった。

関矢家はオヤと呼ばれ住民の感服を受けてゐる。萱葺きの大きな屋根、広い中庭、酒蔵、幾棟かの土蔵を包む大石の石垣。石垣の上に生ひしげる欅の大木。

わらむしろの敷かれた台所から一段と高く茶の間と板敷の帳場、その背後に檜の間があつた。冬の夜、大火を炊いた台所のいろりを中心とした団らんは思い出深いものであった。下男四人、下女三人。

（関矢留作ノート『農村雑記』、一九三六年）

地主王国の新潟県

次頁の表2－1に見られるように、新潟県は全国一の地主王国であった。地主制が発展していることは、一方では小作・貧農が多いことを意味している。北越殖民社による野幌開拓の一因もここにある。また、関矢留作が後に東京帝国大学農学部農業経済学科卒業後、左翼運動に挺身する遠因の一つにもなったと思われるので、新潟県の地主制ついて、少し検討してみよう。

本州方面では、五〇町歩以上の地主を大地主という。次頁の表2－2に見られるように新潟県の大地主地帯は、蒲原平野と中頸城《なかくびき》郡の平野部の米作単体地帯に形成されている。広瀬村のある北魚沼郡をはじめとする山間部の魚沼三郡や刈羽郡などでは、稲作のほかに養蚕、織物、藁加工、炭焼きなどによって暮らしをたてるほかなく、大

表2-1　地価一万円以上の地主の比重（明治19年）

県　名	一万円以上地主 所有地価（A）（千円）	民有地地価合計（B）（千円）	（A）/（B）（％）
秋　田	2,703	26,545	10.18
山　形	2,585	32,144	8.04
宮　城	718	23,354	3.07
新　潟	11,311	62,992	17.96
埼　玉	3,650	55,926	6.53
山　梨	1,733	15,338	11.30
静　岡	3,764	45,560	8.26
三　重	2,036	52,681	3.86
大　阪	6,601	80,700	8.18
福　岡	4,183	55,791	7.50

表2-2　50町歩以上大地主の郡別分布（明治34年）

郡　名	50町～100町	100町～500町	500町～900町	900町～1,300町	計
北蒲原	24	22	3	3	52
中蒲原	25	14	0	1	40
西蒲原	24	4	1	0	29
南蒲原	6	5	2	1	14
東蒲原	1	0	0	0	1
三　島	10	6	0	0	16
古　志	2	0	0	0	2
北魚沼	2	3	0	0	5
南魚沼	4	0	0	0	4
中魚沼	1	2	0	0	3
刈　羽	1	4	0	0	5
東頸城	7	3	0	0	10
中頸城	27	7	1	0	35
西頸城	0	0	0	0	0
岩　船	7	6	0	0	13
佐　渡	1	0	0	0	1
合　計	140	80	7	5	238

地主も少なかった。

地主制の発展している地域では、農民運動も盛んであった。新潟県もその一つであった。新潟県の農民運動は蒲原平野を中心とする地帯で盛んであり、一九二二年（大正十一）より一九三〇年（昭和五）にかけて、北蒲原郡木崎村（現在の蒲原市）で闘われた木崎争議は、特に有名である。しかしながら、広瀬村のある北魚沼郡などの山間部では、農民運動は低調であった。

関矢家は大地主として新潟県の地主社会に連なっている。しかし、存在している北魚沼郡は山間部で地主制が進展しておらず、農民運動も活発でなく、旧来からの村落共同体が維持されていた。豪農地主として地域に貢献し、村民からも崇拝され、代議士となり国政にも参与する関矢家の一面を、その地域性にも見ることができる。なお、新潟県の農民運動が昂揚するのは大正中期以降であり、関矢留作が旧制新潟高校に在学中の時期にあたる。

並柳と関矢家

一九二〇年（大正九）に実施された第一回国勢調査によれば、広瀬村の世帯数は一〇五二、人口は五七六七（男・二八七六、女・二八九一）である。その内、並柳は世帯数一四八、人口七八一（男・三七五、女・四〇六）で、広瀬村では二番目に大きな集落であった（一番は小平尾で、世帯数一五四、人口九二九）。

留作が引き取られた時の関矢家では、孫左衛門の息子の橘太郎が一九一二年（明治四十五）四月十一日に没しており、孫の孫一が戸主であった。橘太郎は留作が関矢家に入籍した一九一一年（明治四十四）当時の並柳関矢家の当主であった。留作は、戸籍上は甥にあたる十三歳年上の孫一の下で育てられることになる。

並柳における関矢家について、当地での留作の第一の親友であった酒井祐吉は次のように述べている。

「広瀬村には関矢家と自分の本家筋に当たる酒井家という二軒の大地主がいた。酒井家の当主は酒井文吉といった。自分の父は酒井様にもらわれてきて番頭頭をし、酒井の姓をもらった。私の学費も酒井文吉が出してくれた。酒井家の小作米は六〇〇〇俵で、関矢家は二五〇〇俵だった。酒井家は農業専門だったが、関矢家は代々、政治に熱心で、孫左衛門、橘太郎、孫一と三代続けて代議士になった」

また、酒井祐吉の妹弟の桑原桧之枝《ひのえ》氏と酒井美与吉氏も、以下のように語ってくれた。

「関矢様の家は戦後、取り壊されたが、大きなお寺のようなすごい家だった。俗に言う一町歩のお屋敷だった。酒井家はどちらかというと成上者で、実直で財産をためていた。養蚕もやっていた。それでも村会議員になったり、学校を作る時、土地を寄附したりした」

関矢橘太郎は一八六三年（文久三）九月十四日生まれで、地元の村長、県会議員をへて一九〇八年（明治四十一）に衆議院議員に当選している。小出町に病院を創設し理事となり、小千谷銀行監査役、小千谷石油株式会社取締役を務めている。この他、日本石油会社、魚沼鉄道会社等の重役を兼ねていた。

関矢孫一

留作の生涯を通じて並柳関矢家の当主であった孫一は、「地主には珍しく、大きな愛と理解を以て黙認し、絶えず親戚の反対から彼（留作）をかばってくれた」（関矢マリ子『関矢留作について』）。また、孫一自身、息子の通太郎の後見人として留作に期待していたところがあったといわれる。孫一は「東大農学部に入れたのに留作は政治に走ってしまった」と、嘆いていたという（酒井祐吉談）。

関矢孫一は一八九二年（明治二十五）二月十三日生まれ、小千谷中学校をへて慶應義塾大学を卒業した。村議、村会議長を務めた後、一九二四年（大正十三）、衆議院議員に当選、一九三〇年（昭和五）に再選された。その後、県会議員に転じ、県議会議長も務めた。若槻礼次郎、永井柳太郎、中野正剛らと親しかった。広瀬村消防団長や教育会長、また小出銀行取締役、堀之内銀行取締役等の役員を歴任し、一九四二年五月一日、五十歳で死去した。

孫左衛門だけでなく橘太郎、孫一ともに地域団体の役員を務め、銀行や石油会社の経営に携わっているだけでなく、村議、県議、代議士と政治的にも活躍している。同じ広瀬村の大地主でありながら、農業経営を主とする酒井家と関矢家のあり方は対照的である。政治と企業経営に積極的なところに、関矢家の伝統があるといえる。北越殖民社自体、北方開拓という政治性、国家性と、会社経営という企業性を有したものであった。留作が後に左翼運動という、立場は逆ながら政治運動に挺身することになる一因は、関矢家の血筋ともいえる。

表2-3　下条尋常高等小学校高等科１年次成績（大正６年度）

学　年	修身	国語	算術	歴史	地理	図画	唱歌	体操	手工	農業	裁縫		総評	操行
第１学年	甲	甲	丙	甲	甲	乙	乙			甲			乙	乙

修了年月日	出席日数	欠席日数		
		病気	事故	
大正７年３月26日	106	3	0	大正6年11月1日入学留 大正7年4月1日中学校入学

留作は一九一七年（大正六）十一月一日に下条尋常高等小学校の高等科一年に転入し、翌年には長岡中学校に進学している。ここで、江別尋常小学校の入学時、学業優秀で二年に編入された飛び級は解消される。すなわち、留作は尋常小学校五年、尋常高等小学校一年で小学校六年の課程を修了、中学校進学となるのである。

下条尋常高等小学校における一学年の成績は、表2-3のごとくである。江別第二尋常高等小学校高等科の評点も参考にされたためであろう。歴史、地理、農学、国語が甲で、江別時代と同様の傾向がみられる。算術の点が悪いのは、後にみる長岡中学校二、三年次の成績にも表れている。

アカベト画会

この下条尋常高等小学校に事務所が置かれた、広瀬村の青年たちのユニークな文化団体として、アカベト画会がある。「ベト」は魚沼方面における「土」の方言で、前述のごとく広瀬村周辺の土壌が赤土であることより命名されたものである。

アカベト画会については、一九二一年（大正十）から一九二三年までの記事を載せた小冊子『アカベト画会』の実物と、一九二四年発行の雑誌『えんじゅ』二号のコピーが現存している。主にこの二つの史料によりながら、アカベト画会について述べていこう。

アカベト画会の創立時については、以下のように記されている。

○大正十年一月　有志相謀リ赤土《アカベト》画会ヲ創会ス　北魚沼郡広瀬村並柳下条尋常高等小学校内ニ事務所ヲ置ク
○赤土画会ハ画ヲ愛スル者ガオ互ニ慰メラレナガラ研究シテ各自ノ芸術的素質ヲヨリ多ク生カサウトスル目的カラ……
○一年ニ二回正月、八月、当地ニ於テ展覧会ヲ開催シ各自作品ヲ陳列シ研究シアヒ且ツ地方啓発ノ為メニ一般ニモ観覧ヲ
○同人ノ無理シナイ程度ノ寄付金ヲモッテ展覧会ノ費用展覧会用ノ額縁購入費雑誌ノ購入且ツ他ノ経費ニアテタイモノト思ヒマス但シ寄付金ノミニテ不足ノ場合ハ同人ノ負担スルモノ
○会員ハ随時随所ニ同人ノ作品展覧会ヲ開催シテ欲シイ
○時機ヲ選ビテ研究会ヲ開ク
○同人ハ毎月弐拾銭宛出シ合セテ基本金並ビニ臨時費ニ充ツ

前出の酒井祐吉氏は、アカベト会の事務所が置かれた下条小学校出身で、のちに同校の教頭を務めた人物である。

「留作君とは意気投合し終生の親友だった。一緒に文化活動をやった。それがアカベト会だった。アカベト会では、展覧会で絵画、雑誌『えんじゅ』で文学、それに写真もやった。『えんじゅ』の刊行は留作君の発案だった」

確かに、一九二四年（大正十三）から一九二七（昭和二）までの日記等が雑記されている留作ノート（このノートは表紙にドクロが描かれているので、以下「ドクロノート」と仮称する）には、次のような記述がみられる。

アカベト会について

1、桜井、松木にすべてをゆたぬる事。

2、アカベト会は郷土的団体である。各人が広瀬谷に生まれたこと、及び各人が何こへ行こうともこの郷土とはなるゝ可からざる関係ある事によりて、また各人が同一の小学校を同じ時代に出た青年でほぼ同一の学識を有するによりて各人の間に心理的に結ばれた一つの関係である。各人は各自の趣味と生活と思想を持ちつつ、各人はそれを相むかし合はぬ。アカベト会は郷土をきもとして、心理的に結ばれた団体である。

3、しかし各人は郷土を離れつゝある。したがつて、心理的関係はうすくなりつゝある。

4、しかしその事は各人の間に「のでけしからぬ」との考えをおこさせる。

5、よって事業によりて各会員間の理解、即ち、同一団体にぞくするとの心理的関係を深めんとす。

6、事業

（イ）雑誌「えんじゅ」、各人の思想、感情の発展により、また、各人の行動を知り合うための手段とす。

（ロ）展覧会、会員中の趣味を同じうする者が集まつて各自の作品をその郷土において、衆人の展覧に供す。

（ハ）コンサート、会員の演奏あるいはレコードにより、もよおすもの、その郷土において衆人にきかす。

（ニ）会の主催において演説会をもよおす、その他、旅行等。

以下に示す「アカベト会則」は、留作のこの提言にもとづいて設定されたと思われる。「アカベト会則」は小冊子『アカベト画会』の中に一枚文書として残っていた。

アカベト会則

一、会名　アカベト会
二、組織
A　広瀬村ニ籍ヲ有スル有志ノ志ヲ以テ組織ス
B　本部ハコレヲ広瀬村ニ置ク
C　支部ハ必要ニ応ジ各地ニ置ク
三、目的
A　会合ニヨリ各会費（員カ）ニ強キ力ヲ与ヘタイ
B　各会員ヲシテ各方面ニ自己開拓セシメタイ
C　各会員ヲシテ相提携セシメタイ
D　各会員相互ノ間ヲ連絡セシメタイ
四、事業
A　会合　　年一回位
B　展覧会（作品）
C　雑誌発刊（えんじゅ　年二回位）

表2-4　アカベト画会の会員

アカベト画会創立時（1921年1月）		アカベト会則（1924年）	
会員名	所　　属		
関矢　定一	千葉県松戸町高等園芸学校寄宿舎内		
松木　信一	長岡中学校在学	松木　信一	京都市上京区室町上売上ル西入裏風呂町　工藤精之助方
関矢　留作	同	関矢　留作	新潟市高等学校寮内
桜井　茂	同		桜井　茂　小平尾
関矢　市治	新潟師範学校在学	関矢　市治	新潟市師範
庭野　福次郎	高田師範学校在学		
小野塚　長治	同		
菊池　泰吉	堀之内小学校内		
塚田　経	田川入村原小学校内		
保科　睿	下条小学校内	保科　さとし	
酒井　祐吉	同	酒井　祐吉	
宮沢　重沢	南魚土樽小学校		
藤本　万造	小　　出		
石塚　信一	小　　出	石塚　信一	
山之内　文八	長岡中学校在学	山之内　文八	栃木県太田原中学校内
目黒　松治	同	目黒　松治	新潟市寺裏二番地　仁篤寮内
佐藤　冨太郎	同	佐藤　冨太郎	長岡市渡里町　内山清五郎様方
関矢　太郎	同	関矢　太郎	東京市外淀橋第二尋常小学校内
酒井　孝吉	同	酒井　孝吉	静岡市伝馬町平尾　丹治様方
〃　悌吉	同	〃　悌吉	姫路市龍二町一丁目　松本松次郎様方
〃　忠吉	同	〃　忠吉	長岡市
関矢　三郎	新潟師範学校在学		
永井　周平		永井　周平	
岡崎　実		岡崎　実	
酒井　美与吉		酒井　美与吉	長岡市四郎丸町　押見農四郎様方
山之内　恭一		山之内　恭一	小平谷市小平谷中学校寄宿舎内
関矢　東治		関矢　東治	並柳
関　英二		関　英二	京都府紀伊郡吉祥寺院寺桂川染土株式会社
山本　正雄		山本　正雄	長岡市四郎丸町　押見豊四郎様方
佐藤　徳松		佐藤　徳松（雑誌送付す）	長岡市渡里町　内山清五郎様方
		同人一同	下条小学校職員
		目黒　市郎	
		古館　清太郎	
		桜井　儀八郎	
		長谷川　マサ	
		星野　千代	
		母校文庫	

出処）『アカベト画会』より作成。「アカベト会則」は、『えんじゅ』2号より。

D　旅行
E　運動、競技ノ会
F　講演会
G　会員弁論大会

アカベト会は一九二一年（大正十）一月に、広瀬村下条小学校出身者を中心に展覧会の開催を目的としたアカベト画会として発足した。その後、会員の進学等に伴う離散傾向に対処し、相互理解、心理的結合を深め、雑誌『えんじゅ』の発行等の諸活動を行うことを含めて組織を固めるために会則を定め、アカベト会と改称されたのである。この改革には、留作の意向が強く影響していたといえる。

アカベト会の会員は、前頁の表2-4のごとくである。『えんじゅ』二号の会員名簿には住所が明記されている。雑誌の郵送、会員間の交流を考えてのことであろう。アカベト会は広瀬村出身、なかんずく下条小学校出身の小学校教員、中学生、高校生、師範学校生などの若きインテリ達が、母校の下条小学校に事務所を置き、展覧会開催や雑誌発行などの活動により、自己研鑽、相互交流、地域文化の振興などを目的として創立された自主的な文化団体であった。主要な活動期間は出身者が帰村する春、夏、冬の休みの時であった。

アカベト会が発足した一九二一年の展覧会開催の様子を、『アカベト画会』から抜粋してみよう。

七月
廿一日　長中同人五名帰郷
　　　　夕刻同人桜井君帰郷

廿二日　同人来りて凝議す
廿三日　同人菊池君雨を侵して来り宿す
廿四日　同人三名米沢の不動滝へ写生に赴き滝を発見すること能はずして空しくタイムを過ごし漸くにして十六切一枚を得て帰村空腹を抱いて一行ミーティング
桜井君宿る
廿五日　同人、松木君午後帰郷さる
展覧会用額縁の件は主として同人、松木、保科の両人其の任にあたる
長岡市坂上町、高田商会電話にて照会し電為替にて即時二十円支払いを了す
午後関矢、松木、桜井、保科集まりて宣伝ポスターを書く六枚
廿七日　長岡市高田商会より額縁到着一ヶ積破損の状なり運賃四十五銭
同人一同中学校の庭球大会に出席す
夜関矢（太）、関矢（市）両君松木君来る種々打合せをなし十一時過ぎまで職工をなし案内状四百枚を刷る
廿八日　小出、伊倉氏の依頼状及招待状を出す児童四百名に宣伝ビラをくばる
廿九日　松木、関矢両名山之内来る事務打合せをなし関矢様と出品作物を見る終って当校茶菓乃に出席
テニスをやる伊倉氏より額二ヶ来る
三十日　午後松木を訪ふ関矢保科三名にてルームピクチャーを作る夕刻関矢三郎を訪ふ
三十一日　同人全部にて会場整理飾付を行ふ
午後六時頃漸く終了

八月
一日　午前五時会場
午前は児童多く十時頃より漸次来賓、同人の参場あり本日入場者全部にて約四百人日没後も尚ほ陸続して来観するものたえざりき
伊倉義雄氏、菊池泰吉氏、中條登志雄氏、宮貞一氏、下村睦氏、広田氏、関矢様、関矢先生、目黒村長、佐藤先生、渡辺泰亮氏来場の筈なりしかども母堂病気の為め来場あらざりき
同人、関矢市治、同留作、同太郎、松木信一、山之内文八、佐藤富太郎、菊池泰吉、保科睿、桜井茂
午後四時までは専ら来賓の接待をなし傍ら庭球をなし夕刻水泳に一同赴く帰場　慰労会兼祝賀会懇親会を兼ねて開催六時散会

『アカベト画会』は記載内容からいって、下条尋常高等小学校に置かれた事務局のノートらしい。記載された人名に同校教員で、アカベト会の中心人物である酒井祐吉の名が見られないところから、同人がこれらの記事の執筆者ではないかと思われる。留作は酒井祐吉の親友であり、アカベト会の中心メンバーであることから、引用した日誌に名前の記載のない「関矢」は留作と判断してよいであろう。「関矢様」は関矢孫一を指していると思われる。留作と酒井祐吉の関係より、『アカベト画会』が留作の資料の中に残ったのであろう。

一九二一年（大正十）八月一日のアカベト画会第一回展覧会の出展作品は百点で、同人以外の作品も展覧された。

表2-5　第１回アカベト画会出展収支決算

収入		支出	
氏名	金額	品名	金額
関矢留作君寄附	10円	額縁10コ	20円
菊池泰吉君寄附	3円	茶菓子４回分	4円
展覧会費は同人119宛納己		ピンチ箱	1円60銭
納　付　者		作品運搬費	2円25銭
桜　井　君	1円	通信費	1円
菊　池　君	1円	ラシャ紙（１枚８銭）	2円
保　科　君	1円		
関矢（市）君	1円		
関矢（太）君	1円		
松　木　君	1円		
関矢（留）君	1円		
山之内　矢八　君	1円		
佐藤　冨太郎　君	1円		
目　黒　君	1円		
	23円		30円85銭

出処）『アカベト画会』より作成。

表2-6　留作のアカベト画会出品作品

第１回展覧会 1921年（大正10）８月１日	第２回展覧会 1922年（大正11）８月16日
晩春郊外	赤土（水彩）
梅雨の森	生をよろこぶ（〃）
夕立ノ後	無題（〃）
河辺ノ町	初夏（〃）
影	唐もろこしの間から（〃）
	五月雨の瞬間（〃）
	和田川の上流（〃）
	雲一団（〃）
	親栖の村はづれ（〃）
	長岡の郊外（〃）

出処）『アカベト画会』より作成。

第一回展覧会の収支決算は前頁の表2‐5の通りである。留作は同人会費一円の他、一〇円を寄附している。

アカベト画会の第二回展覧会は一九二二年（大正十一）八月十六日に開催されている。なお、第三回では絵画の外、写真も出品されている。第三回の案内状は一九二三年七月二十八日に発送されている、留作の第一回、第二回の展覧会の出展作品は前頁の表2‐6の通りである。「留作君は水彩画のみ描いた」（酒井祐吉談）そうである。出品は景色画が多いようだが、これはアカベト画会の一般的な傾向でもあった。なお留作は、写真は出展していない。

以上、述べてきたアカベト会は大正デモクラシーの社会風潮の中で、地方の青年インテリ層の文化活動の一つとして位置づけることができる。そこに見られるものは大正期特有の教養主義、人格主義等に連なるものであったといえる。

一九二四年頃の留作の肖像

しかし、一九二四年（大正十三）九月頃に発行された雑誌『えんじゅ』二号巻末の、留作のことを記した「S氏の肖像　T・S」には、「好きな職業、神様の土地を自らたがやしてパンをうる」という記述がある。次節で述べる、高校入学後に読んだというクロポトキン『麵麭《パン》の略取』の影響と思われる。その当時の留作のプロフィールを知るため、「S氏の肖像」を全文引用しておこう。

S氏の肖像　　T・S

書き方はS氏並びにS女史にならつたものなり。S氏をぶんせきして抽象すれば次の十三になる。

一、僕は丈がも一つ二尺五分のびて五尺四寸になつてくれればいゝんだが神様

二、僕が動くと鎖の音がする、チャラチャラつと、その音にだんだん馴れてゆくのが口惜しい。

三、一ツ一ツ積み上げられた塔をこはすには一ツづつ石をとらねばならない自分には一つ取るのさへやつとだ
四、□ぬヨリ外に道もあるまい。がだまつてもどうせ□ぬのだから何も急ぐにはあたらん苦しくても生きてい□から神様、(以前三はS氏の悲鳴とも見るべきものなり)
五、好きな作家、老子、ダンテ、芭蕉、ドストフスキー、チェホフ、ザイワイフ。ローランロープシン、独歩、啄木。
六、好きな画家、ダビンチ、セガシテニ、ムンク、ボドラー、ゴッホ、ルソー（アンリ）、ミレー
七、好きな花、日まわり、草の葉（例羊歯）、高山植物、白樺
八、すきな事、太陽を見る、星を見る、美術史を見る、歴史を読む、一人の旅行、金つかひ其の他言ふにいはれぬ。
九、している事　絵かき、日記かき、版画ほり、教室通い、泥棒、其の他恥ずかしき多くの事。
十、近来よんだ面白き書、ドス全集、トルストイ全集、チェホフ全集の一部分、近代劇大系、ゴッホ、セサンヌ、デューラー画集、大なる飢え、飢え、「流域をまもる人々」等、其の他、翻訳小説、アグラへエーナ、クリストフ
十一、もつとたくさんつかう語「困ったね」「矢張りそうだ」「何うすればいゝんだ」「君すまないが」等、「わかりませんね」
十二、すきな職業、神様の土地を自らたがやしてパンをうる。やむなくば月給取、下役にして給少なき。大工、勿論こは一面のみ他面□□□は言はずもわかる事なり。
十三、僕は１＋１＝２が不思議だ。勿論プロハビリテーは一番大きい。だから３に成る事もある。

私はこれでS氏のボートレートができたように思う。面のニキビやソバカスはとっておいた。S氏のあるがまゝの生活は、「諸君よくこれを知らん」です。がS氏の「ありたき生活」以上の如し余の如し筆をゆるせ。

附　S氏略伝、北地に生まれ、美しき自然林や鳥及び寒さと欠乏に育てられる。同母姉三人、弟妹一人づゝ、今北地の雪の中にふるへている、S氏は日本海に赤々と沈む太陽を見つめて、北地の恋人を思ふ。T子さん。S氏が再び北地へかへる時T子さんはすでにおよめに行くだろう。一三の時内地にむかへられて教育うく、S氏は北地で牛を追うのと北地をはなれて学士いずれかが不幸なるやを知らず。今S氏は不幸ではない。同時に幸福でもない。神は氏にとりて否定しえざるも尚をぼるなり。

「をはり」《ママ》、

ダビンチ、ムンク、ゴッホ、ミレー等の画を好み、ドストエフスキーやトルストイの全集をひもとく様子は、大正期の高校生の一般的な姿であるといえる。この時期の留作からは、確かな社会主義の方向をさがすことはできない。しかし、大正期の教養主義、個人主義から人生に目覚め、社会問題に関心を深めていく例は良くある事でもあった。この点から、中学から高校にかけての留作の思想遍歴を追求する必要があろう。

なお「S氏の肖像」文末の「T子さん」は、関矢橘太郎の三女、束子を指していると思われる。束子は「西洋人形のようなきれいな娘で、アカベト会員のアイドルであった」（酒井美与吉談）。

アカベト会員と留作との交友は、多少の消長を見ながらも生涯続いた。例えば、高校三年の春休みに並柳へ帰省した時の日記、一九二四年（大正十三）三月二十六日には、「アカベト会開いたけれどもだれも来なかつた。矢張りあれに関してみなが熱心でない。そして而もそれは当然である。他人との交わりのみを求むるものは、自己の内に何者をもたない事を示す。自ずから内を更に内省せよ」(『ドクロノート』より)とある。

また、東大二年次の一九二七年(昭和二)十一月頃のメモに、「又『えんじゅ』を発行する。こんなものに時間をさくのは苦しい。しかし自由主義かくとくの為だ。がまんせよ」(『ドクロノート』より)とある。高校、大学とアカベト会の活動は続いているのである。

往年の一九三三年(昭和八)八月十六日、出獄後の野幌の留作のもとに、小出の中橋亭で書かれた、出所の喜びと励ましのこもったアカベト会員の寄書きが届けられている。

並柳での留作の印象と「アカ」という評価

並柳における留作について、桑原桧之枝、酒井美与吉姉弟は次のように語ってくれた。

「留作さんと兄の祐吉は大の親友で、良くお互いの家を行き来し話しこんでいた。留作さんが家に来た時は、私がお茶を出した。留作さんは、穏やかでおとなしい親切な人だった。ちょっと吃りなすった」

「いつもニコニコ笑っていて、少しも深刻な顔をしたことのない人だった。事件の内容は知らないが、検挙されたことは兄の祐吉から聞いた」

「あんないい人を捕まえるなんて、捕まえる方が悪いのではないだろうか」

関矢マリ子も、「広瀬村の人達は、彼〔留作のこと――船津注〕が東京で『警察』や『刑務所』に『しばられた』噂を聞いた時憤慨して、あんないゝ人を縛るなんて、それは警察や刑務所の衆が間違つてゐる」(『関矢留作について』)と話していたことを記している。

しかし、別の話も残っている。系図を中心に関矢家の歴史を調べている関矢靖司氏は、以下のごとく述べている。靖司氏には関矢家の事蹟、孫左衛門の北海道移住の様子等、多くのご教示を頂いたが、ここでは留作に関することのみ認めておこう。

「私の母は留作さんの、姉のキクコで、野幌から汽車で三日二晩掛けて並柳に嫁にきた。大学時代に留作さんが警察に捕まったのは、トルストイの本を読んでいたからだと地元では言われた。私の父は、お蔭で兄弟にまで警察の目が光り、人からは白い目で見られると言って、いやがっていた」

又、孫一の兄、道太郎夫人の関矢初枝さんは、次のような事実を話してくれた。

「留作さんとマリ子さんが結婚の挨拶に新道の飯塚家に行った時、当主の飯塚知信は『留作は〈アカ〉だからお客さん扱いはできない。下の座敷にはおけない』と二階にあげ、どんぶりご飯を出したと云います」

第二節　長岡中学校時代

長岡中学校入学

一九一八年（大正七）四月、留作は長岡中学校に進学する。

長岡中学校は一八七二年（明治五）十一月二十三日、旧長岡藩政庁で長岡洋学校として開学、一八七六年九月、私立の長岡学校となる。一八九二年十一月一日、古志郡町村立長岡尋常中学校となり、一九〇〇年（明治三十三）四月一日、新潟県立長岡中学校となったものである。県立中学校となった時に、現在地の長岡市四郎丸町に移転した。

長岡中学校の著名な卒業生としては、一八八三年（明治十六）入学の東京帝国大学法学部教授で政治学者の小野塚喜平次がいる。小野塚は一九二八年（昭和三）、留作が東大を卒業した時、東大総長であり、留作は小野塚署名の卒業証書を手にすることになる。第六回卒業生（一九〇一年三月卒）には、太平洋戦争開戦時の連合艦隊司令長官、山本（旧姓高野）五十六がいる。なお、後年、野呂栄太郎と地代論争等を行い、留作も学ぶところがあった猪俣津南雄は第十二回卒業生（一九〇七年三月卒）である。

長岡市は太平洋戦争末期の一九四五年（昭和二十）八月一日より二日未明にかけて、Ｂ29の空襲を受けて旧市街の八〇パーセントが焼失した。この時期、地方の中都市が空襲の対象となってはいたが、長岡市の場合は、太平洋戦争開戦時の連合艦隊司令長官・山本五十六の出身地だったせいもあるとの説がある。

長岡空襲によって長岡中学校も灰じんに帰し、学籍簿等の書類も焼けてしまった。長岡中学校の後身の長岡高等学校には現在、資料室が設けられ、河井継之助、山本五十六を始め、長岡中学校の学友会である和同会の雑誌『和同会雑誌』等の資料が集められている。しかし、資料室の所蔵資料より留作の足跡をさぐることはできなかった。長岡市図書館にも河井、山本、猪俣、小野塚関係の著作は所蔵されているが、当然にも留作関係のものはない。関矢留作は長岡でも無名の存在なのである。

長岡市の発展

留作が長岡中学校に入学する一九一八年（大正七）の前年は、一六一八年（元和四）に牧野忠成が長岡藩主として長岡に開府してから三百年にあたり、長岡開府三百年祭がもたれた年であった。長岡は戊辰戦争の焦土のなかから商工業都市として発展していた。戊辰戦争を契機に長岡商人は積極的に出商（行商）を行うようになり、県内外にその名を高めていた。

また、長岡で特記されるべきは石油である。一八八八年（明治二十一）に東山油田が開かれて以後、長岡は製油所、石油会社の設立が続き、長岡の空は石油の煙で黒かったと伝えられるような活況を呈した。長岡は一九〇六年（明治三十九）四月一日、市制が施行された。当時の人口は三万二〇〇〇余人であった。一九一八年（大正七）における長岡市は、現住戸数七九一四、現住人口四万七八六四で、新潟市に次いで県下第二の都市となっていた。

なお、一九一八年（大正七）は米騒動のあった年である。長岡でも同年八月十七日夜、数百名の群衆により米穀商数軒が襲われる事件がおき、軍隊が出動した。しかし、翌十八日夜にも近郊からの見物人も含めて数千人の群衆が集まり、米穀商や交番に投石が行われた。現存する留作関係の資料からは、米騒動に対する記述や留作への思想的影響を見ることはできない。

留作在学中の長岡中学校

留作は一九一八年（大正七）より一九二三年までの五年間、長岡中学校に在籍することになる。長岡中学校は一九一五年（大正四）三月八日に寄宿舎三棟を残して焼失した。留作は翌一九一六年十一月に完成した新校舎で学ぶことになる。新校舎は当時としては珍しい洋風で、H型の二階建ての本館をはさんで南北にそれぞれ屋内運動場兼生徒控所が設けられ、その奥に北寮、中寮、南寮の寄宿舎が建てられていた。正面に校章をはめ込んだ玄関を中心にしたH型の校舎、その左右にある運動場と、校舎の全景は大鳥が両翼をはばたいたところをデザインしたともいわれた。

大正期の一学年の定員は一二〇名であった。が、卒業する時には七〇～八〇名になってしまうのが普通で、一年ごとに約一〇名、五年間に四〇～五〇名が落第してしまうのだった。当時は落第生のことを原級生ともいった。それだけ勉強は厳しく、レベルが高かったのである。

現在の高校と異なり、旧制中学校に入学するものは極わずかであった。それだけにエリート意識をもち、バンカラを旨としていた「質実剛健」の校風は、全国的に見られるものであった。

旧制中学校では、現在の高校の生徒会にあたる学友会を組織し、校風の刷新、維持や生徒の自主的な活動を維持していた。長岡中学校においても、一八七六年（明治九）に結成された和同会という学友会があった。長岡中学校、さらには当時の中学校の校風や活動の一端を知るため、「和同会規則」の一部を引用しておこう。

第二章　目的

第三条　本会の目的は会員相互の心身を鍛錬し智徳を淬励《さいれい》し弁舌を磨き併せて親交を厚うし以て剛健質朴の校風を発揮するにあり

第三章　部署
第六条　本会は第二章第三条の目的を達せんが為め左の九部を置き、一、演舌討論　一、雑誌発刊　一、諸種の運動をなす
一、雑誌部　二、書籍部　三、弁論部　四、撃剣部　五、柔道部　六、野球部　七、庭球部　八、雑伎部　九、徒走部
第三十条　左の各項は会員の体面を汚し校風を害するものなるを以て之を厳禁す
一、飲酒、喫煙
二、料理店、演劇場、其の他諸興行場及之類似の場所に出入すること
三、俗歌曲及び風教に害ある遊技
四、和服着用の際、制帽及び袴を着けずして外出すること
五、敬礼を正しくせざること
六、右の他、凡て修徳上有害なる行為
第三十一条　通常会員、会則を犯す時は制裁を加う
第三十二条　制裁は譴責《けんせき》、謝罪、除名の三種とす

魚沼郡出身者と寄宿舎

当時の長岡中学校の様子について、酒井美与吉氏に記述して頂いた。内容は和同会のこと、バンカラな中学生生活の実態、鉄拳制裁のことなど、多岐にわたっている。ここでは留作に直接関係のある、魚沼郡出身者の動静と寄宿舎生活の部分を中心に引用させてもらおう。留作は長岡中学校の五年間、寄宿舎に入寮していた。なお、酒井

氏自身は下宿をして寄宿舎には入っていない。

> 私は中学一年の春休み（十三歳ごろ）に母校である下条小学校で、留作さまとお会いしています。学校生活の感想を率直に述べる私の言葉を、大先輩として、にこやかに傾聴して下さったのを思い出します。〈中略〉私は北魚沼郡広瀬村下条尋常小学校から一九二四年（大正十三）四月、長岡中学校に入学しました。当時の合格発表は成績順でありました。〈中略〉生徒の大部分は長岡市（当時人口五万人）とその周辺の出身者で、魚沼郡出身者は約六〇人でした。私は入学当初から、地元長岡市出身の生徒の魚沼に対する偏見と優越感を実感させられていました。長岡市出身の生徒は、魚沼出身の生徒のことを「魚沼の山猿」と呼んでいたからです。
>
> 長岡中学の制帽には白線があり、制服にはズボンの外側に太い白線、両袖には学年数だけ白線があって、遠くからでもすぐに目につくものであった。〈中略〉その独特の制服は、消防夫（Fireman）を連想させるので、市内の他の女学校の生徒は、長岡中学を「F《エフ》」という隠語で呼び、堅苦しくて、付き合いにくい人種の代名詞としたようです。
>
> 寄宿舎には厳格な規律があって、下級生は上級生に絶対服従で奴隷のように奉仕させられたようです。〈中略〉一室に学年混合して、八人ずつでの共同生活。室内の掃除や汚れ物の洗濯は一年生、布団の上げ下ろしは二年生、食膳の手配と片付けは三年生の役割で、三年生はその他に下級生の指導と訓練を行います。そして四年生は総監督、五年生は室長で最高権力者。一、二年生が悪いと、三年生が責められました。

大地主の息子である留作が寄宿舎生活を送っているところに、質実、実直の家風と協調性に富んだ穏和な性格を見ることができる。

当時、広瀬村の最優秀の子弟は長岡中学校に進学し、次のグループは小千谷中学校に進んだといわれる。中学校では学年を越えて、出身村の生徒がグループを作って交流するのが普通であった。

留作が在学中の一九二一年（大正十）十月十五日、長岡中学校創立五十周年記念式が挙行された。式典の後、夕方から全在校生と同窓生による、一〇〇〇人を超える大チョウチン行列が行われた。また、一九一八年より一九二一年までの四年間、長岡中学校野球部は連続して全国大会に出場している。ただし一九一八年は、米騒動のため全国大会は中止されている。

当時の会場は西宮の鳴尾球場だった。長岡中学ナインは「剛健質朴」の校風から、ストッキングなしで脛を出してプレーし、捕手は面だけで脛当て、プロテクターなしであった。一九二〇年（大正九）に開催された第六回大会の初戦の相手は、北海道代表の北海中学で、7対4で勝って全国大会初勝利をあげている。二回戦では慶應義塾に4対2で敗れた。次に引用する文中の「間野」が、間野虎（大正十年卒）であれば、この第六回大会にショート六番で出場している。

留作の中学生生活

関矢留作ノート『農村雑記』（一九三五年〈昭和十〉）には、二年生からの長岡中学校時代の想い出が記されている。関矢マリ子『関矢留作について』でも引用されているが、ここでも紹介しておこう。

自分が社会運動に関心を持つ前に一つの思想的過程があつた。

中学寄宿舎で二年生の時、鈴木宏、間野等と一しょであつた。間野は野球選手であつたがよく読書し、高山樗牛にしんすいしてゐた。毎晩、日記等をかいてゐた。鈴木は間野に指導されて亦読書を好んだ。自分はその頃、彼らに感化された。

樗牛の「死と永生」をよんで自殺したと云ふ教師（長岡中学にあつた）の事がよく話題に上り、人生の不可解と言ふ事が頭にきざみ込まれた様に思ふ。

三年の時は化学実験や写生などに過ごした。散歩、登山等を好んだ。丸山、桜井、奥村、遠藤、早川、皆、思出深い人々である。

四年の時に、目黒、山之内、二先輩と同室。入学試験準備せはしかつたが、それはかえつて、自分の生涯を如何に撰ぶべきかの問題に当面せしめ、それは自分を当惑せしめると共に又深い思索の迷路にみちびいたのであつた。

併し自分が当時社会主義的でなかつた事は、目黒先輩の社会主義観に反対し日本は天皇の国であるから…の理由で反対したのでわかる。尤もその時、自分はこの主張に自信がないと感じ、すぐ疑惑は生じたのである。

四年の二学期、新しいたもとの着物を作つてもらつて新潟市に受験に行つた。不安と緊張、それが人生であった。

五年の時も受験準備ですぎた。鈴木宏が思想的に深く進んでゐて哲学書などをよみふけつているのが自分を感心させた。当時読んだ本で吉田絃二郎の作品（感想文）、石井重美の宇宙の発達と人類の創生だけが記憶に残つてゐる。小説などをよんでゐるのが偉い様に思はれた。と云ふのはそれらをよんでも自分はあまり面白くなかつたから。漱石の明暗は二年の夏、上京中から、買つた。併しこれは読まずに了った。

受験準備に再び新潟へ行つた。すんで上京し品川の関矢別荘にゐる時、パスの通知をうけた。

引用文からは、まず、寄宿舎で同室の生徒と高山樗牛等の人生論について論じ、哲学や文学に興味を示し、散策、登山等に興じながら高等学校入試の受験勉強に励む、一般的な中学生の姿を見ることができる。中学生時代の留作は漫然とではあるが天皇制を支持していたこと、社会主義が議論の対象になってきている事もわかる。留作の二年次の上京は、ノート欄外に、「吃音矯正のため上京したのは二年の夏休みであった」と記されている。四年修了で新潟高校を受験し失敗、五年卒業で再受験、合格している。四年修了合格は、まれなことであった。

留作『ドクロノート』には、「三年間、高等学校を去るにのぞんでの感想」と題して、中学一年次の事などが記されている。

その前にも私はたびたびこの新潟へきた事がある。第一は、中学一年生の時の修学旅行である。その次は軍船見物。佐渡旅行の中途、四年の時の第一回受験の時だ。その他、剣道部の試合の応えんにもきた事がある。

一年生の修学旅行の時は汽車の中も面白かった。小さい写生帳には、走りがきのスケッチがたくさん取られた。汽車のまどから、窓外の家や、並木や田のあぜをよろこんでかいた。万代橋のたもとに朽ちてすてられてある船に大へん心をひかれた。それはごく最近まであったものであるが。なんだか、子供の頃読んだ冒険小説にある様な奇怪な空想にみちたものであった。この船をその后、新潟へくる度ごとに見た。見るたびに私はさびしい、すたれた港と云う風な感じをいだかせた。

文章全体からは、少年期特有で一般的でもある感傷が表われている。また、小さなノートを常に持ち歩き、スケッチやメモを取る後の留作の姿の始まりをみることができる。

社会問題への目覚め

留作が在学中の長岡中学校の校長であった松木徳聚は、広瀬村和田にある専明寺の出身で、関矢家とも親交のある人物だった。留作ノート『農村雑記』には、「中学時代、松木徳聚、歴史の藤井先生の様な深い感化を及ぼした教師は高校時代には居なかった」と記されている。

松木徳聚の存在が留作に、社会問題や社会主義への関心を目覚めさせた様である。歴史への興味が出てきたのも、この時期である点にも注目しておきたい。『農村雑記』には次のように書かれている。

松木校長が和田の寺で講演をしたのは五年の時の夏であつたか或は四年の時であつたか、社会主義の八つの流に渦を巻いてゐると云ふ様な事や、又桐植樹の事から、村人の経済観念の発達の事を話された。これは今も残る深い感銘を与へた。右に書いたが四年の時、社会主義に関して目黒君を批難したのは、山之内君が校長は社会主義者だと云つた事からはじまつたように思ひ出される。

松木校長は五年生で在学中に死没された。この人の自分に与へた感化は大きなもので、且つ、それは死後、高校入学後であつた。つまりこの人の蔵書、歴史や社会問題に関するものが多かつたが、それが並柳関矢家に譲られ、それが自分の自由になつたからであつた。

留作の社会主義思想への前半を探るためには、新潟高校時代に進まねばならないようである。

留作のペンネーム、星野慎一の由来

なお、留作と長岡中学との関連で興味をひくことは、一九二六年（大正十五）の卒業生に、後に東大文学部独文科教授となる星野慎一がいることとである。留作は一九二三年（大正十二）卒業であるから、星野慎一と長岡中学での在学年度が重なっている。

なお、星野慎一は一九二九年（昭和四）三月、第八回卒業生として新潟高校を卒業し、東大文学部に進学している。後年、産業労働調査所時代の留作が主に用いたペンネームは「星野慎一」である。あるいは、長岡中学時代の後輩の氏名を借用したのかもしれない。

第三節　新潟高等学校時代

新潟高校入学

一九二三年（大正十二）四月一日、留作は第五回入学生として新潟高等学校文科甲類に入学した。同期の入学生は、文科甲類（英語が第一外国語）三九名、乙類（独語が第一外国語）四〇名、理科甲類四〇名、乙類四〇名の一五九名であった。

新潟高等学校は一九一九年（大正八）四月十六日に開校し、九月十一日に第一回の入学式が行われ、一五九名が入学した。一九二一年より学期制が変更され、四月入学となった。新潟県における高等学校設置運動は一八八七年（明治二十）から始まり、以後、断続的に運動が展開されたが成果を得られなかった。設置運動が再昂揚するのは一九一六年（大正五）である。同年十二月、翌一九一七年十一月の通常県会で「高等学校設置建議」が可決された。中央においても、一九一七年九月に寺内正毅内閣の諮問機関である臨時教育会議が高等教育機関の拡大を答申した。第一次世界大戦下の好況と国家財政の伸びを背景に、日本の大国化がめざされており、教育振興はその柱の一つとして位置づけられたのである。一九一八年四月、寺内内閣は、新潟、松本、山口、松山の四高等学校を新設する案を帝国議会に提出、可決されたのである。

現在でも毎年、寮歌祭が行われテレビでも放送されているように、旧制高校卒業生が生涯最良の時期として高等学校時代を懐かしむ姿はよくみられる。旧制高校は、将来の国の指導者を養成する施設というエリート意識にもとづいた独特の自由・自治が許されていた。高校所在地の市民からも旧制高校生は尊重され、一種の特権階級であったのである。旧制高校生は束縛の多い中学校生活から解放され、のびのびとした学生生活を楽しんだ。

新潟高等学校は初代校長、八田三喜《はったみき》の説く「自由・進取・親愛」の精神を基礎にした自由主義的な校風を形成しつつあった。城下町としての来歴がなく、幕末維新期に開港場となって以来、急速に発展した商業都市の新潟には、解放感があり、市民と旧制高校生の関係は特に親密だったといわれている。一九二〇年（大正九）八月二十二日、当時市営の午砲があったところから、「ドン山」と呼ばれていた新潟市内西大畑町浜浦に新潟高校の新校舎が完成した。九月一日、新潟師範学校の借用校舎より、在学生一五〇余名、新入生一三八名が移った。留作が入寮する事になる新寮も新校舎の東隣、日本海と市街を眼下にした寄居《よりい》ヶ丘に建設された。

留作は入学直後の一九二三年（大正十二）四月二十日、野幌の母、五十嵐きく子宛に書簡を出している。手紙は高校の日常生活、新入生の不安、淋しさ、新潟の印象、大学進学への懐疑等が記されており、くったくのない留作の人柄がうかがえる。

この学校へ入学致しましてからもう二週間以上過ぎました。皆様お変わりございませんか。私も相変はらずでございます。北国にもほんとに春らしい春が参へりました。木の芽も漸く萌え桜はもう散つてしまひました。

新潟は毎日上天気ですけれども海岸なので風が強うございます。学校のすぐ裏が海岸でそこの砂丘に立つて、静かにお国の事等を考へます。そして梨の花もこぶしの花も桜ももうすぐ咲くのであらう等、思ひ出しました。竹の子を取りに行つたのも今頃だつた。色々思ひ出される北海道の春を慕ひます。まず一日の日課を申し上げます。

朝六時頃、自然に目が覚めます。そして七時には皆と一緒に食堂で食べます。無論ご馳走はありませんけれども私共の腹を満するは充分でございます。

そして八時から学校が初まります。高等学校と申しましても別段、専門的ではなく中学校と同様のものを更に一歩進めるだけでございます。たゞ珍しゐのは独乙語だけです。これにはずゐぶん苦しめられます。然矢張り英語が主なる外国語でございます。

午前四時間、午后二時間ありまして三時にあがります。五時頃には夕食であります。そして寝るのが十時頃です。一体、新がたと云ふ所は落付きの少なゐ所で長岡等とは大分ちがひます。それで学問するには実際よくなゐところです。二年以上になると大てい酒や煙草を呑んで遊んで居る者が多く、私共の組にも数年浮浪した者が大変多くて、随つてつまらなゐ遊び等をやつて居ます。友達をあまり作るとうるさいですから成るだけ友達を作らぬ様にします。兎に角私はこの悪風に対しては大いに抗うと思ふのです。

寄宿舎は私は六畳に一人でおります。呑気で良うございます。今年、長岡の中学から一緒に入つてくる者が九名で皆合はせると三十名以上になります。

毎日淋しい様な気持が致します。私共が遊びに行ける様な場所は市内には勿論、近郊にもありません。こゝでも梨の花は今盛りで下越の平野をにぎはして居ります。私も何んだか北海道へ帰つて、百姓でもやつて居りたい様な気がします。然し私は勉強するのがいやになつたのではありません。何のために勉強するか分からなゐからです。若しも生活のためにするのならば必ずしも大学を出なくとも食へると思ひます。又出世して見てもそれが自分として幸福であるかどうかわかりません。今は勉強が面白いからやつて居るだけでございます。いづれ又夏休みには。

皆様お達者で齢ちやんもうんと遊んでをきなさい。

ふきちやんはしつかり勉強して下さい。

留作

皆様

（文書五四）

留作はまた、『農村雑記』でも高校時代の新潟と新潟高校周辺を次のように回顧している。

新潟はすばらしかった。寄宿舎から一町ほど西に行くと松林があり、それをくぐると砂丘の上に出た海が見える。晴天の日は青くそびえる様に冬の風の日等には波は真っ白に泡立って吠えているのであった。砂丘を下りグミの藪を分けて砂丘に出る事が出きる。

佐渡島は大きく前面に横はり、時に近く、或ひは遠く見え、夏の日はその上に落ちた。

高校の東は砂丘が急阪になっていて、斜面にはポプラが生え、その梢をこえて新潟全市の屋根が見えた。その彼方に高く、飯豊の山が四季の大部を雪におほわれてそびえていた。

寄宿舎のすぐ下はポプラの阪を下ると池があってよしが生えており、小供達がよく遊んでゐた。この池の畔を歩いて市街に出た。

新潟市は長岡の様な単なる商業都市に見られぬのんびりした所がある様に思はれた。

古町に二軒の書店、一軒の古本屋たしか考古堂と云った。当時、買い求めた書籍の名が今わかるなら自分の思想過程を思ひ出すのに都合がよかろうが、ほとんど思ひ出せない。

（文書一二九）

都市化する新潟と当時の世相

留作が新潟高校に入学した一九二三年（大正十二）の新潟市の現住戸数は二万三〇四戸、現住人口十万五九八〇人だった。一九〇九年（明治四十二）に二回の大火、翌一九一〇年八月の大火によって新潟市は明治の町並みを失い、大正半ばには近代都市の風貌をそなえはじめていた。県庁所在地・政治都市としてだけではなく、経済的、文化的にも新潟市が発展したのが大正期だった。

大正初期までに新潟県内の主要鉄道幹線が開通し、県内各地の交流が活発となった。特に新潟市には県内の物資が集積され、鉄路で県外に移出されるようになった。新潟港は北海道や関西方面への物資搬出の拠点となっていた。一九一六年（大正五）時点で、新潟市内には銀行が一五行もあった。

新潟市内には映画館がいくつかつくられ、東京からの新刊書を並べた書店や西洋料理店もあらわれた。市内には自転車、人力車、荷車が行き来し、自動車も走っていた。一九二二年（大正十一）には市内バスが、翌年にはタクシーも現れた。

一九一四年（大正三）に信濃川を挟んだ旧北蒲原郡沼垂町《ぬったりまち》を合併した東新潟地区では、鉄道の停車場ができ、新潟港が整備され、石油会社や紡績工場が設立されて、工業地、市街地に変貌していった。これにより、新しい市民層として職工、労働者やサラリーマンが現れ、彼らを中心に服装も着物から洋服へと変っていった。女性はまだ着物が多かったが、髪型は日本髪から束髪などの簡易な髪型へ変化していった。

信濃川に架橋し、新潟市を象徴する万代橋は、二代目の木造橋であった。大河津分水工事や阿賀野川改修工事が進んでいたとはいえ、信濃川の分水事業は工事半ばで新潟市内の信濃川の河幅は現在の二倍もあった。

第一次世界大戦後の好況による日本資本主義の発展と、国際協調を背景とする一面での大正デモクラシーの風潮、その残響ともいえる一九二四年（大正十三）の第十五回総選挙での護憲三派の勝利。他面では一九二三年六月に堺利彦ら共産党員の検挙、九月に関東大震災、大杉栄、伊藤野枝の惨殺、一九二四年三月一日には、後に留作が所属する産業労働調査所が野坂参三を主任として開設、同年六月、東大セツルメント開設、九月学生社会科学連合会結成。新潟では戦前の有名な小作争議である木崎争議が一九二二年に始まるといった社会主義、学生運動の高揚した時期に留作は新潟高校へ入学、三年間（十八〜二十一歳）の旧制高校での生活を送る事になる。

　こうした社会動向は、新潟高校にも一定の影響を与えていた。一九二三年（大正十二）一月、高等学校連盟、H・S・L（一、三、五、七の四高校と新潟高、浦和高の有志らの学生団体）が非合法裏に結成された。新潟高校でも同年、中野尚夫（二年文類甲）を中心に社会科学研究会が誕生した。しかし、こうした左翼団体は一部の寮外生からなり、全校に影響を及ぼすまでには至らなかった。

　留作の『農村雑記』（文書一五一）にも、「高校入学の春、社会科学研究会のアジビラが机の上、便所の中に散布された。中野尚夫氏寄宿生を一室ごとにまわって、社会科学に関し議論をした。僕らの室には見えなかった。これに対し、自分の考《ママ》は、一己人生の大問題を未解決にして、社会を研究するのは無意義であり無軽挙であるという様な事であった。社会科学の研究者達を自分は軽薄な人々として蔑視していたのであった」と、左翼団体の活動について述べている。

　留作は旧制高校特有の自由・自治の雰囲気の中で、勉学と思索、懐疑という普通の高校生活を送り始めたようである。一九二三年（大正十二）十月十五日付の妹の五十嵐きく子宛書簡で、留作は新潟の様子を知らせ、北海道を懐しみながら、浄土真宗の熱心な信者である母との議論に触れながら勉学の意味について悩んでいる。

　北海道は最早雪が降ったと云う事ではございませんか皆様お変わりもございませんか。どうぞお大切に。さて越後はまだ雪どころではなく霜も降りません。然しさむくなりました。新潟はほんとうにさびしいです。一方は海岸で、そこは松林だの砂山等でおおわれて居ます。他の方は皆町です。それですから、あの田や畠を見る事が出きないのです、私にはこれが何よりの淋しさです。

松原の砂山も草は少しきいろくなった。草木の黄葉は秋を代表する様に云われていますがここでは実に少ないです。

試験もながびいたために毎日勉強せねばならない日が長クなりました。そのためにつまらない時を費やさねばなりません。海の荒る音をきゝながら勉強して居ります。

頭もぼんやりしてきました。

秋から冬にかけての北海道の荒涼とした景色はほんとうによいと思います。

北海道の秋は北海道に居てほんとうに感ずる事が出きませんが内地のそれ等と比較して見ますとほんとうにあじあわれます。休み中は色々お母様と論じました。けれども私共にはあの広大ななんとほとけ〔仏——船津注〕の慈悲はよくわかって居りますけれども救を求むる事の出きない苦しみを持って居るのです。そのために私は更に何かを求めねばなりません。

又私はこんな風に考えさせられます。それは私共のほんとうに求むるものは幸福快楽よりむしろ「苦」だと思われてならないのです。勿論快楽幸福等も得たいものの一つではございますけれども。

今高等学校出ても一たい何のために勉強するのだろうと考えさせられて困ります。これは大切な事だと思います。私共は何事も盲目的にはなりたくないのです。

そして又こうやって、母上様や、姉等を離れて居てやって居る事が果たしてそれだけの価値が有るでありましょうか。私もゆっくり考えてみたいのでございます。

夏休みはほんとうにうれしうございました。色々な記憶がまた生み出されました。これでこの紀行文を今書いておりますが后にお送りします。

皆様おたっしゃで
ふきちゃんにれいちゃん、秋の美しい景色を写生して下さい。
（文書六八）
皆様

一九二三年（大正十二）の野幌帰郷

書簡中にあった「夏休み」に、留作は野幌に帰省している。『農村雑記』には以下のように記されている。

高校入学の年は大正十二年、六年振りで北海道の生家に帰つた。全てが夢の様であつた。あまりに変つてゐた。又、何も同じ様でもあつた。思ひかけもない所でなつかしい人に遇ふ時に感ずる様な気分がした。道路にある車のわだちさへ昔と同じではないか。この感じは野幌の変化に対してではなく、むしろ自分自身の生長から生じたものであつたであろう。母でさへも自分をなんと呼んでよいか迷つてゐた。
（文書一五一）

また、一九二三年（大正十二）の関東大震災の混乱の中で引き起こされた、無政府主義者、大杉栄虐殺事件と摂政宮（後の昭和天皇）狙撃事件である虎の門事件の難波大助について、『農村雑記』に次のように述べられている。「大杉のぎやく殺はひどく自分を憤慨させた。だから難波大助の大逆事件の時、難波を殺したい様な方になつてゐた」（文書一一一）。

このほか、「十二年の冬休み並柳へ帰ると古館清太郎氏が居られ、又、松木徳聚氏の蔵書があった。剣南文庫の内、ラッセル　社会改造の原理、クロポトキン　パンの略取　の原本があって自分の英語でもどうやらよめた。その他、マールの書などもあった。クロポトキンの書物はもう全く憶えてはゐなかったが、ただ社会的協力によって生じた生産物を己一人のものだと云って独占する権利はないと云ふ強い思惑に打たれたのは忘れる事が出来ない」(『農村雑記』文書一五一)と記されている。

「新潟の高校の寄宿舎で自分は再び鈴木宏と同室した。彼は哲学宗教を好んで読んだ。自分はトルストイ全集が並柳関矢家にあったのを借りて持って行き鈴木と共同で読んだ」と『農村雑記』(文書一五一)で述べられ、高校二年の一月十日の日記にも、「天気よく、トルストイの『芸術とは何ぞや』をよむ。トルストイの書位自分を感動させるものはない。多少の不まんはさておきあのまゝ信じたくなる程である」(『ドクロノート』文書一二九)と記されているように、新潟高校時代の留作が好んだのはトルストイに代表される世界文学、特にロシア文学であった。

後年、留作は「文学に親しむ点にかけては学友達にはるかにおくれてゐた。漱石も、武郎も自分は読んだ事がなかった。菊池、芥川、久米等のものは一層であって、英文学につひても知らなかったから英語の時間にトマスハーデーを米国人と答へた時、西川教授の嘲笑の的になった。その後、自分は新潟図書館に行って小説を良く読んだがむしろロシア文学に傾いた。トルストイにつひてはすでに書いた。その他、ドストイフスキー、チェホフのものをよんだ。ドストイフスキーは虐げられた人々、貧しき人々、罪と罰、白痴。文章のすべての意味を了解しえてゐたとは云へない。その中を流るる気分を感得しうればよいと云ふ風であった。チェホフは繰り返しよんだ。チェホフ等の小篇はとも角トルストイやドストイフスキ等の雄篇は、先が急がれる様に感じ、全巻を征服する事に多大の関心がおかれた様である。ツルゲネーク、ゴリキーのものはほとんど読んでゐなかった。プーニン、ザイツエフのもの一、二読んだものもあった。イプセンも近代劇大系の中にあったものを読んだ。太陽の子、野鴨、社会の敵。当時、自分の文学的渉漁《ママ》を指導したのは白村の近代文学十講であったと思ふ。自分を近代思想に浴せしめたものはこの文学的渉漁《ママ》であり、とくに北欧文学であった（『農村雑記』文書一五一）。
　高校二年の一九二四年（大正十三）四月十日、広瀬村並柳の関矢孫一宅から新潟市に戻った留作は、次の書簡を野幌の家族に寄せている。孫一の選挙活動や新潟での近況に加えて将来、社会的地位の高い職業には就かない覚悟が表明されている。

　みな様おたっしゃでしょう。私もたつしやです。二年になりましたけれどもちっともたのしい事はありません。然し満足です。北海道はまだ雪が消えたばかりでしょう。けれども新潟辺はもう桜です梅は散りました。もっとも並柳の桜はずっと遅れますけれども
　並柳からは十日にこちらへ参りました。お姉様（並柳の）は今、多分東京です。そして兄上さまは選挙のさわぎで毎日ほん走です。候補には多分お立ちになるまいと思います。然し何とも云えない事です。〈中略〉
　事務所の方にもおたっしゃでしょうね。
　ふきちゃんは今頃何う《ママ》します。成るべくなら学校へ出して上げて下さい。
　齢ちゃんもそうです。尤も出なくったって同じ事です。たゞ世間の人達は学校でも出ればよ程偉人にでもなるものと考えて居ますから、出た方が徳ですけれど。もともと学問なんと言うものにて大した価値はない様です。要はだれでも人間を作ると云う事なんですから、人間を作ると言う事です。私共がたゞ生きていけばよいのではない様です。矢張り人間として生きる事が大切なんですから。私が言うのもへんですけれどふきちゃんもれいちゃんも、みんなが「自分とは何ぞや」こんな風な事を考えて見ようではありませんか。ひまな時には。
　私はあんまりあそんで許りいるせいですが、こうやっている事は決して思った程幸福な事ではないと思

いますが、それで何か骨を折って働いて見たら、と思う事があります。学生の生活などは――申訳のない事ですけれども――お金持の息達がひまつぶしにやっている事です。学問等は何というたいくつなものでしょう。といってすぐやめるわけにも行きませんから早く卒業して働きますよ。そしてそれは筋肉労働――少し位苦しくとも若し出来るなら――だってかまいやしませんが。たゞ会社の重役とか――群長県知事、支配人といった様な少し上に立つ職業につく（言って見れば出世です）事はいやです。それは人間としての真の生活に遠ざかっている様に考えられますからです。とにかく役に立たない（世間でいう）人間で充分満足します。こう私が思っている事は多分よろこんでいたゞけると思います。〈中略〉雪の消えた頃、あたゝかい日の中で花をうえたり畑をおこしたり私もして見たい様になりました。学校へなんか出ずに、矢張り北海道で畑をこしでもしていたにした所で私は幸福だったと思います。何をしたの□〔判読不明――船津注〕そのする事にのみによって幸福や不幸はきまるものでないと思います。つまり心の持方であり生き方であると思います。もっとも私はお百姓をしていた方が今より幸福だったろうなどとは思っていませんけれども。〈中略〉皆様どうぞおたっしゃで。それからこぶしや桜の花が咲く様になったら又おだまきや赤紫のつくしが千古園に咲く様になったら、私のたん生日であることを思い出して下さい。五月二日です。

れいちゃんに約束しておいた事だったのですが、黒百合を見つけたら、根をいためない様にこいで小さいブリキカンに水ごけと一緒につめ送って下さい。たくさんはいりません。花がついていたらそれも一緒に、然し根と花が一緒でなくてもかまいません。

留作

皆々様

（文書五六）

新潟高校二年の時は鈴木と別れて西川と同室した。西川とは思想的共通性はなかったが、この年は絵と美術史勉強に暮れたと云ってよい。　　　　　（『農村雑記』　文書一五一）

高校二年の日記、二月十二日には、「過去の偉大なる芸術家と云わる諸連中の生涯をいくつかしらべて見た。ミケランジェロ、レンブラント、セザンヌ、ベートーベン、ヘンデル、トルストイ、ドストイフスキー、ゴッホ、ブ□〔判読不明――船津注〕ーク、ルーソー、ジオット、彼らに共通するものは、色々な形においてであるとは云え、『イゴイズム』である」（『ドクロノート』　文書一二九）。

二月二十七日には、「俺には矢張り今のところ、知識の吸収より外になす所のものは見られない。この休みから新学期にかけての研究題目は、建築史、美術史、版画、油絵、水絵、芸術、日本古代芸術史等、……小説では、ドストイフスキー、ツルゲネーク、劇大系、イッカッド、支那、小説、ラスキン、モリス、苗□〔判読不明――船津注〕、カーライル、字をきれいに書く事」（同上）と記されている。

上記の芸術家の名前は日記に散見される。後年の留作は妻マリ子に、「美術史の勉強は大分した。その頃はゴッホを一番好んだ」と話したそうである（『関矢留作について』より）。また、『農村雑記』（文書一五一）には以下のように述べられている。

人生空毛《ママ》の思想も自分の芸術に対する渇望を妨げたるものではなかつた。むしろ反対にそれを強めたと云ふことが出来る。何んとなれば、学業に勉励してよい成績を得、出世の便を計つたところでそれが何であるか。絵画は戸外で写生するはづかしさがなくなるや否やすぐにはじめた。北海道帰省の時も絵の道具を持つて行つた。絵、並びに美術史の研究にふけつたのは三年生の時であつた。

新潟高校には多数の美術書があった。マイエル、グレーフの画家伝、ゴッホ、セザンヌその他独乙語の諸書、スプリンゲルのレストヂレヒテ、独乙語はほとんど物にならなかったので挿画、写真絵を見るのみであったが。メレジュコフスキーの「神々の復活」をよんだのもこの時代、併し表現派の画論、村山知義一派の運動なども自分を動かした。特に一氏義良《いちうじよしなが》氏の搾取者文化否定論の如き、自分をカール・マルクスの学説に導いたのが、この美術史の方面であったのは意外である。併し、こう云う美的価値に関する自信を失っていた時であるから絵画の練習は一流の基準なく、失敗と云う外はなかった。あの間一流の師について練習しなかったのは、今日から見て残念であったと思う。ラスキンの美術論、ウイリヤムモリスの美術論等、自分を社会主義、特にマルクスの学説に近づけたものである。

また、トルストイからの脱却についても、『農村雑記』（文書一五一）に述べられている。

ベルグソンの創造的進化を読みながら受けた深い感銘は未だに忘れる事が出きない。目的論並びに機械論に対する批判は充分、自分を納得せしめうるものではなかったが、しかも強く自分を捕へた。併し、トルストイ流の目的論の清算に対して強い感銘を与へたのはマック、スチルナーの唯一者とその所有であった。

思想に関する限りスチルナーはトルストイの目的論を清算せしめるに役立った。人生は別に定められた目的を課せられたものではない。併し人はその生み出された環境の中に自己の生くべき理由を見出し、そこから感激をくみ取つて生きればそれでよいのである。だとすれば人は先づ環境を見、それを研究しなければならない。それこそは社会科学の使命とする所である。かくて自分は社会科学の研究を目ざして上京したのである。

以上、留作が死去する一九三六年（昭和十一）に書かれた『農村雑記』によれば、「一体人間の思想の発展過程は、一つの思想が論理的に展開されるものではないらしい。むしろ多数の思想体系がひしめき合って流れる様な形相を呈する物であろう」と記しながら、大杉栄虐殺事件やクロポトキン『麵麭《パン》の略取』の影響、スチルチーによるトルストイ思想からの脱却、美術方面への志望断念と美術論からのマルクス主義への接近という形で、高校時代の思想遍歴が整理されている。

文学論、とくに美術論からマルクス主義へという軌跡は、村山知義、また小林多喜二、宮本顕治、宮本百合子、蔵原惟人、中野重治らの例からいっても首肯できるところである。しかし、現存する高校二、三年次の日記には、村山「構成派」（二年次、二月二十三日条）などの記述がみられるとはいえ、美術論からマルクス主義への接近という経路をたどるのは困難なように思われる。但し、スチルナーについては次の引用などがみられる。

三年二月十八日条「スティルネルの中に、『人とは何ぞやではない、人とは誰だでなくてはならぬ』、『真人《しんじん》とは、将来に存在しているものでも期待すべき対象でもなく現に実さい存在している私である。自分が何であろうとだれであろうと、喜ぼうと悲しもうと小児でも老人でも信じて疑っても寝ても醒めても自分はそれだ。その真人である』、『人間はなにもめされはしない。つまり天職も定命もないのである。それは草や木に天職のないのに同じい』（『日記（生の綻び）』）」。

また、『農村雑記』（文書一五一）には、「伊藤総司君と同室したのは三年の時であったが、絵友達としてはずっと以前から知り会ってゐた。〈中略〉伊藤君の友達小山静二君がよく訪ねてきた。社会主義に関する話題が多く〈中略〉伊藤君がノートを取りながら精読してゐる書物は今日から見れば「フォイエルバッハ論」「マルクス主義の根本問題」等であった。併し自分は此方面の意見を交換する事は少なかった」と記述されている。高校二年次、寮の同室、伊藤総司からの影響が留作が社会主義にめざめる直接の契機であったようである。当時、伊藤はかなり確信的に社会主義思想を身につけようとしていたことは、留作が三年の時の日記、三月十九日条に「伊藤総司は何うしているだろう。〈中略〉あるいは労働運動の記事をよんで興ふんしているのだろうか?・」(『日記(生の綻び)』文書一三四)と記されていることからも分かる。

東大入学後の一九二七年(昭和二)一月十四日の留作の日記には、前年四月の入学時を振り返りながら、高校時代の社会主義への軌跡が以下のように回顧、総括されている。

新潟にいた頃、自分は「日本論」をよんだ。これ以前に自分は、ウイリアム、モリス、トルストイをよみ、ゴッホ、セザンヌ、レオナルド、ミケランジェロ、ジョウト、レニングラントの絵をあいしていた。日本論は私の気に入った。数日間、私は感激の中におくった。私は更に美術の研究にすゝもうと思った。そして私は農村生活をおくりたいと願った。近世美術史論、植田、芸術哲学は私をして美的たんできからして哲学的思索へといざなった。ラスキン、モリスは更に私を歴史にたいする理解へとみちびいた。それは私を社会主義の方へみちびいたものである。

私はいくばんと、セザンヌ(マエエルグループ)バン・ゴッホ(マエエルグループ)を見あかした。ヌルノマールをあいした。レオナルド、ミケランジェロ、ジョワト、ギリシャ、エジプト、私はそれをあいした。だがそれは又、私を歴史へとみちびいた。芸術は又、生活であるとの確信から。

私はたまたまベルグソンをおもいだした。それは私が以前よんだもの。その創造の「生命の流れ」としての生活の考えは私にのぞましいものであった。「創造的進化」を購入する。

その次、私は伊藤兄と一緒にいた。たびたびはげしい論争をした。哲学上の。兄は唯物史観論者であった。マックス・ステルナーをよむ。唯一者は私をよろこばした、観念をおいはらう事に努力した。しかし、セザンヌ、レオナルドは、依然として私の内にのこり、実教にたいす否定へとみちびく。トルストイは批判された。ベルガソンは物質的洗れいをうけ、生物学的にのみ理解された。まだ私はマルクスを知らない。然しカントの転廻をうたがい、「茄子」をあいした。その相対論、隆転私の胸にしまった。ペーターの言葉も胸をついた。

伊藤兄と良く語った。彼は、良く誘った。彼は、哲学者たちをきらっていた。小山氏もよくたのしいいく晩かすごした酒をのみに出かけた。

私は誓った。大学に入ったら哲学を、社会主義を勉強しようと。

だが四月まだ自分はデレッタントにとどまった。ベルグソンをよむ。

（『ドクロノート』文書一二九）

美術史、更にラスキン、モリスから歴史に対する理解、唯物史観論者の伊藤総司との論争で社会主義を、ベルグソン、ステルナーの影響をうけて哲学を学ぼうとして大学へ進んだと回想されているのである。歴史への関心から唯物史観に傾倒、マルクス主義へという例も、野呂栄太郎、羽仁五郎、服部之総ら、多くの事例が存在する。特に、後に『野幌部落史』の編さん作業に結実する留作の思想形成を云う点からいっても、興味深いことである。

しかし、高校在学当時の書簡や日記からみる限りでは、大学入学時の回想や『農村雑記』での回顧ほど、留作の社会主義への接近の過程や思想的関連は明瞭ではない。

高校二年の終盤に留作の思想転換が起こり始めていたことは、高校二年の二月下旬に書かれた封筒なし便箋八枚の内、一枚目と七枚目が欠けている野幌の家族宛の手紙に見ることができる。留作の高校生活の様子、家族にたいする留作の愛情や教育観が表出している部分を含めて引用しよう。


試験の方も私の努力さえあれば決して落第はしないと云う確信を得ました。

また新しい気持で新学期を送っております。のんびりした気持です。今夜、私は活動写真を見に行きました。それはあのオーバーザヒルという母の愛についての写真でございました。お手紙を拝見しましたのも活動見に行く途中でございました。

私は色々空想的な思索にふけっておりました。そして求めて居るものは極めて空漠たるものであったのでございます。

然も人生の目的は何うあろうとも又その意ギが何であろうとも私は生きていかねばならないのでした。

尤もこの「ありたい」と思う事は一寸むづかしい事です。

そして以前にあった全てのものを打破して新しいものを自分の心に築き上げます。例えば道徳だの善だの悪だのと言う観念等を自分から認めたものでなければみなすてゝしまう事です。然しまだ私のこの考えは幼稚なものでまた過渡にあることをもよく知って居ります。

私、時々、学校に出てるのがつまらないなどと思う事があります――こんな事訴えて見るだけやぼですけれども――そして不安な気持がします。即ち「こうやってはいられない」と言う気持です。〈中略〉

お母様やあなた方が何の様にして毎日を送って居るだろうと私は良く考えて見ます。するといつも爐辺や暖炉やランプ等がうかんできます。冬は一体、何をして居るんですか、淋しいでしょうね。

この手紙が着く頃はもう三月――節句ですね。皆おすしを食べて居る所。〈中略〉

私たちのすむ六畳の室、これだけが私を安らくに落ち着けて居てくれるのです。並柳へかえってもしんみりと春がよめる様な所は実を言いますとありません。この小さな六畳だけかと思うとわけなく淋しい気もします。然も天気のよい日には居たゝまらんので街の中をあるきます。然しそれも書物店に行く位なものです。

〈中略〉

お母様は内地が恋しいでしょう。然し私は北海道が恋しいのです。

ふきちゃんには書物をよませてあげて下さい。うんとね。特に今の小説家の作ったもの。私も時にお送したい等、考えますけれども。そしてれいちゃんには画をかゝせて下さい。童謡でも作ったら俺の所へ下さい。こう云う事は小供等の性質を決して悪い方には導きません。〈中略〉齢ちゃんは木で小さな細工物をやって見なさい。

こう云う小供等の小さな好みやそんなものが大きくなって大きな実をむすぶものです。〈下略〉

（文書五五）

高校三年の一月十四日からつけられはじめている『日記（生の綻び）』（文書一三四）には、プロレタリア、ブルジョアジー、階級などの言語が散見されるようになる。

二月七日、「夜三人で談ずる。自分は、大いに勉強して、プロレタリアートの科学において、彼らにおとってはならぬが、尚、革命的熱情においては特にさらである」。

文中の「三人」が留作、伊藤総司、小山静二である事は容易に想像がつく。

二月九日、「私も矢張りほろびゆくインテリゲンジャの一人であるか？〈中略〉私はなりうると思うのは、ニヒリストだ。消極的なニヒリストだ。私はブルジョアジーの支持者たる事は私の良心が許さない。私がプロレタリアートの味方であるために私の本能は弱い。そして私は、したがって第二の立場を求めねばならぬ。否そうすべくよぎなくされているのだ。社会的に無能なるプチブルジョア？　個人主義者であり、享楽主義者であり、逃避者である。たゞプロレタリアートによる破壊をまちつつある希薄なる存在である。吾々は主張すべき哲学を持たず、よぎなくされたる哲学を持つのみである。同時に生活においても又さらである。何よりも意志を欠いている。〈中略〉『独創的進化』をもって高校生の結論とする。ピューリタニズムをまもれ」。

二月一四日、「自分たちが自分からの意志によって学校へ出ていると思うのはあやまりであり、子弟が学校を（出きるだけ高級の）出て社会に出るのは知識乃至プチブルジョア階級にあっては〈中略〉階級的性質とその強制的勢力とかである」。

三月一日、「プロレタリア文学論は、私に反省をうながした。文学は資本主義時代においてブルジョアに対立して闘争する。プロレタリアはその生活において文学を享楽するいとまはない。そしてプロレタリア文学はたゞ闘争の手段として、宣伝として、ブルジョアにたいする憎悪、刺げきざいとして又、反抗、革命精神のこぶとして存在する。その場合、作家は何より第一に階級意識に目ざめねばならぬ。そして又、プロレタリアートであれば一番よい、しかしそうでなく、知しき階級出の者であってもよい。自分はかかる文学を革命文学と呼びたい。而してロシアにおいて文学は過去においてまさにこれではなかったか？　しかし我等は、望ましき革命の后において存するものは、も早階級闘争の宣伝ではない。その形態は今日において論ずる必要はない。かくの如き革命文学の出現こそ望ましい。

野心――なる言葉を浄化せよ

1、文学の社会的機能

2、個人（社会性を含んで）の創造衝動の結果として生じた文学。

三年間にまとまった仕事一つしなかった。全くの気まぐれの怠けものとしてすごした。しかし今度は、まとまった仕事をしよう。

高校三年の一月十四日以降の日記によれば、留作は寮同室で社会主義を勉強していた伊藤総司、また同期生、小山静二との議論により、ブルジョアジー、プチ・ブルジョアジー、プロレタリアートという階級対立と社会構造等を認識しはじめる。またトルストイ、ドストエフスキー、チェホフらのロシア文学の素地よりプロレタリア文学論に行き着き、知識階級としての革命意識、階級意識にめざめ始めたのである。かくて留作は懐疑と模索の高校三年間を反省しながら、「今度は、まとまった仕事をしよう」という決意で大学へと進学するのである。

なお、先の日記よりの引用中に「ピューリタニズム」の語があったが、留作の日記には聖書からの引用句や、キリスト教に関する記述が結構散見されることを報告しておきたい。

以上、留作晩年の回顧録『農村雑記』（一九三六年）における、東大入学直後の一九二七年（昭和二）一月十四日の「覚之書」、新潟高校二、三年次の書簡、日記の三種類の資料より、高校時代の留作の社会主義の下地や軌跡を探った。

が、結局、高校時代三年間の社会主義思想の留作への影響については、「手元にある大正十四、五年、高校三年頃の日記の中から社会科学への関心の兆しが見え出されはしないかと探しますが、美術史、美術論についての記事の外、トルストイ、チエホフ、クロポトキン、スチルネル、ベルグソン等々――その外随分読んだらしい――思想的迂路を辿りながら呻吟して居つたあとが見え、結極、虚無的な思索に沈滞し、既にその頃、高校生間に、動揺をもたらして居つた、社会科学研究熱に対して、傍観的態度を持して居つた様でしたが、思想的準備は一歩前まで出来て居つたかに想像されます」(『関矢留作について』)というマリ子の評価が正鵠を得ていると思われる。

この点で、新潟高校時代の留作の思想遍歴は、大正末、昭和初期の進歩的インテリ青年の一類型を典型的に表しているともいえる。

新潟高校での成績

留作の新潟高校三年間の成績は、次頁の表2-7のごとくである。三十数名中、一〇番から一八番、三学年を通じて、漢文、国史、西洋史、哲学概論、法律・経済、自然科学などの科目が八点以上、二年目から修身、国語、作文が八、九点と上昇している。

英語、独語は六、七点が多く、まあまあといった成績である。歴史、哲学、法律、経済の成績に社会科学者としての素地を、自然科学の得点にそれ自体は理系である農学への進路を、国語系の点数に後の文筆活動の底流をみることができるかもしれない。

なお、留作の新潟高校在籍中の本籍、親権者住所ともに「新潟県北魚沼郡広瀬村大字並柳二一地　関矢孫一」になっており、孫一については「叔父」と記されている。

休暇中は第二の故郷、広瀬村に

高校在学中の留作は春、夏、冬の長期休みは広瀬村並柳の関矢家に帰省している。広瀬村が留作、第二の故郷である事は変わらない。二年春休みの日記から少し引用してみよう。

表2-7　新潟高校での成績

年度	学年	学期／学科	修身	国語	漢文	作文	英一	英二	英三	独	国史	東洋史	西洋史	地理	哲概	心論	法経	自科	体操	総計	平均	席次／総数
大正十二年度	1	第一期	6	6	8	7	8	7	6	6	8			7				10+8	8	95	7	10／34
		第二期	6	6	7	7	7	5	6	7	7			7				8+7	8	88	7	18／34
		学年	6	6	8	7	8	6	6	7	8			7				9+8	8	94	7	11／31
大正十三年度	2	第一期	9	7	8	9	7	9	7	7		7	8			7	9	6	7	107	8	10／34
		第二期	8	7	7	9	7	7	7	5		6	8			6	6	8	7	98	7	15／32
		学年	9	7	8	9	7	8	7	6		7	8			7	8	7	7	105	8	12／31
大正十四年度	3	第一期	8	8	6	8	6	6	5	6			7		8	7	7		7	89	7	17／34
		第二期	8	9	8	9	8	6	7	7			6		8	7	7		7	97	7	13／34
		学年	8	9	7	9	7	6	6	7			7		8	7	7		7	95	7	17／34

二月二六日、アカベト会をひらいたけれどもだれも来なかった。矢張りあれに対して皆が熱心でない。そして而も之は、当然である。〈中略〉四月一日、桜井兄を訪づれる。奥さんにも面会した。『時計』をよろこんでうけて下さった。〈中略〉山が美しい。ザクザクした道をあゆみながら思った。杉の森は黒い影を作る。橋の下は濁った水が流れていた、矢張り自由であれ、何物にもとらわれてはいけない。『自由である事』よりも常により自由たらんと努めよ。〈中略〉四月二日、空がゴッホの描いた様に青い。輝しい太陽が光る。〈下略〉

（『ドクロノート』文書一二九）

新潟高校長岡会

新潟高校には長岡中学出身者による長岡会なる集まりもあった。高校三年の日記、二月二十三日条に次のように記されている。

夜、長岡会、実に愚成、彼らと調査を合してやりたいためにいくら酒をのんでもまづい。そしてよいはしない。

（『ドクロノート』文書一二九）

高校三年の一九二五年（大正十四）五月十二日の日記には、以下のように乱記されている。

今なすべき事は大学への準備、美術の研究は一時中止せよ〈中略〉英語、独語、やれ、猛然とやれ！　単なる手段にすぎぬけれども、やらないわけにはゆかぬ、以上は自分が何かを選ぶにしても、ぜひ、おまえを刺激するため、もう一言、言おう。人はみんなおまえの十倍も学力をやしなっているのだ。

（『ドクロノート』文書一二九）

そして、次の図が描かれている。

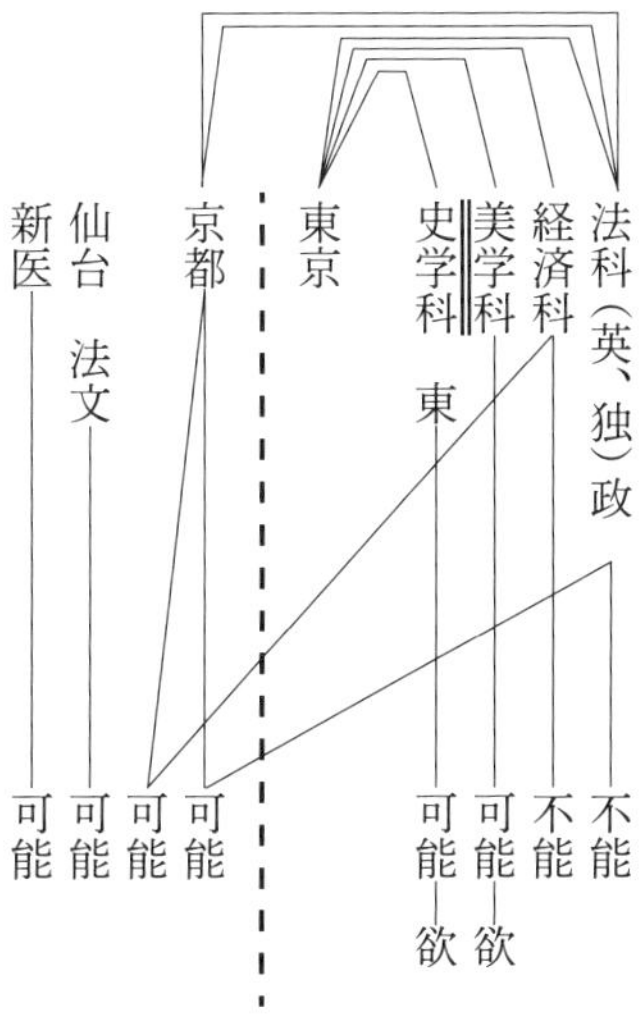

高校三年の四、五月の段階では、東京帝国大学文学部美学科と共に史学科東洋史専攻に強い関心があった事が判明する。しかし、志望学科は医学から法科、経済科を含め、大学も京都、東北、新潟医大までの幅を持って考えられていたのである。

留作に東京帝国大学農学部農業経済学科の進学を勧めたのは、留作の親権者になっている関矢孫一であった。以降の志望相談にも孫一があたっている。孫一の大地主としての存在が、アドバイスの背景にあったと思われる。留作がこれに対して農経を志望したのは、出世主義の否定、農村生活への願望と共に社会科学への志向があったと思われる。第一志望は法科ということで、留作も孫一も一致していたようである。

農業経済学科への志望決定の様子を留作の日記から追ってみよう。高校三年の一月十五日条、「孫一氏きたる。金四十円貰う。農経へ入る様に」(『日記（生の綻び）』文書一三四)。一月二十八日には「関矢氏から手紙をいただく。法学部は少ないから、うけて見ては如何といってきた。どうすればいいだろう。これではだめだ。農経にしよう。そして若しだめであったら、一年あそぼう。法学部入れる自信はある。四百人と一緒に入って一緒に学び、一緒に出るのはたまらない」(同上)。二月十八日に「農学部、三百二十人の剰余である。農家はどんなであろう。早く知りたいものだ」(同上)とある。東京帝国大学農学部農経学科志望の意志が固まっていたのである。

しかし、二月二十日には、「農業経済はだめになった。次に取る可き手段は、1、九州　法文、2、仙台　法文、3、京都　哲学、4、あそぶ　1、並柳　2、東京　3、北海道　4、小学校教師、自分の取りたい手段は、北海道で一年すごしたい。そして来年、法学部をうけてみよう。そしてだめだったら法文科、とはいへ、もうがっこうへ出ることが出来なくなっても悲しまない。自分の生涯は何であるか?それは知らない。けれども、白紙になる事、大学教授になり、会社の重役や、県知事になる事はごめんだ。〈中略〉とうとう東京農業経済にはゆけない事になってしまった。〈中略〉関矢氏へ手紙を出す事、農経がだめになった事、仙台、九州の法文を選ぶか、それとももう一年まつかを三つの中一つに決案をあほぐ事、三年間の不勉強と今度の不仕事をお詫びする事」(同上)とある。一旦は東京帝国大学農学部農経科志望は不首尾と判断されているのである。

ところが、二月二十三日の日記には、「農業経済　文科九名　北大三名　転科三名　計三十七名。まだ一脈ののぞみはある」(同上)という記述に続いて、恐らく孫一宛の手紙の下書であろう、以下のように事情が書かれている。

農経の方で理科志願者は少し不足でしたが文科志願者が多かったために試験がある事になります。まだその期日や科目はわかりませんが、三十名の所、三十六めい押しかけその中九名が文科志願者です。可成こんなんな試験です。どうしても入りたいというつもりでおりますが失敗した時にあわてないために、第二次のじゅんびをしておきます。(写真や願書等)東京にはもう全く入る余地はありません。ただ仙台に百八十名、九州に二百二十名、ほど余地があります。九州の方がより安全です。(東京に遠いだけ)。その他、京都にも少しよ地がありますが哲学と文科です。

東京帝国大学農学部農業経済学科に無試験で挑む予定でいたのか、志願者が多く入学試験が実施されるということになったようである。二月二十五日条には、「農経の試験の事も私の心を暗くする」(同上)と書かれている。以後の留作は三月三日に卒業試験を終え、五日に並柳の関矢家に戻り、十日、雪の中を列車で東京へ出発、十一日には渋谷に着いていた。続く十三日には、本郷の東京帝国大学へ行っている。入学試験は十七日、駒場であった。「よい天気、そして寒い、早く起きて試験場へ行く。のんきな試験でおちるのは二人である。十人の所八人とるのであるから。英語はわけなかった。駒場はよい所だ。〈中略〉入学できるかもしれない」(同上)と楽観的な希望が綴られている。

合格発表は十九日、「今日、入学が許された。家へ電報をかける。私はどうすればよいのか。農業経済学、私、駒場――おゝ絵をかかねばならない。これは私にとって一つの圧力となってきた。描け描け」（同上）と合格の歓喜がしるされている。二十五日、「早くおきて駒場へ発表を見に行く〈中略〉駒場の正面から入ったへんは大へん美しい、発表をみたらみんな入っているのだ〈中略〉」とある。受験者全員合格であったのである。

当時の東京帝国大学農経の入学試験について、留作入学時に農経の助手で後に教授となった近藤康男の証言がある。

学生には、農場実習は課せられたが実験はなく、学科目は自然科学と社会科学とが半々で、高校の文科卒業生にも門戸を開き、定員は三十名であった。実験設備が不要という関係もあって、多少超過志願者があっても入学試験をせず、全部入学させるといった具合であった。

（近藤康男「駒場における関矢留作君」、『北海道女性史研究』第二二号〈一九八七年〉より）

三月二日、新潟高校の卒業試験終了、翌四日、留作は所有品を整理、ノート、手紙、スケッチブックを含めて不要品を海岸で燃やしてしまった。

そして一九二六年（大正一五）三月、留作は第五回卒業生として新潟高校を修業するのである。第五回卒業生は一三一名（新潟高校卒業生番号、四五四～五八四番）、留作の卒業生番号は四八〇番であった。

第三章　東京時代

第一節　東京大学農学部（時代）

＊注――遺稿には、本来あるべき第一節が欠落している。第二章の流れから、留作の東京帝国大学入学と学生生活について記述される予定であったと思われる。

第二節　佐藤毬（マリ）子との結婚

第一項　マリ子の生い立ち

佐藤家の家柄

留作の妻マリ子は一九一〇年（明治四十三）二月十五日、佐藤貞雄、マツの六男三女（四女？）の末子として、新潟県刈羽郡北条《きたじょう》村大字北条一二六六地（現、柏崎市北条町）に生まれた。なお、マリ子の戸籍名は〈毬子〉となっている。留作と婚約、結婚時の一九三〇年（昭和五）からの数年間は〈まり子〉と署名して、留作死後の一九三六年八月十三日に出版された『関矢留作について』では〈マリ子〉と記している。〈毬子〉を嫌って〈マリ子〉と記したのは、

「たま子」と読まれるのを嫌ったためだろうといわれている。なお、息子の関矢信一郎建立の墓銘には〈毬子〉と刻まれている。本書では以降、故人が亡くなるまで使った〈マリ子〉を使いたい。

母マツは飯塚家十代目、飯塚弥兵衛の娘であり、関矢孫左衛門の姪にあたる人であった。後年、マリ子は以下のように記している。

編んだお下げに桃色のリボンを結んでいた頃だったから、十くらいだったと思うが、生家の仏間の経机の引出しから、紙に包んだ髪の毛を見付けた時のことを今また思い出した。ほの暗いろうそくの光に浮んだ赤ちゃけた髪の毛に異様な恐怖を感じて、母のところへ飛んでいった。母の説明によれば、北海道の叔父さんの髪の毛ということだった。母は関矢孫左衛門の長兄の末娘だった。孫左衛門は関矢の養子に行ったが、その生家と私の家はずっと昔からの親戚で、その髪の毛は母の嫁いで来る前から仏間に潜んでいた。明治維新の動乱を越後地主の若主人として迎えた孫左衛門は大分働いた。維新前から「志士」となり、農兵を組織して官軍の先導隊となったり、皇居の守衛に一役を受持ったり、そうした血気盛んな頃に、形見のつもりで切った髪を親しい家に少しずつ持参したらしい。私の見出した一握りもそれだった。

それからは、私には北海道はいつもうすきたない髪の毛に結ばれて、「内地」の少女達の、羊や牛の群れている牧場やすずらんの北海道の観念とはおよそ縁遠いものになった。そして、ものずきで、少々やばんな感じのするという孫左衛門についての母の印象がそのまま先人主となって〈下略〉

（『吾がふるさと』第二号、一九五一年七月刊）

と書いている。

広瀬村並柳の関矢家、柏崎市新道の飯塚家と新潟県三島郡片貝村（現、小千谷市片貝）の佐藤佐平治（当主は代々、佐平治を称する）家を本家とする佐藤一族とは長年、婚姻関係を続けてきた間柄であった。例えば、関矢孫左衛門の子の並柳関矢家・橘太郎の後妻は、片貝の佐藤佐平治の長女チエであり、先妻の子・孫一の妻は佐平治六女の由美である。橘太郎と先妻の娘の貞子が、北越殖民社四代目社長・飯塚知信の妻である。佐藤貞雄は関矢孫左衛門と同じく南条村の南城塾で学んでおり、この点からも北条佐藤家と並柳関矢家との関係の深さが伺われる。北条佐藤家と新道飯塚家は長年、姻籍関係を続けてきた家同士だったのである。

北条新道は現在、柏崎市に編入されている。往時は、北陸道の宿場町・漁村としての柏崎に対し、距離はわずかで方向も異なるが、内陸部にある北条、新道はそれぞれ独立の村落を形成し、豪雪地域、農耕地区であった。豪雪、農耕地帯という気候・風土条件から、北魚沼郡広瀬村との共通性を指摘する意見もある。

北条村は中世末、戦国大名・上杉謙信麾下の武将で、謙信が関東進出の拠点とした厩橋《まやばし》城（前橋市）の城代をつとめた北条丹後守高広の居城、北条城の城下町として栄えたところであった。北条氏は鎌倉幕府創設期の重臣、大江広元を祖とし、広元の孫・毛利経光（広元が相模国愛甲郡毛利庄を領したことから、毛利を名乗るようになった。なお、有名な中国地方の戦国大名・毛利氏も同族である）が越後国佐橋荘（南条）に下り、北条毛利氏の祖となった。その北条毛利氏の十一代目が、北条高広なのである。

北条城址の城山と、その眼下を東から南に迂曲する長鳥川の間に北条の集落が形成され、現在も町内には四日町、七日町、八日町、十日町などの地名が残っており、当時の繁栄を知ることができる。北条町の神社数は、一九〇一年（明治三十四）の調査では村社四、無格社五一の計五五社で、刈羽郡内第一であった。一九七一年（昭和四十六）時点でも三一社が存在していた。寺院は一九七一年時で曹洞宗が三カ寺、真言宗四カ寺、浄土真宗三カ寺、日蓮宗三カ寺、時宗一カ寺、浄土宗一カ寺の計一四カ寺がある。

尼寺は明治初年頃まではほとんどの部落にあり、一四の数をかぞえたが、逐次、無住となり、一九七一年には四庵だけになっている。この年の北条町の戸数は約一八〇戸であり、六宗、一四カ寺というかつての寺院数に、北条氏の城下町として人々や物資が集積した往昔の繁栄をしのぶことができる。

北条村は一八八八年（明治二十一）四月の市町村制公布に伴い、翌一八八九年四月一日に旧来の本条、北条、東条の三カ村が合併して成立した。さらに、この時に成立した小澗村、広田村、長鳥村、南条村の四カ村を一九〇一年（明治三十四）十一月一日に合併し、新村の北条村となったものである。当時の戸数は一二二三、人口七六六五人であり、役場は東条におかれた。

佐藤家は、北条村の大地主であり名望家であった。北条の八幡神社、石井神社に伝わり、毎年九月十五日に挙行される灯籠揃の神事における世話役六家の内の一家で、四日町の世話役の家であった。マリ子が在学した柏崎高等女学校の学籍簿の資産の項には、不動産約九〇〇〇円、納税額二四七万九七六〇円と記入されている。

佐藤貞雄は一八六〇年（万延元）八月十五日、北条村町方の庄屋・佐藤家に生まれた。南条村の南城塾で勉学し、その後東京に遊学した。帰郷して旧北条町の戸長をしていたが、一九〇一年（明治三十四）の町村合併による北条村の誕生に際し、第一回の村会議員となり、以後もその職にあったが、後に郡会議員となり郡会議長もつとめた。

一八九三年（明治二十六）、県会議員選挙に改進党より立候補して当選、一八九五年の半数改選の時にも改進党から立候補して当選した。一八九六年、進歩党の結成に伴い、新潟県下の改進党系の越佐会は解党して進歩党新潟支部を結成した。一八九七年の県会議員選挙には進歩党から立候補して当選。一九〇八年（明治四十一）五月十五日に実施された衆議院第十回総選挙に、憲政本党から立候補して当選した。

この間、一八九七年（明治三十）の柏崎・長岡間、当時の北越鉄道開設の際は北条駅の設置に尽力、一八九八年には畜牛組合を組織してアメリカより種牛を導入して畜産につとめ、一九〇三年四月五日、柏崎町下町に東源石油株式会社（資本金七五万円）を創立して取締役社長となった。没したのはマリ子四歳の時の一九一四年（大正三）十一月二十五日である。

翌日の『新潟新聞』では、「佐藤貞雄氏逝去」の見出しで次のように報じられている。「刈羽郡前代議士佐藤貞雄氏は病気にかかり新潟医学専門学校に入院治療中なりしところ昨日午後四時逝去せらる。氏は県下の名望家にして常に公共事業に尽瘁《じんすい》し専ら地方開発に力を致し居られるところ今や□亡易責せらる。誠に惜むべし」（□は判読不能――船津注）。佐藤家もまた大地主であるだけでなく、社会事業に参加し、政治に関係する地域名望家であり、所属政党が改進党系であることも、関矢家、飯塚家と同様であった。

なお、佐藤貞雄から二代後（孫）の北条佐藤家を継いだ佐藤稔も、一九四七年（昭和二十二）より一九五九年までの十二年間、北条村村長をつとめている。

幼少期のマリ子

マリ子誕生の様子と子供の時の状況は後年、姉の礼子によって次のように回顧されている。

あなたが生れる瞬間に卵割って黄味だけなれない手つきで小皿に取って母の枕元に持って行って上げた。間もなくあなたの産声を聞いて千稲さんの外、弟ばかりの中に女の子の生れた事をどんなにうれしく思いましたでしょう。五つ頃までは普通の女の子と同じに育ったようでした。父の亡き後、私が生まれて丸一カ年たゝない廉平をつれて柏崎に帰って来たら、あなたは子どもとしては随分癇の強い、そうして折にふれ鋭く頭の働く子になりました。何か一寸叱られても自分がもしやらない事とか思って居る事と異った事を叱られた場合になか〳〵泣きやまないで困りました。月の時、秋（私はいつも廉平故にあなたを僻ませてはならな

表3-1　マリ子の北条第一尋常高等小学校の卒業成績

科目	修身	国語			英語	算術	歴史	地理	理科	図画	唱歌	体操	裁縫	総計	平均	成績順	身体	品行	賞	罰
		読方	綴方	書方																
点	10	10	9	6	／	8	9	10	8	7	6	7	7			2	健康			

出処）新潟県立柏崎高等女学校「学籍簿」より作成。

いと私成に可く叱らないようにして居ったのでしたが）、何かの事を一寸叱ったら泣き出してどうしてもだまらないあなたを、おんぶして裏の方からあっちこっち歩きながらいろ〳〵いって聞かせた事、其時、土蔵のカベにうつった私の鮮かな影と肌にしみとおるような秋の冷気を今マザ〳〵と覚えています。

（一九三一年〈昭和六〉十月十七日、増田礼子よりマリ子宛、文書二三六）

マリ子は癇が強く、頭の鋭い子供だったのである。

一九一六年（大正五）四月、マリ子は北条村立北条第一尋常高等小学校に入学した。同校は一八七三年（明治六）六月、第四中学区第九番小学北条校として北条村普広寺に開校。一八八二年三月に北条村四日町に校舎を移転、一八八五年に高等科北条小学校と改称、一八八七年一月に学制改革により尋常科北条小学校と称した。一八九二年四月に北条尋常小学校、一九〇七年（明治四十）三月にはすでに一八九七年に開校していた北条高等小学校を合併し、高等科を併置して北条第一尋常高等小学校となったものである。現在の北条南小学校が同校の後継であり、マリ子通学時の北条第一尋常高等小学校の跡地は現在、保育園になっている。

一九二二年（大正十一）三月二十五日に北条第一尋常高等小学校を卒業したマリ子の成績は、表3-1のごとくである。卒業生三二名中の二番である。修身、国語（読方、綴方）、歴史、地理が九点以上、唱歌が六点であるが、書き方が六点であるのは予想外である。身体は健康と記入されている。旧家、大地主の娘としての躾と後年の文筆活動、社会科学への志向の素地の一面をみることができるかもしれない。卒業後、マリ子は柏崎町の新潟県立柏崎女学校に進学する。

佐藤家と縁が深い水月庵の横田仙慧尼僧は、北条村と佐藤家について次のように話してくれた。

北条は北条高広様の城下町で寺町でもあった。南の今熊から北の東長鳥まで、一里（四キロメートル）の長さがあるのが北条村である。豪雪地帯で、昔は十二月に入ると雪が降り始め、二メートル六、七〇センチメートルから三メートルぐらい積もり、五月初めまで雪が残っていた。昔は屋根の雪を道に捨てた。玄関から斜め上に段をつけて道に出るのだった。今は自動車が通るので道はブルドーザーで排雪し、屋根の雪は庭に積まなければならないので大変だ。一九八〇年（昭和五十五）頃から雪が少なくなったように思う。北条村は一毛作の米作地帯である。最近の農家は、米作りよりも柏崎、長岡、直江津の方面に勤めに出ている。列車か自家用車で通勤し、長岡まで汽車で四〇分くらいでいける。

現在、北条駅の前を通っている循環道路は、柏崎市に合併した一九七一年（昭和四十六）頃にできた。それまでは、佐藤様の西側、水月庵の前を通っている道が主要道で、自動車もここを走っていた。佐藤様の南前を東に伸び、北条駅に通じている道も昔からあった。ただ長鳥川にかかっている橋はもっと低かった。子供達は神社の境内や長鳥川の川辺と城山に登って遊んだ。マリ子様もそうだった。

佐藤様は土地の旧家で大地主だった。現在残っている門を入ると、もう一つ瓦屋根の塀があり、その中門を通り母屋へ行くのだった。ふとん蔵や味噌蔵や細工小屋があった。細工小屋には道具や薪がおかれていた。裏にはこけの庭園があり、池と茶室があった。

大地主は「旦那さま」と呼ばれ、旦那衆だけでつきあっていた。北条の佐藤様、新道の飯塚様、並柳の関矢様もそういう関係だった。佐藤様に旦那衆がきた時は、柏崎の平井屋から魚をかごで運ばせ、北陽軒という料理屋から主人が来て料理をつくるのだった。関矢様が質実なのにくらべれば、佐藤様はどちらかといえば派手な感じだった。旦那衆も戦後の農地解放で没落した。
柏崎の女学校に行くのは大地主や僧侶、神官などの娘さんぐらいで、ごく限られていた。北条駅から汽車で柏崎にかよった。つぎの階層の娘たちは、長岡の裁縫学校に行った。北条から長岡まで汽車で一時間一〇分ぐらいで行けたと思う。

柏崎高等女学校に入学

一九二二年（大正十一）四月六日、マリ子は新潟県立柏崎高等女学校（現、新潟県立柏崎常盤高等学校）に入学した。入学番号は第一二三五号である。入学試験の成績は、国語の講読一九五点、同作文・文法九二点、数学一三〇点で総計四一七点、平均八三点、成績順は入学者一五〇名中の六〇番であった。

一九三一年（昭和六年）の同校の同窓会員名簿をみると、マリ子と同期卒業の第二十一回卒業生一三九名中、北条町出身者はマリ子を含めて三名、同じく北条村出身者は前年の第二十回卒業では卒業生九一名中三名、後年の第二十二回卒業では一二四名中四名である。当時の女学校への進学率を伺い知ることができる。もっとも、新潟県の農家にとって子供は重要な働き手であり、教育自体にあまり関心がもたれず、とくに女子教育には不熱心だったといわれている。

柏崎高等女学校の前身は一九〇〇年（明治三十三）七月、柏崎の護摩堂で開校した北越女学校である。北越女学校は一八九八年、下田歌子を中心に結成された帝国婦人協会の支部で、一八九九年九月四日に設立された北越支会のメンバーを中心に設立されたものである。北越支会の有力メンバーの中には、佐藤家、関矢家と関係の深い、新道の飯塚聴（飯塚引一郎夫人）、石地の内藤さが（内藤久寛夫人）の名をみることができる。日清戦争後の好況と国民意識の高揚、さらには西山油田の開発等による柏崎町の好景気が、女学校設置の背景にあったといわれる。

一九〇三年（明治三十六）四月三十日、北越女学校は刈羽郡立高等女学校として認可され、一九〇七年に県立に移管された。新潟、長岡、高田、新発田についで県下五番目の県立高女であった。一九〇五年に〈従順・忍耐・貞操〉の三徳目が校訓として創定された。一九二三年（大正十二）、三徳目が〈貞淑・質実・力行〉に改められた。時代に即応して積極性をもたせたためといわれる。これ以降が柏崎高等女学校の発展期といわれる。

マリ子が入学した一九二二年より一学年三学級で四学年、一二学級編成となり、各学年の三学級は松、竹、梅と名づけられた。当時の服装は、通常服として筒袖の木綿服、礼服としては筒袖の黒木綿、白紋、白襟、白足袋を用い、下にえび茶袴をつけ、裾上九センチメートルあたりに幅九ミリメートルほどの白テープを一本入れた。髪型は銀杏返し、桃割、束髪といういでたちだった。

一九二三年（大正十二）より夏期だけ洋服となり、帽子《ソフト》、靴の着用となった。上級生は希望者のみであったが、一、二年生は全部、洋服となったのである。この夏服は学校で上級生がつくったもので、当時は「弁慶縞の洋服」といわれたものである。冬服が洋服となったのは一九二五年度入学の一年生からであった。色は、夏服が群青色の毛織、冬服は紺サージで、何れも丸襟のものであった。修学旅行は一九一四年までは主として県内旅行であったが、一九一五年に会津、日光へ、一九一六年からは関西旅行が始まった。

柏崎高女での成績

マリ子の柏崎高等女学校での学業成績は表3-2（三四一頁）の通りである。全校一四〇数名中、一～三年次は一四番、四年次は一一番という抜群の成績である。郡部の北条村出身が影響したと思われる六〇番という入学成績をはねかえして一年目より頭角を現わし、卒業年次の四年目には一層、勉学が進んでいるのである。英語、歴史、地理、理科は、四年間をつうじて高得点を維持し、四年次科目の法制・経済と教育も高得点である。修身は学年が進むに従って点数が高くなっている。

音楽が不得意なのは相変らずで、手芸、裁縫、家事も七〇、八〇点台である。国語は高得点とはいえず、北条の小学校の成績と同じく作文・文法の点数が低めなのは、後年のマリ子の文筆活動を知る者にとっては意外である。あるいはこの頃の文章は、いわゆる美文調のものを標準に判定されての結果とも考えられる。

なお、マリ子は三年在学中の一九二五年（大正十四）に母マツを亡くしている。三年次の忌引時間数の二四は、これを表していると思われる。

表3-3は、操行評価である。一年次で記入されているのは性質の温和だけであり、四年間同じ評価であることは、生前のマリ子を知る全ての人が首肯できる点であろう。注目されるのは二年生の時に「普通」の評であった言語、思慮、意志と、「捷敏」の記入のある頭脳が、四年卒業時には、言語は「明瞭」、思慮は「深」、意志は「強」、頭脳は「明敏」と、いずれも明快で高い評価に変わっていることである。評価の高い性格、個性点に反して、概評は一年から三年までの「甲」から四年次には「乙」に落ちている。「態度ヨロシ」とされた美風も二年次の記入だけである。このことは柏崎高女の四年生の時期に、成績の良さに加えてマリ子の個性が確立してくることを証明していると共に、その自我の成立が社会主義思想への傾斜を内容としたものであったことを伺わせるのである。

表3-4によれば、女学校四年春のマリ子は身長五尺五分（約一五二センチメートル）、体重一二貫三〇〇匁（約四八キログラム）である。小柄だったマリ子の姿をみることができる。なお学籍簿には、親権者氏名として母・佐藤マツ、慶応三年二月十二日生と記され、本籍及び現住所は「北条村大字北条一二六六地　稔祖母」とあり、族籍職業は農、家族は「母叔母一兄二甥二姪〇」となっている。マリ子自身の本籍及び現在所は「北条村大字北条一二六六地　稔叔母」とある。マリ子の兄、佐藤淳蔵と片貝佐藤家のヤマの息子が稔である。父貞雄の死後、マリ子にとっては甥の稔が戸主となっていたのである。保証人は近藤友一郎、慶応三年六月四日生、現住所は比角《ひすみ》村、

表3-2　マリ子の柏崎高等女学校での学業成績

修学年月	学年＼科目	修身	国語 講読	国語 習字	国語 作文文法	英語	歴史	地理	数学	理科	図画	家事	裁縫	音楽	体操	手芸	法制経済	教育	総計	平均	成績順	及落	教授時数	出席時数	欠席時数 病気	欠席時数 事故	忌引時数	出席百分率
1923. 3	1	80	87	80	78	90	92	94	92	91	81		85	67	78				1095	84.2	14／150	及	1140	1099	22	19		96.4
1924. 3	2	86	78	78	78	98	93	90	90	93	82		84	75	85	77			1187	84.8	14／147	及	1138	1068	40	30		93.8
1925. 3	3	92	83	76	85	96	97	92	89	96	81	83	82	72	88	72			1284	85.6	14／144	及	1100	1075	25		24	97.8
1926. 3	4	97	89	77	77	98	93	95	87	95		88	84	67	86		89	92	1314	87.6	11／137	及	1134	1109	11	14		97.0

出処）柏崎高等女学校「学籍簿」より作成。

表3-3　マリ子の柏崎高等女学校の操行評価

学年＼操行	言語	動作	思慮	意志	頭脳	性質	美風	嗜好	偏僻	其他	□□	身体上ノ欠損	概評
1						温和							甲
2	普	稍遅	普	普	捷敏	温和	態度ヨロシ						甲
3		同			同	同							甲
4	明瞭	普通	深	強	明敏	温和							乙

出処）柏崎高等女学校「学籍簿」より作成。

表3-4　マリ子の柏崎高等女学校の身体表

学年＼種別		発育 身長	発育 体重	発育 胸囲	発育 概評	栄養	脊柱	視力、屈折状態 左	視力、屈折状態 右	色神	眼疾	聴力	耳疾	歯牙	其他ノ疾病異常	監察ノ要否	本人ヘノ注意	備考
1	春	4.77	8.300	2.10	乙	乙上	正	1.5	1.2		ナシ			ナシ				
	秋																	
2	春	4.90	10.250	2.34	乙	乙上	〃	1.5	1.5	正常	ナシ	サハリナシ	ナシ	ムシバナシ	ナシ			
	秋																	
3	春																	
	秋																	
4	春	5.05	12.300	2.42	乙	乙	正	2.0	2.0	正	ナシ	ナシ	ナシ	ナシ	ナシ			
	秋																	

出処）柏崎高等女学校「学籍簿」より作成（「発育」の単位は尺貫法）。

族籍職業は薬種商である。

一九二六年（大正十五）三月二十四日、マリ子は柏崎高等女学校を卒業した。卒業番号は第九九六号である。マリ子自身は東京の女子大への進学を希望したが、家族の同意を得られなかったと後年、述べている。女性に高等教育は無用とする当時の社会通念、末娘であることに加えて先に推量した社会主義思想へのめざめを家人に警戒されたのかもしれない。結局、女学校卒業後のマリ子は、北条村の実家ですごすことになる。

社会主義思想への傾斜

後年、マリ子は以下のように記している。

女学校に行くようになって、私は地主の娘に矛盾を感じるようになり、その反動からか資本論などを読むようになりました。そのころ新潟県内では小作騒動が絶えなかったので、刺激されたのかも知れません。農家の娘といえば、地主の家に奉公に上がるか、長野県や愛知県の紡績工場に働きに行くのが常でした。そんな中で小作人からの上がりで暮らす地主、働かないその娘、ということで罪意識みたいなものがあったんでしょう。また、娘時代によくあるマドロス的なロマンチシズム、だんだん左に寄っていきました。家人に隠れて農民組合の人たちと連絡をとったり、村では地主の〝赤い娘〟で有名でした。

（上田満男『わたしの北海道――アイヌ・開拓史』すずさわ書店、一九七七年）

北条、水月庵の横田仙慧尼も、以下のように話してくれた。

「女学校を出る頃からマリ子様は社会主義思想に傾倒し、〈佐藤様の赤いお嬢さま〉として近所では有名でした。マリ子様は末娘としてかわいがられ、女学校を出た時は旦那様も奥様も亡くなられていたので自由がきいたことと思われます。マリ子様は、岡島トイという同年輩の佐藤様の女中さんと分け隔てなく付きあい、仲の良い友達のようでした。二人で農民組合の人たちと密かに連絡をとったり、集まりに加わって議論したりして、社会主義運動の情報を知ろうとしていたようです。北条村の農民組合の中心の一人は横田省平といって、マリ子様はこの人と連絡をとっていたらしい。集りを持った時は、ぞうりを着物の帯の背中のところに挟んでおき、何かあった時、すぐに逃げられるようにしているのだといっていました。佐藤様は大地主で村の有力者の家なので、駐在の巡査もマリ子様のことは見てみぬふりをしていました」

留作とマリ子の結婚を前提としての文通は、留作が東大を卒業した一九二九年（昭和四）四月の下旬からである。それ以後のマリ子の留作宛書簡の中から、北条村や新潟県の農民運動の状況、マリ子の関わり方や考え方、社会主義への接近の様子が書かれているものをいくつか引用しておこう。長くはなるが、一九二九年の世界大恐慌以降の不景気、社会運動の昂揚期の一村落における情景としても貴重な史料だと思われる。

一九二九年（昭和四）六月十四日付、マリ子から留作宛

全農刈羽支部のリーダ格の男〔五、六字欠――船津注〕昨日、彼はこの村に七八月頃、支部を作るため今大変いそがしいと云って居ました。没落しきった小地主の息子で病身の両親と妻を養うために長岡の株式取引所へ勤める傍、運動に参加して居るのです。〈中略〉弟は全農の上越支部の書記をやって居ます。彼等は表面、

大衆党を支持して居りますけれど三宅一派のダラ幹に非常な反感を持って居ります。彼の最近の経験によると山村へ入れば入る程、革命的分子が多いと云って居りました。ある村の支部の発会式で彼に一人の百姓が「日本には何時、革命が起るんだろう」と第一のしつ問をしたそうです。北条村の大衆党員、四十七名のうち〔五、六字欠――船津注〕のスローガンを是認して居るカクコたるものが六人も居るとほこらしげに云って居りましたっけ、私がなにか仕事があったら見つけて下さいと云ったら、一笑に付して中々会《ママ》手にしてくれませんでした。そんな華やかなものぢゃないと云った調子で、具合がよい事に、その男は私の家へ来る尼さんのおいですから、そんなに彼等に接近する事が困難でもないかと思いますけれども〈中略〉それから近いうちに曽田さん（あなたの同志の方の妹さん）に会ってみたいと思って居ります。曽田さんもお兄様の感化で大分、赤いらしい人です。柏崎の麻工場の女工の一人にとてもテッテイした娘さんが居るそうです。石黒国男さんのマダム（女学校、私達より一級下）も、赤ん坊があるんですけれど石黒さんの感化で正式の党員だそうです。

（文書九二六）

「上越支部の書記」が横田省平であることは、次に引用する留作、マリ子の手紙交換で判明する。「私の家へ来る尼さん」は、現在の水月庵の横田仙慧尼の先代の方だと思われる。

一九二九年（昭和四）十月二十三日付、留作からマリ子宛

新潟について云えば、横田君（同君にあうことがあっても私のことは云わないでいてほしい。私はあの人の政治上の活動の大部分を知っています）が、労農青年同盟のことで大衆党の幹部と対立し、八月におこな

われた大衆党の大会で上越書記（全農）を解任になりました。
（文書三一九）

一九二九年（昭和四）十一月八日付、マリ子から留作宛

上越の書記を解任された横田さんは私の知って居る人の弟です。一回も会って話を聞いた事はありませんが、方々に飛び歩いて居った人だそうです。

刈羽郡に高田村と云う所がありますが、この村はずっと以前から、小学校の統一問題で苦しんで居ります。反統一派の子弟は（二百五十名）、半年以上も盟休を続て居るそうです。しかし、その代表者である地主は、子供を持って居ないか、又持って居っても、附近の町村へ適当な方法で通学させて渦中へ子供を投ずる事をさけて居るのは事実です。村内の有力者達の感情的な対立に煽動された小作人達は結極《つまり》犠牲にされて居るのは誰れでもない自分達だけだと云ふ自覚を持つ様になり、したがってそれは階級的な問題として取り扱れはじめたと云う事は当然すぎる程当然な事でしょう。そんな事のため学校問題批判会とか何かと云って新たに進展して居るらしいです。この問題で随分、手こずった県当局の神経を又いらだゝせるでしょう。これが面白く進んで第二の農民学校でも出来たらすばらしいのですが（木崎村の様に斗争になれて居ったらいゝのですけれど）。

婦人はどんな風に組織されて、どんな風に活動して居りますか、あなたの御覧になる範囲に於て、くわしい事をお知せ下さい。
（文書九二六）

一九三〇年（昭和五）一～五月頃、マリ子から留作宛

その人は北海道の小樽で旧労農党員として長らく働いて居った人で、その事はくわしい事は知りませんが、今村へ帰って戦旗の支局をやって居るのです。二十部ばかりしかはいらないそうですが、だん〴〵これを中心にして組織して行くと云って居ります。その人の奥さんと私は友達です。そんな事から私に物質的補助をしてほしいと云って手紙をもらいました。私、本のお金はなるべく姉にもらわない事にしておくのです。それは、本が私を環境からひきはなすと姉は思って居りますから、（それは全くです）私が本代を請求するのをあまり好まない事を知って居りますので。それを私は今までお裁縫の内職をやって居りました。呉服の小売り屋を通して田舎のお上さん達は急がしくて縫物までに手の出ない人達が多いし、それから、若い時、工場なんかへ行って全然、針の持てない人も中にはありますので、仕物もないでもありませんでした。それに冬になると、女工さん達が帰へって来て一年中、汗と油で働いたお金で、若い青春の美を――ほんとうにかすかに残って居る。あとはみんなやつらが搾り取ってしまうのですから――あらわすためほんのつゝましやかな欲望をみたすために買った木綿の美しい反物や資本家の不払賃銀のゴマカシに貰ってかえる、アヤシゲな光りのする人絹物などで以前はすこしは、はんじょうしたのですが、不景気は私までおそって、只今、完全な失業状態におかれて居りますため、ほんとうに好ましい小さな役目を十分にはたす事も出来ないで居るのですが、そのうちに賃仕事をして戦旗の支局を支持したいと思って居ります。〈中略〉横田省平氏の（一行近く欠字）今、富山のラミー工場（?・）の争議を指導して居ると云う話。兄の方は三宅正一と正面しょう突をやって、大衆党を脱退しました。そしたら、三宅氏等は小児病だとか何とか中傷して、全農をも除名してしまったとずい分、ふんがいして居りました。

（文書番号記載なし）

一九三〇年（昭和五）二月二十日以降、マリ子から留作宛

社民と民政党のあまり区別がつかないという事は私達の村の百姓ですら気ずいて居りました。第三区ですから、無産党から細野三千雄氏（大衆）と猪俣浩三氏（隣村出身の弁護士、網島一派だそうですね、日本民衆党って、社民と一つらしいのですが）がたちました。〈中略〉この村は意識的には非常におくれて居る様で、それというのも階級対立のはげしくない事も原因かも知れませんが、それも、私にははっきり解りませんが、自作兼小作農よりも、純すいの小作の方がずっと多いらしいのです。そして農業労働者（全くの）は附近にかなりあります（新平民）他村にくらべて、小作料は一般に高いそうです。平均、半々らしいです。（そういう事を根ほりはほり聞けない地位をかなしく思います）。

それよりもいい斗士がなくて組織されて居なかったからでしょう。前の横田氏の運動はなんにもならなかった事は今度の選挙ではっきりわかりました。〈中略〉村からは、細野十三、猪俣四十五がでました。この前の網島氏の時は百票から出たのでしたが、横田氏兄弟が大衆党を脱し、二人共、村におらなくて、彼等のまいた収穫がたったこれだけ、村全体で千五百票からある村ですが。民政党が千以上でまた、関矢様は四十、政友会の前よりもずっと少なかったわけは〈下略〉

（文書九三三）

第二項　マリ子との結婚

結婚までの経緯

マリ子は後年、留作との結婚経過を次のように記している。

両家〔佐藤家、関矢家――船津注〕では、なんとか娘の赤化と息子の左翼運動をやめさせようと必死でした。当時の流行語でいえばマルクスボーイにエンゲルスガール。いっそのこと二人を一緒にしたら、やめるかも知れない、大人の陰謀です。昭和五年に結婚して孫左衛門が開いた土地会社「殖民社」がある野幌に来たのです。

（前掲『わたしの北海道――アイヌ・開拓史』）

留作とマリ子の婚約時代の現存する交換書簡は、三二通残されている。二人がいわゆるお見合いをしたのは一九二九年（昭和四）四月、北条の佐藤家であった。以下は、同年四月下旬頃と思われる、マリ子から留作に宛てた最初の手紙である。

最初のお便り繰り返しくり返しお読いたしました。

御言葉の一句一句が沈滞し切って居る今のいえ、今までの私をむち打ちます。

私は私へのあなたの英雄的な！御行為に対して、結婚という形式に於て私の環境を整理して下さるという犠牲的な御好意の前にもっと〳〵と考えなければならなかったんで御座います。〈中略〉

あなたはあなたの多く同志の方々が結婚によって運動がかえって執ようになったと云う実例をお示めしになった。併し私だけは例外なんだ、新しい環境に適応して新しい力が生れ出ずる。併し私だけは……と云う風にです。そうした場合、私は全無産階級運動に対して一つの罪悪をおかす事になる。〈中略〉私は、左翼の再建に邁進される一分子としてのあなたが如何にあなたの全エネルギーを有意義に消耗されつゝあるかと云う事を考えただけで私はもう充分なんでございます。

留作とマリ子両人は、左翼運動を中心軸として結びつけられていくのである。しかしそれは当然にも関矢家、佐藤家の望んだものではなかった。「私、姉からよく御説教を聞されます。関矢様の皆様、及び姉もあなたがより『悪化』なさる事を恐れていらっしゃるようです。そして、結婚と云う形式によってあなたの自由をソクバクしようと企図されつゝあると云う事は私にもわかります」(一九二九年八月頃か、マリ子から留作宛)。関矢家にとって、マリ子との結婚によって留作の左翼運動からの脱却の可能性が期待されていたのである。もちろん、留作は左翼運動との関連でのみ、マリ子との結婚をとらえていたのではない。

結婚生活のためには単にお互にマルクシズムを信じているだけで充分ではない。又、そうした行動をともにしているだけでもまだ不充分だ。(勿論それらのものは、結婚によって強められなければならぬのですが。)私生活の領イキ(個人の経済生活や、更に性生活等)に於ける一致がなければならない。我々は、結婚に対する準備のために、それ等の方面を問題としなければならない。(勿論ここで単純な恋愛や、ないしは性交のことを語ろうとするのではありません。)そしてこの方面は矢張り僕から切り出すべきでしょう。この方面は更によく調査して次々と相談したいと思います。

(一九二九年六月頃か、留作からマリ子宛)

留作とマリ子の婚約関係は一応、順調に進んだようである。一九二九年(昭和四)六月九日から同十一日まで、マリ子は姉と一緒に並柳の関矢家に挨拶にいっている。「並柳って何んてすばらしい所でしょう。あんな美しい自然の中に、少年時代を、お過しになったあなたがおうらやましく存じます。写真で見るスイスの景色見たいです。美しい山、青い水、最近よんだ何にかの小説の中に『故さとをようらんの地としてでなく、斗争の戦野として考へる』と云った様な言葉と、あなたの事を考へ合せて変な気がしました」(一九二九年六月一日、マリ子から留作宛)と並柳の印象をマリ子は記している。

この間、留作は五月二十四日から六月十日まで一八日間、拘留されている。事情はつぎのごとくであった。

今度、私は自分の過失のために優秀なる同志の一人を敵の手にわたしてしまった。私は警視庁が、数名のスパイを私の近ぺんに住ませて、私の一切の生活をカン視していたのを知らなかった。又、私の家をたづねて、巡査にとらえられた友人を逃すために、巡査を組みふせてしまうほどに、私の肉体は戦斗的になってはいなかった。〈中略〉同じ留置場に入っていた(十八日間)際にその同志が、キ然たる態度を持しているのを見て力強く思った。だがそれも偶然ではない。留置場の壁の全ては、日本共産党を守れ!労働者農民の政府万才のスローガンの落書をもってうづめられ、それは幾百の我々の同志の斗争の跡を物語っていたからだ!

(一九二九年六月十日付、留作よりマリ子宛)

以後の留作とマリ子の文通は、「どうぞ共産主義のいろはから御指導下さいます事をお願ひいたします」(一九二九年九月頃、マリ子から留作宛)という方向で進行する。留作のマリ子指導の一つは、文献紹介であった。

前にお送りした書物は次のものでした。

1　共産党宣言　マルクス
2　マルクス伝と学説　レーニン
　（マルクス、エンゲルス、マルクス主義）
3　レーニン伝　ヤロスラウスキー
4　共産党インタナショナルの綱領　第六回大会
5　コミンテルン　日本問題に関する決議　コミンテルン政治局
6　日本・ＫＰの政治的組織的□□　加藤

私は、これらのパンフレットをお送りするにあたってマルクシズムの体系の中のどこにあなたの主なる関心が向けられているかを知りませんでした。それで最も根本的な、したがって全てのマルキストがぜひとも知らなければならない一般的な問題を明らかにした、そしてしかも最も明確に且つ簡けつにかゝれた文献をお送りすることに決心しました。

（一九二九年九月二十八日付、留作よりマリ子宛）

私はあなたが、無産者新聞の読者になってくださること、及び産業労働調査所の会員になって下さることをお願いする。無新の方は発送のさい注イする必要がある。又産労の会費は月一円、それは産労維持が目的でありますが、時報と、インタナショナルとをお送りします。

それにも一つおたのみしたいことは、地方新聞その他をとおして新潟県の経済的、政治的、社会的な諸情勢に注イしていて時々、報告して下さることです。〈中略〉日本資本主義の事情が明らかでないこと。更に左翼の組織的活動の方面に関して知りたい旨のべられている。その問題に関する文献をおゝくりすることにします。私は次の文献をえらんだ。

1　ロシア共産党第十五回大会に於ける、ブハリーン、スターリンの演説、これはロシアの社会主義建設ならびに当面の国際情勢の特徴を明らかにしている。――安全より危機へ

2　斗争と建設の労農ロシア、十周年記念祭に於ける諸報告をまとめたもの。――植民地、特に支那の革命運動に関する文献は后に

3　日本歴史　佐野学

4　日本に於ける産業の合理化――産業労働時報

5　明治維新史　服部

6　日本資本主義発達史　野呂

3、5、6はあとでおゝくりします。運動の状態は、私が知り見つかたりうる範囲で後程はなすことにしましょう。

勉強は決してあせらずに、時間の多寡も大した問題とはならない。生活と実践との中に学ぶことが第一です。そして理論は自分が理解するのみならず、それを実践することが出来、又それを語って他人に理解せしめうる様に把握されなくてはならない。そして最も大切なことは『常に労働者と農民のことだけを考える』(レーニン)ことでしょう。

(一九二九年六月二十一日付、留作よりマリ子宛)

左翼思想、社会情勢、身辺報告等の意見交換をへながら留作、マリ子の愛情は深まっていく。結婚への障害は、左翼運動を続けることを前提としての生活問題であった。留作は次のように記している。

私があなたと婚約をむすんだのは、半封建的な家庭から分離して労働者農民の生活とイデオロギーの中に住みたいと云うあなたの要求に対して、当然私が支援すべき地位にあると感じた事、あなたの性格？能力との中に、私はすぐれた協働者を見出したためであったと云う事――この事を思い返していただきたい。私は単に、家庭から合法性をかちとるためのみにあなたとの婚約を願ったのではなかった。

問題は勿論、過去にはなくてさきにある。私が結婚のために職業をさがしている――とあなたは考えているか？私はそうしてはいない。今年は仕事を見つけえない。多分、私個人について今後、家からの送金もたえるでしょう。現在、仕事につくためには我々の活動はやめねばならぬ（シンパサイザーとしてのこるとしても）私は、家からの送金をたゝれても産労の部署をすてる事は出来ない。

（一九三〇年三月二十九日付、留作よりマリ子宛）

左翼活動と経済的に自立した結婚生活との両立、留作の悩みはここにあった。結局、留作の行きついた結論は、農業問題の研究を中心にする左翼運動の継続のため就職せず、貧困な結婚生活に堪えるというものであった。それは弾圧をも恐れぬ決意をもって語られている。

自分についてはは次の様にきめる。

イ　農業の理論的研究と調査、〔傍点は原文ママ、以下同――船津注〕これが私の部署であり、そのために全力をあげる。

ロ　右の事のためには家庭のすゝめがあっても就職は出きない。

ハ　あなたとの結婚生活――（私のねがい！）を捨てる事もできない。又、貧乏を我慢する。

ニ　又、私のわずかな家財も、それが要求されるならば子孫にのこす必要はない。

ホ　労働者政権と農民解放のための農業の調査と研究が要求するのであるならば、貧しい凡ての人々が現実に余儀なくされている（色々な形で）所の牢獄と死とを恐れないであろう。仕事のために命をおしくは思うか。

（一九三〇年四月二十二日付、留作よりマリ子宛）

引用した書簡の後半で、留作はマリ子にたいして次のように書いている。

あなたの決心が如何なるものであろうとも、私は次の事を願っている。

イ　あなたが、どんな事情におかれるとしても、社会の発展についての、はっきりした見とおしをもち、その場合場合にためしうる最大の力をもって、その行動とこの見とおしに折り合わせてゆくということ。

ロ　封建的な家庭からのがれさえすれば、社会そのものが解放されるかの様なローマン的な考をすてる事。あなたは封建的な家庭がいやだというだけの事から凡ての行動の基準をたててもらっては困る（そうではないと思うのです）。

ハ　自分の力と能力に対して正しい評価をもつこと。特にインテリとしての能力の長所と短所を正しく知ること。インテリだからだめだという考えをすてると共に、輝ける斗士式の英雄的な気持をすてること。

ニ　我々が今までつづけてきた心持の上での結合を、あなたの「決心」の如何に拘らず、つづけて下さる事をお願いする。〈下略〉

ホ　私が切にあなたを頼りにしているのだという事を理解していただきたい。二十五をこえた青年の心が要求する事をあなたは知らないかも知れないが。私はあなたのないことがどんなに淋しいかを知っている。二十前方の青年（女）の様にそれほど熱狂的ではないが。

私の生理的変化は、小供に対する執着さえ芽ばえさせている。実際をいえば、私は単にプラトニックなものでは充分満足が出きない。　　（同前）

留作のマリ子との結婚の願望は、思想的、社会的なものを越え生理的なものまで高まってきていたのである。留作の左翼活動、それを前提とした結婚生活への覚悟とマリ子への想いにたいして、マリ子は家庭での近況報告を含めて北海道への想いを次のように書いている。

御手紙ありがとう。私、今、朝の掃除をすませた所、まだ安全で居て下すったので安心しました。同志を端からうばわれて、益々、御忙しい事と思います。あまり無理して御病気にならない様、注意して下さい。それから住所変更の際はやかましくとも必ず通知して下さる事。私は元気です。姉さんは絶対にカンショウしないそうです。こんなにうれしい事はない、するだけの事をしてしまえば私の自由です。ですけれど次から次へと仕事が出てきて当惑して居ります。今日はこれから、すこし、ひま。

私、あなたのお母様、弟さんや妹さんと御一緒に過させていただいたらどんなにうれしいでしょう。そしたら私、皆さまと御一緒に夜なんか、プロレタリアの話を公然と御話し合う事も出来るでしょうね。私の姉が一昨日、一寸きて、私に、「馬鹿に淋しそうじゃないか」と言いましたから、私はフン然として「こんなに元気じゃありませんか」と言いかえしましたら、「お前の元気はカラ元気だから信用しない」そうです。そして、私がカサ〳〵に干からびてしまったと言って居りました。そして、私が、「北海道へやっていただけたら干からびたなんて姉さんに失礼な事を言わせはしない。そしたらもっといい子になれる様な気がする」と申しましたら、姉も、「そう出来たらそうしていただきたいものだ」。(上の姉で今度、新発田から高田へまえりました)姉は私があなたの所へいきなり行くのを極度に不安を感じて居るらしいのです。私がどんな事をし始めるかわからないとでも思って居るのかも知れません。

「まり子は小さい時から北海道へ行きたい〳〵と言って居った。何故って聞くといつも何故だか、わからないがなんだか行って見たいとばかり言って居ったが、若し、そう出来たら年来ののぞみが達せられるわけだね」と笑って居りました。

私達の当面、問題とすべきは、お互に元気でそして健康である事だと思います。それ以前、将来の見透しなんか考えるのはブルジョア的だと思います。各々の部署については確実な見透しなしには進めないでしょうが、私生活の領域でそれを考える事は活動からの没落を意味しはしないでしょうか。ですけれど、私は貴方を、せめて私と結婚なさるまでうばわれたくない。若し、そんな事があったら、私は直ちに暗い問題につきあたらなければならないのですから。

貴方に、私達の間のすべてが「最后の段階」へ進んだ事を宣言されて以来、貴方が大変恐しい人の様な気がしてしかたがありません。手紙も書きにくくなってきました。

まり子

同志
　関矢様

〈未完〉

《解説》船津功「忘れられた思想家・関矢留作」について

桑原真人

本書第二部の冒頭を飾る、船津功「忘れられた思想家・関矢留作——昭和初期の社会主義運動家の生涯」と題する未完成の評伝は、もともと江別市と江別市教育委員会が「江別に生きる」をメインテーマに企画し、一九八九年（平成元）三月の太田恒雄『世田谷物語』を以てその刊行を開始した「江別叢書」の第四巻『関矢留作伝』（仮題）として計画され、当時、札幌学院大学人文学部教授だった故船津功氏が執筆担当者として予定されていたものである。そのことは、一九九一年二月に刊行された叢書の第三巻、松下亘『小森忍の生涯』の帯封裏側に予告されている。したがって、予定通りにこの企画が進行していれば、翌一九九二年中に『関矢留作伝』は刊行されるはずであった。しかし、結果的にこの叢書の中で本書が誕生することはなかった。

それには、さまざまな理由が考えられるが、私の推測するところでは、本来筆が遅い性格の船津氏であったが、それが最大の理由ではない。むしろ、次に述べるような点が影響しているのではないかと考えられる。

先ずこの同じ時期、船津氏は自らの日本近代政治史研究を深化させる上でのライフワークともいうべき、北海道における自由民権運動の研究について、これを一冊の研究書として取りまとめるべく奮闘中であった。ちなみに、この研究成果は、札幌学院大学の出版助成を得て、一九九二年三月に北海道大学図書刊行会から『北海道議会開設運動の研究』（札幌学院大学選書三）として公刊されている。

さらに、『関矢留作伝』の原稿が遅延したより直接的な理由としては、この時点まで、ある意味で「忘れられた思想家」同然だった関矢留作について、江別叢書の企画が表面化する直前の一九八八年（昭和六十三）十一月、札幌大学教養部教授の鷲田小彌太氏によって『野呂栄太郎とその時代』（道新選書一一、北海道新聞社）が刊行され、その第五章で「もう一つの『日本資本主義発達史』」が取り上げられたことである。この第五章は、関矢留作の妻マリ子が、一九三六年五月の夫・留作の急逝後に刊行した『関矢留作について』（一九三六年八月）に全面的に依拠しながら（同書、一九四頁）、留作に関する簡単な評伝とその思想的遍歴を簡潔に紹介しており、この時点で、関矢留作という人物に改めて視野を当てた功績は否定できない。

なお、関矢留作を「忘れられた思想家」ではなく「忘れられた理論家」と評したのは、一九四九年（昭和二十四）から一九六九年まで北海道大学経済学部に籍を置き、同年武蔵大学経済学部に転じた内海庫一郎氏である（「忘れられた理論家、星野慎一（関矢留作）のこと」、渋谷定輔・埴谷雄高・守屋典郎編『伊東三郎　高くたかく遠くの方へ―遺稿と追憶―』〈土筆社、一九七四年〉）。恐らく、関矢留作に関する船津氏の「忘れられた思想家」という表現も、内海氏の回想記から着想を得たものであろうか。しかし、関矢留作が、この一九七四年の時点で完全に「忘れられた理論家」ないし「忘れられた思想家」だったかというと、それには若干の留保が必要であろう。

というのも、この伊東三郎遺稿集の編者の一人である守屋典郎氏自身が、一九六七年（昭和四十二）に青木書店から刊行した『日本マルクス主義理論の形成と発展』の第四章第二節「農業理論への新しい取り組み」において、昭和初期の左翼の理論陣営の中では、「野呂のほかに注意すべき理論家としては、京都で単独でこの問題に取り組みつつあった村上吉作（野村耕作）や、産業労働調査所で活動していた関矢留作（星野慎一）などがいる」（同書、一二四頁）と指摘すると共に、関矢の小作料に関する論文の紹介を行っているからである（同書、一二五頁）。

ちなみに、鷲田氏の著書が刊行される四年前には、北海道大学経済学部教授の長岡新吉氏によって『日本資本主義論争の群像』(ミネルヴァ書房、一九八四年)が刊行されている。同書の第四章「論争の季節」の「講座派と論争批評」という項目では、特に「関矢留作の場合」について言及されており、戦後長らく「忘れられた理論家」としての地位に甘んじてきたかにみえる関矢留作について、漸く陽の目があてられようとしていたのである。そして、長岡氏の著書における関矢留作に関する記述も、基本的には妻のマリ子が執筆した『関矢留作について』に依拠している(同書、二三八頁)。

また、一九八三年(昭和五十八)三月には、大和田寛氏(東北大学農学部大学院)によって「『講座』派農業理論の土壌――野呂とその周辺の人びと」(東京大学農学部農業経済学科『農業史研究会会報』第一四号、一九八三年三月)が発表され、産労時代の野呂栄太郎と関矢留作の関係について詳しく言及している。

このように、守屋氏の著書を筆頭にして、その後一九八〇年代に入ると、昭和初期における日本資本主義論争の中で、関矢留作という人物の果たした役割を分析の対象とする論稿が徐々に出始めてきたのであるが、これらのことが、船津氏にとっては、関矢留作伝を書き進める上での先行研究としての位置づけにとどまらず、かえって執筆の筆を鈍らせる一種の心理的圧力としての役割を果たしたのではないだろうか。にもかかわらず、船津氏には、「忘れられた思想家」関矢留作を、自らの手で世に出したいとの意識が強くあったように思われる。

なお、この江別叢書の中では、遂に独立の著書としては刊行されなかった関矢留作に関する評伝は、その後、叢書の最終巻にあたる第一〇巻『野幌原始林物語――森と人々とのシンフォニー――』(二〇〇二年)の中で、西田秀子氏によって「農村に生きる――『野幌部落史』を書いた関矢マリ子と留作」が発表され、江別叢書の当初の企画が部分的にではあるが実現していることを指摘しておきたい。

その後の船津氏は、長岡氏や鷲田氏の描いた「関矢留作」像をさらに深化させるべく、そして、可能であれば、江別叢書の一巻として『関矢留作伝』を刊行するべく、新たな資料の調査収集に全力を傾けた。その陰には、関口明氏も指摘されるように、関矢留作の未亡人であるマリ子夫人との交流が一定の役割を果たしていたことは否定できないだろう（本書、五二〇頁以下参照）。そして、資料調査の対象は、関矢留作の遺品を所有する江別市西野幌の関矢信一郎氏宅に留まらず、関矢家の本家がある新潟県北魚沼郡広瀬村をはじめとして、若き日の関矢留作が学んだ旧制長岡中学校、旧制新潟高校、東京帝国大学農学部、と広範囲に及んだ。その後、江別叢書としての刊行が現実的に不可能となった後では、独自に『関矢留作伝』を執筆し、公刊させたいとの方向に変わっていったようである。

二〇一四年（平成二十六）十二月の船津氏の歿後、約一年を経た二〇一五年十一月十五日、当時江別市見晴台にあった船津氏の自宅書斎を訪問した私は、彼が収集した関矢留作伝の執筆に関係する膨大な資料の山に驚嘆させられた。船津氏は、最後まで関矢留作伝の完成を諦めてはいなかったのである。とりわけ、書斎の机の傍らには、何冊もの「関矢留作執筆研究ノート」が残されていたのが印象的であった。

さて、本書第二部、Iのタイトルは、船津氏の遺品の中から発見された関矢留作伝に関する「執筆構想メモ」から採用した。生前の船津氏は、この「構想メモ」に基づいて、全五章構成のうち「第二章　新潟時代」までは脱稿済みであると、しばしば私に語っていたが、その後の詳しい調査結果により、新たに「第三章　東京時代」の第一節を除く二節分の原稿が発見された。これらを合わせた原稿の分量は、四〇〇字詰め原稿用紙に換算して約二四〇枚程度である。

そこで、以下に船津功「忘れられた思想家・関矢留作」の執筆構想の全体像を示しておきたい。ここで先ず確認しておきたいことは、この「構想メモ」に記された一九九二年（平成四）七月という年月である。先にも述べたように、この一九九二年とは、江別叢書の第四巻として『関矢留作伝』が刊行されるべき年であり、この年の七月は、いわば同年度中に刊行できるかどうかのギリギリの段階であった。それにも関わらず、肝心の原稿の執筆状況は芳しくなかったというのが実情であったと思われる。

『忘れられた思想家・関矢留作――昭和初期の社会主義運動家の生涯』

①（　）内は、四〇〇字詰め原稿用紙での予定枚数である。
②ゴシックで表示した部分が、実際に原稿が完成した箇所を示す（原稿の完成日時は定かではない）。
③この目次案は、一九九二年七月当時のもの。

第一章　野幌に生まれる　（予定合計枚数四〇～五〇枚）
第一節　関矢孫左衛門と北越殖民社　三〇～三五枚
第二節　野幌での幼年期　一〇～一五枚

＊第一章で実際に完成した原稿は左記の通りである。すなわち第一章と第二章を合わせて、四〇〇字詰め原稿用紙約二〇一枚＋付表二四。このうち、第一章の付表は一七表、第二章は七表。この他に未使用の付表が数枚あるが、完成した原稿の中での説明はない。

第一節　野幌神社の秋季祭
第二節　北越殖民社による開拓と関連史跡等

第三節　関矢孫左衛門と千古園

第四節　留作の幼年時代

第二章　新潟時代　（予定合計枚数四〇～五〇枚）

第一節　広瀬村並柳での生活　一〇～一五

第二節　長岡中学校時代　一〇～一五

第三節　新潟高等学校時代　二〇～二五

第三章　東京時代　（予定合計枚数一五〇～二〇〇枚）

第一節　東京大学農学部（時代）　二〇～三〇

第二節　佐藤毬（マリ）子との結婚　四〇～五〇（完成した原稿四二枚＋付表）

第一項　マリ子の生い立ち　二〇～二五（二五枚）

第二項　マリ子との結婚　二〇～二五（一七枚）

第三節　産業労働調査所（時代）　六〇～八〇

第一項　活動　四〇～五〇

第二項　著作　二〇～三〇

第四節　獄中時代　三〇～四〇

第一項　豊多摩刑務所入所とマリ子の生活　一〇～一五

第二項　獄中書簡　二〇～二五

第四章　野幌への帰郷と留作の死　（予定合計枚数五〇～六〇枚）

第一節　野幌での生活　二〇～二五

第二節　野幌部落誌編纂調査　二〇〜二五
第三節　遺稿　一〇〜一五
第五章　野幌部落史の完成　（予定合計枚数三〇〜四〇枚）
第一節　野幌部落史の刊行　一五〜二〇
第二節　その後のマリ子の著作活動　一五〜二〇

さて、この「構想メモ」に記されている原稿全体の予定枚数は、四〇〇字詰め原稿用紙に換算して三〇〇〜四〇〇枚であり、その他に、関連した写真、付表、付図などが予定されている。このうち、二〇一五年（平成二十七）十月十四日現在、執筆の確認できた原稿は、四〇〇字詰め原稿用紙に換算して約二四三枚＋付表三〇枚程度である。

このように、生前の船津氏が、自らの執筆構想に従って完成させた『関矢留作伝』の原稿は、全体で五章構成の内の第一章と第二章、そして、第三章の一部のみである。また、完成した第一章についても、当初の二節構成という構想から大きく変貌して全体で四節構成となっており、結果的には、父親である関矢孫左衛門と北越殖民社の歴史にかなりの比重が置かれた編目となっている。恐らくは、当初の執筆構想の計画に従って関矢家の歴史を辿るうちに、同家の歴史を無視しては関矢留作伝をまとめられないと判断したからであろう。

また、第二章の新潟時代については、野幌から転校した新潟県北魚沼郡広瀬村並柳での下条尋常高等小学校の生活を筆頭に、長岡中学校時代、新潟高校時代という学校生活が中心であるが、完成した原稿を見る限り、とりわけ新潟高校時代の記述においては、関矢留作の書き残した「ドクロノート」（ノートの表紙にドクロの絵が描かれていることから、船津氏はこのように命名している）、「農村雑記」等のノート類からの引用によって、関矢の思想的遍歴の過程を、すなわち社会主義・共産主義思想への傾斜の原点を追求するという手法が取られているのが特徴である。

この他、船津氏の原稿自体は未完成であるが、第三章の「東京時代」の第一節に予定されている東京帝国大学農学部時代の関矢留作に関する証言として、近藤康男「駒場における関矢留作君」（北海道女性史研究会『北海道女性史研究』第二二号、一九八七年八月）という論稿のあることを指摘しておきたい。また、この章の第二節にしても、第二項の最後の箇所は生の資料を引用したままで終わっており、明らかに未完成の状態であることを示唆している。

いずれにしても、この「構想メモ」に従って関矢留作伝が書き進められたとすれば、これまでの先行研究では描ききれなかった関矢留作という人物の全体像を、新たな形で提示することができた可能性が高かったといえる。しかし、その実現を阻んだのは、二〇一二年三月に船津氏を突然襲った肺がんという病魔であり、それとの闘いに明け暮れた三年余の闘病生活であった。

Ⅱ　関矢マリ子『関矢留作について』

【出典】『関矢留作について』（一九三六年発行）

この貧しい抜萃帖を
故関矢留作に限りな
き御好意を賜へし方
々に捧げます
一九三六・八・一三
妻　関矢マリ子

今日――六月十五日、嘗て皆様の友人として、同志として御交際を願つて居りました関矢留作が急逝いたしましたのは、一ヶ月前の今朝六時頃でした。昭和八年の今日は又、二ヶ年半の未決生活から刑二年猶予三年の判決の下に豊多摩刑務所を出で、当時代々木上原にあつた、内ヶ崎氏のお宅へ向つたのは夜の十一時頃でした。そして只今、今晩在京中の方々によつて、追憶の会が催されると云ふ御通知を頂きました。

彼の書き散して置いた文字が静かに読めるまで、子供を眠らせる時歌ふ子守唄が、涙でかすれなくなるまで、眠り続けてをれたらなど考へるのですが、悲しみは日が立つにつれ却つて湿地の様な執拗さで、私を取り囲んでしまひます。恐らくこの気持から当分、抜ける事が困難でございませう。思ひ出多い今日の日、決心して五月初旬此処を立つた当時のまゝになつてゐる書棚の中から、ノート、紙片の類を取り出し整理を初めました。

吃る彼がその時だけは雄弁に物語つた、「生涯の最も有意義だつた部分」彼にそうした行動を、生活を、わかち与へ下さいました皆様に、この残された僅かの紙片をたどりながら、帰村後の彼の生活をお知せしたいと思ひまして、ペンを執りました。父の死後、淋しさと一種の責任感も伴つて、今まであまり近ずけなかつた子供を、手なづける様になりましたので、近頃片時も私から離れず、時々ペンを置いて抱き上げなければなりません。その上、家庭内の雑務の外に、家計が私に移されましたので、落ち着いてゐる隙もなく、書き初めましたものゝ、何時になつたらまとまるかわからないのですが。

五月五日、彼は異母兄でこの地の土地会社の社長山口多門次氏（山口家養子）の遺骨を持参して越後に向ひ七日の本葬を済ませた後、四月上旬頃から子供を連れて、やはり越後の生家に帰へつて居りました。私も一緒に彼の父の家―後述―に参りました。

その三日後の十五日朝、突然倒れたのです。その朝、何時もよりずつと早く四時頃起きて、「今日は長岡の図書館へ行く。片貝村の（越後三嶋郡）附近の徳川時代農家の労働日誌風なもので、「痩せかまど」と云ふのがあつた。実に貴重な資料だから写しに行く」と元気よく語りながら、床の中で内ヶ崎、今野両氏に宛、絵葉書二通を認ため、前夜から枕元に積み重ねて居つた諸の越後郷土史の一冊、長岡志士河井継之助の伝記を読みながらノートをとつて居ました。それが五時半を廻つた頃、異様な唸り声と共に全てが終つてしまつたのです。皆んな集つた時は最早や息はありませんでした。その間十分あつたでせうか。健康の次の瞬間の死、彼に似合はず実に機械的な死でした。同地、北魚沼郡広瀬村は上越線小出駅より約一里程入つた山地で、雪さへなければ自動車の便利があるのですが、今年は五十年来の大雪で自動車は勿論自転車さへも通らず、一里先の町から医者が駈けつけた時は、混乱した私の話によつて心臓麻痺と推断する以外に、手の下し様もなかつたのです。

　大地主の座敷の真中の絹の布団の中で倒れた彼の死に方は、一面から言つて皆様の御記憶の中に残つてゐる、彼の風貌、性格からして、ふさはしからぬものゝ様です。当時、産業労働調査所に働いてらした皆様の中にまじつて、百姓然たる彼、疲れゝば板の間の上でのゴロ寝の修練の積んで居つた彼、吃りで非社交的な「農民部」的色彩百%だつた彼には、併しよく「原稿書きながら突然倒れた櫛田氏の死に方も氏らしくていゝ」と申して居りましたが、彼も本を読み、ノートをひろげながら死にました。政治的能力に乏しく、インテリゲンチャとしての通有性の一つ、読書や思索のための静かな環境をも多分に愛して居つた彼には或は又、「適当な」死だつたかも知れません。此処に偶然、最近父上を失はれた岐阜の小島氏に宛て四月中旬頃書いたと思はれる手紙の下書きの一部分が見当りました。(よく手紙を書くのですが、草稿だけでよしておく事が多い)

「………兄は又熱心な浄土真宗の信者且学者であつて、その立場から小生共を感化しやうと努力してゐました。此の出来事に関連して多くの人の死生観を聞く事が出来たのですが、日本古来の神道的な観念に支配されてゐる人には、死後の生命の在所をきめておきたいと云ふ希望を抑へきれぬものらしい。小生の父などは現にさうしたものを作つて死んだのでした。又多くの遺言をも残す傾向があるらしいのです。併し、兄はさうした願望には捕へられず、何の遺言もなくして死んだのは、さすがに門徒宗徒でした。尚死に就いて小生に思ひ浮んだのですが死を恐れ、死を逃れる方法などに頭を打ち込むのは、仕事のない閑人、若しくは自分の身を捧ぐるに値ひすると信ずる様な、事業に対する確心を、有せぬ人々にのみ起ると云ふ事です。生涯を捧げると云ふ事は、そのために死すとも悔ゆる事なしと云ふ確心であるのですから、それはさもあるべき事でせう。小生は、レオナルド、ダ、ヴインチの言葉、「如何に生くるかと云ふ事を考へてゐると思つてゐたが、それは実は如何に死するかと云ふ事に外ならぬのであつた」を繰り返しつゝ右の事を思ひ続けてゐたのです。此れこそは、各個人の願望が社会的の願望と一致し得る所の社会状態が、宗教の一つの根拠（死の恐怖）を解消することを示すものです。………………」

そんな風に言つた一ヶ月後、彼も矢張り生物の法則に従つて静かに横たはりました。死顔は微笑を含んでゐるかの如く、おだやかなものでした。かくして「十年捕へられゝば、十年生きのびてどんな環境にあつてでもいゝ歴史の進展に注目してゆきたい」。と申して居りました彼も、猶予期間の過ぐるを待たずに、倒れてしまひました。通夜に集つた人々から色んな思ひ出話を聞きました。皆んなよい印象を持つて居つて下さいましたのは嬉しい事でした。この広瀬村の人達は、彼が東京で「警察」や「刑務所」に「しばられた」噂を聞いた時憤慨して、あんないゝ人を縛るなんて、それは警察や刑務所の衆が間違つてゐる。」と言つて居つたさうで、帰村者に多い村人の「白眼視」から完全に免がれて居つたのも、以前からの彼の人柄のためだつたかも知れません。三晩も続けて御弔ひに来てくれた七十近い老農夫が居りました。その人は下男頭の父親で、死ぬ前日、関矢がその家を尋ね、又例によつて聞取りを書きとめ、農具、家具を調べ、家族と長い問話して来たのでした。その日帰へつて彼は私に語りました。「太郎（下男の名）の家へ行つて話を聞いて来たよ。餅と串柿を御馳走してくれた」。此の老農夫がお通夜に「このお旦那様の頭の中には、百姓の学問が渦を巻いてゐる。それをそのまゝ焼いてしまふ。」。私はその人に答へました。「あなたの様な方に御通夜して頂くのが、死んだ人には一番嬉しい事なんです。」と。

「渦を巻いてゐる」全くそうなのです。今年になつて彼が振り返へつて居つた農業問題を、も少し進展させたかつた。僅かな時間を見て熱心にやつて居つた彼は、「初めて勉強らしい勉強が出来る様になつた。これで少しは自信が出て来た様な気がする。」と云つて居りました。あと一年だけでも生きて居れたら、その渦を整理し、まとめて置く事が出来たでせうに。夫を、父を、失つた悲しみと同時に、より以上に、企てたまゝ果さずに終つた「渦」を考へると絶えられない気持になります。彼自身小地主としての寄生生活だつたため、多くの未亡人が死の瞬間から置かれる地位に比べて実に呑気な、私の贅沢な感情かも知れませんが。

十八日仮葬、茶毘に附し、二十一日遺骨を持つて帰道いたしました。東京まで汽車で五時間余の地点まで来てとう〳〵皆様にお会ひ出来ませんでした。二十六日この地で、生前関係して居つた負債整理組合員、及び小作人によつて本葬が行はれました。熱心な仏教徒である母とよく論議した彼も、「清白院釈明毘」と云ふペンネームならぬ戒名を頂戴して、古い形式の下に葬られました。

色の褪せた木綿紋付の羽織を着、目は凹み、歯も抜けて居る組合の老理事、――彼も背負ひ切れない程の借金を持つてゐるのです――が吊詞を読みました。

昭和十一年五月二十六日、野幌第一負債整理組合員一同を代表して謹しみて、故組合長関矢留作氏の霊に告ぐ。氏は資性温厚篤実にして、夙に農村の疲弊を深く憂慮せられ、之れが更生復活の途に専念せらるゝや久し。今回野幌第一負債整理組合の設立せらるゝや、其の組合長として雨の日吹雪の夜、或は組合の会合に、或は組合員の各戸指導に、全く席暖まる暇なく、献身的に尽砕せられしは、組合員の等しく欣慕し感激推く能はざるところなり。組合事業、為に順調に進展し、組合の基礎やうやく成らんとする秋に当り、溘焉として長逝せられ再び氏の温容に接する由なし。………」

「転向」帰村者の最後にこんな情景が描き出されたのです。農村の階級対立を、農民層の分裂、その間の軋轢を充分に意識しながらも、「村人」としての社会生活のためそうした組織に入り、学ぶ事を怠らなかつた彼は、実によく信用されて居りました。若い人達等に、産業組合運動、「更生復活」等々窮乏の救ひの道の限界を、はつきり語つて居つた彼でしたが、恐らくこれは彼のよく言つた「自分の危険な性格」、敵からでも愛されると言つた風なおだやかな気持を持ち続けて居た為だつたと思ひます。

かくして皆様の星野慎一は、三十二才のあはたゞしい生命を終へました。獄中から次の様に書き送つた事がありました。――それまでの生活を振り返へつた後で――「……自分の少年時代の事を考へると非常に奇を好む所があり、社交的ではなく、極めて陰気であつた。自分の心の発達を考へて見ても、動揺的であり、研究は広くはあつたが精密ではなかつた。然し全体として、一つの必然的な道を歩いてゐたと云ふ事で満足しやうと思ふ。

そこに道あり、汝等愚なるものなりとも、まよふ事あらじ。「イザヤの書、八章」無駄のなかつた―少なくとも与へられた環境内で如何に自己を生かすべきかを絶えず念頭においた――彼の生活を振り返へつて私も彼のため静かな喜びを感ぜられゝば幸福なのですが。

昭和十年六月十四日の日誌に「帰村者の感想を起稿する。駒場ニュースに投稿するため、農経会第一号を読み返す。」と見えますが、それは草稿だけでした。

村に住むの弁

北海道野幌在住関矢留作（昭・四・卒）

昭和八年七月以来此の野幌に帰つて住んでゐる。此処は札幌市の東五里、石狩平野の中央、札幌付近から延びて来る岡のはづれである。燕麦を主とする畑作に、畜牛や水田を加へた農業経営が多い。昭和四年以来農業恐慌に襲はれ、加ふるに六七年の凶作に遇ひ農家は一般に著るしい窮迫の内にあつた。以来三年間、此の痛手は少しも医せられてはゐない。併し自分が幼年時代に過した頃に比べて、村の状況には非常な相違があつて興味が深い。電燈、自転車、ゴム靴の普及は必ずしも此の地方だけの事ではないが、乳牛の飼養や石炭ストーブの普及その他生活上の変化には著しいものがある。以前の主食物であつた、玉蜀黍を食ふ者は少くなり、米食が一般的となつた。服装でも土工などの着る「看板」を着る者は少くなり、青い作業服が普通となつた。女達は白い頭布に深く顔を包み、白いエプロンを着て野良に立つ。盆踊などもいつかしら「よしやれ踊」が越後踊に取つて代つて居た。「だから苦しいのも当り前だ」と老人達は窮迫の原因を最近に起つた生活上の変化に認め様とする。確かに自分も、最初、内心恐慌と不作の打撃は思つた程ではないと感じた。乳牛の普及と産業組合の発達とが打撃を緩和してゐたのである。乳牛一頭を搾れば、年二百円位の純益（と云つても労働報酬を含めてだが）は見込み得るもら《ママ》しい。産業組合は低利資金の融通を以つて急性の打撃を徐々たるものとなした。米食化は土工組合によるものではなく、堤使用の低地水田化であつたから大して困難の原因となり得べきものではなかつた。石炭ストーブは開墾進捗の必然的結果である。又自転車使用も散居制村落として必須の具たる点疑ひなき所であらう。兎に角、只莫大な負債が残り、且つ年々累積されつゝある。

而して最大の債権者たる産業組合はどうそれを解決しようとするのだらうか。負債すら持ち得ない貧農、富農、最も負債に苦しむ中農などを地域的に結合する事を条件とする、負債整理組合はその設立が既に非常な難問題となつてゐる、産業組合は回収困難な貸金を抱いて統制強化の一路をたどらねばならぬかに見える。

自分の家族は此の地方で一小地主として生活するものである。北海道では五十町歩以下では不耕作地主の成立は困難だ。大正九年頃、全道的に高めれた小作料は、今日迄そのまゝ保持されてゐるが、昭和五年頃以来、一時的減免や延納は不可避的となつてゐる。数十年前定められた土地の等級は、事実に合はぬものが多くなつてゐる。畑地はすぐに地力を消耗し尽した。水田の生産力の年々増大するに比し、これは注目に値ひする事だと思ふ。乳牛飼養がこの点でも亦推称されてゐるが、一万貫の推肥と云へども、五町歩の畑にとつて決して充分と云ふ事は出来ぬらしい。

小地主たる限り、農村に生活する事は仲々手間の倒れるものだ。自家用の馬鈴薯、南瓜、トマトその他野菜類は作らねばならぬ。綿羊、鶏、豚の如きも飼へと勧められる。山林の監視、水田用水の分配、泥炭地畑の排水の施設等地主たるものの雑事の外、村の公事に関する仕事が持ち込れる。益々余暇には乏しくなつて、以前友人達に公言してゐた研究の如きも実は実行不可能なのである。現在の時事的諸問題に遠くなつてゐるのは勿論、諸先輩の理論的業績に目を通すこともすでに至難である。と云つて上京を進める友人達の言にも従ひかねるのである。たとへ此処を離れるとしても何事かをつかんでからにしたいと云ふ気がするから。農業経済の研究者にとつて農村生活の実験はどうでもよい事ではなく、それも何時でも出来るわけでもなからう。それに北海道の農業が日本農業の一般的特徴と通ずるものを極めて少ししか持たぬかに考へる人に同意することは出来ない。それ所か日本農業の歴史的地位の評価に当つて、北海道農業の分析は重要であると思ふ。更に一見植民的の一様性しか示さぬかに見える本道農村が、屯田兵村、府県各地団体移住地、農場開墾地、区割地村落等々その歴史的出発に応じて相違する村落制、気風、風俗、自治的発達には極めて興味深いものがある。此処に目をとゞめ様とする者は泥炭地原野の春色や森林に残る姿に心を引かれる者と共に、たとへ風雪の苦を嘗め、散居制村落の淋しさを歎く事があらうとも尚しばしはこの北辺の野にさまよわんとするであらう。」

此れはまた、一昨年頃より上京をお進め下さいました内ヶ崎氏へのお返事の意味をも兼てゐる様でありました。

此処で、彼のこの生活環境をより具体的ならしむるため、矢張り彼の生ひ立ちに振り返へつた方が便利のやうに思ひます。捕へられた後、彼の僅かの持物を整理いたしました際、その中に高校時代のノートが三冊程残されてありました。日誌を開いて見ますと二冊とも高校時代の雑誌でした。それは「美術ノート」と、日期、大正十四年から十五年にかけて書いたもので卒業近く絶望的な感情、思想に支配されて居つた頃のものです。その中に生れて十三まで育つたこの野幌をなつかしみ、追憶を書き留めてある部分があります。

「――私の父は勇しい開拓者であつた。開拓による花々しい名誉にあこがれた外に、新しい土地に於て、一群の人々と共に、新しい活動的な生活を初めたいと云ふ、切なる願ひもあつたのであらう。その点を、私は父を尊敬し、又、たまらなく父を愛する所以でもある。……母の私に語つた所によれば、私たちの村は父の来た頃はまだ大きな林の中であつた。そして森を取り包んだ泥炭の平原から段々森の方へと畑を拡げ家を建てゝ行つた。そしてその広い原野を見下すことの出来る岡のはずれに彼の家を建てたのであつた。一緒に来た百姓達は、一里近い地域にひろがつた。村も大体この岡に沿ふて居た。父の家から停車場まで、半里に少しくあつた。その間の道は波形に起伏して居る岡をつらないでゐる。民家は一丁おき位に二軒づゝ相対して作られてあるが、それは大体見すぼらしい掘立て小屋である。併しその中に住む人々は、その頃は恐らく元気な心と、雲の様な希望を持つてゐた事でもあらう。私はそれらの家々がまだ、斧のあとの生々しい森の空地を背景にして、どんなに新鮮な感じをもつて居たかを想ひ見る。……彼等のゐろりには大きな丸太がくべられて、そのまわりには、逞ましい腕を休めて、色つやのよい顔を持つた妻と話す、百姓の夫を思ひ見る。彼等は小金をためて、又新しい財産である小供と一緒に故郷に帰へつて、しみじみ成功を喜ぶ日を想像したであらう。彼等百姓達は今から見れば、結極故郷へ帰へる事も出来ず、単に家が古くなつて行くばかりで、少しも金はたまらない今日の状態を思ひはしなかつたであらう。私の父もその一人だつたかも知れない。もうかなりの年になつた父はそれでも元気であつた。どんな動機だつたか知らないが、私の母と同棲する事になつた。母は百姓の娘だつた。物好きな天理教信者を文《ママ》とし、弱い涙もろい母を持つて居た。それは私の祖母にあたる。私の物心のつく頃はこの母の両親は老いてゐた。併し私は忘れることが出来ない。私達を大変尊敬し、親切であつたからだ。」「母は三人の姉と私、更に妹と弟を一人づゝ生んだ一《ママ》番上の姉と私だけは父の庶子であり、他の姉妹は母の私生児である。それは父が見捨てゝ来た内地に於ても妻を残し小供を残して来たからである。その事に対して父は非難さるべきではない。新しい生活を得んとする意欲の前に、その非道徳的なる事は極めて影がうすい。むしろ私は、旧約に於けるヤコブの如き父の面影を見る。その単純ではあるが、太き輪郭の中に潜くめる強き力を見、それが広い森林を焼き払つて、そこに小屋を立て、少くとも新しき生活の創造を試みた、父らしき面目を見る。」

「開道五十年記念「北海道」《ママ》と云ふ手元にある本の中に、拓殖功労者としての彼の父の閲歴が出て居りますので、そのまゝ転載して見ます。

開拓功労者、藍綬褒章受領者故関矢孫左衛門。

弘化二年正月越後国北魚沼郡広瀬村大字並柳に生る。安政年間父祖の勲功に依り、並柳外十二ヶ村割元役となる。明治戊辰の役、金穀を官軍に提供し、又戦争に参加す。乱平定後兵部省より賞金を賜ふ。明治十二年魚沼郡長に任じ、従七位に叙せらる。後、官を退き盛んに自由民権論を唱導して、政治運動に従ひ国会開役期成同盟会に加はりて、健闘する所あり。二十三年第一期衆議院議員に当選し第二期に再選せらる。先是明治十九年同県の大橋一蔵、笹原文平等と発企して、北越殖民会社を興し、一蔵その社長となり、樺戸郡月形村知来乙に於て開墾事業を経営せしが、事業甚だ挙らず。然るに一蔵憲法発布の際、上京して、その盛典に狂喜し、遂に大群衆に踏倒せられて死す。当時会社は事業の経営頗る困難なり。孫左衛門推されて社長となり、一蔵の後を継ぎ、大いに会社の整理に務め二十三年会社の本拠を江別村野幌に移して、各地の開墾事業を統轄し、爾来着々社業を挙げ、或は村落に神社を創立し、寺院を建立し、小学校を設けて野幌を模範村となすに至れり。近年又、二宮尊徳翁の遺訓に従ひ、野幌報徳会を組織して其の社長に推さる。孫左衛門一度会社社長に就任して以来、社業大いに挙り現今野幌に畑一千二十町、江別太に百十町、江別村川邊に三百三十町、浦臼村晩生内に四百七十町を有するに至れり。四十年北海道農会に於て開催せる北海道農業経営法品評会に経営法を出品して一等賞を受く。明治四十五年、勅定藍綬褒章を授らる。孫左衛門天資温厚にして、真摯識見高く、長者の風あり。書画を愛し、詩歌俳句を好くす。齢古希に達して、老骨稜々たりしが、惜哉、大正六年六月病魔冒す所となり、遂に享年七十有三を以て白玉楼中の人となる。云々」

引用が長くなりましたが関矢の父としてよりも、北海道農場開拓者の一人として、客観的興味もあると思ひます。

土地会社、北越殖民社に関して、明治二十六年発行の「北海道通覧」を見ませう。明治十九年一月に前記の大橋一蔵氏が、

「北越の人口、年々増加し其の業を得ざる貧農を生ずるを憂へ、之を北海道に移して好計を得せしめんと欲する趣旨を」時の松方大蔵卿に呈したのがこの土地会社の創設、従つてこの部落開村の動機となつたわけです。初めは他の地、樺戸郡の知来乙と云ふ所に成墾地百四十町歩の払ひ下げを受けて、越後よりの移民二十五戸、雇夫百余名を以て、器械耕作による自営大農場化を企てたのですが、「樹根未だ朽ちず、馬耕を施す能はず」、「予期に反して多大の損失をなし、ため自作農業を廃して、小作農業を以て経営せんと地を野幌に移し」、改めて募移民の計画を立て、長岡市、六十九銀行の支持の下に、当時凶作、不況に呻吟して居つた、魚沼、古志、蒲原諸郡の貧農（極貧農でないにしても）約二百戸程移住せしめましたが関矢の父孫左衛門なのです。（後で独立移民として会社の世話にならずにやつて来た者は、中農程度の者で、内地での財産を処分し、より広き土地を求めて渡道したものらしい）

「当社の創立に際して、発起者は移住応募者に対し下の如き定約を結びたり。其の条件に曰く、拓地は北海道石狩国江別村野幌に起業する事、越後国新潟港より当地まで移住者の旅費、及びその他の費用は全て、本社より貸与する事、拓地到着の上は、居家一棟、及携帯せし農具の外必要なる農具は全て本社より現品を以て貸与する事。食料は米麦折半し、一戸十石の目的にて貸与す。」「道路排水の大なるものは、官費及社費にてなすべき事。移民に貸与する所の実費半額は、本社の負担として、追費を要せざる事。開墾の地所は一戸に負担する全反別成墾の後、これを折半して、移住者即ち小作人に分与するを例とす。然れども負債義務果さざれば、所有権を与へざる事。」「殖民社は以上の責任定款を履行する事能はざる場合に於ては、移住者を原籍に復せしめ且之が費用、並に相当の損害はて《ママ》全償

還すべき事。」「移住応募者の殖民社に対する義務下の如し。拓地へ送籍証を携帯し永住する事。所在地より越後国新潟港まで旅費自弁の事。移住地の法令を遵奉するは勿論、殖民社の指揮に服従し、節倹勉強すべき事。一戸凡そ一万五千坪の地所を定率とし、三ヶ年以内に成墾する事。但し牛馬耕其の他、改良農具使用法等は、本社より漸次得習せしむべき事。到着後五ヶ年目より負債金半額を(家屋、食料、農具、家具、移住費等)向十ヶ年を限り完済すべき事。但、その半額は本社に於て負担する事。殖民社所有の成墾地は、開墾の小作人に於て小作すべきは勿論、若し已むを得ざる事故ありて、小作を辞せんとする時は、必ず相当の小作人を選ぶか総て本社の承諾するにあらざれば、解約する事を得ざる事。――――小作料は漸次大小豆、小麦等現品を持つて収むべしと云へども先ず初墾より四ヶ年目に至り、一反につき一円内外の目的を以て地味相当に収むべき事。移住者は以上の責任定款に乗戻するときは、北海道中の苦役に従事し負債金の全部を償還せしむべき事。そのあとに生活の細かしい点まで干渉する定約が続いてあります。(尚一戸平均一万五千坪、五町歩の耕地は成墾後、所有権の半分は小作人の手に帰すのですが、この場合会社所有のものと実際に区割するのではなく、二町五反分の小作料をおさめればよいのです)こんな組織の土地会社(株は前記の長岡六十九銀行を中心に集つた同地方の地主、商人が所有して居つたのです)北越殖民社創設のため父は魚沼郡長を辞して渡道して来たのです。

母は父の村から程遠からぬ須原村の農家の娘です。母の父は当時未だ家内工業として残存して居つた同地方産の紬織り行商人として、各地を歩いて居るうちに、北海道渡航の話を聞き、「士《ママ》地持ちになれる」「郡長様さへお出でになるのだ。」と云ふ言葉の下に、限りなく故郷に愛着を持つ、家族を連れてやつて来たのです。母はよく私共にも当時を語ります。広瀬の谷はまだ雪に埋れて居つたが、峠を越えて長岡の里に出た時は、もう桜や菜種の花盛りで、生れて初めての旅、まるで夢の様であつた。長岡から信濃川を川蒸汽で渡り、新潟から九日もかゝつて小樽の港に上りそこから汽車で野幌まで来た。野幌には最早や停車場があつた。」これは明治二十三四年頃の話なのです。そして岡地の殖民社より作り与へられた笹小屋（一棟、間口二間半、奥行六間）に入り、同じく与へられた米麦、味噌と原始の森に無尽蔵に生ずる茸類、竹の子、蕗など野辺の野菜を食し、雨水を飲んだと云ふ今から考へると全く夢の様な原始的生活を初めたさうで、先ず森を切り開いて、炭焼きをなし、笹を刈り、荒地を起して、そのまゝ馬鈴薯を植えたが、大変よく出来、味もよく、朝から夕食まで殆んど「芋汁」ばかりで、「御飯がおかずの様なものであつた」と言つて居ります。母の父は又、天理教信者でもあつたのです。「作の事をかまはない物好き者」と家族に非難されるだけ、所謂「世間通」であつたらしく、移住者募集の功によりある程度の特権が与へられて居つた関係上、兎に角関矢の父をよく知り、娘を男手ばかりの事務所へよこしたのです。それが動機で父と同棲する事になつたらしい。当時母は二十前、父は四十を越えた年配でした。次々に入地する移民は先ず事務所に荷を解く。母はその世話を実によくやつたさうです。熊とアイヌのエゾ地へ、夫との同行を拒んだ内地の妻とは異つた階級に育ち、どんな粗食にも、労働にも堪え、忠実に働らく関矢の実母を父は好ましく思つたに違ひありません。関矢もよく私に、母の村への「功績」に就いて語りました。

この階級を異にした父母の下に育てられた彼の幼少年時代は又、特殊のものだつたと思はれます。郡長、銀行頭取などを兼任する地主の生活を投げ出して、岡の上の小さな家で、不自由な明け暮れを村人と共にし、開拓の斧の音、原野をプラオをつけて馬耕する農民の姿を唯一の慰安とする父を（道菴と称する茶室を作り、盃を片手に漢詩の筆をとり、関矢が小島氏への手紙にも一寸ふれた様に―前記―大きな石に「留塊」と自筆を刻み付けて村人に自己の存在を長く銘記させ様としたり、古希の祝ひに肖像入りの掛物を配布したり、多分に、地主的趣味臭味を移植はいたしましたが。現に毎月六月三十日、遺骨がこの村を立つた日を記念して、この「留塊」碑の前で祭典が営まれ、小学生、青年団、在郷軍人、一般村人の参詣があり、赤飯たいての一日の休業が年中行事です）高校時代頃までは、無条件に尊敬して居つたのですが、社会科学に目を見張り、農業問題に専心すると同時に、内地の封建的諸関係をそのまゝ移植し、強化した―極端な生活干渉―父を批判して居りました。

併しかうした特殊な家庭事情は後で、彼に非常な便利を与へたと思ひます。即ち、開墾当初笹小屋ばかりの部落を訪れる内地や道庁の「役人」と事も無げに話し、又東京の「国会」に議員様として出席し、母や村人から神の如く畏敬されて居つた父、及び彼が後で過した、内地の父の家の純粋の地主の生活と、農家に育ち生粋の農民的感情を持つ母、その一族、特に紬織り行商人として、明治初年の農村事情に通じ、話題豊富な祖父、当時同地―広瀬郷―の大切な家内工業、紬織の技術に熟練して居つた祖母の話等々、（中に彼を喜ばしたのは、慶応年間広瀬郷一体に起つた一揆の話でした。祖父はそれに参加したのです。昭和五年私のこの地にまひりました年まで生き、耳の遠い祖父に、関矢は口に手をあてゝ、大きな声で熱心に問ひかけ、例の小さなノートをとつて居りました。

此処に八百頁の「広瀬村誌」なるものがありますので―此本は彼が獄中で読みそれに関しての覚え書を二三回に渡つて内ヶ崎氏宛に書いて居た様です―その中を尋ねて見ます。

慶応二年堀之内、押出しの事。

慶応二年、広瀬郷入谷村より、堀之内押し出し一揆の原因は蚕種蚕糸に新税を課せられたるに起るといひ、或は七品運上（是迄相納来候運上縮布、白布、続布、小白布、抄、木綿、煎茶）に関し兎角の紛議あり、元治元年白布続布を紬絹縮生糸と品替役納に就いて郡民の迷惑容易ならずとて……「郡中一統人気立ち何様の変事可出来や難計」と極言せり。……此の訴状を差し出したるは慶応元年五月にして、一揆の起れるは翌二年五月なり、……其後品替代納は復旧し民意は採納せられたり」「首謀者は判明せざれども広瀬谷の奥より、旗を挙げ、谷を挙りて気勢を挙げたりと見えたり。事実を目撃したる須原村某古老に聞くに、同年七月十九日渋川村祭の夜、入谷方面より喊声あげて押寄せたる群衆は、一挙祭礼踊をつぶし須原村方面に進み来る。大白川村にては一戸一人以上参加すべし、せざる家は打壊すべき旨を記したる紙片を撒きちらし、沿道村々を煽動しつゝ進行し来れり……鐘、太鼓、法螺貝を鳴らし勢益々揚る。和田専明寺に屯し、関矢、酒井両家より炊出しあり。同勢二千人に達す庄屋割元の説諭も効なく、……堀之内に着す。大蝋燭を点じ、主人店頭に跪きて労を犒ひ、茶菓酒肴を餐して懐柔に力めたり。群衆は大神宮の境内に屯し郷元衆は、大小に威儀を正して群衆罵詈誹謗の中に入り来り願書を聞き取り返答を約して引取る。群衆町内に入りて盛に酒食を煽り酔に乗じて忽ち郷元所本陣を破壊し、重要書類など悉く井戸に投じ鬨の声をあげて四散せり。……）

かうした彼の生活環境は、後で、農業問題に対して生きた資料を豊富に提供した事は事実です。内地及び北海道農村の比較研究、熟知して居つた地主の生活は勿論、母を通じて具体的に知つて居つた農民の生活、イデオロギー、「百姓女」の細かしい感情の動きをも注意してをつた彼は「農業問題研究は僕の場合、生れながらにして公式的、観念的ではあり得ないのだ」と言つて居りましたが改めて生い立を返へり見ますとさもありなんと頷ずけます。よく私は彼に言つたのですが、「貴方見たいな研究態度からだと「農本主義者」になる危険性がある様に思ふ。そう「愛情」を持ち過ぎると」すると彼は幼稚な私の公式主義を笑ひ、「何時も住んで居る所から」学ぶ事を繰り返しました。昭和六年夏頃、獄中よりの手紙に――これはその頃の農業・農民問題について平田氏より彼に御通信があり、又私より猪俣氏が、彼のプロ科学に書いた猪俣批判の反批判を改造か中央公論かに一寸ふれて置かれ《ママ》ものを通知した返事なのですが――「……農業問題がこんなに問題にされ、紛糾するのは多くの論者が、農業を見た事がないからだと思ふ。常識的な（百姓の）ことを少しも知らないからです。偉大な先進の与へた結論の上に立つて法律家の様に頭を働かす人は少くない。併し事実を分析しその堆積の中から「法則を搾り出す」と云ふ科学者の様に頭を働かす人は如何に少ない事か！人々は時には近代自然科学のよつて立つ根柢を探つて見るがいゝ。弁証法を語る人多くして、それを使用し得る人は少ない。地代論について語る人も少くないが、先人がそれを引き出したヨーロッパ（特に英国）農業史の基礎の上に、それを理解してゐる人はゐないのである。併し若い人々の間には科学的な研究方法の芽生えがある様だ。それで僕も成仏できやうと思ふ。僕は人の反対も自分のまちがひも恐れてはゐない……」これは彼のあそこでの気焔なのですが。

ペンが横道にそれてしまひましたが、彼の父に就いてもう一寸申し上げて見ます。明治二十三年移住当時より大正四年、中風で手がきかなくなるまで記しておいた日誌「北征日乗」と云ふのがあります。それは移民史資料として貴重なものだと、昨年道庁の道史編纂部の方達に太鼓判をおされたのですが、後記いたします様に、部落史の編纂を依頼されて以来、彼も資料として、この父の日記を愛読して居りました。その父も「楽彼天命」と枕元の自筆の額を口ずさんで病床にあること三年、開拓の使命を果して大正六年六月永眠いたしました。父は土地会社所有地とは別に水田九町程（会社は水田を所有しません。後で水田化された所は小作人自身によつてなされたので小作料は全部金納です）畑五十町、その他森林、宅地などを私有し、家族の生活は只今もそれによつてなされて居るのですが、帰村後、いやでもそれ以外に方法がなかつたのです。（水田小作料は物納で一反一俵位、畑金納一反平均三円未満、これは他に比較して率の低い土地会社の小作料ですが、その中に介在した小地主の生活は、内地の地主生活に比べて問題にならない程簡単でも余裕あるものではありません。内地で五十町なら大地主でせうが北海道ではそれ以下では地主の生活維持は困難でせう。もつとも租税は安い様です。併し一戸宛経営面積の大きいため排水、堤等の設備費も又、大きく殆んど全額が地主負担となりますし、三年に一度位ある凶作には二三割から五割減免は普通です。小作金量は低いが投下資本の大きいため――一戸平均五町歩以上、馬耕、農具、肥料等全て内地の比ではありません。――率は決して低いものではないでせう。）

小学校入学前から、父に強いられて孝経の素読をやらせられ、他の農民の子供達ばかりでなく母の生家の祖父母にさへ敬はれて居つた彼の幼年時代の環境も、父の死と共に変りました。父の死んだ年、十三で父の家に引きとられ、そこから長岡中学、新潟高等学校文科の寮生活が初められたのでした。

農村雑記と書いた薄いノートがありますが、

「本ノートを農村の社会学的民族学的観察のために準備する。

燕麦めしは非常においしく食べられるが不消化で、つぶのまゝ糞となつて出て来る。又それを食べた時には、ふんばり仕事が出来ない。ふんばると出て来るからだと云ふ。

泥炭は生きてゐる。下の方で花が咲いて、実もなる。だから泥炭は年々ふとる――から五十嵐徳太郎氏は信じてゐる。

唐黍の葉で尻をふくのはよいが肥を汲む時はねてよくない。五十嵐平三郎談

蒲原方面では、藁しべで尻をふいたものだと云ふ。菊田いし談。」等々の尾籠な記事の後に突然、一〇、一二、一八、と日付けされて、

札幌全協事件の解禁記事を見る。自分も今まで辿つて来た道を顧みたくなつた。今日からノートを書いてゆく事にする。我々が過ぎ去つた経路をかへり見て、それが如何に必然的と思はれ様とも、出来事の一つ一つを些細に見れば偶然的と思はざるを得ない様な出来事の連鎖である。だが、それらが全体として必然的な感じを与へるのは、これら偶然が必然性に貫かれた社会事象の一部分であるからであらう。」

残念な事に高校卒業頃までで中絶してゐるが抜萃して見ませう。

「自分が社会運動に関心を持つ前に一つの思想的過程があつた。

中学寄宿舎で二年生の時、鈴木宏、間野等と一緒であつた。間野は野球の選手であつたがよく読書し、高山樗牛に心酔して居た。鈴木は間野に指導されて亦読書を好んだ。自分はその頃彼等に感化された。樗牛の「死と永生」を読んで自殺したと云ふ教師――長岡中学にあつた――の事がよく話題に上り、人生の不可解

と云ふ事が頭に刻み込まれた様に思ふ。」

「四年の時は入学試験準備にせはしかつたが、それは却つて自分の生涯を如何に選ぶべきかの問題に当面せしめ自分を当惑せしめると共に、又深い思索の迷路に導いたのであつた。併し自分は当時社会主義的でなかつた事は目黒先輩の社会主義観に反対し日本は××の国であるからとの理由で反対したのでわかる。尤もその時自分はこの主張に自信がないと感じ、すぐ疑惑は生じたのである。

「松本校長が（広瀬村の寺出身の長岡中学校長で関矢家と親交）和田の寺で講演したのは四年か五年の夏で社会主義の八つの流れが渦巻いてゐると云ふことや、又桐植樹の事から、村人の経済観念の発達の事を話されこれは今も残る深い感銘を与へた。……松木《ママ》校長は五年に在学中病没された。この人の自分に与へた感化は大きいもので、且つそれは高校入学後であつた。この人の蔵書、歴史や社会問題に関するものが多かつたが、それが関矢家に譲られ、自分の自由になつたからであつた。」

受験に新潟へ行つた。済んで上京し品川の関矢別荘にゐるとき、パスの通知を受けた。」「新潟の寄宿舎で再び鈴木宏と同室した。彼は哲学、宗教を好んで読んだ。

自分はトルストイ全集が関矢家にあつたのを持つて行き共同で読んだ。鈴木は当時左の様な考へを持ち自分もそれに同意してゐた。真の人間的生活の為には宗教がなければならぬ。そして宗教は神の存在に対する確信を前提とする。神の存在の証明は哲学の研究に頼らねばならぬ。

一方からこう云ふ疑問もあつた。人は何のために生くるのか、人生の目的は何んであるか、しかも多く人がこれに対し何等確たる解決を持つ事なしに生きてゐる。自分にはむしろその方の疑問が強かつた。人生に何の目的もないとしたならば、死を選ぶ事も悪くはない。自分の肉体や遺伝にある憎悪を感じた時、死ならとさへ思つた。……高校入学の春社会科学研究会のアヂビラが机の上、便所の中に撒布された。……これに対し自分の考は一己人生の大問題を未解決にして、社会を研究するのは無意義であり、且軽挙であると云ふ様な事であつた。社会科学の研究者達を自分は軽薄な人々として蔑視してゐたのであつた。」「トルストイの作品は素晴らしかつた。併し当時自分はそれを文学的にではなく単に思想的にのみ読んだ……主人公が思想的転機を経験するやうな所を繰り返して読んで何物かを捕へ様とした。」

「自分等が労働することなしに生活してゐる事も不安ならしめた。それはクロポトキンの思想的影響によるものであつた。……剣南文庫の内（これは前記松木《ママ》中学校長の蔵書らしい。）ラツセル、社会改造の原理、クロポトキン、パンの略取の原本があつて、自分の英語でもどうやら読めた。その他コールの書などもあつた。クロポトキンの本はもう全く憶えてはゐないが、たゞ社会的協力によつて生じた生産物を己一人のものだと云つて独占する権利はないと云ふ強い思想に打たれたのは忘れることが出来ない。」

「人生空毛《ママ》の思想も自分の芸術に対する渇望を妨たげるものではなかつた。むしろ反対にそれを強めたと云ふことが出来る。何んとなれば、学業に勉励してよい成績を得、出世の便を計つた所でそれが何であるか。絵画は戸外で写生する恥しさがなくなるや否や直ぐ初めた。絵、並びに美術史に耽つたのは三年の時だつた。文学に親しむ点にかけては、学友達にはるかに後れてゐた。漱石も武郎も自分は読んだ事はなかつた。菊地、芥川等のものは一層であつた。……その後新潟図書館に行つて小説をよく読んだが、むしろロシヤ文学に傾いた。トルストイに就いてはすでに書いたが、ドストイフスキー、チエホフのものを読んだ。……当時自分の文学的渉漁《ママ》を指導したのは白村の近代文学十講であつたと思ふ。自分を近代思想に浴せしめたものは文学的渉漁《ママ》であり、特に北欧文学であつた。」

では自分を感化した近代思想とは何んであつたか？個人主義である。その眼中には民族も国家も家庭もなかつた。それらはむしろ個人の発展を妨げる桎梏であるべきだつた。さうは云つても個人の――肉体の自然的な衝動にのみ身をまかせてもよいと考へたわけではない、否むしろ、著るしく道徳的であつた。個人も亦人生の目的を持つ筈ではないか、ではその目的は何であるか、愛であるとトルストイの教へた事を知らなかつたわけではない《ママ》トルストイはそれを神の存在、キリスト信仰の上に説いてゐる。だが我々は科学若しくは哲学によつてその存在を証明された場合でなければ、それを信じやうとは欲しなかつた。とは言へその個人主義は実践的な主我主義ではなかつた。何んとなれば、実践に於て現はるべき確たる目的を持ち合せてはゐなかつた。他方に於て、慣習的に行ひ来つた事を否定すべき理由も持ち合せてゐなかつた。斯の如き内容なき形式だけの個人主義者は、何ら自我を持ち合せる事のない気弱な一個の青年となつてゐたのは不思議ではないのである。冷淡、併し隣人の勧めに対して別に抵抗するでもない従順な一青年、チエホフの好んで描いたかと思はれる人物のタイプに通ずるものがあつたのである。」

「新潟高校には多数の美術書があつた。マイエル、グレーフの書家伝、ゴツホ、セザンヌ、その他ドイツ語の諸書、メレジユコフスキーの「神々の復活」をよんだのもこの時代、併し表現派の書論、村山知義一派の運動なども自分を動かした。特に一氏義良氏の搾取者文化否定論の如き、自分をカール、マルクスの学説に導いたのが、その美術史の方面であつたのは意外である。併しから云ふ美的価値に関する自信を失つて居た時であるから、絵画の練習は一定の規準なく、失敗と云ふ他はなかつた。……ラスキンの美術論、ウイリヤム、モリスの美術論など自分を社会主義、特にマルクスの学説に近けたものである。

一体人間の思想の発展過程は、一つの思想が論理的に展開されるものではないらしい。むしろ多数の思想体系がひしめき合つて流れる様な形相を呈するものであらう。

真の美は、決して人を搾取するもの、不善なるものの間からは生れない。だが、正にさうだとするならば、美を求むる前に、先づ善が求められなければ《ママ》ならぬではないか、ではロートレツクやピアズレーの絵が我々に訴へるのは何故であるか。自分自ら頽廃せる階級の一人であるからである。自分が善たり得るに値ひしないと云ふ悲しみは、人生不可解の思想とならび、益々自分を陰鬱ならしめた。

　恐らく二年の中頃だつた。一つの思想が自分に思ひ浮んだ。路傍に横はる石片、それに目的があるか。何のために存在するか、たとへ自分がそれを拾ひ上げて、虚空に向つて投げ上げるとしても、そのために、そこにあつたとは云へない。たゞあるのだ。だとすれば人生も亦かゝるものでないとどうして云へやう。然り人生は与へられたる事実であるのだ。人生に目的ありや否やは何ら先験的な問題ではない。否多くの人は何も目的を持つてゐないのである。生きんが為に働いてゐるに過ぎないのだ。この思想はベルグソンの創造的進化論と相まつて兎に角、トルストイ流の目的論の誤りを自分にさとらしめの《ママ》であつた。この科学的認識のイロハを把握するために、何と云ふ迂路を辿つたものだつたらう。

　ペ《ママ》ルグソンの創造的進化を読みながら受けた深い感銘は、未だに忘れる事が出来ない。目的論、機械論に対する批判は、充分自分を納得せしめ得るものではなかつたが、しかも強く自分を捕へた。併し、トルストイ流の目的論の清算に対して強い感銘を与へたのは、マツク、スチルナーの唯一者とその所有であつた。

　当時新潟高校生の間に哲学研究の一団があつた。彼等の研究課題は、リツケルトの認識の対象である。意識は世界の産物ではなく、むしろ世界が意識の産物であると云ふ見解は、この意識の担当者たる我々の尊厳を強める如く見えたのである。彼等の「論理」は拒否し難く見えた。併し我々の科学的見解に対するその矛盾は、単に科学も亦意識の産物ではないかと云ふ言葉のみによつては、解決し難く思はれた。この哲学者達に抗議する人に伊藤君がゐた。右の如き見解の哲学者の頭をなぐつて見よ、彼等はその哲学の誤りを発見するであらう。これが伊藤君の力強い主張であつた。……伊藤君がノートをとりながら精読して居つた書物は今日から見れば、フオエルバツハ論、マルクス主義の根本問題等であつた。…スチルナーを読んだのはその間である。内容は当時でもあまりよく理解出来なかつたが、所々閃めく様な、又胸をえぐる様な主張に打れたのである。それは汝の肉体以外に何も汝に従うものはない。接する凡ての人は汝の敵、理論、目的、希望、道徳その全ては空毛《ママ》なるものに過ぎなかつた。だが、理想のない自我主張者は、無抵抗主義者と少しも異なる所はない。自分が怠け者の哲学者と自称したのも偶然ではなかつた。思想に関する限りスチルナーは、トルストイの目的論を清算せしめるに役立つた。

　人生は別に定められた目的を課せられたものではない。併し人はその生み出された環境の中に自己の生くべき理由を見え出し、そこから感激を汲み取つて生きるし、又それでよいのである。だとすれば、人は先づ環境を見それを研究しなければならぬ。それこそが社会科学の使命とする所である。かくて自分は社会科学の研究を目ざして上京したのである……。」

　抜萃が長くなりました。その後に、読んだ本、卒業の事などの外、彼に他の方面で影響を与へた広瀬村の様子関矢家の事など書き初め、そのまゝになつて居ります。これは昨年十二月十八日から二十日までの手記で漸やく読める程度の乱暴な走り書きです。

　手元にある大正十四、五年、高校三年頃の日記の中から社会科学への関心の兆しが見え出されはしないかと探しますが、美術史、美術論についての記事の外、トルストイ、チエホフ、クロポトキン、スチルネル、ベルグソン等々――その外随分読んだらしい――思想的迂路を辿りながら呻吟して居つたあとが見え、結極、虚無的な思想に沈滞し、既にその頃、高校生間に、動揺をもたらして居つた、社会科学研究熱に対して、傍観的態度を持して居つた様でしたが、思想的準備は一歩前まで出来て居つたかに想像されます。上京、大学入学と同時に社会科学研究会に入り、初めて熱のある生活が続けられたのも、その時代の学生運動の特質であるばかりでなく、日記によつても不思議ではない様です。高校時代のノートで残つてゐるのはその日誌の外、一九二五、一、一と日付した美術ノートだけです。(前記引用の回顧の終りに学校生活の清算のため、ノート類を新潟の浜辺で焼いて友人に笑はれたと記してあります)「美術史の勉強は大分した。その頃はゴッホを一番好んだ」など私にも話した事がありましたが、抜萃やら批評やらの外に、デッサンの練習に埋れたものです。

上京後、大学へは（駒場、農経）関矢家の別荘から通つて居りましたが（後で下落合に下宿）比較的自由に活動の出来た事は、当主孫一氏――関矢の異母長兄は父より早く没し、父の死後越後の当主は、父の孫即ち彼にとつては甥にあたる、（と申しましても十二、三も年長なのですが）孫一氏でした――が地主には珍らしく、大きな愛と理解を以て黙認し、絶えず親戚の反対から彼をかばつてくれたからでした。彼も亦深い尊敬と感謝を以てそれに対し、後でも、よくその自由主義を讃め称へて居つたものでした。彼の思想的成長に期待を持ちながらも此処での「漸く落ち着いた生活」に胸を撫で下した者の第一は矢張りこの孫一氏だつたのです。彼の死に際し、孫一氏の彼を抱きかゝへての悲しみの光景は、見解の相違を越えて、限りなき骨肉への愛惜の情として、私の悲しみを倍加、三倍加するものでした。

東京での彼の生活、学内の、産業労働調査所内外での、彼の活動は皆様のよく御存知下さる所です。昭和五年六月結婚いたしました。関矢の父の家と私の生家とは親戚、従つて彼とは遠縁にあたる筈なのですが、直接会つた事はありませんでした。色んな「良縁」を拒絶し、部屋に閉ぢこもつて「社会主義」の本ばかり見てゐる困つた地主の娘、「赤い運動」に入り卒業後も止めず、就職の事も考へずに居る困つた青年、彼等を結びつける事によつて束縛し得、「真人間」にする事が出来るかも知れないと両方の家族は考へたらしいのです。私共はさうした両家の封建的意図を利用することによつて、少くとも私の場合、環境の整理が出来、プロレタリアの意気を間近かに感ずることが出来るかも知れないと考へました。併しそれは、関矢にとつて確かに、重荷だつたのです。産労の仕事を続けて行くべく決心して居つた彼、生活能力の皆無な私、女中達のする仕事を人道的に「憐んで」居り、矛盾を感ずることだけ病的に発達しながらも、手足の動きのとれなかつた私は正直な所家事労働の修練さへ、積んで居りませんでした。「一人の地主の娘が、階級的に目覚めたとて、それは労働者、農民にとつて、何の事でもない。」「現に与へられた能力に於て、参加し活動して居る者を結婚＝生活と云ふ桎梏によつて去らしめる事は、階級的な罪悪を犯す事になる。」幾度かの逡巡、躊躇が結婚まで一ヶ年間の文通によつて繰り返へされながらも、二人の間に発生し、生長した愛情は離れ難いものにしてしまひました。初めて会ひました時は、四、一六の総検で同志の方々と御一緒に産労から日々《ママ》谷署か?、麹町署?かに二週間やられ、たつた一枚の学生服をシラミだらけにしたと云つてヨレ〳〵の木綿の袴を付けて来た事を覚えてをります。共同生活の問題はそのまゝにして結婚いたしました。それは家族の者に急がれた為であつたのですが、生活について考へてだけ居つたんでは、何んとも方法がつかないので周囲によつて何んとか道を作つて貰らうと云ふ甚だルーズな、消極的な考へから素直に従つたまででした。結婚まで一ヶ年間、彼は手紙によつて私を指導することを忘れませんでした。産労から出る出版物の他、書籍の送付、国内、国際情勢の解明、特に彼の関係して居つた、農業農民問題に就いてよく書いて送りました。そして私に地方的資料を送る事を要求し、又家庭内での自由を獲得して、出来るだけ農民組合の人達との交渉を持つ様にと言つて居つたのですが、家を抜け出さない以上それは不可能の事でした。その間に彼を通じて、皆様のお噂をお聞きし、一回もお会ひした事のない方々を長年のお知り合の様に身近かに感じて居りました。特に結婚された方々の奥様が、其々の部署に於て活動してお出でになる事を聞き、尊敬と羨望の的だつたのです。

結婚して彼は改めて越後の家から、此処野幌に分家した形式となりました。私を彼の母と同居させる事によつて彼自身の行動の自由を得たわけでしたが、私は内地の大きな地主の生活から見れば、殆ど農民的と云つてよい位に生活の変化を経験しましたが、質的には異ならない、環境の移転でしかなかつた。結婚のため一ヶ月の予定で帰国した彼も、この地に滞め置かうとする殖民社長の山口氏及母、其の他を説得するため意外に時間を要し八月上旬漸く逃れる様にして上京したのでした。途中東北地方の農村調査しながら帰京いたしましたが、確か鶴岡付近からよこした葉書に、食費節約のため朝からトマトばかりを食つてゐるとありました。今まで観念的にしか考へなかつた「生活」を身近かに感じ、引きしまる思ひのした事を、今でも忘れる事が出来ません。

その年、十二月検挙される迄の緊張した彼の生活に引き替へ、私は味けないものでした。直観的にでもいゝ、自分の息子のしてゐる事は決して悪い仕事ではない、と母だけに信じて欲しかつた。秋、冬の夜長によく語り合つたものでしたが、後で気不味い沈黙を守る以外に進展いたしませんでした。熱心な真宗の信者で、世の中をあるがまゝに受け入れ、「これが全て前世からの約束事」であるのを「留作等が、何人によつて世の中をよくしやうなんて思つても、それは因念に楯突くと云ふ恐しい事で無駄骨を折るだけだ。」この因念事に従ひ、その因念を促進する仕事の一端に加はつてゐるに過ぎない事を説明しやうとするのですが、結局失敗に終りました。十三の時から「御本家」におあづけして、「立派な月給取り」になり、世間並みに出世した息子の姿を夢見て居つた母だけに、無理はないのですが。併し後にもふれます様に、その後に来た不幸—検挙、及今度—に対しても毅然たる態度を保ち続けて居れたのも矢張り、徹底したものだつたので、学ぶべき多くものを持つて居りました。

昭和五年十二月検挙、翌年二月豊多摩に廻されました、私の方へは東京からの皆様の御通知で直ぐ知れましたが、家族に話したのは刑務所へ廻つてからでした。母の驚きと嘆きを考へると、打ち明ける機会ものびくになつて、漸く決心して話しました所、静かに聞き終りました。只今申し上げた様な理由——仏教徒としての宿命観が、この場合有利に作用したのは皮肉な事ですが、私にとつて嬉しいものでした。私は上京し皆様のお世話になりながら、面会差し入れを致して居りましたが、暮には又帰へりました。

月一回の面会のため裁判所で許可証を貰らひ、貧しい財布の底をたゝいて本と滋養物を買ひ求め刑務所の門をくぐつたのも、今は懐かしい、悲しい思ひ出になつてしまひました。何処の留置場や刑務所を尋ね廻つても、彼には会ふ事が出来ません。美しい夕方、そうした思ひ出の断片を繋ぎ合せて居る僅かな暇に、側の新聞に見える、目鏡をかけた男の方の写真を見入つて居つた子供が突然、「こり（これの事）パアパア（パヽ）。」と変なアクセントで幾回も繰り返へして、私の同意を求めます。文字通り、感傷の底にたゝきのめされてしまひます、今まで好んで聞いた郭公の声は何んで悲しく響くでせう。本屋の店頭は私を淋しくすると面会の際、彼に告白したあの頃、獄中で無限に成長する書籍に対する欲望を満すに、私の財布の軽きが故に生じた陰鬱など、今の私の悲しみに比べれば楽しい淋しさだつたのです。――その時は真剣にそれを考へて居つたのでしたが。――《ママ》

彼の獄中生活は特異のものの様でした。「留置場にも生活がある。同居者を一人〱観察するのも楽しみだ」痩我慢かも知れませんが。その瞬間に与へられた環境から学び取る事を忘れない彼にとつては、刑務所の、――もつとも彼には未決囚としての経験しかないのですが――読書生活は決して苦痛ではなかつたらしい。出てからは雑務に読書の時間を奪はれ勝ちだつたので、始終中の生活がなつかしいよと申して居りました。ですから外に居る私にとつては、彼が呑気な別荘生活を享楽して居るのではないかと懸念さへ生じた位でした。張り切つた産労の方々の御活動振りを拝見して居つた当時の私には。捕へられゝば直ちに出て、又果断な闘争の中に入つて行く事を考へず、中にあつても努めて外の情勢を知らうとするよりはむしろ、省みる暇のなかつたもの、哲学、歴史自然科学などを好んで読みました。中から出した、数多くの手紙は読書範囲の広かつた事を語つて居りますがそうした散策は当時の私を、悲しませ、困難な活動を続けて居られた同志の方達の前に、こうした読書傾向を辿る彼をおほひたいと思ひました。内ヶ崎夫人にその事を申し上げた事がありましたが、その時「関矢さんは西さん（西雅夫氏）によく似てゐる。」とおつしやいました。

八年二月再び上京いたしました頃、彼の予審は済みました。呑気な彼を急がせ保釈願ひを出しましたが却下になり、越後の家でもあせり出し、関矢には関係なしに知人の弁護士に依頼し、裁判所に幾回も交渉いたしました為か、案外早く六月上旬第一回の公判が開かれました。二回の調べと判決、二年の三年猶予で済みましたが、判事の問に対して言葉少なに、トツ〳〵と答へて居つた彼の後姿が目に見えます。「経済学説としては認める。併し、政治運動には一切これから関係しない。北海道へ帰へつて百姓でもしやうと思ふ。」で、「改心の情顕著にして」「特別の恩典」に浴して出てまゐりました。かくて転向の烙印がおされたわけでした。その時の弁護士の一人は、彼の父方の地主的色彩を裁判官に印象付けるべく、越後の関矢家の事、私の実家の事、親戚の某勅選議員等々まで持出して居りました。他の一人は、彼が吃るため交友関係もなく、高校時代より一室にての読書を好み「往々にして、その方向を誤り」と個人的原因に帰したがるこの種の結論をのべて居りました。皆様の傍聴と救援会の弁護士の言葉に守られての公判廷を、夢想して居つた私でしたが、その時はどんなでもいゝ、……兎に角早く出て欲しいと云ふ感情で一杯でした。在廷証人としての本家の当主の言葉には、無表情な彼の顔にも、動揺があたへられた事は、私の居つた席からでも、はつきり感ぜられました。「留作の今後の全ては私が全責任を負ふ」と云ふ大胆な極言でした。それは、彼のため数知れない迷惑を——親戚間の感情問題だけでなく社会的に活動してゐるだけに——受けながらも彼への深い愛情を関矢自身、人一倍感じて居つたからです。

七月十五日、三年振りで再びこの地に帰へつて来ました。母は喜びました。家に入る前に父の碑に詣でる事を進めました。母、弟妹、私共久し振りで揃つて、粗末な夕餉の卓を囲むことが出来ました。殖民社の管理者、前記の異母兄山口氏の喜びも殊の外でした。（昭和五年、上京する時は一番の反対者だつたこの人にかくれて行つたのでした）小作人は牛乳ビンを持参して、続々やつて来てくれました。——畜牛の盛んなこの地の牛乳ビンは一升ビンです——

それから最初に転載した手記の如き帰村者の生活が初つたわけです。注意深い第一歩が初められました。先づ家庭内の整理＝家計、小作事情に精通する事は勿論、何より家庭内に於ける自己の地位を如何にすべきか、十三から家を離れ、生活を共にしなかつた点での母、弟妹に対する態度、「社会主義」を理解しない母、息子の社会的地位の華々しさを嘗ては、夢見て居つた母の気持を充分に察しつゝも、「敗惨者」として帰宅した自己を如何に意識させるか、農民出身で百姓の生活を熟知し、小作人に対して実に思ひやりの深い母でありながら、一方に又、その農民的卑屈さを頑強に維持し、それを釘付ける仏教徒、熱心な真宗の信者として、旦那衆と小作人、百姓の地位の不動を、前世からの約束として信じて居る母に、愛と尊敬とを感じながらも、時々宗教をきつかけに論争が開始されるのでした。何時も後で、「矢張り沈黙を守るべきだ」と後悔するのですが。又一方、彼の地主生活を攻撃し、東京での生活を希望しながらも、働ける見透しの持てない私は、所謂「お嬢さん育ち」で、開墾当時より勤倹を生活指標として、働いて来た母の目から見ると贅沢であつたのでせう。こちらへ来た当時、農業恐慌、農民の生活の窮乏云々を口にするのは恥しい程、生家との生活の相違に当惑して居つた私は、遺伝的であるとさへ思はれる小ブル性の根強さに我ながら驚いて居りました。こうした私と母と間の懸念。彼は不安なその日暮しの私を批判して、「農村とは科学者か鈍物の住む所だ、あんた見たいなどつちつかずの住む所ぢやない。」そこで私は「あなたの場合は」と尋ねますと、「おれは科学者たるべく努力してゐるのだ。」その言葉は彼の生活の全てを語つて居つた様です。

村人が自分を如何に考へ、見てゐるかに注意し、気持よく接してくれる事を非常に喜びました。服装なども、村の青年達と同じい「久美愛服」――産業組合販売のもので、労働服兼社交服――を着、言葉遣ひの果まで細かしい注意を怠らなかつた。そして小さなノートと地図をポケツトから離さず、農民の言葉の端にも耳をすまし、吃るためでもありましたが、多くは語らず、すぐれた聞き手だつた事は事実です。暇さへあれば地図を頼りに近村へ自転車を飛して小旅行を試る事を無上の楽しみといたして居りました。こんな際獄中での退嬰の産物、地理地質、土壌、農具、（中ではカタログさへも見て居りました）等々の蘊蓄、及び彼の「絵心」はよく役立ちました。そんな調査旅行の後で「今までの左翼の農業問題研究者は地理的要素を軽視し過ぎた」と感想をもらしました。獄中で柳田國男氏の著作に傾倒して居りましたが、氏見たいに日本中の農村を歩いて見たいとよく言つて居りました。

環境に不満で立ち上つた労働者でも闘争に参加することによつて、緊張し切つた日々を送る様に、こんな時機に多くの親しい友からはなれた淋しさや、インテリとしての一般的不安の外、特に村に於いて動きのとれない陰鬱な自己の地位から生ずる不安を吹き飛ばし、「農村の科学者」として再生しやうとする彼、元気で汗をふきながら帰へつて来る彼を、雑務に追はれてまとまつた読書の時間を奪はれ勝ちの私は世の果報者とうらやましくなる時が折々ありました。しかし時として「おれは所詮、一介の無力なインテリに過ぎない」、自分の能力に悲観して、「どうも頭の調子がおかしい、それに近頃吃りがひどくなつた。」そんな時は何時もとは逆に、柄にもなく私が励ます立場に立ちました。婚約時代彼が私に――地主の娘として絶望し、無力を嘆いて居つた頃の――与へた「環境を整理することによつて感情もイデオロギーもそれに適応したものとして成長し得る可能性がある。現在の所、その可能性を信じて勉強して行くことを望む」と云つた風な手紙の意味を引用して、「あなたに自信のないのはお友達から離れて一人ぼつちにされてゐるからだ。昔は貴方にだつて自信のあつた時代もあつた筈で、こんな暗い反動期に窒息されてゐるのは貴方だけではないと思ふ。今になんとかなりますよ。」「今になんとかなる」それは私のはかない希望を彼に投げてゐる様なものでもあつた。そんな時は、併し、稀にしかありませんでした。又直ぐ元の元気にかへつて学びとる事に忙しかつたのです。

こゝ野幌は前記の様に殆んど土地会社の所有地でありながら、封建的な色彩が多分に沈殿して居ります。この家の事を村の人達は、別荘と呼びます。初め意味がわからなかつたのですが、越後広瀬村の関矢の別荘と云ふ意味で、父の代からの関係はまだ残存して居り、小作人は彼を「旦那様」と呼びます。そうした地主生活を続けて居つた彼を、皆様は奇異にお感じになることと思ひます。そこに彼の限界がある様に思ふのですが。獄中の読書の方向にも表れて居つた様に、書斎人としての色彩を多分に持つて居つた様に思ひます。そのため、一見矛盾した彼の此処での生活は、科学者として、彼の云ふ「仙人」として成長させるにはそう不適当ではなかつた。併し中央から遠く離れ、資料にも事欠き、論争の対手もなしと云ふ状態にあつては、到底科学的な論及は出来ず、むしろ、地方にある事によつて得られる具体的事項によつて、側面から探究を進めてゆく方が賢明であるとして、農村、農業問題研究もその方向に求めて居りました。

家の周りの畑の手伝、ボルドー液を作つて噴霧器に入れ、それを背負つて馬鈴薯の消毒をする彼、納屋の一部を板切れと棒で仕切つて子豚を一頭連れ込んだり、草を苅つて堆肥を作り、トマト畑から飛んで来て、「新聞来たかい、手紙は」と草の上に寝ころんで通信や新聞を拡げてゐる彼、「真先に水戸黄門を読む様になつては終りだね」など笑つてゐた様子など、あまりに、はつきりして居るため、畑の方へは足も進みません。しかし、このお百姓は雨の日を喜び、晴耕雨読も晴読雨読になり勝ちでした。でも、下男もおかず、殆んど日雇ひによつてなされて居つた仕事を、彼がやり出すと仲々沢山で、さう呑気にも出来なくなり、その上地主的雑務も加はると云ふわけで、帰へつた年から相当に忙しく読書の時間にもあまりめぐまれない様でした。（翌年頃から畑労働は段々放棄してゆきました）この刺激の少ない農村生活は身体のためにはよかつたと見えて出た当時十二貫足らずの体重が昨年量つたら十五貫以上もありました。青白く痩せて居つた手なども節高く日やけし、汗と消毒液と堆肥の臭味でよごれた労働服を平気で着て、矮軀をあそこの水田、こゝの畑と、歩き廻り、小作料納入の配布を配り料金について小作人と談じ合ふ彼の地主振りを一目お見せしたかつた様に思ひます。

畑の測量に行く彼について出掛けた時など話しなが

らも、下ばかり注意して歩いて居りますので、不審に思つて居りますと、畑の中に落ちて居る土器の破片や矢尻を見つける為だつたのです。そして満足さうに例のきたないポケットにつめこみます。この地は先住民の遺蹟が相当に多いらしく北大の専門家によつても注目されて居る所ださうですが、村はづれの農家の畑の中の住居趾＝竪穴を、弟や付近の青年と一緒に、幾日もかゝつて掘り、土器の破片を沢山集めてまゐりまして、それを丹念に接ぎ合せ、殆んど完全な形にいたしました、擦紋土器とか云つて居つた様に記憶して居りますが一番ふくらんだ所の直径四十□糎もある底の尖つた壺形のものです

（北海道に於ける金石併用時代後期から金属器時代に亘る文化相を代表する土器群であつて、北海道全道、樺太南部、千島南部に分布してゐる。本州の祝部陶器。土師器期文化に相当するもので、普通蕨手刀その他の鉄器と共に発見され、祝部陶器を併出するも稀でない。北海道の表面凹んだ竪穴から発見される土器の大部分はこの形式に属する。……全体に擦紋のあるものは深鉢系統の形を呈するのを普通とし、外面に縦の刷毛目様擦紋内面に横の刷毛目様擦紋がある。〈北海道原始文化聚英、擦紋土器群より〉同じい形式の破片の一部を札幌の博物館に寄贈いたしました所、随分大きいものに完成されたさうです。考古学や人類学への興味は獄中の生産物でもありましたけれど、開墾当時掘り出された、土器の破片、石斧、矢の根――十勝石の――及び父の集めたアイヌの道具、機織り機、衣類等は彼の幼少年時代の玩具であり、夢を成長させるに大切な材料だつたらしいです。澄み通つた静かな小春日和、秋の早い北の国の紅葉の美しい或る日の午後の彼の姿、土器の破片の堆積の中で接ぎ合せに熱中してゐる彼の動作を、反動期の一人ぼつちのインテリのわびしい姿として、一種の感傷を持つて見入り、けたゝましいかけすの鳴き声に驚き、ストーブにかけたお鍋の事を思ひ出して台所へ立つた私を、今も思ひ出しました。併し、御当人、少しもわびしさなど感じなかつたかも知れない。何故なら我々の歴史観を側面から村の人達に示すものだと自己を合理化して口先の見

栄を、忘れませんでしたから。

「科学的に統一されたものとして認識される場合の自然の美は実に素晴しい」とよく云つて居りましたが、博物学的教養と「絵ごゝろ」とは相まつて、自然児としての彼の行動を活発なものたらしめました。原始林や原野から草花を採つて来たり、鳥や虫の習性に注意したり——後でもふれますがこの彼の博物学的行動にも一定の限界がありました。そうした動植物の学名と同時に、地方名或は郷土名とでも申しますか兎に角この地方の農民の間に用ひられて居る名前を記し、それ等の動植物と農民生活との連関に注意を集中すると云ふ方向をとつて居りました。——秋など、山葡萄や甚だしきは土だらけの茸を上衣に一杯採つて来ます。畑で、よく熟した大きなトマトにかじり付き、玉蜀黍を両手に一杯抱へて来て焼いてくれと窓から投げ入れる。（玉蜀黍と云へばずつと前に彼が近所から貰つて来て封筒に入れてしまつて置いた玉黍蜀《ママ》だんごが干からびたまゝ残つて居ります。半分試食し、あとを参考資料だと笑つてしまつたのでした。北海道は玉蜀黍がよく出来、近頃段々少くなりましたが以前は所謂「玉蜀黍飯」が農民の常食だつたらしい。それは実のよく入つたものを米粒位に砕いて米と一緒にたくのです。又粉にしておだんごの材料にします）《ママ》この牧歌的な生活環境、彼の言ふ「植物的な生存」は獄中の読書思索を反省、清算させるに容易ではなかつた様です。

こゝで彼の読書研究を顧り見ませう。出た年の（八年）生活日記、読書ノート（日誌体の）、哲学研究、歴史研究等のノート類を見ますと、その年は主として哲学の古典をやつて居りました。その年の春、伊藤氏——高校時代の友人——に宛た手紙、読書研究報告の草稿かと思はれるもの——これも一部分があります。そのまゝ

「——冬は僕にとつて喜ぶべき季節ではあるのだが、農村生活の孤立と家庭生活の雑事とで研究読書の時間の失はれて行く事は切ない事です。兎も角、過半年の研究について決算報告を書くとしませう。獄中で物した多数の手紙、読んだ書物などは未だ何の整理もせずに打ち捨ててあります。又新しい研究もなされてはな

いのですが、哲学の古典を読み返した事が最大の収穫と云ふべきです。フオイエルバツパ《ママ》論、ドイチエイデオロギー、クーゲルマンへの手紙、唯物論と経験批判論、マルクス主義の根本問題、家族私有財産国家の起原、自然弁証法、反デユーリング論等、これ等によつてあそこで考へた事の内、誤れるものと正しいものを分類する基準を得た様に思つて居ります。

デポ《ママ》ーリンの「ヘーゲル論理学批判」「弁証法と自然科学」は数年前、ソヴエートで行はれた機械論、ブハーリン主義の清算に関して教へる所少なくありません。けれどもデボーリンの誤謬に関してはまだよく極めずに居ります。ラリツエヴイチ編、弁証法的唯物論第一巻と云ふものに目を通しましたが——これにデボーリン批判がのべられてあります——その批判の点が明白でありません。ミーチンの哲学教科書が訳されてゐますが何れ読みたいと思つて居ます。

日本に於ける哲学研究の現状に関しては、「唯物論研究」の数号に目を通じ得たのみです。哲学の党派性などが、論争されて居りましたが僕にはまだそれに参加する前提がない様に思はれる。……哲学の立ち入つた研究としては、古典的著作の中から、哲学及び自然科学、歴史に関して哲学的に興味ある命題の目次を作る仕事を初めてゐます。例へば、ダーヰンの種原論に対するマ、エの関心、批判などを示す個所を彼等の著作から抜萃してゆくと云つた様な事。自然弁証法や反デユーリング論はこの　《ママ》法を用ひずしては、一応理解することすら困難だと思はれたことから初めたのでした。これは勉強になり又興味ある事です。特に自分に失はれたと思はれる記憶の欠乏を補ふにはよい事です。併し全集がないので極めて不自由です。全部は欲しくはないまでも書簡集は欲しいと思ひます。

……………

歴史に関しては家族の起原の再読があるのみで、郭沫若、支那古代社会史論、西村眞次世界古代文化史、鳥井《ママ》龍蔵、人類と人種等、手元に持つてゐながらまだ手もつけ得ない有様です。ウエルズの文化史大系に対しても系統的批判を試みたいなど考へてゐたのですが、矢張り打ち捨ての状態です。日本歴史に関して最近行はれてゐる（歴史科学を中心として）ものも見たいと思ひつゝまだ目を通すに至つてゐません。（この雑誌は毎月見たいものです。）

僕は何故かアイヌ文化、その氏族制などを研究したいと思つてゐますが、アイヌ聖典、バチユラーの著作など手に入れたいものです。明治維新史等も日本資本主義発達史講座を読めば、最近の業蹟に接し得るのですが、この領域にはまだ手が出ません。これでは研究の過程が、まるで転倒してゐるわけですが。現実世界の問題に就いては未だ関心の対象にさへ入つて来て居ない事を認めねばならぬ。ロシアの第二次五ヶ年計画、赤軍の現状、コルホーズ化運動などに就いて多少の書見をなした事、――党検挙史を中心として最近三ヶ年の古新聞の切り抜きを作成した事が全てです。世界経済、国際関係、日本の農業問題などは全然かへり見る事さへしなかつた様なわけ。幸ひ此処には今春までの産労時報、インタナヨナル《ママ》があり、その内には面白い資料もある様です。例へばＫＩの日本に関する決議等。産労もプロ科学も事務局を奪はれ、指導者も獄中にあるらしいので、から云ふ雑誌も見られなくなつてゆきます。

農村問題に対しても未だ関心を失つてはゐないのですが、何もやつてゐません。この村は興味ある研究対象でもあるので、その農家の状態、分化、移動、生活様式、イデオロギー等を調べて見たいと思つてゐます。こうした領域の研究では、柳田國男氏の業蹟に学ぶべきものがある様です。何時か兄からお借りした日本農民史は妻が他の人に差入れてしまつたので、今手元にはありませんが、都市と農村、明治大正史世相篇があります。兎に角報告文学風の形態で農村の科学的記述を試みたいと心掛けて居るのです。…………」

この手紙にも見えます様に、出た年は殆んど哲学の古典を読んでゐました。「哲学研究」なるノートがあるのですが、それは読書索引、分類式、の形式で哲学史、哲学批判、社会諸科学（唯物史観、地理学批判、人類学等）、自然科学、歴史（世界史）等の項目別に例えばマ、エ全一、937（マ、エ全集第一巻、九三七頁）「死は死にかけてゐる者にとつて恐しいのではなく、生き残つてゐるものにとつて恐しいのである。」エピキユラスの言葉。これは哲学批判、唯物論的弁証法の自由と必然の個所よりの抜萃ですが、私にもこの方法によつてノートをとることを進めて居りました。

その頃のノートはその他、簡単な「生活日誌」「農村研究」「読書ノート」などがあります。日誌体の「読書ノート」の農村研究の個所を見ますと、

イ、柳田國男氏の著作の批判的研究開始、都市と農村、世相篇、日本農民史

ロ、「日本農民の生活」の著作計画、ノート農村研究を設けた事、(当分着手の見込は立たない)

ハ、広瀬村誌に基く広瀬村の研究――関矢の死んだ村――希望のみに終る

ニ、野幌地方の農村社会生活に関する報告文学的著作の計画(内ヶ崎への手紙の形式に於て)冬期間にこの計画を具体化したいと思ふ。

ホ、共同経営の研究開始、

十二月二十二日付の日誌に「農村報告のプラン作成」とありますが、それらしいものの紙片も見当りました。これは昭和八年四月頃の朝日新聞の記事、相馬御風氏の「北國春信」の切り抜きと一緒にした紙片です。

農村報告、

農村の社会生活の具体的記述を通じて、農村経済、生活様式、イデオロギーなどの進化過程を分析する。主観的よりは成るべく客観的、科学者の目をもつて。(故にアジテーチブにはならない。政治的には同伴者的)

手紙の形式、併し簡潔な文章、自然的、人的方面を捨象しない――つまり村の個別性をも、目に見ゆるものから季節的に。

第一回として、(冬)

一、冬来たる。冬の気候、――初冬の景観、――防風林――雪囲ひ、――立てかけのデントコーン、――道路交通、(煙突、石炭ストーブ、)――

二、戸外に於ける人々の服装、ゴム靴(ツマゴの消失)雪帽子、外套、軍手、綿入の半纏。馬橇(形態)、スヾの音。材木運搬、よし刈。農業倉庫への穀物運搬。＝農業倉庫を中心として組合、殖民社、小作人。

三、村の商業、年末の行商人、鳥買ひ、兎買ひ、ゴム靴直し、玉ネギ納豆売り、高島暦売り。村の商人、小倉商店、岩田の新築。冬期の野菜売り、冬至の南瓜黒豆。燕麦の価格。

四、冬季の食物、南瓜、玉蜀黍飯、小学生の別鍋べんとう。救済米。蔬菜類の貯蔵。

五、野幌部落、散村の矛盾、組の会合、組長の選挙。

六、正月、倶楽部のこと、殖民社のこと、小作料、小作慣行、組合と高利貸、農学校、新聞と中央政局の問題

七、冬は深まる。吹雪、春はいまだ遠い。

第二回以後の見透し、テーマの分配。

第二回は春の自然描写と生産の方面、作物の種類など。婦人の服装のことはこゝで。肥料とその資金、畜産普及の根拠。馬を中心として。第三回は作物の成長に追はれてする農民の労働とその種類、労働時間。害虫駆除。乳牛の原野放牧。夏の食ひつなぎ。夏の現金収入。野菜売り（背負ひ商ひ）近郊の専業との対立。農村の娯楽、盆踊。病気、（迷信）。

第四回収穫、収穫に対する二つの見解、収穫調製作業の機械化に関して。いひの制。仏教の信仰に関してはこゝで。過小農の問題、農業賃労働。労働賃銀、労働時間。年雇。

1．この目的のために日記をもつとくわしくつける。

2．会話に注意する。あらかじめ問題を立案して質問する。

3．殖民社関係資料、組合関係資料、青年団の文書、北海道の農場経営の比較研究。

以上がその紙片よりの抜き書。「農村研究」なるノートは恐ろしく乱雑なものです。（彼は今年になつて初めて万年筆なるものを新調致しました。そして曰く、「思索には矢張り此の種のものは必需品だ」と。ペンはインクを持参せねばならず、鉛筆の礼讃者だつたのです。そのため、人一倍解りにくい文字を鉛筆で書き、且小さなノートの使用を好み、ポケツトから離さずに書き付けて居つたものです。それが消えたり、散り〳〵《ママ》になつてしまひました。もつと早く万年筆を持つて居ればよかつたんですが）出た年の暮から翌年二、三月

頃部落誌の編纂を依頼されるまでの間に企て、各項目別に資料を集め初めておいたものですが、何にしても読みにくいです。扉に「本ノートの目的」と記し、

一、農村に於ける啓蒙運動の見地から、農村の社会経済的関係、農民の生活様式の変遷を明かにしたい事。

二、従来の農業問題は単に、農村の主要階級間の経済関係を分析するにとゞまつてゐた。ために抽象的となりある特定の農民部分以外に訴ふる力に乏しかつたと思ふ。

三、農村には古い諸関係が色濃く残つてゐる。それ等を分析することなしには農民のイデオロギーを統一することは不可能である。

四、生活改善運動の如きに如何に対すべきか、今日まだ明かにされてゐない。農業恐慌は農民の生活様式に対して過去に復帰するか一歩前進するかと云ふ課題を提起してゐる。これは歴史的批判のよき条件である。

五、農村社会学は一個の学問としての形態を辿りつゝあり、又農村経済更生計画と連関して、農村調査資料は豊富になりつゝある。土俗学、社会地理学もこの傾向を支持してゐるものゝ如くである。

六、方法と道程、先ず先人の行蹟を批判的に追跡することだ。柳田、小野武夫、

七、先ず研究項目を立てて、その事に蒐集した材料を排列すること。項目は材料の蓄積に応じて変化せしめねばならぬ。材料は一目の下に支配し得られる様に索引式となす事。

八、日本農業論とも云ふべきものを必要とするか、然り、それに関する材料も必要である。

九、農民史は如何、生活様式、社会関係の全てが歴史的に見られるので、あへてかゝる項目を必要とせず。

十、各項、生活様式、社会関係等凡て歴史的に見られる事。

十一、各項目の相互関係。

別に古原稿紙の裏に草稿らしいものを書き散してあるのですが、この部落開村五十年記念に出版すべき村史

の編纂の仕事を引き受け、その方の資料集めを初めましたので、其の後顧り見る暇もなかつた様でしたが項目だけ——これも全部ではない様です——は兎に角列べてあります。

日本農村と農民の生活、

（この標題はあまり漠然として居るが、——農村の社会関係、農民の生活の史的変遷に関する研究——）

第一篇、日本農村、農村の地理学的経済学的分析

第一章　農村の種類とその分布。

（此処で農村とは農業によつて生活する人々の集団する地域を指す）

A、農村の発生史的分類、

一、日本に於ける農耕文化の伝播について。

二、古代成立の村落（その痕跡としての氏神）

三、班田時代、（条里の制、地名）

四、荘園時代、（地名を通じて）

五、中世城村、（根小屋）

六、近世新田開発村

七、現代の殖民地村落（北海道）

——分布と痕跡——

B、地理的分類

一、山村

二、漁村

三、平原

四、河合、盆地

C、その他の分類

一、本村と出村（枝村）市街地について

二、街道村（店作りの家屋）

三、近郊村（園芸地帯）

四、散村と集落（北海道の村落制）

第二章　農村に於る産業及び職業

A、農業地帯

一、地理的条件と社会的分業の成立

二、水田地帯（その成立と分布）

三、養蚕地帯（同）

四、畑作地帯（関東の丘陵、北海道）

五、園芸地帯（都市近郊）

六、果樹地帯（りんご、みかん）

七、牧畜地帯
八、気候の影響（列島の表裏）
B、村の職業（村＝農村）
一、生活手段としての農業、その分化、耕作の専門化
二、村に於ける農業以外の職業
イ、手工業（大工、桶屋、屋根葺、木挽、染物屋、鍛冶屋、分布とその変遷）
ロ、製造業（油屋、酒屋、醤油屋、豆腐屋、製糸工業）
ハ、馬車挽、車挽
ニ、小売商売（万屋、呉服屋、仲買人、小売店増大の傾向）
ホ、神官、僧侶、医師、教員、吏員、床屋、技術員
ヘ、地主、金貸

第三章　農村に於ける階級層

A、自作農
一、土地所有関係より見たる農民
二、日本農民の原型としての自作農
三、自作農の経営とその運命、地主及小作への分化
四、自作農を主なる構成分子とする農民に就て　長野県
B、小作農
一、小作農の起原とその分布
二、小作関係
三、小作農の経済的地位
C、地主
一、地主の起原
二、村落に於ける地主の地位、勢力
三、地主が大きな勢力を示むる地方
四、地主の経済的地位及びその運命
D、富農
一、経営面積別の分化について
二、富農の発生
三、村落に於ける富農の地位
E、賃金労働者としての農民
一、農村の奉公制度
二、貧農の収入源としての賃労働

第四章　交通の発達と農村

A、交通機関の発達

一、国道開通とその影響
二、馬から馬車、かごから人力車
三、鉄道の発達、河川交通の衰頽
四、「自転車、村に入る」
B、人の往来
一、農村に於ける人の往来の変化
二、都市風の侵入
三、出稼
四、行商人
C、物資の出入
一、米の販売、（米生産検査、仲買）
二、まゆの販売
三、出荷組合
四、近郊蔬菜農の荷負ひ商ひ
五、工業製品の農村への侵入
六、肥料の購入
第二篇　農民の生活
——家族を中心として
第一章　農民家族
A、農民家族の由来
B、農民家族の構成
第二章　農家の生産、——農家とは農民家族の略
A、農家生産の自給自足主義
B、農家の商品生産
C、農民の商行為
D、農業労働の家族的組織とその進化
一、稲作作業の特性
二、養蚕作業
三、年労働日数と副業
四、農法の発達と労働組織
五、農具の発達と農業労働
六、共同経営
第三章　農民の衣食住
A、農民の住居
一、家屋自給制の崩壊
二、屋根の材料の変化
三、用材
四、農民家屋の機能

五、棟数、間取
六、台所と生活改善
七、燃料と水
八、灯火の変化
　B、衣服
一、衣服の自給制の崩壊
二、既成品の普及
三、仕事着
　C、食物
一、食料の自給
二、主食物
三、副食物、調味料
四、食物の調理法
五、貧農に於ける食ひつなぎ
六、栄養上より見たる農民の食料
七、娯楽としての食事
　D、保健
一、農民の体質（体格）
二、農民罹病率
三、農家の衛生状態
四、小児、婦人、老人と保健
五、医療
第四章　家族関係——歴史的に——
　A、家長制
一、家長制家族の一般的特徴
二、家長制の経済的基礎
三、家長制の動揺
四、隠居
　B、相続性と分家
一、長子相続制が支配的ではない
二、近世地主の分家制
三、分家と家産の細分化
　C、婚姻関係
一、家長制的婚姻
二、ヨバヒの慣行について
三、近世の遠婚の風
四、結婚式
五、嫁と姑との関係とその変化

D、家長制下に於ける婦人
一、農家に於ける婦人の労働
二、婦人の屋外労働
三、女子都向の風について
四、婦人の法律的権利
E、家長制下に於ける未成年者
一、小学校教育の普及と未成年者の地位の変化
二、未成年者の分担する労働
第五章　農家の慰安と宗教
A、慰安
一、休日、祭日
二、酒
三、娯楽
B、宗教
一、葬式の習慣
二、法事及び死者に対する観念
三、村の年中行事と農家
第三篇　農民社会生活
第一章、年中行事、——農民の社会関係としての——
A、神社を中心とするもの
一、正月
二、村祭
B、寺院を中心とするもの
一、彼岸
二、盆
C、公休日
第二章　宗教組織
A、神社
一、氏神か、産土神か（神社の起原）
二、神社の維持（多すぎる神社）
B、寺院
一、徳川時代の寺院政策とその伝統
二、寺院の維持（財政、檀家の組織）
C、日本農家の宗教的イデオロギー、——歴史的に
——
第三章　農村の諸団体
A、村落自治体
一、村落自治体の歴史

二、徳川時代の「村」の組織
三、現代町村
イ、国家権力の末端としての町村
ロ、自治体としての町村
ハ、町村団体の機能
B、産業組合、農会、農家組合、頼母子講
一、頼母子講
二、産業組合
イ、その普及
ロ、地主的性質
ハ、産業組合の自主化、大衆化
三、農会
四、農家組合
C、青年団、軍人会、消防組
一、若衆組より青年団へ、
二、青年団の機能
三、軍人会
四、消防組
D、小学校
一、小学校教育の発達
二、農村小学校の矛盾
三、農村教育改造の諸問題
E、農民組合

ノートの項目には、鉛筆で走り書の紙片が沢山挟んであり、彼の研究態度、方法が伺はれます。例へば小さなノートの片に、越後地方の農家のスケッチ、間取りを記したものが住居の個所にあつたり、人から聞いた話、新聞、雑誌の抜き書きなど、それぐ＼項目別に挟んであります。

おさくの話、昭和八年夏、(これは出獄直後広瀬村で聞いたもの。)

一、五人家内で一日一升、朝雑炊、夕は、かゆ、(湯づけ)等で一日五合位の節約をせねばならぬ。冬は一升までいらない。粉米とサツマ芋をまぜた「粉かき」を食ふ。

二、着物は子供は男女共通、夏は十銭に三個の石鹸が毎月一個づゝ入るので切ない。

三、汁に削り節を入れてやつたり、又風呂もすぐ流

さず、あつため返して幾晩も沸したりなど、老人衆のもてなしに要る金も少なくない。等々

　こんな風な記事の紙片が矢張り農民の衣食住の個所が《ママ》ら出て来ます。

　又資料的に漁る農民小説の読み方も興味があります。長塚節の「土」、チエホフ「農民」、有島武夫《ママ》の「カインの末《ママ》」、小林「不在地主」平林たい子の「耕地」など。これも索引式に項目と目次に整理しながら読んで行つたあとが見えます。あとに一寸それ〴〵の作者の階級的相違を記してあるのですが、

「平林女史は、自作化する地主の土地取り上げと仲間を裏切る小作人の卑屈な個人主義的態度とを描いて居る。主人公のかゝる態度に対する批判を作者は述べてゐない。著者はこの批判を抑へてゐる様に思はれる。この点小林多喜二の態度とは異なつてゐる。」有島氏のカインの末《ママ》の抜萃の後に、

一、農民を一個の親しみ難いものとして表はしてゐるのは、有島氏の階級的地位を示すものである。（作者は階級対立を隠蔽しやうと試みはしなかつたのみでなく、仁左衛門をそのまゝ愛さうと努力してゐる。）併しこれは大戦後のインテリとしての地位を示すものであらう。本書と小林多喜二の不在地主を比較して見るとき同じ北海道が描き出されてゐるためではあるが、少なからざる共通点を見ることが出来る。小林は有島氏を学んだに違ひない。

一、併し長塚の土と比較する時、前者（節のことらしい）は農民を親しみ描いてゐるとは云へ、その観察はリアルではなくロマン的である。又作者の自己批判が出てゐない。

一、チエホフの農民と比較するに彼は（チエホフ）農村的対立の外部にあつて地主、農民を共に親しみ描いてゐる。而もロマン的ではなくリアルに。併し彼は両者の関係を宗教的に調和せんとするのであつて、将来の見地に立つものではない。」ついでに彼のチエホフ観をもう少し。

　チエホフは、ツアリズムの肯定者ではなかつた様に見える。同時に彼は農民の苦難に対して深い同情を寄せて居る。併し、彼は農民の革命的能力を信じてゐな

い。チエホフ自ら告白してゐるやうに、唯物論者であり神の存在を肯定するものではなかつたであらう。とは云へ、彼は農民の信仰を批判しやうとはしなかつた。彼は宗教が農民の間に演ずる社会的役割を知つて居つたが故に、彼の農民愛は農民の宗教的感情の尊重となつて現れたのである。この現実主義の作家がその作品の中にロマン的情調を保存してゐたのも故なしではない。併し、愛撫にも似たチエホフのロマン主義(涙の笑)を自分は好んだ。又自分は無気力な、だが思索的な、人生問題などを考へ込む人に同情を持つて読んだ。」

こうした資料を集め初めて居りましたが、前記した部落誌の編纂を喜んで引き受けました。――明治二十三年、越後より二百戸程移住した年から数へて昭和十四年頃が開村五十年に当るかと思ひます。村誌はその記念事業の一つなのです。――

役場の統計集だつたり、名士伝だつたりする従来の村誌類と対立して、又排他的な所謂郷土教育なるものと峻別された、普遍を特殊、個別の中に見る科学的立場から、しかも読物として誰にでも親しまれ易い、農民の生活史としての村誌を編みたいと、大分意気込んで居りました。又、例の彼の「博学」民俗学的、地質学的、博物学的、考古学的興味は彼を一層駆り立てました。彼の散歩も又一つの仕事となり、植物採集も、動物の習性探究も農民的、郷土的立場からなされ、「考古学」も野幌地方先住民の遺跡を尋ねるため、苦しい弁解も不必要になつたわけです。各地の村史編纂者や道庁の道史編纂部を訪問したり、考古学の地方的愛好者ばかりではなく、北大の専門家との知遇を得たり、村の人達の援助を願ふなど、漸く傍観者的存在から村に於ける社会人としての彼の行動が開始されました。

古老の話は早く聞きとつておかないと死んでしまふ恐れがありますので、それから初めました。訪問すると家中でお客扱ひにして聞きにくいので、歩ける人でさへあれば来て貰つて書きとつて居りました。移住当時の事は勿論、移住の動機、その頃の越後の農村生活について――越後だけでなく、越中、越前等の人達も居ります――老人達は昔語りに興奮し、「御維新」の戦争に参加した話など生々しい材料を夕暮まで語つて帰へります。常にはあまり、ありつけないお酒で「思ひ出」を語る彼等は此の上もなく愉快さうでした。老人は大抵暇なものですから、何時でもやつてまゐりましたが、農閑期を利用しての関矢の農家訪問も頻繁になつてゆきました。家にあるお粗末なポータブルを大きな風呂敷に包み、学生時代からの薄い短かい外套の上にそれを背負ひ、黒い雪帽子にゴム長靴、軍手と云ふいでたちで寒気はきびしいが明るい北海道特有の雪道を、近所の農家に出掛けてゆく彼でした。老人の好きな浪花節も、若い者の好きな流行歌も少なく、殆んど「西洋音楽」であつても、娯楽に飢へた人達は、そうした彼の訪問を待つて居つてくれました。ゐろりの中に入れ、泥炭を石炭にまぜて焚く、炊事用を兼ねた北海道農家独特のストーブを囲み、お餅を焼いての暖かい、歓待を受けて帰へつて来ました。その頃を語る日記の一節を。「一九三十《ママ》四年一月四日、晴、朝食後樺澤和吉家を訪問、（蓄音機持参）一郎、徳三、二君との会談によつて深い感銘を受けた。研究事項、イ、政治、政党の腐敗と云ふ考へは一般に青年の頭にしみ込んで居る様に思はれるこれは興味ある事だが、この批判を正しい方向に向けるには如何にすべきかと云ふ事が問題議会政治の行詰り論。ロ、荒木陸相が一個の英雄であるとの思想、彼の皇道論をどう批判するか、「皇道の宣揚」は内容が明白でないが、日本による世界征服を意味するに至ること。日本の現状が皇道に基いてゐるのか、基く国が基かぬ国よりも優れてゐるか、「アヂアの反逆」の思想に対しては、日本人が人種的に近い鮮人を圧迫するのは如何？ハ、ロシアは日本を攻撃しやうとしてゐるか？ニ、「平和とは空論である」との思想。これに対しては歴史の示す所をもつて、戦争は生存競争とは同一でない。ホ、唯物論と観念論の区別。科学と宗教との関係「唯物史観をそのまゝ信じてゐる人ありや」進化論の歴史に於ける帰結は唯物史観であること。観念論には賛成せぬとの見解を表明。ヘ、宗教と道徳今日までの道徳論は宗教に基礎づけられてゐるから、道徳的に正しくあるためには宗教を必要とする。だが宗教から独立した道徳を要求するのは改革者の道であること。ト、村について産業組合、組合員の現状に関して、小作料について。云々。」

借金を持たない家の経営、家計調査は興味があると申して居りましたが、矢張り蓄音機の持参出来る附近に、デスクプラオを持ち馬の三頭も飼つてゐる中農程度の家と（北海道的標準から云へば富農とは云へ難いものでせう）路傍の「よもぎ」の枯枝をさへ集めて薪木にすると云ふ貧農――両方とも借金がないのです――があるのですがその両家を尋ねて、ゆつくり話を聞いたのは有意義だつたらしいです。働いて残す家と、働けぬがその代り使はぬと云ふ両家のお婆さん達の生活態度の対照も面白いものです。

帰村者にはそれ相応の仕事が与へられたわけでした。昨年のお正月、この村の実科農学校（現在の青年学校）に附属した倶楽部に小さな郷土資料展を開きました。村年始に集まる人達に呼びかけるためでした。彼が苦心して集めた先住民の遺物、移住当時使用した農具、家具、書類――殖民社に残つてゐるもの、及び移住者家族の保存するもの――前記、「北征日乗」と題する和綴の父の日誌の幾十冊、開墾当時の村、及び開拓者達の古い写真、彼の集めた郷土史関係の参考文献、アイヌの衣服、家具等の陳列によつて、村人の関心、援助を求める積りでした。そうした試みを今後も企てる予定だつたのです。その後、負積整理組合に関係いたしましたので、資料集めも意の如くならず、又自己の研究も進まず困つて居りましたが、後を整理して見ますと、「部落誌編纂綱要」も作り資料も又例によつて、自分だけにしかわからない様な、覚え書風なものが多いのですが、大分集つて居ります。御参考までに綱要を転載して見ます。

野幌部落誌編纂大綱

第一篇　自然誌

1、地形、地質――野幌丘陵、川（シフンベツ、トマンベツ、サノエベツ、エベツ）野幌原野石狩平野の歴史に就て、

2、気候、気象――四季の温度と降水状態、寒気、風、農業に対する制約、凶作の事。

3、植物――国有林、泥炭地植物、村落植物景、植物

景の変遷、耕地雑草、野生植物の利用

4、動物――獣類、鳥類、水棲動物、動物に関する雑話、害虫、

5、先住民の遺物及び遺跡――採集せられたる土器、石器、遺物の散布地、シフンベツ竪穴郡《ママ》の調査、江別湖畔の竪穴、

第二篇　沿革誌

1、野幌開村に至るまでの江別村及び石狩平野開発の概観、

イ、明治以前、ツイシカリ、エベツブト場所、千歳越え、ロ、開拓使の札幌経営、移民、ハ、炭鉱鉄道の開通とその影響、ニ、江別野幌屯田兵村の状況、ホ、開墾事発達の気運、ヘ、北越殖民社

2、北越殖民社の創設とその野幌に於ける移民開墾事業

イ、大橋一蔵氏の創業の動機

ロ、三島億次郎翁外長岡有志者の渡道

ハ、北越殖民社の創設と越後村開村

ニ、知来直営農場の事

ホ、大橋一蔵氏の野幌移民計画――初期移住者

ヘ、大橋一蔵氏の急死と関矢孫左衛門

ト、明治二十三年越後移民――道庁との間の契約、募集、小屋建、渡航

3、部落の成立と初期移民の状態
――明治二十年代――

イ、野幌の地割法、屋敷の移民への配当。

ロ、移民に対する殖民社の施設、契約――家屋、食料、物品の供与、移民との契約、農業上の指導。

ハ、初期移民の生活状態、（主として二十五年以後）――開墾、農作、炭焼、養蚕、服装、食事、風紀、商店及び物価、火事其他災害前途の希望、

ニ、部落諸施設――瑞雲寺、小学校、野幌神社、農談会、殖民社事務所

4、開墾事業の発達

イ、東北線の全通と移民の増加

ロ、江別川畔地への移民（二十六年）

ハ、移民の転退（阿波移民の件）

ニ、越中人の来住、讃岐移民
ホ、学田地と「製糖会社」
ヘ、人口の増加
ト、大水害とその影響
チ、小作制とその発達
リ、北越殖民社の組織と経営
ヌ、開墾完成と無償下附
5、農業の発達
イ、初期の作物種類とその変遷
ロ、養蚕の経験
ハ、炭焼時代
ニ、馬耕の普及
ホ、初期の水田熱
ヘ、地力の枯渇と肥料の使用
ト、亜麻耕作
チ、燕麦耕作
リ、後期の水田熱
ヌ、乳牛経営
ル、農具の発達、発動機其他大農具
ヲ、実行組合
ワ、国有林と林業試験場
7《ママ》、経済上の変遷
イ、初期の物価と日清戦争の経済的影響
ロ、初期の農家経済
ハ、市街地の発達
ニ、煉瓦工業
ホ、日露戦争の経済的影響
ヘ、世界大戦当時の経済的変動
ト、不景気時代
7、生活様態とその変遷
イ、住居に就て——笹小屋の改築と家屋の構造、掘抜井戸、燃料の変化と冬季暖房の変化、電燈
ロ、食物に就て——雑穀食の変遷と米食の普及
ハ、衣服に就て——初期の服装、防寒法、洋服化の傾向、自転車、ゴム靴の普及
ニ、出産、婚姻慣行とその変化（家族制度）
ホ、言葉の混雑から純化へ、（越後弁とその変化）
ヘ、大和楽の起原、盆踊の変化、年中行事、村祭、

俳諧人の集り
ト、俗信、奇事、
チ、宗教信仰状況、寺参、天理教の事、古峯神社
リ、童謡及小供の遊戯
ヌ、諸国移住者気風の特徴
ル、災害、防火、医療
8、部落施設及び自治の発達、
イ、神社、瑞雲寺、小学校
ロ、兵事
ハ、二級町村制施行と野幌部落
ニ、報徳会の創立（国有林との関係）
ホ、青年団
ヘ、産業組合の創立とその発達
ト、実科農学校
チ、普通選挙
9、重要事件年表
10、人物略伝
11、古老昔話――内地、初期の生活に関して
12、史料目録、記念物に就て

第三編《ママ》　現勢資料
1、最近経済状勢
2、産業
3、資源、土地利用
4、戸口、及び人口問題
5、生活状態
6、部落諸団体

こうした資料の「積み重ね」を前にすると又々胸の締めつけられる様な口惜さに捕はれてしまひます。目次を羅列しただけで終つた彼、能才では決してなかつた、然し死の瞬間まで誠実だつた彼。

そうした間に振り返へつた歴史ノートを調べて見ませう。

これも矢張り前記の哲学ノートと同様古典よりの索引ですが、歴史に関する獄中の研究領域も挙げられてあります。

獄中ノート（歴史に関するもの）
A　歴史研究の領域
一、歴史研究の領域（人類の発生、人種の分化、人類

分化諸要素の相互関係、時代区分法、歴史の地理的基礎、人類進化の機構）
二、人類史の生物学的前提、（環境の役割について）
三、Gテーラーの人種進化論に就て（人種と文化との関係）

B　観念の役割
一、歴史に於ける観念の役割、
二、宗教の起原
三、進歩に対する智識の役割（ウエルズの批判）

C　歴史学に於ける方法
一、発展と分化、歴史に於ける偶然と必然
二、発展的段階説に就て
三、歴史的発展に対する地理的要素の役割、地理的唯物論批判
四、技術の発達と地理的条件、地中海文明の本質

D　批評と感想
一、ヘーゲルの歴史哲学批判
二、モルガン、古代社会評
三、ペアリー、分化伝播説
四、ウエルズ世界文化史ノート

E　民族学
一、アメリカインデアン
二、ポリネシア人の文化
三、オーストラリア土人の文化

F　史実の分析
一、エジプト国家成立に関するペアリーの説
二、帝政ローマの構成とその崩壊
三、西欧封建社会の特性、東洋的封建国家との比較
四、ゲルマン族の社会
五、西欧封建社会に於ける農村の諸階級
六、英国に於ける封建制の分解
七、近世史、産業革命に就て

出てからのものは
マ、エの著作に於る世界史的研究に関する示唆、一、原始共産社会、二、古代社会、ギリシャ、ローマ的、ローマの奴隷制、三、封建社会、（農奴制の問題に注意してゐます）
四、近世史、等それ〴〵の項目別に整理してあります。

「歴史研究の課題」なる個所には、
一、世界史に関するマ、エ、レ、プ等の示唆的章句の目次を作成する事、（特に著作に引用されたもの）全集を入手、
二、新興歴史科学界、当面の諸問題に通暁すること。雑誌、歴史科学の精読。
三、小作料、小作制度の問題、当面の論争、その封建性、東洋的封建性の特質の問題
四、農民の生活史に関する材料蒐集、柳田國男氏の著作蒐集、批判的摂取、時代と農政、日本農民史。
五、近き将来の歴史過程に就て、我々の歴史研究の目的の一つは近き将来の歴史過程を予言せんとするにある。逆にこの点の考察を進めることは、過去の歴史の理解を深める事にもなるであらう。」

一昨年暮から昨年初め頃にかけて、負債整理組合設立の話が他の盛り沢山な更生運動と連関して問題になつた際、その事に対して各農民層の示した関心の程度、差異に彼は興味を持ち、会合にも出席し細かしい心理的動きに注意して居りました。先ず真先に反対したのは高利貸を兼ねる富農、そのデマ――他人の借金まで責任を負はなければならぬ――に乗つた各層、「借金をしたとてそれをまけて貰ふなんて不徳義な事は出来ない。」と云ふ律義者――そう云ふ者は借金があつても僅少です。――貸し手のない貧農、政府の低利資金などとは凡そ縁遠い存在たる彼等の示した無関心。熱心なのは矢張り借金の最も多い中農、《ママ》（乳牛経営の盛んなこの地方は又、投下資金も多く、景気の時代の積極的な生産的借財のため動きのとれないのは彼等で所謂村の中堅なのです。）《ママ》　そうした中農を中心に兎に角五十戸ばかりが負債整理組合法の下に――政府は三ヶ年間に六千町村に二万五千の組合を組織し預金部資金二億円を融通して緊急整理を要する六億円の負債を片付けようと云ふプランを立てた。東朝「庶政一新の彼方」より、――集りました。所が資料集めの積りで、農民の生活の奥にふれる事を望み、一員として加つた彼に飛んだ仕事が廻つて来たのです。雑務の多いこの種の仕事に専心出来る適人が他になかつたので仕方なく引き受けました。私は彼が雑務に縛られる

事を恐れ、その任務の能力について懸念しました。彼のノートを今見ますと、

「自分が整理組合の要職にはまつた事は過失であつた、も少し自分を自由にしておかなければならないのであつた。だが徒らに悔ゆる事勿れ、事態を直視して善処すべし。

一、農家経済事情の研究、二、債務関係の実質、三、小作関係の研究、四、債務軽減に全力を注ぐ事、そして後の重荷を軽くする、これによつて自分は余暇を生み出し後の九年間（組合は十年の間に負債を全部片付ける見透しらしい）を比較的楽にし得る。」

この組合を中心に色んな更生計画が立てられ、微に入り細に渡つた生活規定を設けて、各班に分ち、常会だ班会だと会合が続き、それも野良仕事の済んでからの、夜八時頃から十一時頃までの集りで、散居村落の遠くまで自転車を馳つて行きます。帰へりは何時も午前一時過ぎになつてしまひ、唯一の慰安である読書研究も、意の如くならず当惑して居りましたが、併し例によつて彼の努力は続けられて行きました。「新撰珠算一萬題」と云ふ本を買つて来て算盤の練習も初めました。先ず組合員の所謂基本調査をやり出しましたが、それは彼にとつて貴重なものでした。景気の時代に土地を求めた中農は資金を拓殖銀行から借り受け、それによつて買つた土地が、今又拓銀に担保として入つて年々利子を払つてゐる、又は牛を飼つたため、他に率先して改良農具を買つた等々の生産的なものは、或は内地の農家に比べて多いかと思ひますけれど、矢張り割合としたら二、三男の分家、――今まで借金はしても、北海道農民は土地を分け、家畜を与へて分家させる余裕もありましたが――娘のお嫁入、家畜の死病気のための借金の――相手は大低《ママ》高利な個人貸、地主、最近になつて増したのは産業組合です――方が多いらしいです。彼は、組合員の家族名簿を作り、耕作反別、作物種類、家畜の状態、――資産、借金、及その種類は勿論――等を全部書いた小さなノートをいつも持参して殆んど毎日戸別訪問をして居りました今年冬はよく家で、班長会議なるものが開かれましたが、台所のストーブを囲み、番茶に豆炒りをポリ〳〵食べな

がら話す人達の、一句一句を注意して聞いて居りました。時々役場へ提出するやゝこしい書類の為に、なれない手つきで算盤球をはぢいて居る彼でした。組合員の家族と婚礼の結納金について更に、献立の相談までにのる彼。所謂条件緩和のため、高利貸や個人商店との交渉になやむ彼。班会に吹雪をついて一里も先に出掛けて、中々帰へらぬ彼を案じながら針を運ぶ、夜半の私自身のわびしい姿も一緒に、そうした思ひ出は列をなして、或は一度に押し寄せてまゐります。

今年になつてからの読書研究を見ませう。最初に日誌体の「読書ノート」

一九三五年は去り三六年は来たつた。自分は三五年度の研究計画を実行してゐたか、今後如何にしようと欲するか？

A、哲学に関して、一、マ、エ、レ古典の読書索引の作成、作成したのみで未だこれを有効に利用し得たとは云へぬ。買ひ求められた書簡集をもつてこれを充実せしめやう。書き直しをすること。二、ソヴエート大百科版を入手して未だひろひ読みの範囲を脱してゐないが通読したのは極めて有益であつた。特に哲学史に関して。之等の仕事は今後も継続せしめられねばならぬ。書簡集中極めて有益な暗示が沢山ある。三、岡邦雄、唯物論と自然科学、自然科学史、併し之等の系統的研究は今の所ひまがない。

B、歴史、一、ウェルズ世界文化史入手、再読の必要はないが、機にふれて目を通すの要がある。二、支那、ウイットフオーゲル、支那の経済と社会を通読する事、トウネー、マジヤールの邦訳本等を入手する必要なきやアヂア的生産方法の問題に関してはまとまつた思索をなす事が出来なかつた。併し書簡集が揃つたからマルクスエルゲルス等によるこの方面の研究の跡を辿る事が出来る。三、地方的資料によつて農村史に関する若干の思索をなした。主として柳田氏の著作に導かれて、四、一昨年よりはじめた歴史研究ノートを充実せしむる事、マ、エ全集の歴史的事件に対する目録作成、

C、経済学、経済事情、一、世界恐慌の其後に関して自分は何事も研究してゐない、この欠陥は補はれねば

ならぬ。大恐慌の政治的結果。バルガの分析を入手する事、二、日本資本主義史、自分は主として農業問題の領《ママ》野から此処に接近しよう。三、農村経済、農業問題に関する自分の見解をまとめておく事。「農業問題に関する二三の論点について」の発展、――獄中の思索の反省、山田相川平野に対して、先駆一派との区別点を明示して、四、各種農民団体の出版物を利用する事、土地と自由、全農北連のもの等、五、自分は今、農業経済の今後の動向に対して明らかな見透しを持たねばならない。

Ｄ、社会問題、文芸、一、小島氏等のインテリ論に関して一定の見解を樹立しておく事、インテリに対するマエの態度――書簡集より、二、昨年は多少所謂、転向文学に接した、島木健作、一つの転機、苦もん、れい明、村山、白夜、橋本英吉、荒木巍、三、農民文学平田小六、「とらはれたる大地」四、新聞スクラップの作成は継続すべし、大学新聞はきはめて有。

Ｅ、自己反省、一、高校時代以来の自分の思想的歴史の概観を作ること。二、岡部、内ヶ崎、井汲、今野、小島の諸氏に対して如何に自分を所すべきか、個人別に手紙を整理する事。三、これは前記の整理組合について記してあります。

昭和十一年一月中読書研究の概観、農業問題研究開始、農業問題ノート参照

一、柳田國男氏の日本農業発達に関する見解の再吟味――横井博士の見解との比較。

二、畜力除草、直播法の技術的発達とその将来についての調、日本水田農具史稲桓、森、大蔵常永農具論。

三、水田耕作の労力関係、近藤氏の著、渡邊義雄氏の実験、田植えの意義について、支那の水田経営の研究、（ウイツトフオーゲルによつて）四、小作関《ママ》作の経済的、法制的、歴史的分析、この点に関する左翼論争史の探明、平野山田諸氏の見解、布施氏の法廷的経験、

五、封建的地主経営の崩壊過程に就て、関ヶ原乱の経済的意義、織田豊臣氏の統一、太閤封地、岩手県名子制その他の研究、小野氏郷士制度研究を入手する事、柳田氏の見解、土屋氏、徳川時代賃労働の研究、歴史科学合本その後を入手する事。

一つの学術的著作、論争的論文、特種研究的小論文、三つの形態を以つて同時に、――以上は今年度一、二月頃の手記なのですが、そうした農業問題についての見透しの下に、「農業問題」なるノート二冊に資料を集め初め、「少なくともこのノート三冊に集めてから開始する」と申して居りました。そのノートの（一）から目次だけ抜いて見ませう。

扉、労農論議――赤外線（東朝学芸欄切抜）1回顧と展望（社会科学「経済学」一九三六、一、一、帝大新聞、切抜）2問題の提起、12（数字はノートの頁を示す）山田盛太郎氏の講演、一〇、一二一六、帝大新聞切抜き、16向阪平野の論争、正木千冬（帝大新）18櫛田農業問題批判、近藤、20日本型ブルの頽廃性、平野、（切抜き）22日本経済の特質、平野、切抜き（新聞の切抜がノートに張つてあるのです）23技術の問題、27地代の制限性に関する平野氏の見解、自作農は過少農であるか、30歴史科学、深谷進氏の見解より、31「半」の意味に関する平田氏の見解、32日本経済研究の見解、34アイルランドの分析、（マルクス）38傭役労働と農奴制との関係、横井時敬からの引用小作契約の歴史的性質、46農業労働賃金の諸形態について、48水田の畜力起耕について、52稲作労働の特性、その機会《ママ》化に関して、稲田氏よりの引用、54田植ゑの話柳田都市と農村、58水田の労力、農業経済論、近藤康男、水田労働機械化の困難について、64経済評論に於ける近藤氏に対する批判、65日本は昔から小農の国ではない、柳田國男氏日本農民史、66地主手作の崩壊、柳田、時代と農政、67土屋氏、維新前後日本農業に於ける賃労働、森閤六、鍬についての引用、70水田農具について、75畜力除草機、村田新八、有畜農業経営法、76渡邊義雄氏の経営について、79水稲直播器、85水田の資本家的経営化に関する東浦氏の見解、東浦庄治日本農業概論、87ウイットフオーゲル、水田経営と大経営、89小野武夫氏、農村機構の分裂過程「今太閤氏の経営」93内容と形式、95生産様式と搾取形態、資本3下より、ロシア農業問題、101生産期間と労働期間に関する資本第二巻からの引用、110名子部落を尋ねて、土屋氏、学新切抜き、等、新聞切抜きや諸氏の見解の引用の後に簡単な批判

を書いたノート二冊で第一のノートの最後に、

一、問題の所在、封建遺制論争の歴史、二、小作関係、土地所有関係、Aその本質の分析、B小作制度の歴史的地位の探究、三、土地所有関係と日本農業の資本主義化に就いて、A水稲耕作の地位、B水田耕作労働の特性C水田耕作の機械化、D経営の規模に就いて《ママ》、

彼は慎重でした。誰の見解に対しても実によく研究しました。厳然たる党派性の上に立つことを要求しつゝも、そのために探求の動きのとれなくなる事を、恐れて居つたかに見えます。私はよく、一寸でいゝからまとめて見てはと申しましたけれど、「あせらずに深く極めたい、後で狼狽したくない」と申して居りました。ノートを辿る事によつて大体最近の彼の見解、探究コースは判明いたしますけれどまとまつたものは手紙の形式に於て、小島氏に宛てたものだけです。その草稿の一部分が御座いますので、次に抜萃して見ます。

水田経営に関する愚見少々、

一、大経営、必ずしも経営面積の拡大と一致するものではない。水田経営に関する限り面積の拡大を伴ふ事なしには大経営の発達はあり得ない。……水田経営の資本主義的大経営化が何故行はれないか。……提起した問題

二、日本農業の停退《ママ》性の原因として歴史的、社会的事情を無視せんとするものではない。土地所有関係のみがこの停滞性の原因であつて、技術的条件の如きが以前から具つてゐたとするならば、ドイツやロシアのそれの様に地主の間に大規模自作経営が発達すべきだ。……然るに日本で行はれて来た事は全く反対であつて、封建的性質を持つた地主の手作経営は明治初年に崩壊し、技術的の進歩は土地の細分化を促がした。この相違は多分次の事にある。ロシアやドイツの地主は、英国農業の技術的成果を直ちに取り入れる事が出来た。所が日本の地主は水田経営の特性のため輸入農具を用ひてやるわけには行かなかつた。……此処に技術の演ずる役割があると思ふ

三、歴史的社会的条件としては、土地所有があることには議論の余地はないが、この土地所有の性質が如何

なるものなるかに関しては論議がある。自分の見る所によれば、日本農業の土地所有は形式的方面からすれば、資本主義的である。……併しそれは封建的搾取関係の体現であるから内容的に見れば封建的である、この封建的と資本主義的の相互滲透、からみ合ひ、この点の把握が諸家に於て欠けてと僕は見てゐます。……これは農業の資本主義的発達を確かに妨げてゐる。これに諸家の研究があり、自分もそれを承認する。併しこの場合、小作料が農業の資本主義的発達を妨げる過程に関する諸家の説明は何んとしても不充分です。何故か。

四、小作料が高いとしても、その小作料を支払つても尚且平均利潤が獲得できる様な生産性のある経営様式が発見されるとすれば、それは資本主義的経営であり、都市近郊の搾乳、温室、種畜、果樹等々の経営は正にかくして存在した、一般に資本家的地代は平均利潤以上に出ずる超過利潤に過ぎぬけれども、その絶対額は全余剰価値を代表する封建地代よりも高い。さればこそ英国地主は封建地代を支払ふ小作人を追つて、資本家的小作人を入れたのだ。所で多くの人は日本の小作料が高くて利潤をも地代の中に含めてとるから資本主義的発展の余地がないと主張する。この場合人々は封建地代と資本家地代を同列に置き、且地代の高低は全く相対的問題である事を忘れてゐるのです。――これが説明不充分なる理由の一つ。小作料を農業からとりあげて、これを工業に投ずる――資本が農業にない、これが農業資本主義化の未熟なる理由――これも確かだ。資本は利潤の大なる所に流れ込む。農業の技術的発達乏しく、資本主義的利潤を生ずるに足る経営が見え出されぬから、地主の金は農業を去つて工業にゆく。尤も右の主張も西欧の発達せる工業の機械組織を移入して、極めて安い賃銀で工場を経営する事の出来た日本工業資本家の利潤率は大きなものであつたからチヽたる農業を見向きもせず資本の流れたのは当然であると云ふ真理を含んでゐる。資本家的農業経営を成立せしめるに足る様な水田耕作の技術的基礎が欠けた（若しくは未発達であつた）としても、少なくとも地主がその土地を経営することによつて、小作料＋多少の利潤（平均以下の）を得る位の技術的基礎がありさうなものであつたが日本にはそれさへもないのだ。地主に農業経験がなく新たに初め得ないとしても、自作農が土地を買ひ経営を拡大すべきときに却つて耕地を縮小して地主化する……この原因は単にさうした方が利益であつたと云ふだけでは説明できない。賃労働を使用する水田耕作の利得が小作料よりも低い理由は何であるかを説明せねばならぬ。私の答へんとするのは正にこゝである。ごく簡単に云へば水田耕作にあつては、経営面積を拡大してもあまり労働の生産性は高まらぬ。他方労働が平均せぬため常雇を使つては仕事のない事が多く、臨時雇はさう沢山得られぬ等々、か

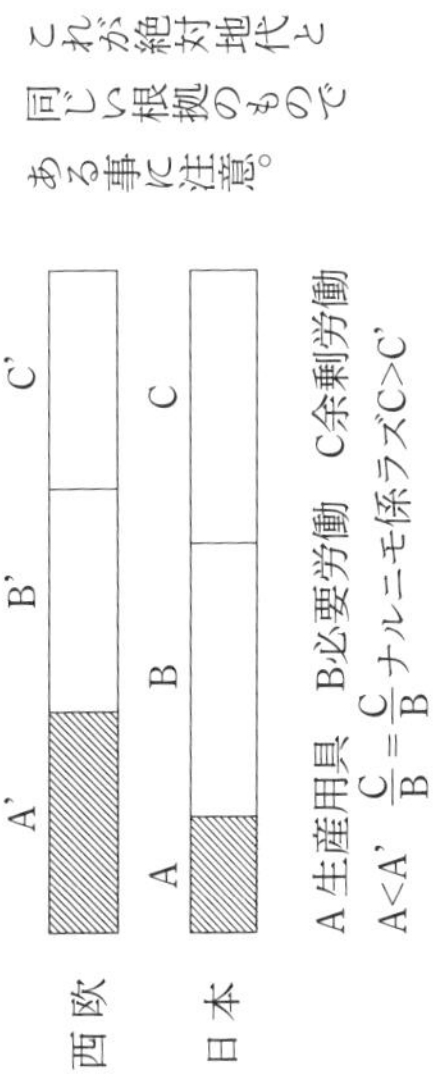

う云う風な水田経営の技術的、経済的特性の研究が必要となる。

五、日本の小作料が世界に比なく高いと云ふが、併しこれは日本農業のみの特性ではなく水稲を耕作する東南アヂア農業に通ずる特性であり、水稲耕作の特性から説明せねばならぬと思ふ。小作料の高いのは地主搾取に特に著しい強制があるからではない。それは水稲耕作に土地と労力と水以外さほど生産用具を要せぬ即ち資本の技術的構成が低いために、西欧の農業に比してさほど剰余価値率（搾取率）は高くなくとも尚且つその（剰余価値）総量が大なるためであると思ひます。

右〔上段参照――引用者注〕は地代論から推理し得る事ですが、北海道の畑作小作農経営と水稲経営との比較研究によつて実証出来る事です。右の関係あるがために自作農が機械を使用して労力をはぶきそれによつて労働の生産性を増進せしめても尚その総収益が小作料に及ばぬと云ふ事情を説明することが出来るわけです。此等の事情こそが日本の自作農をして農業小資本家として反地主戦線に立しめず、むしろ小地主とし

て地主と一致するに至った原因でもあると思ひます。右によつて小生が小作料が如何なる意味で農業資本主義化を妨げると考へるかもおわかりと思ひます。日本では形式的にしろ資本家的生産関係に相応する土地所有関係は存在するのだから、小作料の減額が行はれさへすれば地主及自作農の間から小資本家が簇出します。小作農民が農村から追はれて——而してその程度の経営の基礎をなし得る技術的条件も成熟しつゝある。併し現行小作料が資本家的地代に転化しても（日本では英国の様に地代絶対額の増進と併行しては行はれず却つて小作料の減額を条件とする）土地私有一般の制限はこの発達をせまい限度の内にとゞめる。小作農民の間の競争は何等かの理由によつて小作料の減額が行はれても、その減額部分が小作株として耕作者の手から離れ耕作者に対立、し《ママ》地価の構成部分として入り込むと云ふ可能性はある。現行的の小経営が存続する限りこれは行はれ小資本家の経営と対立するに至るであらう。故に土地の国有、地主の土地の××を包含する土地国有こそ日本農業の発達の道を払ひ清める方策です。日本の小作料が絶対額に於て西欧の小作料に比し高い理由はすでにのべた。そしてその理由は水田耕作（現行の技術的水準を前提して）によつて説明されねばならぬ。日本の地主が世界無比悪らつであるからではない。併し小作料の水準は地主によつて経済的並びに経済外的の方法を持つて保持せられるのであつて（治安維持法も米価を維持する政策の全体系もその一つである）これを撃破することなしには資本家的農業経営の広汎なる発達は一寸問題にならぬ。それを撃破する徹底的方法こそは土地国有であると思ふのです。土地の純粋な賃借関係としての小作関係は決して封建的なものではないが、水稲過小経営が小作関係の下に行はれる時は現行小作料類似のものが必至です。

六、貴君は「零細農経営が技術的に水田に於ては揚棄し得ざる形態として、その封建的制約とは別個に支配的要因であると云ふ事が若し立証されるとすれば」と仮定して小生がそれを主張するものの如くに考へてはなりません。小生は水田（それも一つの技術だが）に於て零細農経営が必然であると申しません。何となれば技術は決して不変なるものでないから。然し斯く主張します。――従来の技術（こゝでは主として現行の農具と労働のシステムを指す）の下に於ては、水稲耕作は過小経営とならざるを得ないし、この経営が続く限り（それが何によるにしろ）高率小作料は必然であると。水稲耕作も技術（農具とそれが規定する労働組織）が発達すれば大経営化する可能性があり、それは成熟しつゝあります。今日までその発達がなかつた、（何故なかつたかも問題だがこゝでは問ふ必要はない）。

七、貴君は右の見解とは反対に、「土地所有の封建性が水稲耕作に於ける過小農経営を条件ずける。」と主張されるでせう。如何にして条件ずけるのかと私が尋ねるなら、多分その答ひは「封建的土地所有が資本主義的農業経営の発展を阻止し、それによつて小経営が存続されるのである。」私もそれに反対するものではない。何故ならばあらゆる搾取関係（歴史的時代を規定した様な）はそれ自身の基礎を再生産するものであるから、即ち搾取関係は技術的基礎の上に立ちそれに条件づけられるが一たん発生するや、それ自身で自己の技術的基礎に反作用を及ぼすものである。併し今、日本の水田耕作に於ける過小経営が何によつて条件付けられるかを問はれるならば水稲耕作の技術的水準を小生は指示するでせう。勿論地主的搾取関係もそれに適応し、そのより高き発達を阻止してゐる。」

さて、最後のノート「地方経済史研究ノート」これは越後へ持参し、死の瞬間まで書いて居つたものです。緊張し切つた十日の旅の跡がよく伺はれます。越後地方の資料に埋れたものですが、A蒲原平野の形成、地質、 B開拓と集落の形成、その年代、様式、C水利――排水、治水、D上杉時代以前の領有関係、徳川時代、E現代土地所有関係、F農民の生活、G部落、等の項目にわけてあります。地方的な資料に就いて大分新潟、長岡の図書館、古本屋を漁りました。特に新潟市の郷土博物館は、彼の北海道に居る頃から期待して居つたものですが、期待の方が大き過ぎたらしい。（この博物館へ彼の父、孫左衛門の「匪躬録」と云ふ戊辰戦争に参加した際記《ママ》の録を維新史資料として要求され、此処から送つた様に記憶して居ります。）各地の地図を求め私の生家の村の事など山や川の名まで私よりも詳しいと云ふ有様でした。汽車の中でも小さなノートを出して車内の農民をスケツチし、風俗、方言、会話の内容等、絶えず注意を怠らず、窓外を飛んで行く、集落の状態、農家の屋根の構造までに注目するなど、その時はあまり関心を持たなかつた私でしたが今更、驚くばかりの努力が続けられて居つた事を思ひ出しますと、夫ながら頭の下る気が致します。広瀬村までは汽車を離れて一里も奥へ入るのですが死の三日前雪道を彼と歩いて行く途中、その地方の地形、地質、山村を奥に控へた小さな田舎町の商店に並べてある品物に私の注意を向け、呉服屋の店先に釣してある仕事着、股引の既成品、それを駆逐しつゝある「労働服」等鍛冶屋の店頭に立ち止りそこにある農具に注意し、家の間取りについて説明しました。彼は私が内地に立つ時、車中で読むべく渡した本は、岩波版宮崎安貞の農業全書でした。そうした彼の態度は未だ柳田臭味の抜け切らない獄中の夢の延長だと或ひは批判されるかも知れませんが、併し、農業問題求《ママ》明の為の領野を拡大する方向に進むものに必要でないかと思ひます。

子守りをしながら書き初めて今日で頂度二ヶ月になつてしまひました。この窓から見える、未だ小さかつた玉蜀黍畑も、美しい穂が夏空を区切つて見えます。今日は彼の新盆です。（こちらは一ヶ月後れて居りますので）昨年の今日――十三日――美しい夕方彼は自転車を馳つてお盆の農村風景を尋ねて帰へり、「何処の家でも主婦は野良を早や上りしてストーブにうどん鍋をかけて居つた、女の子は袖の長い着物をうれしさうに着て居つた。」と言つて居りましたのに今年はまあ、何と云ふ変り方でせう、側の寝室に子供が父親と同じい顔をして静かに寝息を立てゝ居ります。最後に、昭和六年の六月頃、彼の私に与へた獄中よりの手紙の一節を引用させて頂いて、この貧しい抜萃を終る事にいたします。

「……我々の生活の流れの中の六十％は偶然的なものです。即ち第二次的なものや、突然的な（予期しなかつた）ものが、のつぴきならぬ要素として現れてくる。併しながらそのために驚いたりあわてたりするのでなく反対にそう云ふ事をこそ予期し、これをむかへてその場、その場に於ける行動を組織立てねばならぬ。そして後になつて見れば、その偶然性の中にも、その中に変形され、ゆがめられた行動体系の中にも、一つの必然性を認める事が出来ると云ふものです。これは決して行きあたりばつたりを意味しない。否、生活の流れの右の様な性質を理解しないで、固定した物指しを持つて立ちむかひ、その物指し（雲形定規）にあはないものに驚いたり、あわてたりする事は結局踏倒されたり引き裂れたり萎縮してしまつたりするものだ。僕は一本立ちになつて生活しやうとするあなたにこの言葉を贈り物にしようと思ふ。」この言葉が再び繰り返へられる生活環境に——今度こそしみ〴〵と——置かれてしまひました。彼が出てから今まで、或る程度の生活の保障された、平凡な妻としての明け暮れだつた私は、忘れて居つたのです。

　唯一つの願望は、希望はこの子供信一郎及び生れ出ずる新しい小さな生命が、彼等の父の最後まで持ち続けて居つた世界観を又信条とする——どんな環境にあつてでも——者に成長して行く事です。失礼ながら皆様の変らぬ御教示と御厚情を遺された者に賜はる事をお願ひ申し上げます。

（一九三六、八、一三）

《解説》関矢マリ子『関矢留作について』について

桑原真人

関矢留作は、一九三六年（昭和十一）五月十五日の早朝、帰省先の新潟県北魚沼郡広瀬村の関矢家本家で急逝した。そして、三カ月後の同年八月、妻のマリ子は、一九三〇年六月の結婚以来僅か六年余りに過ぎない夫・留作との結婚生活（この間留作は、一九三〇年十二月に共産青年同盟関係の「治安維持法」違反容疑で検挙され、一九三一年二月から一九三三年六月まで東京郊外の豊多摩刑務所に未決囚として収監されていた）と、たった三十一歳の若さで急逝した留作の生涯を回想した手記をまとめ、自費出版して友人・知己等の関係者に配布しているが、それがこの小冊子である。全五八頁、著者兼発行人は「江別町字野幌関矢マリ子」、印刷所は、札幌市北四条西七丁目一三省堂小野寺印刷所、印刷人は小野寺虎雄、となっている。

この冊子の表紙をめくると、夫・留作の遺影が掲載され、その下に次の一文が添えられている。

この貧しい抜萃帖を
故関矢留作に限りな
き御好意を賜へし方

々に捧げます

一九三六・八・一三

妻　関矢マリ子

マリ子は、この冊子をまとめることになった直接のきっかけを、本書の冒頭で次のように記している。それは、留作の死去した一カ月後の六月十五日のことであった。

彼の書き散して置いた文字が静かに読めるまで、子供を眠らせる時歌ふ子守唄が、涙でかすれなくなるまで、眠り続けてをれたらなど考へるのですが、悲しみは日が立つにつれ却つて湿地の様な執拗さで、私を取り囲んでしまひます。恐らくこの気持から当分、抜ける事が困難でございませう。思ひ出多い今日の日、決心して五月初旬此処を立つた当時のまゝになつてゐる書棚の中から、ノート、紙片の類を取り出し整理を初めました。

吃る彼がその時だけは雄弁に物語つた、「生涯の最も有意義だつた部分」彼にそうした行動を、生活を、わかち与へ下さいました皆様に、この残された僅かの紙片をたどりながら、帰村後の彼の生活をお知せしたいと思ひまして、ペンを執りました。

マリ子が筆を執った「思ひ出多い今日の日」とは、もちろんこの六月十五日を指している。この日をさかのぼる一カ月前の五月十五日は留作が新潟で急逝した日であり、また、三年前の一九三三年（昭和八）六月十五日は、二年半に及ぶ未決生活から、懲役二年、執行猶予三年の判決を受けて、豊多摩刑務所での収監生活に別れを告げた日であった。そして、この一九三六年六月十五日には、東京で留作の追悼集会が開かれる、という通知があったばかりでもあった。

この日から、マリ子はわずか二カ月余りの短期間で、夫・留作の短かった生涯を回想し、農民運動の活動家としての側面、日本の農業問題に関する研究者としての業績、更には、豊多摩刑務所釈放後に生活の基盤とした江別町野幌での父・関矢孫左衛門が設立した北越殖民社農場主という地主生活全般の過ごし方を含めて、これらを四〇〇字詰め原稿用紙に換算して約一六〇枚にも及ぶ冊子にまとめあげたのである。

この冊子には、生前の留作が「農村雑記」、「地方経済史研究ノート」、「読書ノート」などと題する大学ノートに書き残したさまざまな原稿の下書きや手記、書簡の下書きの類が、随所に長文にわたって引用されているのが最大の特徴である。

したがって、戦後になって、昭和初期の日本資本主義論争における農業問題研究者としての関矢留作について取り上げた故長岡新吉氏や鷲田小彌太氏の業績も、基本的にはこの冊子をもとにしてまとめられているといっても過言ではない。例えば、長岡氏の『日本資本主義論争の群像』（ミネルヴァ書房、一九八四年）は、「第四章論争の季節（二）」において「『講座派』と論争批評」という一項を設けて「関矢留作の場合」（同書、一二三頁以下）を取り上げているが、そこで次のように述べている。

いま、私の手許に『関矢留作について』と題する六〇ページ足らずの小冊子がある。関矢留作の妻マリ子が自費出版し、夫の急逝から三ケ月後に友人知己に配った、さりげない筆致の行間から筆者の知性と亡き夫への深い情愛がにじみ出ている思い出の記だ。これまでの記述の多くもこの小冊子に負っているが〈下略〉

また、長岡氏の著書から四年後に刊行された鷲田氏の『野呂栄太郎とその時代』道新選書一一（北海道新聞社、一九八八年）では、「第五章もう一つの『日本資本主義発達史』」という章を設けて関矢留作の生涯とその業績について言及している。ここでは、特に留作の旧制新潟高校時代の思想的遍歴の変遷が紹介されているが、その論拠は、『関矢留作について』に引用されている留作のノートである（同書、一九四頁参照）。

このように、妻のマリ子が二カ月弱の短期間でまとめた『関矢留作について』というこの冊子は、亡夫・留作との結婚生活を振り返り、彼の思想と行動を簡潔に書き残しておきたいという著者の意図を超えて、今日においても、関矢留作研究の基本的資料として極めて重要な役割を果たしているのである。

なお、元北海道大学教育学部教授で一九八一年（昭和五十六）に北海道大学を定年退官後、名寄女子短期大学に転じた美土路達雄氏の「暦程遠く」（北海道女性史研究会『北海道女性史研究』第二一号、一九八六年六月）によれば、関矢マリ子は「『関矢留作について』二度まとまったもの」を書いているという。第一回目とはここに再録したものを指しているが、美土路氏は、同書の巻末の文章を引用したうえで、「この悲痛な心情と、強固な決意の間に書きつらねたのが――やがてマリさんの畢生の名著『野幌部落史』に育っていく原型たるべき――留作先輩とのすぎこし方と、彼の農村調査研究、その方法と成果についての諸メモのスケルトン六万字である。非合法化のその叙述には真実を目指してやまない気力と、気おいすら感じられる。マリさんもけっして普通の方ではないことが惻惻とつたわってくるのである」と述べている。「スケルトン六万字」が、ここに再録した『関矢留作について』を指していることは言うまでもない。

そして、「第二の関矢留作について」は、それからほぼ四〇年後の一九七四年（昭和四十九）三月、関矢留作の故郷新潟で刊行された『風雪越佐解放運動・新潟県旧友会会報』第一二号に発表された八〇〇〇字程の追憶文「関矢留作について」である。これは、関矢留作にとって東京帝国大学農学部の先輩にあたる西山武一氏の要請によって書かれたもので、全体的に「遠く霞む四十年の歳月」を経た後の「優しい落ち着きのようなものが感じられる」文章である。

その内容は、「関矢の裁判経過について」と「野幌での生活　北越殖民社のこと」、そして「彼の死の後のこと」であるが、「マリさんの——苦労のなかでの——人間的成長をよく感じさせる文である」と美土路氏は評している。関矢留作と美土路氏とは、直接の面識はないものの、東京帝国大学農学部の先輩・後輩という関係であった。

Ⅲ　関矢留作から妻マリ子宛ての獄中書簡

書簡一《一九三一年二月二十五日》

私は別に変りありません。貴方からの返信が大変待たれます。手紙の往復には2週間以上かかります。お母さんの様子も知らせて下さい。悲しまれているにちがいありませんが、よくわかる様に話してあげていただきたい。

それに私もここで死ぬわけでもないのです。予審がすんだらほしゃくしてもらう様に願ってみます。

たいくつするのでキングを借りてよみ、入る時にもってきた「東京近郊における農業経営の研究」「農務時報」を見ました。また、官本の「趣味の世界地理」上巻をよんでゐるところです。これは中学校地理の参考書にすぎませんが仲々面白い。支那、印度、満州、シベリア、中央アジア、ロシア等の地理が可なりくわしく書いてあります。

それはこれ等の地方への列強の侵略状態を知らせるのみならず、歴史研究や農業問題の考案にも多くの暗示をあたへます。支那の南部では七回（年に）の養蚕が出き、又ソンコイ、メコン、ガンジス河流域では無肥料で除草移植の必要なく二回、所によっては三回の米がとれる。

支那、印度の米産は多量ではあるが、それぞれの国内需要をみたしうるにすぎないさうです。又、シベリア、中央アジアのトルキスタン地方は冬は寒いけれども風がないのでそれほどにもかんじないのと、春夏高温なので麦や馬鈴しょの耕作に適している。南洋（東印度）も亦一個の農業地帯と見る事が出き、支那の黄河、揚子江、印度のインダス、ガンジス、ロシアのボルガ等々の農業の、そして又、これ等の封建的社会の基礎となった農民の状態を考へるのはつきない興味があります。こんな具合でありますから、世界及び日本地理のできるだけ詳しい本を見つけて差し入れて下さい、多少高価でもかまいません。千頁内外のよみ甲斐のあるものを入れて下さい。地理の参考書は中等学校の教員等が種本とする様なものがありさうですねえ。私の今見ているのは角田政治と云ふ人ので三友社発行です。同じ人の著書で、改造社の世界地理大集成と云ふのがあるらしい。この他、小林房太郎と云ふ地理学者がゐます。どんなものがよいかについて小学校教師にでもきいて見ては如何。

其の他北海道年かん、北海道農業百科全書、北海道庁の統計集等を見たいと思うのです。

書物は今、及び前にのべたものの中から見つけたものをえらんで送って下さい。

それが大変まちどうしいのです。世界ちり、風俗大系、日本地理□□大系とゐうのが、全集ものが出てゐますねえ、あの内容見本と云ったものはあるまいか？

北海道は今寒いでせうがお体を大切に、貴方には大変な苦労をさせる様になった。地主の家に生活するものの道徳的苦なんと、社会運動家の生活上の苦しみとを同時に味はねばならない。

私はあなたを自由にする考えで、かへって右の二つの苦しみにしばってしまった。併し私は貴方を信頼します。

こちらは毎日よい天気です。もっとも数日前にふった雪がありますが。窓からほがらかな日の光も朝の中一寸見る事ができますし、すんだ青空を見る事もできます。

運動時間にはよい空気が吸へます。右の様な状態ですし、それに、寝る時間が長いのでよむものが頭にしみとほる様です。

お母さんによろしく、妹と弟にも。

（ハガキがたへてしまったのでこちらから書く事が出きません。）

二月二五日

関矢

まり子様

（六・三・一六日消印野中）

書簡二〈一九三一年四月二十日〉

差しいれの書籍とどきました。ありがたう。まだ前に入ったものをほとんどよみ切ってゐないので、これから二三ヶ月はゆっくり読めるわけです。特に同じ書籍を繰返しよんで、あきてからむりに又よむとよく頭に入る様です。

小林君のカニ工船は不許可でした。プドーフキン（映画に関するもの）は意外でしたが大いによろこんでゐます。現在入ってゐるのは、あなたが北海道から送ったものの中許可になったものと、内ヶ崎からきたバイブル、英国小作制度史論、日本国勢図会（四年）チャールス・ダーウィン（岩波本、伝記）欧州経済史（社会経済そう書）リカルド経済及び課税の原理、それから房雄君からきた倒叙日本史五冊それにあなたからの今度のものです。

他に買ったのは科学画報（四月）東洋経済新報（三月

二八日、四月四日）日本経済年報一号、二、三、です。送られたものは「留置」しておいて、四冊宛房内に「下付」をうけてよむのです。右四冊の外、辞典と聖典とが四冊迄入りうるのですし、この外月四冊宛（半月二冊）借りうる官本と云うのがある。今日迄によんだのは、ドンキホーテ、科学画報、日本経済年報（一、二、三）「東洋経新」この外所持してゐた東京近郊の農業経営の研究、農務時報、バイブルと官本の日本宗教史（土屋詮教）日本新地理（明治三〇年）農業全書（宮崎安貞、天保年間の著）稲作実話、日用化学等でした。

現在は日本経済年報三冊をよんでゐます。恐慌の様子はこれによってやゝわかる様になった、第二号では日本内地の、第三号では朝鮮、台湾の農業問題をあつかってゐます。

科学画報の四月号には野幌を中心とする石〔狩〕平野の植物群落のことや、私が少年の時、これに熱中してゐた星（主として星座のこと）が出てゐたので、回想にふけりつつたのしくよんだ。今頃はコブシの花が官林にさいて、又木ノ芽が林をかざってゐるだろう。

ドンキホーテも面白かった、それは洪笑に誘うと同時に、我々の生活やイデオロギーに対する鋭い批判をも含んでゐます。

私がバイブルをよみふけってゐるからとてクリスチャンになったと云ふのではない。ここには古代アジアの民族の生活状態があざやかにかかれてゐるのです（特に旧約）トルストイが、その表現の素朴さを賞賛してゐるのをよんだことがありますが、全くその通りです。明日からはファウストとプドーフキンをよむつもりです。

あなたが面会にきた事は実に以外であった。あの時はやや驚き気味で、考へを充分のべる事が出きなかったのですが、この手紙のつき次第もう一回接見を願って見てもらいたい。

あなたが北海道でかいた手紙は面会にきた日から二日ほどへて手に入った。それまで私の心配になってゐた北海道の事はよくわかった。それから又、あなたが上京した事をもよろこぶ様な気持になった。この不景気のことだから仲々口もあるまいし、又あっても生活には苦しいだろうが、やれる所までやって見るがよい。あなたの実家や親セキの世話になる事は私としては願はしい事ではないが、それも私の「責任上」の問題としてです。

ひまを作って、関矢仁郎氏（あるいは母堂）を訪問して見てもらいたい。その他我々の家庭の問題についてて話した事があるからぜひ接見を願ってみてくれ（丁度ここまでかいた時に接見に呼び出されたので行って見たら、あなたがきてゐただから右の事はすんだわけだ）

先日運動の時に、花ビラが二三枚とんできた。花が咲いてゐるらしい。またチョウチョウが飛んでゐるのも見た。房の中には朝の中だけ日が入る。

もう一月も前から屋根のドコかで雀がヒナをかへしてゐるらしくその声がきこえたが、昨日あたりはその小が、巣からとび出したらしく、親スズメが小スズメをはげましてゐるような声がきこえる。

夕暮にきこえてくる色々な物音の中には中の電信隊のラッパ、西武電車の警笛、トーフ屋の笛等がある。中学生の作文のテーマになる右の様な事も時々我々をなぐさめてくれます。この野方町には今京都にゐる上の姉の家があって、私はよくそこへ行って子供達とあそんだものです。今頃は花ツミに、それから秋になると栖の実をひろいに林へ行った。

姉の子供達が丈夫で育ってくれればよいが。

左によみたく思ってゐる本の名をあげておきます。今はまだ本があるからよいのですが、若し入れやうと思う際の参考までに。
（1）セジイクタイラー、自然科学史（岩波）アルバートランゲ、唯物論史（大思想第二期）進化論（ゴールドシュミット）石原純、現代の自然科学。高等数学概論（髙橋〔渡辺カ?〕孫一郎）。カント・プロレゴメナ（岩波）。メタフィジイク、大思想（アリストテレス）
（2）ウエールス、文化史大系。モルガン、古代社会。近代絵画史論（植田）。
（3）長塚節、土。ロビンソンクルーソー。イリヤッド。アラビアンナイト。
（4）経済記事の基礎知識（ダイヤモンド社）現代日本農業史（鈴木良徳）。日本産業の合理化。産業経済そう書中、石炭、鉄、紡績、製糸その他に関するもの（?）

（5）日本地理、世界地理、可成詳しく産業地理関係のものならば更に可。

（6）ドイツ語対訳物、ドイツ語講座の類。

右、決していそぎません。何か差し入れてやろうと思う場合の参考としてです。

バイブルには必ずしも無知なことのみが書かれてゐるわけではなかった。例へば……「それ木には望あり、切らるれば、又芽を出して、その枝絶えず、又、その根土に老い、幹土に植れるとも水のうるほしにあえば、又、芽を出してその枝絶えず」と………

ヨブ記、自然の生命力を実に美事に表現してゐるのです。

健康で暮す様に、今野、高橋その他産労の諸君にあはれたら私の壮健をつたへて下さい。

又あなたの兄さんたちによろしく。

四がつ二〇にち

関矢　まり子様

書簡三《一九三一年四月二十四日》

差し入れありがたう。菓子は大変おいしかった併しから云うものをたべてゐるとあまりに楽すぎます。慣行調査其の他の本（三冊）も許可になってゐます。あなたの生活には色々苦労もあると思ふが、げんざい野幌の家の財政状態はさほど困っているのではないかと、必要の際には要求する様にして下さい。まだやってゐないが金子さんか楽治さんに僕から直接手紙をやる様にしやう。お母さんや弟にたのんでも心配をますだけだから（それは私が責任を回避する事を意味するのだ）右の様にするのが正しい。色々な点であなたの兄さん達に世話になるのはやむをえないけれども、姉さんの所へは遠慮されたが良いでせう。万やむをえない場合には借金をしておきなさい（正常な手続をふんで）あとで僕が何とか仕末するから。僕もそうしたものを可成作ったのだが、一つ気になるのは山田貫氏の弟さんで日本橋辺に歯科医をやってゐる人に歯の治療代二拾二円の借りがあるのを忘れないでおいて下さい。あなたも知られてゐる様に右があなたの実家とも親せきです。借金の相手は気の毒がってくれてしまう様な人でなく無理にでも返させると云った人からする方がよい。又デリケートな関係にある人から借りるのはその関係（友情とか恩顧とか云ったもの）をこはす恐れがある。職もなく借金の相手もなかったら帰る外はない若し野幌の家に□□□□なかったら並柳か実家へ行って仕事を手伝いながらおいてもらう様にするがよいでせう。

僕は其の後別に変りはありません。此処は食事の時間、量（質）が大体一定してゐるのでこれに対する少しの変化もただちに体の状態に影響して来る。今迄気の付かなかった色々の関係がわかる。ただに食事のみならず、運動の量や、排泄物、（質量、排泄の時間）等と体の状態に大《マヽ》くの影響をもってゐる。又書物を見てゐる□に過去の生活過程に於ておかされた過ちが思い出されてよんでゐて書物の内容も頭に入らぬ事がある。ここで話したり、かいたりする折が少いので右の事が非常に多い。

ファウストをよみかけたが内容はきはめて深刻であり興味あるものだけれども形式は実にまわりくどく、退屈です。私にはゲーテの他のものもそういった様な感じがする（二三回よみかへさなければ、いみがよく分からない）併しあの中にはキリスト教的精神に対する新らしい科学的精神、合理的道徳、の矛盾が示されてゐる様に思はれる。

プドーフキンは実に面白くよんでをりました。五六年前それに興味を持ってゐた美学上の問題がよびさまされた併しここに論ぜられてゐることは単にカメラマンのみならず我々にも必要な問題で、例へば私は統計展の時にこれと同じことにぶつかった

次に農業史に関する事を二、三、

オーストリアで一六七〇—一八七〇年の三百年間に、小麦の価格は一〇〇—四八〇、リンネルは二五八、鉄は一六八、羊毛は一四〇、牛肉は五七、即ち農業（土地生産）は工業に比していちじるしくおくれてゐる。

併し一八一六―一八九五の間に英では小麦が百から二八に下りドイツでは六八に下った。(ドイツには保護関税があった)

これが欧州に於る農業変革の一条件であった。併しドイツでは牛肉は小麦とは反対に、右の期間中一〇〇から一六一に上った(英でも)これはデニユーその他畜産を中心とする小農の条件であらう。

日本では明治初年に米価の著しい変動があった。五円から九円位を上下した。更に拾年の紙幣増発とその後の吸収とが米価の激しい上下を作った。これが農民の分化に作用した事は云うまでもない。(土地投機、負債の激増)更に明治二〇年―三〇年の□□木綿は一〇〇から一一六に(価格)昇ったにすぎぬのに、米は一〇〇から二〇九となった。これで農民の収入は増えた様だが労銀は、同期間に一〇〇から二四〇となったので離村者も多かった。(作男の給料すら二〇―二八円となった。)

先日官本を借りた所今そん徳と云われる山崎進吉氏の「農家経済」「大正一二年」がきた。この内には欧州大戦前の農民の状態が美事にかかれてゐる。次に明治二一年米一石四円三〇銭から三一年には一四円一〇銭(これは日清戦後のインフレーションのため)又、全国工場の職工徒弟数は三一年の四十三万七千から四十二年の六十四万九千に増した。これは日露役後の工業発展のため)山崎氏は右一〇年間の労働者数の増加は、農民の離村によってなされたものだと述べてゐます。「農民は子弟を工場に入れるのは彼等を□□させるのでなく、ダラクさせる事は知ってゐるが貧しいので背に腹はかへられぬ。……又子女の方では親の苦労も氏知らずに。よい着物がきられうまいものが食べられるために、それにしたがってゐる……かうして忠実な国民、善良な兵士が減退しつつあるのだと云う風に見事に特徴付けてゐる。同氏によって引用されてゐる「帝国農会の中の農保護政策」(大正元年)と云うのには仲々よく農村の実状を分析してゐる一例をあげれば明治二十三ねん―四十二ねんに収入は一〇〇―二〇七、然るに支出は一〇〇―二一八になった。又同期間に負担額は一〇〇―二六六(関西)関東(数ヶ町村の平均）では一〇〇―二七〇。又農民一年の労働日は関東一八六日関西一九二日（経営組織の不完全を□□）その他教育制度、自治制の影響とか、農民の習慣（コンレイ、入営等の祝宴、その他）をこまかにのべてゐるらしい。又、同氏によってなされた愛知県小作人の家計調査では支出の半分が生産出費（その半分以上が小作料）他の半分が生活費であるがその中食費が三分の二を占めてゐる。今日では恐らく飲食費は生活費の三分の一しかしめないだろう。この飲食費のせいけいの中に占める割合こそは生活水準如何を示すものである。いずれ又。今野君によろしく

四月二四日

書簡四《一九三一年四月二十八日》

静修館から出した「ハガキ」がとどいた。先日□□□□大変無邪気な様子をしているが別れる時には何だか沈んだ所があった様だ。彼が差入れてくれた果物はこの小ひさな□房の中で香を放ってゐる、大農場と云っても宇都宮級のへ見習ひに入らうかと云ってゐるが僕もその方がよいと思ふ。自作農になるかそれとも技術家となるかどちらかですが□に角二十三四迄は見習ひは何かをやってゐた方がよいのだから。私はここでは何も云えないのだから古田島氏にでも依頼しようと考えてゐます。きいて見ると同氏の農場は水害ですっかりやられてしまった事は気の毒な次第だ。弟及び妹のために貯金をはじめ様かと思ってゐます。「家政」の問題に関して色々考へてゐるのだがあなたが今度面会にきた時に話をしやう。

この前の手紙をかいてから後、プドーフキンをよ

み、ゲーテをよんでゐるのです。ゲーテのものは私には皆はじめてのものです。エグモントやステソラは大した感銘をうけはしなかったが、ヘルマンとドロテア「エルテルの悲しみ〔若きウェルテルの悩み〕」は矢張り面白い。「エルテルはゲーテの若い時のものだけあって率直なものだが、それは私に新潟にゐた頃の生活を思い出させた。あの当事私は自分にすっかり愛想をつかしてゐながら（精神上肉体上の欠点が私をさうさせた）しかも自ら英雄的に考へてゐたのだからねえ（こう云う心理状態は孤独の中にのみ成立し得る。とにかく小説本は過去の事を思ひ起させる。今日から欧州各国経済史をよもうと思ってゐる。

高田館の私の持物の中に「ギリシャ彫刻」と云うのがあるでせう。あれを私は東子さんにお贈りし様と思ってゐたのです（御結婚の記念に）勿論もう時期を失したので無要です。その他原稿があったのですが今でもありますか？あれは「政治必携」のために用意したのです。産労の誰かに渡して下さい（尤も、もう古くなって要をなすまいが）、それについて思い出すのは農民の生活水準の事です。これを私は農林省の「農家経済調査」によって研究したのがその中にある。農民の場合でも「エンゲルの法則」と呼ばれるものが適用され得るでせう。それは収入の増加に伴って飲食費の割合は減少し被服費の割合は変化せず住宅、薪炭、灯火費と云ったものの割合（絶対額はます）も変化しないが教育費衛生費、ゴラク、社交費の割合は増加すると云うのです。そして生活水準が低くなれば低いほど家計費全体の中に於ける飲食料の割合は大きい。大正二ねんにかかれたと云ふ山崎進吉「農家経済」には飲食費が家計費の三分の二を占めてゐる様にかかれてゐますがこの割合は欧州大戦のあとにははるかに少なくなってゐるのです。農民の話をきいて見ると欧州戦後に於る生活窮乏の原因は自分達がぜいたくになったといふ風に云ふのにしばしば出会い、収入も増加したけれども出費（主として家計の）がより以上に増加したからだという風に考へている。

下層農民の生活は労働者のそれよりもはるかにひくい。それで下層農民のプロレタリア化は生活水準の方面からすればむしろ向上と云はねばなるまい。（製糸工業等の場合であってさへ）だから農民のプロレタリア化が農民の生活水準を高めてきた事は云へるであろう。併しまだ外の事情がある様に思う。それは戦後の時期に於て家族労働の合理的な組しき化（？）が副業や園芸等の発展と共に進んだために、以前、生活のため（農業労働以外）に向けてゐた労働力を農業に向ける様になった。昔時分の家で作ってゐた衣物やハキ物什器の類を購入しそれ等のものを生産するのに費やした労力をもって農業労働や副業、駄賃取等をする様になった。この事情が家計出費を増大する様に至ったのではあるまいか。若しさうだとすればそれは農業労働生産力の増大（むしろ労働力そのもの）国内市場の拡帳等と結びついてゐた所の過程であったのだ。と同時に農業と工業とのむじゅんや、ハサミ等によって、大きな影響をうけざるをえないかんけいがそこにあるわけだ。私は右にのべた原稿をかいた時にこの事をほとんど意識にのぼせてゐなかったが農民の収入が減少して（いちじるしく）ために買う事をやめねばならぬと云う風な最近の事実と関連して特にこの事を思うのです。

「今」二宮先生と云われる山崎氏の右の本は大したものではないが仲々面白い。先生は五悪といふ事を云われる。それは（一）熱病（土地熱、投機熱、都会熱、政治熱、権利熱）（二）転業（商売、金貸、才取、土方、人足）（三）虚業（四）無知（五）逸楽　これは地主や自小作全て含めての日露戦後の農村事情を示すものでせう。その他葬式や奉仕（五年忌とか七年忌とか云う）のむしろ虚栄的な出費の事を指摘してゐる。

最後に私は「ヘルマンとドロテア」の中に出て来る老人の云った事を思い出す「老人が若返り、子供は青年にそして青年は急速に大人になる……弱い者と云われる女迄が強くなる」と。これはフランスの彼の偉大な時代と云うものは実際右の様な奇跡を演ずる。そして最も愚かな者すらまるで英雄の様に云ひ、又行動する、これこそ二十年を一日の中の経過する所のその時代なのです。

この芽ぐむ春にこうしたロマン小説をよむのは□□

□□□いづれ又。

昭和六年四がつ二六日

書簡五《一九三一年五月一日》

今は若葉が出てゐてセメントの塀の上からわずかにひのきの梢だけが見えるのです。別に変りはありません。ひまな時に内ヶ崎のところを尋ねてみて下さい。彼のところにあなたが送ってよこした行り（その中の衣類）と僕の本箱とがあります。一寸動かす事もむづかしいと思ふのでそのまま預かって貰ってもよいでせう。彼に色々厄介になったのでよく礼を云って下さい。妻君と一緒にゐるのだが子供が生れてゐるころだと思ふ。本箱の中から六冊程度差入れて貰ったのですがまだ入り得るものがあると思う。かつてよんだものでも一向かまひません。小野武夫の農村社会史論講、本庄重正の日本産業経済史、本庄の日本社会経済史等がありはしなかったかと思ってゐます。

其の後改造社の経済学体系中の「各国経済史」を読みふけってゐます。内容は野村兼太郎（英国）石浜知行（独）丸岡（米）平貞蔵（仏国）加治隆一（露）となってゐて、社会思想同人に執筆者がない。きわめて簡単であり又粗雑なものですが教えられるところが少くない。英のマナー制、独マルク制の事がやや詳しい。封建制度の発生と崩壊の問題に注意をひかれるのですが、心おぼえのためにその事を少し書いておきます。（農民を中心にして）ドイツのそれはチャールスアルテルの時代にマルク制の私有財産的分解の上にきづかれた大土地所有（荘園）が独立小農民を併合すると共にこの大土地所有の領主権が（王権に対して）確立すると云う過程にあらはれる。併しドイツの農民はマルク遺制を基礎として一五世紀までは可成りいい状態にあったらしいが一五世紀からバウエルンクリーク宗教的二〇年三〇年戦をへて悲惨な地位におち一九世紀のはじめに解放令や、地代銀行等の過程を経て「解放」された。フランスではローマのラチフンヂウムがゲルマン征服をへて拡大され一〇世紀から一四世紀まで続く。一四世紀以後は王権の確立と共に解放される農民（土地をも所有する）がなくなる。併し王室の負□が財政難と共にひどくなって一七八九年までつづく。フランスでは十世紀まで（ゲルマン支配から）は奴隷に基礎を置くヴィラ（ローマのラチフンヂウムのけいぞくしたもの）がありそれが十世紀に至って農奴と賤民（小作人）に基礎を置く大土地所有経済にかはり拾四世紀に至って小農民や小作人の経営に替ったものらしい。（あまりはっきりしないが）

英国ではノルマン征服によって封建制が確立されたと云う。その基礎はマーナーで（つまり領地）その中に自由農民隷農農奴（？）があったが拾四世紀頃はすでに自由農民、大小小作人、半農民労働者となってゐた。この過程は主としてフランドル及英国の羊毛工業の発達に伴ふ耕地の集中牧場化を目的とする「エンクロージュア」によってもたらせられた。これは拾四世紀から拾七世紀まで続いたと云うことである。英国の部分は比較的まとまってゐる様に思はれる。これによって「資本」第一巻の最後の部分をよんで分らなかった事が少し分った。石浜氏によってかかれたマルクその他の部分もエンゲルスの「農民戦争」「マルクについて」一八四八年の「ドイツに於ける……要求」の理解し得なかったところの理解をたすけた。

西欧の封建性〔制〕の特徴は「領土《ママ》自身による耕地」（農奴のふ役や小作によって耕される）の存在であって、これは西欧に於る農業生産が耕作と家畜の飼養の結合をきそにしてゐる。

（これは又北欧の気候に条件づけられると思ふ）ことによって可能にされたのではあるまいか。これに反して印度、支那、日本等の封建制には土地の領有者（□資本主義的の）は現物地代をうるのみです。

これらの地方の土地はあたたかい気候と、ゆたかな雨量によって数倍の生産力を持ってゐる。（封建的技術に於ての比較だが）右の点で支那と日本とは一致してゐるが、支那の耕地が長大な一つの水系に統一されてゐるのに、日本は中央山脈から出る分散した多くの水系（小ひさい）の上に耕地があると云う差異は注意せねばなるまい。西アジアに於ては東アジアとも西欧ともちがってゐる様に思はれるが。併し

土地利用の方法や形態が場所によってちがうからと云って、その上に生ずる生産関係の本質には差異はないだろう。（発展のテンポには影響する）

農業と工業との結合と云ふこと（勿論自然経済的な結合と云ふことは必ずしも東アジア（印度をも入れ）だけの特徴ではないと思ふが、この点で西欧との差異を求めるとすれば、山脈によってへだてられる所の少く（又河川や家畜による交通の便が多かった）同時に生産物によって多くの差異をもってゐた西欧諸民族の分布、西アジアとの接ショクが、交換と商業の発達を刺激したと云ふ事にある様に思はれる。

右の二点をもっとよく考へて見る必要がある。何しろここではかく事が出来ないので、思索上に発展がない）。

ファウストは読んでしまったが、あまり面白くはない。古代ゲルマンや、ギリシャ小説に出てくる化物共には親しくはなれないからです。この作の象徴的な内容は恐らく、カントが哲学上の上になした事を、ゲーテが文学思想の上に成し遂げたと云ふにつきると思う。ファウストが云ふのだが「わしは所有を権力を絶

えざる活動を欲する」と。

五月一日

書簡六《一九三一年五月六日》

一九三一年の五月ころはどんな風だろう、大体は想像する事が出来る。私にとっては昨年一二月からの五ヶ月間は非常に短く思われる。

イ、差し入れにつひて、リカルドとカント有難う、残念乍らリカルドは重複でした。月々の送金を母や弟に要求してつらい思ひをさせない様に、直接渡辺楽治さんに手紙をやって金を送ってもらう事にした。(尤もまだ多少とってあるので別に不自由しないが。)それからあなたも僕には心配に思はれるが、たしかなところから借金をするにしても、親戚へ金を貰いに行かない様にして下さい。親しい人の家に寄せて貰うのはやむをえないが、北海道へ帰る旅費は楽治さんへ云ってやれば送る。さう云う様にたのんでおいた。山田歯科医への払ひは僕の方からします。と云うのは楽治さんへ五拾円送ってくれる様にたのんだから。それが来たらドイツ語の文法教科書、独和対訳の書物、英文法の書物を買ってもらはうと思ってゐるので。と云うのは今までの経過から見てあまりに広汎な読書計画は時間のやり方から云っても又書物の有無からしても不可能である事が明らかであるから。

ロ、健康はまだ大丈夫だ週一回位は大福餅を買って食べてゐる。春になったせいか多少丈が太った様にも思はれる。体操をするのは精神的にも肉体的にも良い目をつぶってじっとしてゐるとセメントの壁も消えてしまって草の生えた岡の上にねころんでゐる様な心地になる事が出来る程だから、まず安心して下さい。

ハ、仕事はみつかったかね、うまくいってくれればよいが、仕事の口につひては関矢氏等も相談に乗ってくれるでせう。婦人事務員その他には移動が多いから探せば見つかる。

ニ、読書について、西欧の封建制のことがまだ頭を占領してゐる。前に話した各国経済史と英国小作制度史の二つが手がかりだが。四世紀から六世紀にわたるアングルサクソンの移住当時はまだ種族制が保たれてゐたが、私有権を領主（武士その他）との発生によって、十一せいきのノルマン侵入直前には領〔主〕自由民、非自由民（デエヌス、ゲニート、コウトセフトにゲブール等）となってゐる。そしてノルマン侵入後二〇年の一〇八六年になされた土地調査書によると「小作」農民二十八万三千の中、三八％が隷農、三〇％がコッター（ボーダー）で其の他二種の自由小作人と農奴とは減少してきて少数となってゐた。隷農とコッター（ボーダー）共国は五エーカー内外を「小作」とするものであった。

当時の生産関係の単位はマーナー（荘園―大体村落に一致する）であって、法律上全部領主の所有ではあるが、領主の本領（賦役によって自から耕す）と隷農、コッタイの「小作」地、自由小作人の「小作」とに別れる。（その他共同用地）耕地は又夏作地（燕麦、大麦）と冬作地（コムギ、ライムギ）と休かん地とに分れその各は又一エーカーづつのストリップに別れてゐる。各戸例へば、隷農は右の三種の耕地の各々にナストウプ宛計三十エーカーを耕す。隷農（これが中心的の耕作者だが）は毎週二日―三日（そして春秋の繁忙期には又別に）領主の本領で耕しその他現物、金を収めねばならなかった。又領主の許可なしに農場を去り婚姻を結び牛をうるわけには行かなかった。（小作物は普通三十エーカー）マウタボーダーは小作地も小さく（五エーカー内外）又負担も軽かった。しかし耕地が小さく生殖〔活力？〕が出来なかったので隷農その他にやとはれた。農奴は領主の本領にぞくし一切の権利がなかった。（ドイツの対僕に近い）

右の各種の層は全部でゲルマン的慣習に順い村落共同体を形成してその中では領主と云へども一構成員としての地位にあった。大体一マナーフフ、自給自足を営み、農地の外にカジ屋大工水車（粉屋）があった。

特に三圃制についてだが右の本の中ではこの説明があいまいだ、筆者自身よく分ってゐない様だ。耕地を三つに分け、冬作（小ムギ、ライムギ）夏作（大麦、燕麦）を作り他の一つを休カン地としそれを年々交替する。一耕地は三年に一回づつ（一年づつ）休むわけだが実際には二十一ヶ月を休み、一五ヶ月間耕されるにすぎない。各農家は毎年同一耕地に耕すわけでなく又一戸に属する耕地は一ストリップ宛、各地に散在する。（割替制）そして休カン地は共有となって放牧地となる場合もある。これを見ると、土地、私有の未熟さは実は土地利用の幼稚な状態に対応するものであることは明らかである。西欧の封建的小農一人当りの耕地面積が東アジアに比して大きいこともわかる。即ち一、土地利用に於て一方では三年間に拾五ヶ月しか利用しないのに二毛作（日本では元禄時代すでに畑、水田共に行はれた。〔〕〕を行へばほとんど百％に利用しうる。二、西欧では家畜の飼育まで（人の食ふものの外に）産出しなければならぬ。以上の二事を考えただけで差異が分る。（この外水利経済の意義を考へる必要がある）。以上きたなくて判読も出来まいがおぼえ書なのだからどこかに保存しておいて下さい。

ゲーテをよしてツルゲネフをよみはじめた。ここでも拾九世紀中葉のヘーゲル、ナッハヘーゲル、唯物論、ブユヒネル（力と物質）化学の発達（リビッヒ其の他）等との力強い影響を見る事が出来る。

あなたが十八日夜かいた手紙が今届いた。「あせらずに」等云ふのはこっちの話ではなく君自身の事ではないか。色々な本が入ってゐるが併し僕はそれを系統的によむ事が出来るつもりです。「星野博士の博学」は人も知る通りです。手紙の中ではあまりはしゃがない方が良いと思ふ。今度手紙をかく折があったらブレットナーの目次「資本」第二巻再生産の表式をかいて下さい。

いずれ又。

昭和六年五月六日

書簡七《一九三一年五月十八日》

其の後別に変りはありません。先日突然池田寿夫君から差入れがあった。（四谷坂町六五）金五円同君は新潟高校、駒場での同窓でした。多分芸術運動をやってゐられると思う。

若しあふ事でもあったら礼を云って下さい（尤もこちらからも手紙で礼を云っておきます。）三月末には北海道から送ってもらった拾円が丁度たへて、その後のものがまだ来ないので、非常に助かったわけです。なほ衣類につひて――まだ給でさしつかへないのですが、六月の中頃になったらひとへを入れて下さい。衣類は内ヶ崎に預ってもらってゐる行李の中にあります。

読書につひて――ツルゲネフは大変面白かったがよみきってしまった。今地図と小作慣行を見てゐます。それにまだよみ了ってゐない封建制度経済史の事を考へたりしてゐます。小説は思ひ出すと恥づかしくなる様な過去の事を思ひ出させますが、地理や地図の類は自由な思索を誘う様に思われる。次におぼへ書二つ、
　一、氏族制度の崩壊期は土地の私有を私有の分化を特徴とするが、（村落共同体の形成等も）封建制度の成立までの間に一つの段階としてか若しくは過渡として奴レイ制が発生する事は歴史の教へる所だ。ローマの最盛時、ゲルマンの征服者、シャレーマン大帝に至る時期、日本等でも奈良朝（文化）。併し、どこでもそうだがこの時代は奴レイとその所有者の外に自由民が存在すること、（可成多数）
　及び、開拓し得べき自由な土地が存在してゐる事がその条件である様に思はれる。そしてこの時代から封建制への過渡は、恰も資本制の発生に原始的蓄積が前提である如く土地の封建的（独占）領有が前提となる
　二、封建制の末期に、小土地所有と小作制が発生すると云う事は一つの必然的法則である様に思はれる。英国の農業史に於ても一二〇〇年代の末から一三〇〇年代にかけて、右の二つの形の農民が発生してゐる。
それは一三〇〇年代の戦争と商業の発達と関連して、領主が、労働地代を貨幣地代にかへ、そして更に領主用の農地をも小作せしむ（以後は賦役労働によって自から耕作した）るに至って一般的となった。これはかの有名な黒死病によって、農業労銀が騰貴し、領主の経営が引きあはなくなり、他方小作料も又値下げしたあの時代に於いていちぢるしくなった。ヨーマンと呼ばれた英国の自作農は一六《マ》百《マ》年代の末に至るまで農民の中堅的部分であった。羊毛業の発展によって刺激された五〇〇年代のエンクロージュアは右の自作農、小作農民の農地からのそう□□と、共用用地の占有をいみするものである。併しそれが完成されて、殆んど全部が大農組織になるまでには三百年余を要しそしてこの事は独占的地位にあった英国大工業の発展、アメリカへの大衆的移住の二つが補足物となってゐる。この事などには恐らく英国農業の右の様な変《マ》事《マ》はむつかしかったにちがひない。そして拾九世紀の後半には、牧牛はオーストラリアに穀作はアメリカから奪はれてしまって、耕地の大部分は狩猟地に変ぜられてしまっ

た。しかもこれは経済法則のほとんどで典型的とも云うべき作用によってなしとげられた所である。
大変暖かくなってきた。運動場のセメントのヘイの上からだんだんこくなって行く緑が見えます。いづれ又。

五月十八日

書簡八《一九三一月五月二十日》

五月二十日、あなたからのたよりも面会もやってこないのは多分もう何か勤め口でも見付かったからだらうと思ってゐます。この前の手紙にかいておいた事以外今のところ何も用事はありません。先日から地図を見初めましたが、僕は地理学に関しては全くのところ初歩なのだがあれを見てゐると農業上の種々な事情が地理的条件の中に根拠を持つ事が分る様な気がする。特にあの地図には不完全ながら地質図、気候図、土地利用図等が入ってゐる。それを農業上の諸要素の分布と対照して見ると面白い。これらの点に関する覚え書を次にかいておきます。
イ、地形と地質との関係について、山岳を形成する岩石（あるいは地層）の質はそれの風化侵食によって生じた土壌（農業上利用し得べき）特質に影響する。第三期の砂礫の混じった比較的かたい地層から成る丘陵性の山（越後の東山、西山等）や台地（北海道野幌の丘等、千葉の平野の中をうねる台地等も恐らく同じだろう）比較的新らしい火山の噴火によって形成された山、その特有の裾野（関東北部、東北等に多い）第三は岩石や右の二種の地層の風化から成る第四紀層、現在の諸川の下流に成形される平野の多くはこれである。更にその内洪積層と沖セキ層。右の諸□の層や土壌は各々その特質によって利用の方法を異にする。（森林、牧場、畑地、水田）日本の土地は耕地は比較的せまいけれども山丘、丘地の浸食によって生じた第四世紀層はきはめて肥沃である。山脈の走向によって東北と中国等を比較すれば第四層の分布も異ってゐる。

（右の僕の貧弱な地質学から割出されたものだから怪しい併しそれにつひて、しっかりしたものをよみたい。）

ロ、気候の変化とその作用につひて、日本の各地の平均温度は北海道（六度―八度）東北（一〇―一二）北陸（一三度内外）関東（一二―一四）東海（一五）近キ（一四―一五）四国（一五―一六）九州（一五―一七）併し東北は同緯度では西岸の方が暖く、長野飛騨も東北に近い。北陸は能登をさかへとしての成差があり関東とは平均温度は似てゐるが冬夏の差がひどい。夏はしばしば北陸の方があつい。千葉神奈川の南は東海と近く、近畿は東海に比して冬夏の差がひどい。中国では山陰山陽は温度の点同じだ（ほぼ）が雨量にちがひがある。次に各月の平均温度が十度をこえるのは上川（北海道では）では六月―九月迄、東北では五月―一〇月北陸関東では四月―十月東海、近畿、中、四、九、四月から一一がつ、九州の南部では三月―一一月。雨量についてては冬期は日本海岸に多く夏期は太平洋岸が多い。四国北部と中国南部は冬夏いづれも雨量少ない。六月十日迄《ママ》から七月迄（丁度その頃に田植えをするが）梅雨があり、九月のはじめに、九州から太平洋岸の各地にかけて暴風がある（二百十日―丁度稲の開花期）

北海道をのぞき全国を通じて田植えは六月中旬に行はれる。二毛作の行はれる所では六月上旬までに冬作（麦類、油菜、甘ラン、玉ネギ、ソラ豆）等を収穫し、又十月中、下旬に稲を刈ったあとに、麦類、その他の冬作物をうえる事が出来る。東北では小麦油菜等の冬作は九月の下旬か十月の上旬にもうまかねばならぬがその頃はまだ稲を刈るには早い。又冬作物の刈取期も六月の下旬であって田植えは六月上、中にはもう行はねばならぬ。これが東北の二毛作を不可能にするが南部でも冬夏気温の差の多い所（近畿関東北部）や冬期雨量の多い所では、冬期に於ける土地利用をこんなんにするだらう（石川、福井、山陰）

東北や北海道は冬作物の生育期間が短いのみならず、一体に於て一致しそれがきわめて限定されてゐる。一週間適期におくれても霜に会ふ又一時に冬作物をまき、又一時に収穫をせねばならぬ。これに反して東海や関西では総労働の平均的配分を顧慮して作物をえらぶ事が出来、又作物の生育期間もそれほど限定されてはゐない。（尤もこれは比較的と云うだけの事だが）各地に於る耕作面積の大小、経営形態の差異は右の諸事情によって左右されることが少なくない。

これらの平凡な知識をもってここでは満足せねばなりません。僕は決して元気ではないがきはめて平静です。そんな事もあるまいと思ふが僕の手紙を雑誌等に出して貰ひたくない。ここでは決して科学的思考等が出来るわけではないのですから（高田館にあったものの中に科学画報（知識）がある筈です。日本の地形に関する論文ののってゐる。それを入れてください。

書簡九《一九三一月八月十九日》

八月十九日　先日、北海道の弟から五円の差し入れがあり、他の友人から一円の差入れがあった。現在丁度十円ほどある。

自然科学関係のものをよみふけったついでに、次のものを岩波文庫から買ふことにした。

デュボア、レーモン自然認識の限界、ポアンカレー、科学の価値、次に文庫のものではないが、プランク、「物理学的世界〔像〕の統一」その他、中村清二「自然と数理」、渡辺孫一郎、「高等数学諸論大要」等も買はうかと考へてゐる。

お願ひしたいのは、神田の古本(教科書をうる)から中等学校用の物理化学教科書を買ってさし入れて下さい。

なほ、自然科学関係の雑誌で、東洋学芸雑誌、理学界、物理学校雑誌等と云ふのがある。高くはないから試みに見やうと思ふ。

ポアンカレーの「科学と方法」はよく読んで大変よい本である事がわかった。数学の認識論上の地位について少なからざる事を教へられた。而かもそれは「数学、幾何学」上の諸観念の経験的基源についてである。同時にまたこの本は、科学に於ける仮説の役目を、新力学と天文学についての彼自身の実例によって教へてくれます。これ等の事によってうけたよい印象が、右の「科学の価値」を買ふ様に僕を導いた。

レーモンの本ももう手に入ったのだが、十九世紀後半、唯物論について、自然科学者の陥った哲学上の困難をよく物語ってゐます。

彼はランゲを評して、「余りにも早く科学を見捨てた」と云ってゐる。レーモンが今日でも、新カント的な哲学者に好意をもたれてゐるのは、主として(以下数字不明)懐疑主義、不可知論(以下不明)あると思ふ。然し彼の信念は唯物論であった。レーモン等の唯物論的不可知論の位置をはっきり確めておくと、十九世紀末から二十世紀の初めに、何故にマッハの見解が多くの自然科学（哲学者は別として）の賛成を得たかと云ふ事をきはめて自然的に理解しうる様に思はれる。因に、現代の物理学者の多くは、マッハ等の立場とは多少ちがった点に立ってゐる。（プランク、ポアンカレー、アインスタイン）

実際、哲学者の見解よりも、むしろ、専門的な自然科学者の哲学上の苦悩の方がはるかに深刻であり、又問題の核心にもふれてゐる。――僕はこの数日間、ポアンカレーに導かれて数学の事を考へて見た。円の関数について、ピタゴラスの定理を説明するのに半日をつひやした。中等学校の幾何学は勿論、全部忘れてゐるのだが、その一ツあるいは二ツの定理を忘却の深みから呼びおこすのは、丸で新しい発見をしつつあるかの様な感じをさへ伴ふ。

もうお盆もすぎた（田舎の）あとは気候のよい秋をまつばかりだ。体に別に異状はない。この三日間ほど、打つづいて卵の差入れがあったが、とても食べ切れないし、又、蓄えておいても腐らねばよいがと思ふ。

内ヶ崎が本を著したさうだ。又十月から雑誌「農業問題」を出すと云ってゐる。いつでもよいが、ついでに、反デューリング論の発行年（原著の）上半の目次をかいて下さい。自然弁証法の下巻が出てゐるらしいが、その目次もついでに、

（六・九・一九消印野方）

関矢まり子様

書簡十《一九三一年九月二十二日》

先日山県から「うたかたの記」ロートベルトス「地代論」（岩波）メリメ「カルメン」（不許）リカルド「経済学課税の原理」を差入れてもらった。

内ヶ崎からの来信によると、彼の父が、彼の故に頭を悪くしたのだと云ふことだ。と山県は僕の母親の事を大変心配してくれてゐる。又、差入れについての色々な注意を教へてくれるためにあなたの住所を知らせよと云ってゐる。（彼の所は山口県《ママ》　郡祖生村）内ヶ崎も、あなたに来る様に云ってゐる。「若し在京してゐるなら」などと云って、在京をさえ疑問に思ってゐるらしい。

昨日、野幌の小学校の時の友人から突然、病気で動けなくなって、老いた父と共に飢にせまってゐるから、多少貸してくれと云う手紙をもらった。

全く「《ママ》血と涙ににじんだ文字でかかれてゐる。僕を最後の頼りとして手紙をかいてゐるのです。すぐに弟や、同窓の連中に手紙をかいて手段を講じたいと思ふ。人がそれ程信頼されると云ふ事は（よしそれに値せぬにしろ）それだけで喜ばしい事なのだ。

それはとにかく、かう云う人を目の前に見たと云ふ事実は、ひどく、私を落着かせた。

先日、丸善から購入した「英文法通論」は（少し高価ではあったが）全くすばらしい本であった。非常によく教へてくれるので、それをよむだけで、一カドの英語学者になれると思ふ位である。

又、官本の中に、ワシントン、アーヴィングの「スケッチブック」原本があった。これと一緒にドイツ語読本巻一を借りることが出きたが、僕のドイツ語も多少は役に立ちうると云う事を発見して満足してゐる。殊に、二三の文章について、その文章の構成要素を分析し、その結合についての一定の法則（文法）を見出し、意得した上、次の文章にすすむ様にすると非常に上達が早いことがわかる。

僕は多年の語学の勉強の間中、ただの一度も、こう云ふ方法に頼った事はなかった。又、僕がここで使用してゐる権田保之助の小辞典は大変よい。

今日迄一月余の間、フィリップの世界地図を毎日見てゐたが、大変ためになった。各々大陸を流れる河の名前をおぼえ、その流域の耕地の農業上の価値や、産物等をかんがへて見た（巻頭についてゐる多少の統計がそれをたすける）それから交通系統（河、運河、港、鉄道をしらべた上、鉱産地や、工業中心（例へば英国のランカーシア、ヨーク、ドイツのウエストファリア、ラインランド等と云った）をたしかめ、その都市の名、人口等をしらべると云う風にした。

交通に関して興味をおぼへたのは、あの地図は一九二〇年版だが、その後、印度のパンジャブ地方からベルチスタンを通る鉄道が、ペルシャを通って、メソポタミアに通じているのではないか？これと航路との関係と又、アフリカの南北縦貫線の完成程度である。この二ツの通路は、ヨーロッパ――――バルカン――――メソポタミアを通じる鉄道と共に、大戦後、英国の手中に帰したものである。以来十余年の間、これ等の鉄道によって貫ぬかれている地方の産業上、政治上の変化はどんな風であらうか？他方又、地方のシベリア線、トランスコーカシア線、トランスカンピカン線、トゥルクンブ線等々の活動状態これに貫かれる地方の産業開発の状態、この地方の小民族の状態等を対比的に考へずにはをられぬ。特に、世界のこの二つの地帯の間に立つトルコ、ペルシャ、アフガニスタン諸国の国情も注意をひく。

印度と支那とについて、農業地帯の分布を河川、山系等からさっして見るのは、それに伴ふ各種の連想とあいまってつきない興味をおぼへる。湖北、湖南、江西、満州、印度の行政上の区分をはじめて知ったが、英国の老朽〔獪カ？〕な政策をあらはしてゐる。

又、歴史的なことではあるが、西アジアからアフリカにかけてのアラビア人の分布、東欧にわたる蒙古人の分布、第三に、西アジアからバルカンにかけてのトルコ人についてのそれは、これ等諸民族の偉大な過去の歴史を思はしめる。しかもこれ等の歴史的回顧は、近世に於けるトルコ老大帝国の崩壊過程にまでつづく。これ等についての多少なりともまとまった歴史は、僕等の教へられた西洋史の中にも、又、東洋史の中にもなかった。

同様のことはもっと著るしい程度に於て、新大陸の諸大民族の歴史についても言へる。新大陸について、痛感したのは、十九世紀末以降の国際農業史は、南北アメリカ、及び、オーストラリアの農業地帯と、所有事情及び耕作法に関する知識なしには理解され得ないであらうと云ふ事です。

「現代八月号」を偶然買って見た（七月三十日）所、ア・ヒットラー、ブルーニング等の事がかいてあり、ドイツの現状を知りえた。同時にフーバー提案の意義も大体察するを得た。

（六・九・二二消印野方）

関矢まり子様

書簡十一《一九三一年九月二十二日》

昨日渡辺楽治さんからの手紙がとどいた。（一緒にあった小為替十円は前にとどいてゐたが）家の様子がかいてあったが案じてゐたほどではない。併し昨年の値下りにつづく、今年度に予想される凶作（天候の不順からの）は想像以上らしい。手紙によれば、僕の身辺の事を新聞で知ったとあるが、何か僕の個人的な事（親セキ関係等）でもかいてあるのでなければよいがと心配される。僕のこと等が、大して問題にならうとは思へないが。共産青年同盟の検挙の記事解禁でもあったのか？

次にこの前に一寸かいた回想についての覚書をつづける。

ニ、並柳は雪が一丈余も降って五月頃迄も消えなかったが、山の斜面は二月の中頃から露出して（雪崩のために）四月になると、イワウチワ、ベニカガミ、カタクリ、テウセンバナの美しい花が咲いた。

朝雪の氷ってゐる間にそれを渡って花をとりに山へ行った。よく、これ等の草のある所へ、えを探しに行く□に行会うことがある。

岸に突出する岩と砂原との間を流るアブルマ川の水は大変すんでゐて、よく漁師がヤスやカギをもって、鮭をとるために淵にもぐってゐた。僕はそこではじめて村の少年達から水泳を教へられた。又、彼等と一緒に河向へクルミをとりに出かけた。

この川の出水は有名であって、上流に夕立があると、定った時間をへて恐ろしい増水となった、砂原をうづめ、岸に生へてゐる柳の梢だけが水の上に出た。岸にそったガケが崩れて田が流された。並柳は大変美しい所で、そこでの生活は全く不自由ではなかったけれども、休み毎にそこへかへるのが、いとはしい様な気がした。

あの谷間ほど古い時代の農村関係がそのままのこされている所は少ないだらう。大地主と、沢山の小作人とがあり、その間の恩情的な関係は昔のままであった。北海道の比較的自由な農村を見てゐた僕には何もかも珍しかった。

僕は絵の道具をもって畑の間の小道をよくあるきまわったが働いてゐる人達の傍をとほると異様な感じに打たれた。又、道で小学校の友達にあってあいさつをされる時に恥しさを感じた。

大正七八年頃はまだ好景気であったので、多数の売薬商、行商が入り込み、女工募集員が入り込んだ。冬の休みにかへる時、一時ひまをもらってかへる多数の女工等と□□で一緒になった。又、青年の多数が出稼に出た。

僕はあの谷間に起こってゐた社会現象に目をおうてゐた一人の自然主義者であったのだが、それでも、僕の今の農村的知識の少なからぬ部分はそこの諸現象の観察のおかげだと思ってゐる。

日本の養蚕業の発達にともなう各種の社会的結果も見た。又上越北線の開通に伴ふ自動車の普及に伴ふ、各種の社会的結果も見た。又、農村の社会層のそれぞれに属する青年の社会的運命と云ふ様なものも知ることが出きた。

ホ、中学校時代は丁度日本の文芸、宗教の全盛時代であって、それが、少年達の意識にも多少反映してゐた様に思へる。中学の寄宿舎の宿直室でちょ牛の「死と永生」(中学四年の教科書にあった)を生徒に教へて後、困惑のあまり割腹して死んだ教師があった。一高生の藤村操の事も話題にのぼされた。物理の教師は日連信者であったが、その深刻な態度が多くの人の同情をひいた。(この教師も、後に修学旅行の間に、首をくくって死んだ)中学の校長は宗教家ではなかったが、□□□の寺の一族であって、ある夏休にやってきて、自分の少年時代以来村に起った変化を感激をこめてのべた後(それは非常に僕等を感動させたが)八つの流れの社会主義がとぐろを巻いてゐる等々の事にからんで社会、思想界の話しをした。同郷の中学生の間に(後になってからであるが)氏が社会主義者であるかどうかを議論したことがあった。このことが、それについて僕が研究する必要があると思った最初の動きであった様に思へる。

併し何しろ、「社会に出れば、お前達が学校にゐた時の様な気持ではおられぬ。そこでは、色々なことが行はれはするけれども、それが何故であるかについて、何人も知らないのである。」と云ふ風に大人の皆が話してゐたし、僕もそれを信じてゐた。

この秘密と、受験就職の心配とが、中学四、五年から高校の全期間を通じて僕に対する一つの圧迫観念となってゐた。そしてその事は、僕を勉強する様に強いはしたが、何のために勉強するのかわからなかった。

第二に、学生時代だけでも人間らしい生活をすべきだと云ふ事。

第三に、その神ピな社会に出ても自分自身を見失はない様な理論的根底を得ておきたいと思った。そのために、学校で教へられることは落第さへまぬがれればよいと云ふ考えと一種の享楽主義(それを芸術の享楽によって果たさうと考へた。)それから宗教、哲学の研究(きはめて不規則なものであったが)へとかりたてられた。

高校時代三年間の生活は恐らくこれでつきると思ふ。

並柳の家にトルストイの全集があったのでそれをよんだ。併し彼によって多く影響されたが、彼の宗教観には満足しえなかった。又、哲学では、新カント派のそれが、当時新しい理想主義の哲学としてもてはやされてゐたけれども、世界が、主観の産物であると云ふ□の第一歩にどうしても賛しえないと思った。そして、それ以上の研究にはどうしてもすすみえなかった。

自分は少年時代の事を考へると非常に奇を好む所があり、社交的でなくきはめて陰気であった。自分の心の発達を考へて見ても、動□□的であり、研究は広くはあったが、精密ではなかった。然し、全体として一つの必然的な道をあるいてゐたと云ふ事で満足しやうと思ふ。

「そこに道あり、汝等愚なる物なりともまよう事あらじ」イザヤの書八章

（六・九・二二消印野方）

関矢まり子様

書簡十二《一九三一年九月一一日》

内ヶ崎君から入れて貰った明治大正史（世相編、芸術編）、メンデル「雑種植物の研究」をよみはじめた。官本を借りた所野間清治「出世の礎」西田幾太郎「思索と体験」（大正四年）等が来たから繁多になると少し混乱する。次に世相編に付いて簡単なノートをかいておく。

著者は農村史家であって風習の変遷、特に農村事情に付いて面白い考へを述べてゐる。

一、白米中心の日本人の食事は明治になってからのものであって一般に考へられてゐる様に日本人の天性ではない。そしてこれあるがために農民は古い時代の副業を捨て必要品の多くを金で買ひ一年の一部分しか働かないようになったにも拘らず家を保つ事が出来たのであると。米だけ作れば生活が出来ると云ふ考、土地が一番安全な投資だとなす考へも又明治のものであ

ると、著者は又明治大正の農業は生産の方から見て著るしい発展があったといってゐる。僕等がその期間農業がおとろへた様に見えるのは工業のそれと比較してゐるのであり、他面農民生活の動揺を見るからであって著者の考は正しい。明治時代の米産大正には入《ママ》ってからの繭、果物、ソサイ、家畜等を見るとたしかにさうである。

二、日本には以前大農制があって中国の山間地方には今ものこってゐると、実さい、小作制度のある種のものは、そこから発達してゐる。又農民の分家（耕地の細分）なども、明治になってからの生産の発展、出稼、副業、兼業の自由から説明している。

三、農民の出稼は農村の外からの要因によると、農業の専門化は他から農業への転業を困難にしたが、日本の農民はあらゆる近代産業の労働に適してゐた。出稼は旧時代にもあって、それは農民の教育手段となった。而かもそれはきはめて組織的であって現在の親分制度のはじめの任務は出稼労働者と使用者との中介にあったと云ふ。「寄親」各村との「地親」土工の「部屋」等そして日本の労働組合の発達に於て一番大きな困難は出稼ぎ労働者の外組織性にあったと云ふ考へである。（この親分制度の破れたのも出稼労働者があまりに多くなったためであると）

四、著者の考へで一番興味あるのは漁業の将来が「牧畜」型になるであらうと云ふ予想の上に海洋漁が日本の農村過剰労働力問題を解決するカギとなりそれは又日本人の栄養問題をも解決するであらうと考へてゐる点である。

五、その他衣食住、酒、婚姻、病気、家族制などに付ひて、若干皮肉ではあるがしかし歴史的な楽観が述べられてゐる。特に会についての観察は注意してよい日本には会がたくさん作られたがまだ会は理事たちが左右するもの、会合での提案は満場一致になるものと考へてをり又、理事などの任にあたる指導者は会を私有して、しばしば、「乗取る」の「乗取られた」のと考へたがり、会員は指導者はつねに外からくるものと考へて自分たちのあひだから指導者を養ふと云ふ考へに乏しいと。農村では実さいさうした事が多い。

昔農村にあった昔連中は一種の未婚者組合であって青年の性教育、結婚観に付ひての教育に貢献するところが多かったと云ってゐる

六、工業のそれに比すれば農業生産者は相対的におとろへた様に見えるが、それ自身を見れば確かに発展であり、工業の発展も、それを助けた。明治大正の全期を通じて、米価の騰貴、これこそ現代の土地所有と小生産の発展の条件であったと見るのが正しい様に思ふ。それは実さいひえやアワなどの衰退作物や農民の労働者化は農民の単なる貧困の中に求められなくて、農村の余剰労働の存在と工業の発展労銀の高騰に求められるべきであらう。この□□は又大正昭和に起った農村の変化を農業恐慌の条件の下に理解することを可能にする。

書簡十三《一九三一年十月二十九日》

此の手紙のとどく頃には北海道へ帰ってゐると思って、北海道宛にかきます。

健康には変りはありません。最近、耐寒用の脂肪を蓄へんものと思って滋養物を買って見たが物価の高いのに驚く。貧弱なリンゴ一個七銭（九月中）鮭カン二五銭、コンビーフ五〇銭、森永の北海バタと称するもの一斤三五銭、併し、とにかく多少効果はあった様に思はれる。

次に、念のために、今までに入った本の名をあげておきます。

（一）大思想全集（1）、同上（2）（アリストテレス）唯物論史、カントのプロレゴメナ、リツケルト認識の対象、科学の価値、科学と方法（共にポアンカレー）、相対性原理講話、物理がく的世界像の統一、自然認識の限界、高等物理学講義、ダーウィン自伝、メンデル

「研究」、星と原子（エッジントン）

（二）、倒叙日本史、吉田東伍（並柳から）日本社会経済史、本庄。農村社会経済史、木村。近世封建社会の研究、近世農村問題史論（以上三冊内ヶ崎）英国小作制度史論、各国経済史、日本工業史（内ヶ崎）高かめの日本資本主義発達史（山□から）日本工業史（内）最近日本経済史、高かめ（内）日本金融資本史（内）明治大正史三冊（内□）

（三）、フィリップ世界地図、標準日本地図、権田独和辞典、井上英和、英文法通論、露語講座、労働統計要ラン、日本国勢図会、（内）

（四）リカルド経済課税の原理（同書三冊内、山、貴方）ロドベルトス地代論（山）経済学総論、戦争と経済、高かめ景気はどうなる（内）日本経済年報（第一号―五号）

（五）農業政策ナス氏（山）農業政策（内）農業経済新教科書佐藤、横井（□）富民協会十銭小冊子（成巧〔功〕せる農業経営、農業は如何に経営すべきか？・農業経営法）農芸百科事典、我国の農業政策とその批判（内）北海道の農業、内野、岩城、小西農具カタログ、土壌学（並柳房雄氏不許返）

（六）クオヴワヂス、二都物語（以上二冊返）ドンキホーテ、ファウスト、処女地、チェホフ全集四冊、幸田露伴集（内返）うたかたの記鷗外（山）カルメン（山不許）

（七）東洋経済新報四冊、エコノミスト三、ダイアモンド一、科学画報四月、科学知識八月。

以上まだもらしたものもある様に思ふが、大体この通りです。九月以降、右の（二）を読んでゐるのです。内ヶ崎君からのものはあまり永く借りすぎたので大急ぎでよんで返さねば多分迷惑されると思ふ。山県君からの分も同様です。

（二）の部□はこれだけをまとめて読めば相当物になると思ふ。（五）（六）の部をもほとんど同時によんでゐるので、農業史、農業経済の方面を研究するによいけれども、仲仲はかどらない。（二）の部分をよんでしまったら特に（五）の部分をよむつもりです。農業経営や農民の家計の事を特に中心にしたいと考へます。露語講座、日本経済年報は今度、次々に貴方の方へ送る事にしやう。

北海道へ帰ったら、弟、特に妹によろしくたのむ、妹の教育には助力してやってほしい。弟が若し、上級の学校へ出たいと望むなら、出きるだけのことをして出すべきだと考へるが、又彼が、家で農業を営む事をのぞむなら彼の希望をいれて、財産上の便宜なども計りたいと思ってゐる。併し、僕は二三年実地の習業をした上で、更に学校へ入るなり、ないしは、産業組合とか、農会とかに勤めるのが、一番よいのでないかと思ふ。(所謂デンマーク式に――)

貴方には、一般農民の経営と家計其他について、特に、専門的な研究をされる様に望む。農林省の「農家経済調査」とか、帝国農会の農業経済調査、など□県農会の出してゐる右と同様なもの、家計や、農村の生活様式、農民家族の関係等。右の調査類を実際と比べながら深く研究して見る事。

日本の農業史、と云っても明治以降、大戦当時の影響等を農業統計を参照しながら研究して見る事などです。

右の高橋かめ吉氏の「最近の日本経済史」(平凡社、実さい経済問題講座の第一巻)は確によい本です。僕の買っておいた、農業経済新教科書(佐藤、横井両氏)は経営学の教科書だから見たら送ります。

明治以前の農業史としては右の木村靖二氏の農村社会経済史(白楊社)がよいと思ふ。

なほ農業の技術的方面では弟が多少教へてくれやうし、古田島氏などはよい書物をもたれてゐるのではないかと思ふ。

農げい水産百科事典はよい。特に、「五町歩標準経営設計書」は研究に値します。実地については、星野、□沢其の他諸氏の経営を実さい見せてもらふ事でせう。

新谷君、伊藤君等によろしく。

(六・一一・二一野)

十月二九日

関矢まり子様

《解説》関矢留作から妻マリ子宛ての獄中書簡について

北明邦雄

船津功氏が遺した留作・マリ子関係資料の中に、留作が豊多摩刑務所の獄中から妻マリ子に送った未公開の書簡一三通をワープロで打ったものが見つかった。おそらく他の研究者が整理したものを、関矢家を通じて入手したものと思われる。残念ながら原資料との照合はできていない。ワープロ原稿を原文とし、表記の不統一もそのまま残すようにした。ただし、判読不明を示す原文の「＊」は「□」としている。なお解説者が補った部分は、〔　〕内に記すか、疑義のあるときは「ママ」と傍記した。

この後に掲載する新島繁編の獄中書簡集（『唯物論研究』第四七号、一九三六年九月）と比べると、書物の差し入れ希望と読後の感想という点では共通しているが、以下の点では異なっている。

第一に、「何しろここではかく事が出来ないので、思索上に発展がない」（一九三一年五月一日付）と言いながらも、関心の赴くところ「覚え書き」として本の内容を要約的に記し自分の考えを付している。取り上げられているのは「経済学大系」の「各国経済史」（改造社版「経済学全集」第二九巻『各国経済史』一九二九年カ）」（五月一日）、英国小作制度史や西欧の封建制について（五月十八日）、地質図、気候図、土地利用図から、地形と地質との関係、気候の変化とその作用（五月二十日）、交通史、諸民族史（九月二十二日）、柳田國男『明治大正史（世相編）』（九月十一日）など多岐にわたる。小作問題についての自説の展開もある（九月十一日）。これらは文字通り「覚え書き」であり、いわば習作段階のノートと言ってもよいであろう（この他文学作品についても記されている）。

第二に、妻マリ子や家族に対する留作のいつわらざる心情を垣間見ることができる。たとえば、「北海道は今寒いでせうがお体を大切に、貴方には大変な苦労をさせる様になった。地主の家に生活するものの道徳的苦なんと、社会運動家の生活上の苦しみとを同時に味はねばならない。私はあなたを自由にする考えで、かへって右の二つの苦しみにしばってしまった。併し私は貴方を信頼します」（一九三一年二月二十五日付）の一文は、新妻マリ子に対する気遣いと心痛の念を素直に告白したものである。そしてマリ子への「信頼」は、「貴方には、一般農民の経営と家計其他について、特に、専門的な研究をされる様に望む」（一九三一年十一月二十一日付）とする期待につながっていく。また時折野幌関矢家の当主としての「責任」感も顔をのぞかせる。「あなたの兄さん達に世話になるのはやむをえないけれども、姉さんの所へは遠慮されたが良いでせう」（一九三二年四月二十四日付）、「たしかなところから借金するにしても、親戚へ金を貰いに行かない様にして下さい」（一九三二年五月六日付）等々。そして母や弟、妹のことを気にかけている様子が見てとれる。

第三に、並柳時代のことが記された書簡がある（一九三一年九月二十二日付）。「この前に一寸かいた回想についての覚書をつづける」として「ニ」「ホ」とあるので「イ～ハ」が別にあったはずである。『関矢留作について』に引用されている並柳時代の回想と内容が一部重なるが、留作の中学、高校時代を知る貴重な一文である。

第四に、表立って記すことは少ないが、留作は収監されたことをかなり気にしていた。「〔渡辺楽治さんの――解説者注〕手紙によれば、僕の身辺の事を新聞で知ったとあるが、何か僕の個人的な事（親セキ関係等）でもかいてあるのでなければよいが……共産青年同盟の検挙の記事解禁でもあったのか？」（一九三一年九月二十二日付）。ここには親戚や周囲に迷惑をかけたくないという留作の思いがにじんでいる。他方、「僕は決して元気ではないがきはめて冷静です」(一九三二年五月二十日付)と言うように、留作は獄中にいる我が身を冷静に受けとめ、どこかで達観していたようにも思える。そして、妻マリ子が「獄中で無限に成長する書籍に対する欲望」(『関矢留作について』)と書くように、留作は与えられた長い時間をひたすら読書に費やしていたのである。

新島繁編の獄中書簡集が科学者・研究者としての留作の姿を示すものだとすれば、妻マリ子宛ての一三通は個人的な心情の吐露と素顔の表出を含んでおり、いわば生活者としての留作の姿を示すものと言ってよいであろう。

Ⅳ　哲学、自然科学などの研究に関する或る若くして世を去つた学者の書簡（新島繁編）

【出典】『唯物論研究』第四七号（一九三六年九月一日発行）

前がき

*この若い学者のグリムプスについては後に添える附記によつて見ていたゞき度い。

**以下に掲げるのは遺された夥しい書簡のうち哲学や自然科学の研究に関係あるもののほんの一部分である。それらは其の夫人や友人に宛てられたもの。

***角括弧〔　〕の中は編者の補へるもの。（編者）

1

〔前略〕たゞ今哲学の事を考へてゐます、アルバート・ランゲの唯物論史をよみたい。デボーリンのカントにおける弁証法、フィヒテにおける弁証法、フランス唯物論、と云つたものは入るか否かまだわかりません、弁証法の歴史を研究するためにアリストテレスのメタフィジク（形而上学）、カントのプロレゴーメナ（岩波本）、ヘーゲルの論理学、歴史哲学等（単行本）をよみたい。カントの範ちう論はとくに興味をかんじてゐます、更に新カントの立場から唯物論を攻げきした所のリッケルトの認シキの対象（岩波本）を研究します、唯物論の発たつのこんていには、反宗教的闘争の外に、産業と自然科学の発達があるのですが、この自然科学の発たつこそ、私の今最も関心する問題の一つです、最近可成大部の自然科学史が訳されてゐます、そこには、天文・物理・数学を中心とする十八世紀の問題と、（ニュートン）ダーヰンを中心とする地質・生物学経済学の問題とがあります（十九世紀）ダーヰンの種の起元（思全）*もよんで見ます、ランゲの唯物論史、アリストテレスのメタフィジク等は幸ひ大思想全集中にあります、その他、田邊元の最近の自然科学（岩波）とか石原純氏の自然科学概論とか云つたものがありますね、前に見た新聞広告にはエ・ジー・ウェールズの生物学大系がある、かうしたものも一読したいのですが何しろ、数学や物理化学のことは忘れてゐますから、中学の教科書か何かによつて初歩からやつて見ます、エンゲルスの自然弁証法や、反デューリング、レーニンの経験批判と云つたもののよみ〔め〕ないのは、残念ですが、こゝでは多忙の時にはよめない種類のものがよめるのです、よみごたへのあるものをよみたい。〔後略〕――夫人宛、第二信、昭和六、三、七付消印。

*（編者註）春秋社版「世界大思想全集」のこと。

2

〔前略〕プロレゴーメナは仲々読みがひがありました。それをよく批判して見るのはたしかに我々の哲学を錬磨することにならうと思ふ。主要な問題は、

イ、数学が真理性を有ち、かつ、それは先験的であつて経験にもとづかない。数学のキソをなす時間、空間の直観も先験的なものである。この事が彼の研究の端初なのだ。直感の対象として物自体はある。併し、その性質は知る事が出きぬ。我々はたゞ現象を知るのみだと。これも右の点から出発してゐる。

ロ、彼によれば自然とは、人間の意識から独立に存在せず。それは可能的経験の全体にすぎない。自然の立法者は人間の理性であると。

ニ《ママ》、又彼にとつて、経験とは悟性の形式によつて統一されたる感官的知覚のいひである。

　これは明白な観念論だ！　物自体の存在を彼はみとめてゐる。併し、彼の観念論的な後継者達はこのカントが物自体を認めたのはまちがひだと言つてゐる（例へばマッハ主義者）

　とにかく、数学の物質性を明かにすることは（それは、エンゲルスが反デューリング論で論及し、ラファルグ等もこれを論じてゐる。マルクスの数学に関する研究は「自然弁証法」〈岩波〉の下巻に入るだらう）観念論者を沈黙せしむるためにも、又弁証法的唯物論の自然科学への適用の立場から見てもきはめて必要なことと思ふ。数学の中に恐らく弁証法も含まれてゐるのでないかと思ふ。併し、多くの数学者や、数学の助力なしには一歩もすゝめぬ物理学者等の不幸はその物質性を理解しようとせず、その使用のはんゐ等等が明らかになつてゐない事にあるだらう。

　併し右の点に関してアインスタインは数学の物理的性質をよく知つてゐる事である。彼は新しい現象を研究するために古い数学を批判し（その物理的性質のキソの下に）新しい数学をキヅキ上げてゐる様に思はれる。僕は物理学、数学、天文等の知識に欠けてゐるので、アインスタインの著を（彼は我々のためにあの本をかいてゐるのだが）理解しえぬのは実に残念です。併し彼の方法上の態度は少しわかつたと思ふ。又彼等の相対論なるものは、多くの観念論者がそれを利用した様に、無政府的相対論ではなくて、むしろ同一の現象もことなつた立場からは全然ちがつて見えるが、――併し、違ふ様に見えるが、実は同一の現象だと云ふ事を明らかにするにはどうすればよいか？　これが彼の立場であると思ふ。これはむしろ相対の中に絶対を理解しようとする弁証法的立場とよく似てゐる。

　あなた達の側からは、「形而上学の世界」を僕がさまよつてゐる事は如何にも憐れに見えるかも知れぬ。併し、しばらくは許してほしい。そして右にあげた本〔「前略」の中に列挙されてゐる〕の中のどれかを手に入れる様に骨折つて下さい。――夫人宛、昭六、六、二附。

3

〔前略〕まだ先日来の「形而上学」をつゞけてゐます、官本の中にあつた村岡省五郎、知識の問題（カント認識論の解釈と題す）を一読しましたが、これは今世紀のドイツ新カント派の立場からするカントの解釈であつて、カントの内に含まれてゐる経験論、唯物論的要素を一掃し、観念論的に完成しようとしてゐる様に思はれる。併し、少しも問題を解決して等《など》ゐない。カンタンに云へばかうです。真理が主観と客観との一致にある（唯物論はさう云ふ）とすれば、主観が客観と一致してゐる事を主観自体はどうして知るか？　主観にあらはれた客観が、真に客観と一致してゐる事を知るには、その前に客観を知つてゐねばならぬがそれは不可能だと。それで、彼等はどうしたかと云へば、客観を主観の中にあるものとし、主観から独立した客観を否定したにすぎないのだ。併し、それでは主観の内にあらはれた凡てのものが真理と云ふ事になるので、主観を更に二つに分けただけのことなのだ。

　右の書にもあらはれてゐる所の、ウィンデルバント、コーエン、リッケルト等の信仰に比すれば、カントは矢張り百倍も偉大であつた。第一にカントは、真理を神授に帰した時代の考へに反対して、人間の理性の能力の中に真理の基準を求めた。（カントの著述は十八世紀末になされた）当時に於ても唯物論者は居つた。それは破壊的ではあつたが同時に「懐疑的」不可知的であつて、従つて実践的たりえなかつた。あの時代にあつてはカント流の観念論者がかへつて実践的であつた様である。数学者の多くも亦観念的な形而上学者であつた。この関係は、日本にもあるので、例へば徳川時代の王陽明学派は朱子学派に比すればかへつて観念的であつたけれども実践的であり、維新の所謂志士中に、この王陽明学派の人が少なくなかつた。佐久間象山（吉田松陰、高杉）横井小楠（南洲）等々

　他方唯物論の歴史を見ても、ギリシヤの詭弁学派や、ローマのエピクリアン、英仏の唯物論の如く懐ギ的であり、破壊的であつたが、決して実践的、建設的哲学ではなかつた。このカンタンな哲学史の回顧は、史的唯物論、弁証的唯物論の歴史的地位を一層はつき

りさせる様に思ふ。

尤も、右にあげた村岡省五郎の「知識の問題」は、通俗的解釈であつて、ドイツ新カント派の妄想の凡てを尽してゐるわけではない。この前の希望書目中にあげておいたリッケルトの「認識の対象」こそ、彼等の認識論を最もはつきりとあらはしたものだと思ふ。

これらの問題について、思ひおこすのは、「我々が対象を完全に知り尽してゐる《ママ》とは云はない。問題は客観に対する我々の認識の中にどれだけ真理があるかと云ふ事が問題なのだ」と云ふ言葉です。認識論の問題は次の様にして提出する事が正しいだらう。

一、我々の認識は判断によつて構成される。客体に関する我々の判断の中には、正しいものがあり、あやまれるものがあり、正しいか謬つてゐるかわからないが、やがてわかるだらうと推定されるもの、正しいか否かを推定する方法のないもの。それから完全に正しいと云へないが、九分どほり正しいと考へられてゐるもの、現在正しいとみとめねばならぬが、后《のち》に条件付で正しいとされるかも知れないもの等々……がある。

二、では、これ等の各しゆの判断は如何にして生じたか？　この問題は心理学と、論理学とによつて答へられねばならぬ。

三、ある判断が正しく、他のものが、あやまりだとするその基準は何であるか？

四、（一に対する補〔足〕）主体（認識の）とは何か？言葉と文字によつてむすびつけられた我々の意識の性質、その社会的存在性、

認識論の問題は右の様に提出する時には、観念論者のキベン等を入れる余地は少しもない。彼等は形式的〔に〕考へるから知と不知との間に、こゆべからざるカベを見る。そして、昨日不知であつたものも今日知となることが出きる（つまり内容的に考へる事）に思ひ及ばない。

所で単なる唯物論や、経験論は、観念論のさきにあげたキベンにまへ〔い〕つてしまうのです。――夫人宛、昭六、六、二七付消印。

4

〔前略〕

リッケルト「認識の対象」は素朴実在論に対する抗争に於て、非常な鋭さと徹底を見せてゐる。その目的は内在論の立場を支持し、而か〔も〕その必然の帰結と考へられてゐる、独我論と相対論とをのがれる事の出きる様な立場を発見するにある。それを著者は、「意識一般」と「超越的不許不」なるものの内に発見したと信じてゐる。勿論かくの如きは、形而上学的思弁によるもの以外に達しうるものではない。従つて「意識一般」とは肉体のない意識（これは古い霊以上のものではない）であり実在性のないものとなり、又「不許不」も、「君が絶対真理をないと云ふなら、その『ない』と云ふ主張だけは絶対真理であることを主張してゐるのではないか！」と云ふに尽きてゐる。この立場から依然として何が真理で何が誤〔り〕かを示しえないのである。リッケルトにつひて注目すべきは、カント等さへ、それに頼つてゐた「人間の感覚は物そのものを示さぬ」と云ふ、科学的に正しい考への助を借りることが観念論そのものの死滅だと云ふ事に気付いてゐることである。これ等の事を考へると現代の哲学者達がリッケルトに失望を感じつつある理由を解することが出きる。

僕の思ふに、哲学を学ばんとする人は、ヘーゲルをよむよりも物理学を〔よむ〕方がはるかに教訓的であり、又真理にみちてゐる。

物理学の方法について興味あることは、この領域ですら、自然方則が確率論に基礎をおく、統計的法則の形であらはされる場合が多いと云ふ事である。（特に熱力学、気体運動論）これが、中心力の物理学に代つたのである。統計は、生物学や気象学ではもつと広く用ひられてゐる。経済学にも用ひられてゐるが、その科学的なキソについて未だ深く反省されてはおらぬ。併し、統計的研究が経済学に充分な規模で用ひられる時、即ち経済学の止揚される時であらう。――夫人宛、昭六、一〇、七付消印。

5

〔前略〕現在はランゲの上巻をよみ返してゐます、僕等には歴史的知しきに欠けてゐて、はつきりせぬ事もあるが、これは確かに最も興味深い本の一つです、「世界観の変遷」〔アーレニウスの〕はこれと関係する所が多くて、対照して見てゐるのです、又改造文庫にモルガン「古代社会」のあるのが最近わかつたので、買つてよんでゐる。この著者の科学〔的〕態度は厳正であり、その歴史観は悠大で、且つ高雅です、厳酷なエンゲルスが深く賞さんしたのも理由のある事です、この研究は十八年前のダーヰンの業績の発展であり、それに比敵する事も出きる様に思ふ。ウヰ〔ェ〕ールズの大系の人類学的部分についての漠然とした知識をおぎなつてくれる。

自分の「哲学的・科学的散歩」は単なる興味のためであつて、農業問題研究の方法を獲得せうとのためではないのです。自分は少年の頃からの欲求によつて動いてゐるので、それを合理的に説明しえない。併し、結果は悪くはないと思ふ。

以下、そちらに充分の材料がある（若しくは典拠）があるか否かは知らないが、次の点を知らせて下さい。

一、反デューリング論上巻の部分の目次と細目、（前にもらつたが、も少し詳しく。）特に、「近世になつてから形而上学的方法が、自然科学の内にもち込まれた」とかいつてある所があつたと思ふが、それはどう云ふ歴史的事実を指してゐたのか？　最後の序文に、熱力学（クラウシウスの第二法則）にふれてゐたと思ふが、それをどう云ふ風に評価してをつたか？

二、自然弁証法、上下の目次、その下巻の数学に関する論綱《ママ》はどんなものか、その特徴、書カン集中に、エンゲルスが微分につひて言及してゐる所があつた、その大要。

三、経験批判と唯物論中、近*（現？）代物理学の危機の章中、ある物理学者のマッハ評が引用されてゐる、その物理学者の名前**（マクスウェル？　プランク？　ヘルムホルツ？）

四、プロ科学の昭和四年頃のものに、***チミリアーゼーフの物理学に関する論文の訳が出てゐた、そこに現代物理学の中心点を四つにまとめてあつた様に思ふが、その四点が見出されえたら、教へて下さい。（相対性原理と量子論との対立と云ふ風な事が云はれてゐた様だつたが！）この人は、例の機械論者の一人なのだが。尚、独文「旗の下に」の古いものに出てゐたタールハイマーのアインスタイン相対性原理についての論文、その他この種のものは訳されてはゐませんか？（ザクセルの生物学に関する論文等も）

五、三木氏の観念形態論中に、認識論の構造「弁証法と形式論理学」の二章が見出されるその内容が知りたいものです。

六、「家族の起源」の目次、

あまり沢山で、それに、典拠もないと思はれますが、わかり次第ポツ〳〵知らせて下さい。〔後略〕――夫人宛、昭七、一、二八付。

＊（編者註）訳語には両方とも用ゐられてゐる。

＊＊（同）アベル・レイのことであらう。

＊＊＊（同）独文「旗の下に」第一年第三冊（一九二六・一月）所載。邦訳は「国際文化」昭和四年七月号に掲載。

6

〔前略〕科学哲学関係の書物では次のものを手元にもつてゐます。ランゲ唯物論史上（第二期大思想全集）アリストテレス、形而上学（大思想全集〈第二巻〉）ロック人間悟性論（同上）ニュートン、プリンシピア（同上）ガリレオ力学対話篇（同上44巻）ヘーゲル論理学（鉄塔版）カント、プロレゴメナ（岩波文庫本）フォイエルバッハ、哲学の根本命題（同上）アーレニウス・世界観の変遷（同上）ポアンカレー科学の価値（同上）科学と方法（同上）プランク、物理学的世界像の統一（岩波哲学論叢）アインスタイン相対性原理講話、ルクレチウス・物事の性質について（エブリマン文庫）プランク新物理学の世界像（独文）岡邦雄 自然科学史（春秋文庫）ヘッケル 宇宙の謎（同上）竹内時雄 高等物理学講義、藤岡茂 微積分学概論、田邊元最近の自然科学（岩波哲叢）エッチントン星と原子（岩波）

甚だ漠然とした対象ですが、自然科学の歴史と、それの哲学に対する関係と云つた様なものを学びたく思つてゐるのです。御覧の如く書物は全く思ひ付きと、成るべく安価なものと云ふ便宜にしたがつて集めたもので系統立てたわけではないのです。何か、しつかりしたものがよみたいのですが、どうか、よいものを御紹介下さい。ランゲの歴史はどんな風に評価されてゐるか知りませんが、小生は実に面白くよみました、でその下巻が見たいのです。アリストテレスとかルクレチウスとかニウトンとかロック等のものは、ランゲの歴史に関連してよんだものです。岡邦雄の自然科学史には立派な序文はついてゐましたが、あまり小ひさなもので物足なく感じました。岩波にセジイク・タイラーのもの（高価だが）はよい本でせうか？

ヘーゲル、論理学（これはエンチクロペディ第一部ですか）には全く閉口しました。併し、絶望してゐるわけではありません、アリストテレスの形而上学が、ロギークの理解に対して少なからぬ手引をもつてゐるのを見出します。又、白揚社から出てゐるらしい大論理学の訳の方がよみ易いと云ふ様な事でもあるのでせうか？

ポアンカレーの岩波文庫にある二つの書物をよんで、このマッハ主義者（？・）にもよい所があると思ひ、それでお願ひした「科学と臆説」がぜひよみたいのです。併し、元来、化学と数学に関する常識にさへ欠けてゐるので、それを与へる様な書物を切に求めてゐます。

どうか、読書につひて指示を与へて下さい。尤も、求める対象があまり漠然としてはゐますが、それは全く初歩的であるからです。デボーリンの「自然科学と弁証法」新興自然科学論叢のある事は知つてゐますが、それらはとても入りますまい。エンゲルス自然弁証法上は幸ひこゝへ〔来〕る直前によむ事が出きました。ヘーゲル、ロギークに対するノートの訳につひても。

先日、研究所の研究*第一輯にのつた「弁証法と微分積分」**とそれの批判についてのやゝ詳しい内容を長い手紙にかいて妻から送つて貰つたのです。何よりも珍しかつたので色々考へさゝれたのですが、これ等の問題は理論的に重要であると思ひます。この意見に対する批判は一般論としてあやまつてはゐないが。併し微積分の方法、科学に於ける地位・意義につひて別に深い理解がそこにありさうには見えません。量の変化、即ち増減が変化の全てではなく、変化する量と量の間の関係を示す函数が一切の関係ではなく、更に反比例が一切の反対、若しくは対立でないと云ふ事は勿論です。併しそれは微積分が弁証法の本質的特徴をもつてゐる事を否定しはしない。微積分の本質は例へば、多角形をもつて円を測り、直線をもつて曲線を、或ひは微小をもつて有限の大きさを定義しやうとする……この種の思考様式の中にあるのではないでせうか？（と云つても小生はこの点何ら深く考へたものではない事を断つておきます。）

この点では批判者は論文の誤りをうけついでゐると思ふ。更に、「内的変化、自己運動等弁証法にとつて決定的なものは量にはなくて質にのみ具有される」云云（大意）と云ふのは量を形式論理的、質を弁証法とさせる考へへの傾向を含んでゐる様に感ぜられるのですが如何。併し、全てのことも数学や自然科学につひての我々の無智を――従つて又弁証法につひても――ばくろしたものです。なほ、微積分については書簡集の中にエンゲルスの研究があつた様に記オクしますが――。

田邊元氏の新著、ヘーゲル哲学と弁証法は如何なる書物ですか？　この人はアントロポロギストに改宗した様に見られますが。いつもながら物凄い手紙をかいてしまつた様です。妄言、乱筆をお許し下さい。――編者宛、昭七、四、七付。

＊（編者註）「プロレタリア科学研究」、第一輯は昭六、五、一〇発行。

＊＊（同）筆者は高村秀夫氏。

7

〔前略〕小生自体其の後別状ありませんが、相変らずの状態でやむなく読書三昧に日をすごしてゐます、農業や経済に関するものも時々よんでゐますが、依然前と同様哲学に心を捉へられてゐます　この方面に関しても外にはどし〳〵よい本が訳せられてゐるらしく、こんな所でする勉強の無意味を嘆かざるをえません、只外に居ても自分達には接する折もなからうと思はれる知識を漁つてゐるばかりです　ランゲの「歴史」につひてはクーゲルマンへの手紙の中にあつたと思はれる寸評とか、それを獄中でよんだ時のローザの感想などを、おぼろげに憶えてゐますが、自分には、この書物は唯物哲学の偉大な歴史的伝統をはじめて見せてくれたものであつて、何よりもまず驚きを感じたわけです。ギリシヤにおけるそれの起元に対してのみならず、それの発展史が、自然科学や、形而上学の諸体系に対してもつ関係などは真に興味深いものであつて、所謂哲学史なるものも、この見致〔地〕（唯物論の発展史の）から最もよくその真相を捉へることが出きると思ひます。ランゲは批評的に唯物論の様ゝな難点を示し、その点の観念論や形而上学に対する関係を明らかにし、新カント主義への道を準備してはゐるのですが、それさへ、結局、七〇年のドイツ社会及びその思想水準を示すものであつて、唯物論史の一片にすぎません。興味深く思はれたのは古代ギリシヤ・ローマの原子論で、幸ひ、ルクレチウスの「物事の性質について」を入手しましたので、一部分よんで見ましたが、（又アリストテレス形而上学の中にもデモクリトスに対する興味ある論争がなされてゐます）それはヘラクライトスの有名なテーゼなどをも止揚してゐるものであつて単に唯物論であるのみならず、弁証法の本質的特徴の一部分をも含んでゐる様に感ぜられます。（例へば、対立の統一、統一的なものの矛盾にみちた構成部分の認識等）。勿論実践に関するテーゼが欠けてゐてそのいみで旧唯物論に属するものではあるが、生仲、自然科学の知識にとんでゐて、哲学的な欠陥の多いフランス若しくは一八世紀ドイツの唯物論などよりはすぐれた所をもつ様です）この古代原子論の思考様式は、ルネッサンス以後自然科学の哲学的根底となつたのみでなく、ヘーゲルなども指示する様に社会契約説や観念連合説などに導入された事も明かです。そして、この原子論哲学の自然科学に対してもつた歴史上の関係、ならびにこの哲学の本質が、弁証唯物論と如何なる関係にあるのかと云ふ問題は、自然弁証法にとつて重要なものであると思ひます。

ポアンカレーの著諸《ママ》及び、プランクのマッハに対する批判を含んだ講演（物理学的世界像の統一、新物理学の世界像）は、所謂「現代物理学の危機」（「験経《ママ》批判と唯物論」の云ふ）並びに数学の認識論的根底に関する論争に対する関心をよび起します。併し、この方面の予備知識のない我々には根本的な点は解しかねるのであつて、例へば「自然弁証法」や「経験批判と唯物論」の中になされてゐる「物質なきエネルギー」の理論に対する反駁なども矢張不可解のまゝです。相対性原理の如きも、実験の確証する所であると云はれてはゐますが、アインスタイン自身によるそれにつひての考へ方はマッハ主義的な要ソのある様に考へられます。以前、プロ科学誌にのつたティミリアーゼフの物理学に関する論文なども、これらの点は未解のまゝにのこしてゐた様におぼろげに記オクしてゐますが、理論的関心の要求される所である様です。これらの点、特に、機械論者と弁証論者との論争の要点とか、デボーリンに対してなされたと云ふ批判の要点などをお手紙のついでにお知らせ下さいませんか？　又、この方面に詳しい研究所の友人諸君の誰かからでも手紙がいただけたら幸甚です。今家にかへつてゐる妻に色々な質問を発してはゐるのです、それに対して無理もない事ではあるのですが、答へてくれません。

ポアンカレー「科学と臆説」、「自然科学史」（セジイク・タイラー）も見付かりましたらお願ひします。尚新たにポアンカレーの「晩近の思想」（発行所不明*）エルンスト・カッシーラー「実体概念と関係概念」（発行所、訳者共に不明**）もお願ひします、友人にたのんではゐるものですが、大思想全集の四十一巻（ピアンソン科学概論）四十八巻（相対性原理）は見当らないでせうか？　〔後略〕――編者宛、昭七、五、二三付消印。

*（編者註）叢文閣。

**（同）大村書店、馬場和光氏訳。

8

〔前略〕小生現在では哲学、自然科学関係のものをよむのを休んで農業と語学とをやつてゐますが、又秋にでもなつて、書物がたまつた時によむ考へです　先頃、以下の様なものを此処の「購求掛り」に買つて貰つて（新本だけですが）よみました、「物理学的新世界像」（春秋、竹内時雄）最《ママ》に於ける物理学の発展（三枝彦雄）科学方法論（戸坂潤）ホアイエー数学史（林訳）等、はじめの二著は相対性原理以後の新量子力学に関するものですが、ほとんど理解し得ず、又『数学史』も数学と哲学及び科学との関係を知りたくて買つて見たのですが、何しろ、数学そのものを知らぬので近世以後の部分は空よみでした。戸坂氏科学方法論は自然弁証法の地バンの上に立つてゐる様ではあるが、ブルジ〔ヨ〕ア哲学の提出してゐる諸問題にあまりにまき込まれすぎてゐる様な気がし、又歴史と、自然科学との区別については確かに誤りがあると思はれます。田邊元、ヘーゲル哲学と弁証法と云ふのも、友人が買つたと云ふので借りてよみましたが、これは全くヘーゲルそのものの歴史的理解をさへあたへてくれないものでした。エヌ・ハルトマンの「アリストテレスとヘーゲル」と云ふ小冊子は論理学の理解に対して教へる所が多い様です。併し、自然科学の歴史、並びにその方法論上の諸問題の方面からヘーゲルの論理学を勉強しやうとしてやつた小生の乱雑な読書はあまり収穫はなかつたのですが、未だあきらめたわけではありません　で、以前にお願ひしてゐた書物、セジイク・タイラー自然科学史、ポアンカレー「科学と臆説」同じく「輓近の思想」などが見つかつたらお願ひします。その他、ラプラスの「蓋然性の哲学的考察」マッハ「力学の批判史」なども安価な古本が見付つたらお願ひします。御送付の「アリストテレスからニユートンまで」は永井潜のものかと推察してゐますが、以前買つて貰つたまゝよまずにゐるニユートン「プリンシピア」をよむ助けになるだらうとよろこんでゐます。科学者と科学（まだ見てゐませんが）かゝる本のある事を知らずに居ました。又、前に送つていたゞいたランゲの「歴史」下をよんで、彼の新カントとしての態度がはじめてはつきりしたのですが、上巻だけをよんでゐた時に彼をあまり感心しす〔ぎ〕た事がわかりました。併し、ランゲは、科学的方法に於ける唯物論の意義をみとめざるをえなかつたのであつて、十九世紀の自然科学についてかいてゐる所にはきくべきものもある様です。又、彼が、新カントとして唯物論をどう見たかと云ふことも面白い点です。

只今、やつてゐますのは、白揚社の露語講座で、原書も字引があればよめさうな気がするのですが、字引の安いのはその辺に見付りませんか？又露語の対訳物でこゝに入りさうなものもほしいと思つてゐます。

〔後略〕――編者宛、昭七、八、六付消印

9

〔前略〕自然科学史につひては前にも一寸お知らせしたホエザム「科学と思想」があり、又最近レクラム本のグンテル・ジークムンドのもの、又ホームユニバセテー文庫のトムソンの科学入門等を買ふ事が出きました。(尤も僕のドイツ語で右のものがよめるか否かは疑問ですが)尚、右の「大思想エンサイクロ」には岡邦雄氏の科学史の外、天文学史、電子論、相対論、量子論等の短い解説、科学者の伝記等がおさめてありまです。これは僕等には手頃のものです。併し、今ではむしろ自然科学と社会科学との交渉の方面を知りたく思つて、ダーキンの種の起源、上記のドラージの「学説」G・テーラーの「人種地理」、横山の「地質学概要」、モルガンの「古代社会」、ウェルズの「文化史」の様なものをぽつ〳〵よんでゐます　ハクスレー「自然に於ける人類の地位」カルタウス、ピテカントロプスの研究（レクラム本）などをよむつもりでおります。〔中略〕

今は文化的方面の仕事が非常に重要となつてゐるかと思はれます　雑誌「唯物論研究」も注目しておりましたが、それにつひてお知らせしていたゞけたら幸ひです。

右の大思想エンサイクロペディアの中に石原博士の「自然科学と現代思潮」と云ふのがあり、それに、「神学者は自然法則の中に神を見る事が出きる。……神に幸福を願ふのは神を冒すものである」云云とあります何といふ慎重さでせう。自から神を単なる賛美のみの対象に抽象化し、恐怖と服従の対象、祈願と感謝の対象等々の性質を神からうばつておきながら、まだ神の存在を主張しなければならぬと感じてゐられるので

す。〔後略〕――編者宛、昭八、一、一九付。

10

〔前略〕雑誌「唯物論研究」につひても有難うございました御手すきの折に、そこでの研究題目や論点などが知らせていたゞければ、この上ない喜びです　此処で暮した二年半は振り返つて見れば昨日の様です。併し、外にゐる人はその日〳〵を短く感ずるかはりに、振り返つて見てその期間の充実した内容を大きく感ぜられるでありませう。又この間に成された科学の進歩にも驚くべきものがあるであらうと思はれます。「歴史科学」「発達史講座」などにつひても名前だけはきいております。

最近ペアリー「古代文明の研究」といふものをよんで見ました。これは御承知かと思ひますが、世界の各地の古代文明はすべてエジプトに於て発達したものの伝播した結果だと説くエリオット・スミスの説を証明しやうとするものです。灌漑農業の様なものさへエジプトから伝つたのだと説くのは驚くべき事です。十九世紀の人類学者や社会学者が文化の伝播の過程の重要さを充分評価しなかつた事は事実であるとしてもこの学派の説く所は行き過ぎではないでせうか、西村眞次氏等も、大体このペアリーの説を支持してゐられる様です。

ペアリーは又、人類進化の要因として地理学的制限、気候週期変化の役割などを強調してゐるアメリカの人類学派に反対してゐます。この種の人類学者の間に戦はされてゐる議論の当否はとにかくとして、歴史に就て発展様式の一般的公式しか知らなかつた私には、彼らの研究は非常に面白く思はれます　当分この方面のものを少し、読んで見やうと考へております。〔後略〕――編者宛、昭八、五、二二付消印。

11

「科学者と科学」矢島祐利著の古本を見付けて貰つたのでよんでゐます。物理学者の短い伝記をあつめたものです。科学史の勉強になる様です。ルネッサンスの科学勃興には次の三つの要点が合流してゐます　第一は数学の発達、これは恐らく商業と航海とに促がされたものであつて、ギリ〔シ〕ア幾何学のみならず、アラビアの代数学等もガリレオの時代よりずつと古くから普及してゐた様です　第二に、スコラ哲学の矛盾、アリストテレスの原典が研究されてからその解釈を中心として分裂が生じ、唯名論は強化され、更に復活されたデモクリトス、エピクロスの哲学かアリストテレス流の哲学に挑戦した。第三は実験と分業の習慣、これは右の哲学の経験主義的傾向からも生じえたのみならず、手工業者の伝統や、錬金学者の方法などにもよるものであつたらう。ベーコンなどは、高々この傾向の祖述者にすぎなかつた様です。併し彼は大きな影響をその時代と後世にあたへた。右の三つのものは結合してゐるのではあるが、フランスでは数学的方法が、英国では実験的方法が重んぜられ、それが後世の学問の伝統とさへなつてゐる様です　第二の要因は、方法といふよりも科学が存在すべき地ならしのために必要とされるものであつて、科学がある抵抗に出会ふたびごとに前面にあらはれてくる。十八世紀後半のフランス、十九世紀前半のドイツ、同世紀後半の英国など。

当時の人々の科学的興味を刺激したらしく思はれるのは、コロンブスによる発見と、マジェランの事業です。最初の成果が天文の領野で（コペルニクス、ケプレル、ニュートン）なされ、天文学は他の科学のもはんとなつた。天文、物理、化学、地質、生物等、一つの科学の成果は次のものの前提となつてゐる。尤も、これはポアンカレーの云ふ様に、天体は巨大な実験室であると云ふ事にもよつてゐる様ですが。

十六、七世紀の科学者達はその研究のために王侯の保ゴを必要とした、それらの王侯は新興都市とむすんで権力をえ、法王やローマ皇帝に対立した人々であつて、科学の中心がまもなく北方へうつり、イタリアやスペインが沈滞した理由も、こゝにあつたでせう。と云つても当時の科学者はそのパトロンのきまぐれや占星術などへの迷信によつてなやまされてゐたのであつた様です。ケプレルは占星をやつたがそれを全く信じてはゐなかつたと云はれる。アーレニウスはチコ・ブラーへの大演説を引用してゐますが、彼も果してそれを信じてゐたかは疑はしい。併し、当時の王侯が占星術を信ずるほど愚でなかつたら現代科学はなかつたらうと云ふポアンカレーの言バは言ひすぎだと思はれる。ほとんど同一の発見が同時に、又前後して独立に発見され、又あまりに時代に先行したためにみとめられずにしまつた様なものも数多い。ニュートンの大発見でさへが、前行の諸事情と結合しており、同時に多くの人々の頭にあつた。引力法則にしても、微分法にしても。又、ガリレオは、ダビ〔ヴィ〕ンチの力学上の諸発見を知らなかつたと云ふ事です。

科学史の方メンからデカルト、ライブニッツを見ると興味深い、そして僕のこれらの人々に対する評価は正〔し〕くなかつた、と思はせられる。二人共巨大な数学者であつて、物理学上にも多くの業績があつた。併し、実験的科学者でなかつた事がこれらの人々をしてその科学上の意見の中に瓦石をもち込ませるに至つてゐる。理論の力が過信されたためであつた。併し、単に実験的科学者であつて、自己の思想体系の統一には比較的無関心だつた英国科学者達例へばボイル、ニュートン等と比して何か偉大〔な〕点がみとめられる。ニュートンは無論実験家であつたのみでなく理論家でもあつたが、併しある坊主への手紙には、宇宙はそれ自身存在するもので何者によつても創造されたものでないと云ふルクレチウスを反バクし、遊星の調和は神の摂理なしにはみとめることが出きないとのべてゐる。これも一つの統一の試みではあつたらう　併し、その創造者は何か思想体系の外にあるものと考へられてゐる。これは、ライブニッツやデカルトと相違する点だと思ふ。尤も、右のこともニュートンは極端に論争ギラヒの人であつて論争をさけるためとも考へ得られるのです。

十八世紀フランスの啓蒙家の中、唯物論者は比較的少数によつて代表されてゐたにすぎなかつたらしい。ボ〔ヴォ〕ルテールやルソーは唯物論者ではなかつた。ダラムベールやアムペールは観念論者であつた（認識論的の）又当時のフランスの数学者や、自然科学者の多くが政治家となつてゐることも驚かされる点ですマラーは医学者であつた。そして、フランス革命の指導〔者〕の間に現はれた思想上の分裂は何か痛々しいものが感ぜられる。

F・A・ランゲに対する僕の以前の批評は訂正しなければなりません。ウェールズの歴史などをよんで、歴史過程を考へて見ると矢張社会的要ソを粗ザツにあつかつており、又科学史と唯物論との関係を充分考へ抜いてゐた事がわかります。岩波文庫の「科学者と詩人」ポアンカレーもよい本です

――――

尚十七世紀の数学的方法の華々しい光輝の結果、哲学者がギリ〔シ〕ア幾何学書の構成を模する様になつてゐる。スピノーザのエチカ。公理、命題、定理系など云ふ形式は、ガリレオの「対話」や、ニュートンプリンチピアにも用ひられてゐます。カントさへがそれを模さうとした、ヘーゲルは後にこれを笑つてゐます。――

友人I氏宛、昭七、九、九付消印。

12

〔前略〕自然科学の研究の興味ある点の一つはその基礎概念の認識論的意味に関する問題です。以下、数年来僕の疑問となつてゐた点について

「唯物論と経験批判論」といふ本の中に、運動とか、エネルギーとかを物質から切りはなして考へる物理学者に対して抗議してゐたと記オクする。併し、物理学者によつてのべられてゐる事をよく見ると、右の反対は当つてゐないと思ふのです。上記の書物では、物質を我々から独立に存在し、且つ我々の感覚の原因となる様な客観的実在であるとのべてゐる。この哲学的規定は全く正しいし、且つ物質の本性につひて何かある仮定を設けなければ唯物論は成立しない様に思つてゐた十九世紀の唯物論者に比して、その著者が聡明であつた事を示す。認識論は、物質の本性に関しての如何なる仮定の上にも立てられはしないでせう。と同時にこの理論はその中にそれにつひての必要な仮定（例へば電子とかエーテルとか）を設ける自由をもつてゐるのです。

ところで、物理学者は物質についての右の様な認識論的規定に満足することが出来ない。といふのは、そ

れは、量的に観察したり、分析したり合成したりする事が出きる様に、もつとせまく定義せねばならないから。実さい、ニュートンの時代以来質量が物質の最も一般的な性質である事がみとめられてゐる。それが物理学上、物質の本性であり定義であつた。更に、光は、空間を伝播する、それは何か実在的なものによつて媒介されなければならない。そしてフレーネル以后この伝播の性質が、弾性物体の活動と一致するある関係をもつ事から、物質として考へられはしたが、他方に於て光が質量をもつことは認められなかつた。ために光を伝へるものと考へられたエーテルは「不可量物質」と云ふ様な矛盾した定義をあたへられてゐた。更に、光の電磁波の説はエーテルを物質とはちがつたあるものとしてみとめる様に物理学者を順〔?・馴致?・〕した。

他方に於て、運動する物体のなす仕事は、光や熱や電気に転換する事がみとめられ、この場合、一方の一定量と他方の一定量との間に、げん密な対応関係が成立する事からして、それらをエネルギーなる名の下に包括した。これは全く便宜上からであつて、それらを通ずる共通な本質が何であるかにふれてゐるのではない。併し、右のものの中、物体の運動エネルギーは熱に化し、熱は分子の震動である限りまだ物体と結びついてゐるがそれが輻射となつて空間に伝はる時は、光と同じくエーテルの波であり、電波も亦電磁波となる。これ等凡ては空間を伝播し、空間に保持されてゐる時は、物質から分離したエネルギーと考へられる。この結果は物質を質量と考へるかぎり全く必然的となる。更に現代の物理学者は原子が電子とプロトンから成る事を発見し、そしてこれらのものは普通の物質のやうないみでの質量をもたない単なる電気の粒子と見、これらのものによつて、如何にして物質が構成されるかと云ふ事を研究してゐる。最近では電子を粒子と考へずに波と考へゐる様な学説さへ支持を得てゐる。併し、これらに対して抗議すべき権利を哲学者は有しない。だが、問題はもつと深い所にあると僕は思ふ。と云ふのは、物質から独立したエネルギー（運動）はないと云ふ哲学者の言葉を、物理学の言葉に翻訳して見れば、から云ふ事になるからです。光を伝播する所の空間は、よしそれ自身を我々が直接認識しえないとしても実在性（哲学者の言バでは物質性）をもつた何物かでなければならないと云ふ事に！これは哲学者の提出しうる問題です。勿論、そのものを何かある粒子によつて組みたてられてゐると主張してはならないが、その実在性を主張する事は正しい哲学者の任ムであると思はれる。

今日、なほ、物理学者の世界で、電子の測定にある不確定を許さねばならぬと云ふ事から、決定論は行はれなくなつたと云ふ主張がなされており、観念哲学者をして「物理学は唯物論的色彩をすてた」と叫ばしめる様な事情が存するのであつてみれば、右の哲学的主張は決して死んではゐないと思ふのです。

なほこれらの基礎概念の発展、その認識論的意義の研究は、認識論研究の重要な一部ではないかと思ふのです。——夫人並びに友人I氏宛、昭八、一、三〇付。

13

〔前略〕自然科学史の反射光によつて、Hegel の Logik や、弁証法の問題が幾分明瞭になると思ひます。

対立、矛盾、発展等々に関する命題を、無前提的なものとしてはじめからきめてかゝる様な傾きが、我々にあるのですが、これは誤りであり且つ、有害です。弁証法的唯物論は、実在の本性に関する如何なる断定の上にもきずかれてゐるのではないのです。だが、右の命題は、現象の考察（経験による）から、自づから流れてくるのです　現象が、矛盾、対立を示すのは、それが、多数の単純にして同質的な要素から構成されるからであると思はれる。蓋し、さう云ふ物は相反した作用、若しくは過程によつてのみ、複雑な現象を生じ得ると思はれるからです。

原子による光の発散と吸収、物体の牽引と反発、元素の化合と分解、（平衡）生物の新陳代謝、種の遺伝と変異等々、

凡らゆるものの本性は発展だと云ふ考へは全く誤りです。全体としての宇宙の過程は、今日の物理学がやうやく科学的に問題としうるのですが、恐らく発展ではない。むしろ循環であるでせう。太陽系の変化は、

発展と考へ得ない。只、生命に於ては量の増加と形態の複雑化が事実であるなら、それは発展とみとめうる、歴史に於ても、同一でせう。発展に関するヘーゲル流の考への最もよくみとめうるのは矢張り観念の歴史（特に科学の）です。変化は現象の形式であり、発展はその一種であるにすぎない。

デモクリトスは原子の反発力（衝突した時の）をみとめてゐたけれども、これに対する力を考へ得なかつたので、原子のカギとか、無限の空間に於ける永遠の落下と云ふ考へによつてそれを補つた様です。十八世紀のマテリアリストは、ニュートンの引力が、物質は力をもたない、それは結合するために神の手を必要すると主張してゐた神学者の根キョをくつがへすのを喜んだのです。

現象を把握する仕方には、現象の姿を率直にみとめてそれを分類すると云ふ方法がある。それは普遍に従属する特殊の体系となる。併し、こゝでも、同一のものを普遍として概括し、差別を特殊として区別する思惟の能力（相反した）がその根底となつてるのは明らかです。それによつて個々のものが把あくされる。実さいこの能力の中に、概念、推理、判断及び言語によつて示されるものの根ていがあるのでせう。

アリストテレスは世界を右の方法によつて把あくせんと試みた。彼がデモクリトスに反対したのは、彼が自然及び社会のすぐれた観察家であつたのみならず、物事の秩序を重［ん］じたためであつた様に考へれば、現象は偶然の仮現となるからです。又、デモクリトスは個々のものを原子的に説明しえなかつた。たゞ説明しうる可能性を示したにとゞまるのです。（なほ、こゝに同じく原子的意想から出発した東洋の易が、占卜と云ふ不毛の砂漠にある事を想起するのも興味あることです）併し、アリストテレスは分類が、我々の能力によるものである事を深く考リヨしなかつた様に思はれる。彼は分類の体系を物事の本質的秩序と見、その上、普遍概念が実在するものと信じた。更に、彼は普遍から特殊へと云ふ形式で発展を考へた。そしてこゝに目的論的な発展の概念を作つた。地水火風→植物→動物→人間→神。

分類が、全く我々の勝手のみによるものでない事は、例へば、生物分類学が発達した時、自から進化の意想を含む様に見えた事の内にもうかゞはれます。ダーキンは、『種が属を構成するのでなく、反対に、属が種に特質を賦与する』と云つたリンネの考へが、自分の説に関係あるものと思つたのです。又、例へば、「もの」一般と云ふ風な概念は原子の様な「一般的物〔?〕」と対応するとも考へ得られる。併し、これはむしろ偶然と見るべきであつて、右の事から一般概念は、それに対応するものが必ずある様に思ふならば、再びアリストテレス流の誤りにおちいる 物理学の「エネルギー」などもこの事例となる。

現象把握の右の二方法の中、第一のもの即ち機械論は物理学の歴史に、第二のものは生物学及び哲学の歴史のうちに示されてゐる。弁証法と云ふ言バは多分プラトンによるもので、右の第二の方法を伝統的にはいみしてゐます。併し、ヘーゲルは右の二つの方法を論理学の中に統一しようと試みた様に思はれる。そして機械観はげんみつないみでは弁証法と対立して考へうるべきものではないでせう。それは云はゞ自然の弁証法であるのです。そして后者〔?〕は観念の。

尚、以前僕は、普遍を要素と同一視し、特殊を関係と同一視する事によつて、この二つを融合しやうと努めてゐたのです。併し、これは全然不可能ではないとしても無要の考へであるでせう。蓋し、現象は、右の二つの方法を同時に適用せよと我々に要求してゐる(科学の歴史の示す様に)からです。

右の点、僕は明確であるとは思はないが、とにかく到達した一つの考へとして兄に示さうと考へるのです。――友人I氏宛　昭八、二、七付。

14

〔前略〕

M・プランクの「新物理学の世界像」に、論理によつては一切が自分の感覚及び観念であると云ふ主張(唯物論)を反駁しえないとかいてあります。併し、彼はそれに次いで「物理学を支配するのは悟性のみではない、理性も亦支配するのであつて、それは、地球が、最高の物理学者と共に消メツしやうとも依然として物理学の方則は存在するであらう事を教へる」「真の（主観から独立した）世界の実在性は、たとへ論理によつて証明されないとしても、同様に否定される事も出きない」「この真理は証明によつてではなく、その果実によつてその樹を知ると云ふ基準によつて評価さるべきである」云云、

認識論に於て自我を自明のものと前提して出発するのは誤りだと思ふ。自我は対象によつて、対象を認識するものとして定義されねばならない。この場合、対象を認識する所の自我（主観）が対象（世界……自然）の中に存在することは少しも矛盾ではないと思ふ　所が、この事が、観念哲学にとつては矛盾と考へられてゐる。世界は、自我の産物である。だから自我は世界を超越してゐると。こゝに観念の順序と、実在の順序とが混同されてゐるのです。「人間は鏡を手にして、言ひかへればフィヒテ哲学者の様に我は我なりと叫んで生れてくるものではない。対象の中に、対象によつて自我を見出すのである」と云ふ言バは深い認識論的真理を含んでゐます。自我に関する上述の二つの考へが、倫理的観念に対しても非常に異つた帰結を導く事も明らかです。

物理学の実験が、真理に対する関係は、実生活に於て行為や、実用が真理に対する関係と同一であると思ふ。少くとも認識論的には。然しこの場合、客観的真理の実在を許さないならば、実用、実験〔欠？〕《ママ》行為に一致すること、その事がすぐ様真理と同一に見なされると思はれる。それはプラグマチストの考へであると思はれる。実用と合致した命題が真理であるのは、実用自身が真理の基準だからではなく、それが、真理であるから実用となるのだと云ふ推定を許すからであらう。従つて、真理（我々に獲得される所の）が相対的であると云ふ事は右の事から導かれる。認識が実在に一致してゐるか否かを絶対的に知る方法がないと云ふ事は明らかである。けれども、この事は我々の認識が客観的実在とは無関係だと云ふ主張を許すものではない。

生物にとつて必要なのは、その感覚が対象そのものを

教へる事ではない。必要なのは第一に、対象の存在を、第二にはその対象を他の対象から区別する事であるでせう。扁虫の目は光を皮フの他の部分よりも良く感ずる所の、一つの眼点にすぎない。併し、それでも、扁〔虫〕が暗い所をさけて日の照る所へ運動するのを助ける。昆虫の複眼は対象の映像を作らず、たゞ、動くものを識別するにすぎないと云はれてゐる。所が、それでも、それによつて敵の接近を知る事が出きる。これ等下等動物の認識論は本質に於て人間の認識論と異る所はないと思はれる。何となれば、右によつて、感覚は、生物に感覚を及ボす様な何物かの存在を教へる事が明らかだからです。或るものの存在すると云ふ事と、それが何であるかと云ふ事とは同一でないのみでなく、区別して考へる事が許されるでせう。

林檎それ自体を知りえないとしても、それは、我々の眼には丸い形と赤い色として、手には滑らかな表面として、そして口には特有の香と甘味として感ぜられる所の、或る何物かであるのです。右の感覚は我々の生理的ソシキに依存するものである事は明らかである。併し、それらが常に一定の組合せとして我々にあはれると云ふ事は、対象の客観的性質に基くものであると考へざるをえない。所で、この統一を、主観の先験的範疇による構成だと、カントは教へたのです。林ゴが赤いと云ふ事は大した事ではないが、林ゴが血の色と同じだと云ふ事、及びそれが木の葉の色とは異ると云ふ事は重大な事であらう。けだし、それ等は客観の性質を示すものだから。蝶が花の色を赤いと感ずるか否かは知りえないし、又大した事ではない。しかし、彼女が葉の色とは異つたものとして花の色をうけ入れるか否かは彼女の生存に係つてゐる。認識論上注目されるのもそれである。

認識論の中へ、右の様な科学的知識をもちこむ事にカント流の学者は反対する。と云ふのは、科学は認識論によつてはじめて確立されるものだから。認識論をキソ付けるに科学をもつてしてはならないと考へてゐるからです。併し、この派の学者のなす所を見れば、右の言バによつて、実は因果的考察を認識論から斥け、目的論的考察を取り入れてゐるにすぎない。だが、認識論は諸科学の先頭にあるものではなく、むしろ最后に立つてゐるかと思はれる。科学に〔は?〕認識論の如何にかゝわらずその仕事をつゞけうるから。(尤もこれにはある限界があるかと思はれるが。)——友人I氏宛、昭八、二、一五付。

編者附記、——

右の如き極めて深い理論的内容をもつた書簡の筆者は、本名**関矢留作**氏である。筆名として星野慎一その他があつたやうに記憶する。今春五月、未だ三十歳を超えられたばかりの若さを以つて急逝されたと聞き、痛惜に堪えない。ついては、一応、氏の経歴をも誌しておきたいと思つたが、編者自身は殆ど詳かにしてゐないので、氏の生前に於ける盟友の一人I氏(前掲書簡の名宛人の中のI氏とは別人。エスペランチストとしても知名の人であるが、此処では編者の特別な考慮から、単に頭文字だけで表示させていたゞく)に特に執筆をお願ひしたところ、幸ひ左の如き「略歴」を寄せて頂いたので、読者諸氏もこれによつてその大要を知つていたゞくことができよう。——

「**関矢留作**君のこと。

関矢君わ今春郷里新潟県え兄様の喪儀の為帰えつて間もなく、自分も心臓まひで亡くなつた。同君は今年たしか三十二歳だつた筈だから、生れたのは明治三十八年頃だろう。新潟県の大地主の家に生れた。兄様わ民政党の代議士であつた。この一家わ代々地方に於いても有力者であつた。何代か前、百姓一揆に百姓の利益の為に奔走した人も出たかに聞き及んでゐる。——関矢君わ少年時代青年時代お通じて、何か非常に憂鬱に、深刻な悩お抱いていたようだ。伝統的大地主の家系として、当然どこにもある、家庭の複雑さが多少の動機になつているかも知れない。中学校及び高等学校の課程お新潟で終えて、東京帝大農学部(駒場)に学んだ。この時代、精神的苦悩わ極度に達していたようだ。——しかし乍ら社会科学の研究に入つて、この苦悩お突破した。彼の研究態度わ非常に真剣で緻密であつた。——駒場お卒業後、産業労働調査所に入り、農民部お担当した。昭和四年である。其後プロレタリア科学研究所にも属し、その内に農村問題研究会お設けた。農民運動の実際に対しても貢献した所が多い。又、青年運動に対しても功績が少くない。――「農民闘争」誌の創刊にわ最も貢献した。「産労時報」、「プロレタリア科学」、「農民闘争」等にわ彼の筆になる多くの記事や論文が載せられた。――大山郁夫氏等の新労農党結成に反対した、全農関東地方協議会、全農有志団、全農戦闘化協議会の一連の闘争の発展の実質的指導者わ彼であつたと言えるかも知れない。――昭和五年結婚した。人格的思想的に深く理解し合つた結婚であつた。――今後の活動がいよ〱期待されたその年の暮検挙された。――出獄後わ、北海道に一家お構え、農場お経営し、近隣の農民の信頼お一身にあつめ、或わ負債整理組合の幹部に、或わ青年学校の講師に推され、着実に大衆との融合お実現していた。其間、日本農業の特質等につき非常に精密に研究お遂げ、ほゞ成果お得たかの如くであつた。――彼の勝ぐれた教養と識見、特にその温厚で誠実な人格によつて、今後必ず偉大なる業績お挙げ社会に寄与する事お期待していた際の、永眠わ、筆紙に尽せない哀しみである。彼の功績と素志お生かすことわ残つている者等の義務であろう。」

――この略歴でも知られるやうに、関矢氏の専門ともいふべき領野は、農業問題、農民運動などの方面にあつたのである。而も、哲学、自然科学等の領域についての研鑽も亦如何に深く且つ精密であつたかは、前掲の一部書簡についても知られることと思ふ。ところが、この他、氏の遺された書簡中には、専門の農業問題、農業史、農民生活等に関する数十通をはじめ、歴史科学研究についての夥しい研鑽の集録や、文学史への論及、内外古典作品についての鑑賞、批判等、その広汎さと豊富さとに驚かされるばかりである。こゝに於いて私は蔵原惟人氏のあの優れた書簡集を連想せざるを得ないが、関矢氏の書簡に於ける農業、歴史、哲学、自然科学等に関するその内容的価値の高さは、恐らく蔵原氏の文化、芸術、文学等に関するそれらと比肩し得るものではないかとさへ思はれる。更に、その書簡の量に至つては、これ迄のところでは、或ひは関矢氏の方がずつと多いのではないかと思ふ。蓋し、編者が関矢氏夫人に乞ふて見せていたゞいたものに編者宛のもの十通余を加へただけでも百五十通近くなり、それが全部を写し取ると大抵四百字詰で五、六枚となるものばかり故、これだけでも優に八、九百枚の大部なものとなるから。其他にもまだ書簡があるであらうし、なほ成《ママ》各研究領野に亘る精密なノオトもあるやうであるから――その内、「哲学研究」「歴史研究」に関するものだけは見せてもらつたが、これまた驚くべき勉強のあとを示してゐる――関矢氏の遺された研究的業績（それは恐らく、遠大なる体系的プランの、氏にとつては恐らくまだ端緒のまゝの未完成のものではあつたらうが）は、万一にもこのまゝ埋没されたりしては余りにも惜しい、貴重なる遺業のやうに私には思はれる。

　氏の早逝を伝へ聞いて痛惜にたへぬまゝに、せめてそのすぐれた研鑽のほんの一端をでも紹介することにより、我等の同時代者の中には、此の如き人もあつたといふことを、広く識者に知つていたゞき度く、氏の生前僅かながら（それも主として文通によつてであるが）交誼を得た一友として、差出がましくは思ひ乍らも、以上の書簡を編してみた次第である。

　なほ、此処に編したものの中にも、今日の到達点からの厳密な理論的検討の前には、或ひは是正さるべき節々もあらうかと思はれぬでもない。そこで本来はもつと精密な専門的補註を必要としたでもあらう。然し、それはとても私などの任ではない。それらの点については偏へに識者の高教に俟ちたい。（新島繁）

《解説》哲学、自然科学などの研究に関する或る若くして世を去つた学者の書簡（新島繁編）について

北明邦雄

この関矢留作の「獄中書簡集」は、戦前の唯物論研究会の機関誌『唯物論研究』第四七号（一九三六年九月一日、唯物論研究会）に掲載された。ここに収録するにあたって、漢字の旧字体を新字体に改めた以外は、原文のままである。なお、表記に疑問がある場合は解説者が「ママ」と傍記した。

編者の新島繁が「編集後記」で書くように、ここには留作が獄中から妻マリ子や友人に宛てて出した「哲学、自然科学などの研究に関する」一四通の書簡が紹介されている。夫人マリ子宛五通、編者新島繁宛五通、友人I宛四通である。新島が、留作の書簡はすぐに数えられるだけでも一五〇通近く、四〇〇字詰め原稿用紙にして八〇〇、九〇〇枚にものぼるとし、内容的価値において蔵原惟人の書簡集に比肩するとしている（一九三三年に日本プロレタリア作家同盟の手によって『蔵原惟人書簡集』が出された）。その他の研究ノートも含め「萬一にもこのまゝ埋没されたりしては余りにも惜しい」として、その一端を紹介したものである。

全篇を通じてみられるのは、学問諸分野に対する留作の飽くなき探求心と学問的真理を自らのものにしようとする強靭な思考である。三つの書簡群について簡単に触れておきたい。

妻マリ子宛の書簡の中で留作は「自分の『哲学的・科学的散歩』は単なる興味のためであって、農業問題研究の

方法を獲得せうとのためではないのです」（一九三二年一月二十八日付）と述べている。確かに留作は旧制中学・高校時代から美術・哲学・文学など多岐にわたって興味を示し思索を重ねていた。「哲学的・科学的散歩」が農業問題研究の準備ではないにしても、「史的唯物論、弁証法的唯物論の歴史的地位」（一九三一年六月二十七日付）をはかるための「形而上学」的逍遥であるならば、それが農業問題研究の方法を鍛えることに裨益したことは言うまでもないであろう。

新島繁宛の五篇は「自然科学の歴史と、それの哲学に対する関係」（一九三二年四月七日付）の読書報告が中心をなしている。とりわけ留作は「ランゲ」（フリードリッヒ・アルベルト・ランケ）の「歴史」（唯物論史）やポアンカレーの「科学と臆説」「自然科学史」に大きな関心を抱いていたことがわかる。

友人I宛の四篇は、自然科学の中でも数学と物理学について論及したものである。「自然科学の研究の興味ある点の一つはその基礎概念の認識論的意味に関する問題」（一九三三年一月三十日付）であるとし、認識論を科学史や科学的知識によって検証し、「認識論は諸科学の先頭にあるものではなく、むしろ最后にたつてゐるかと思はれる」（一九三三年二月十五日付）と述べている。新島繁が言う「深く且つ精密」な考えはこの書簡群に最もよくあてはまる。少し手を加えればそのまま一篇の論文になったであろう。

編者新島繁は一九〇一年（明治三十四）、山口県に生まれた。東京帝国大学文学部ドイツ文学科に学び一九二六年（昭和元）、卒業と同時に日大予科教授となった。留作とともに一九二九年プロレタリア科学研究所に参加、一九三一年思想上の理由で日大を辞職させられる。その後唯物論研究会に参加するも、一九三八年十一月に検挙されて起訴、保釈された後に駐日ドイツ大使館翻訳室嘱託となった。戦後は日本民主主義科学者協会の設立に尽力、のち神戸大学講師を経て教授となったが、一九五七年に五十六歳で死去した（「新島繁と新島繁文書」www.lib.kobe-u.ac.jp/repository/81001571.pdf 参照）。

友人Iは、新島繁によればエスペランチストのIではないと断っている。このエスペランチストのIは伊東三郎である。伊東三郎は一九三〇年（昭和五）に留作とともに農民闘争社を組織し、雑誌『農民闘争』を発行した同志である。伊東三郎ではない友人Ｉが誰であるかは今のところ不明だが、Ｉ宛の四通は自然科学、物理学の認識論に集中しており、自らを「僕」と言い、Ｉを「兄」と言っているところから考えると、運動の同志というよりは同年配の友人か先輩の研究者であったと思われる。

関矢留作略年譜

北明邦雄編

＊関矢マリ子『関矢留作について』（一九三六）より作成。
＊関矢マリ子『のっぽろ日記』（北海道女性史研究会叢書第三編、一九七七）、安田常雄『出会いの思想史＝渋谷定輔論』（勁草書房、一九八一）、鷲田小彌太『野呂栄太郎とその時代』（道新選書一一、一九八八）、西田秀子「農村に生きる―『野幌部落史』を書いた関矢マリ子と留作」（『野幌原始林物語』江別叢書一〇、二〇〇二）、石村義典『評伝関矢孫左衛門』（二〇一二）、および船津功「忘れられた思想家・関矢留作」（本書第二部Ⅰ）により補訂。
＊関矢マリ子の名前については、前掲の船津論文（本書331〜332頁）に従って、時期により「毬子」「まり子」「マリ子」と区別して表記した。
＊関矢留作の生年月日については、関矢孫左衛門の日誌『耳順録』によれば「五月三日」と確認でき、石村義典『評伝関矢孫左衛門』（607頁）もそれを紹介している。しかし、前掲船津論文は同じ『耳順録』を引用して「五月二日」としている（本書265頁）。その理由は不明であるが、ここでは「五月三日」とした。

一九〇五年（明治三十八）
五月三日、北海道札幌郡江別村（現江別市）野幌で、関矢孫左衛門と五十嵐キヨの二男四女の長男として生まれる。孫左衛門は、北海道の開拓に半生をささげた北越殖民社社長。

一九一〇年（明治四十三）
一月十五日、佐藤毬子（戸籍名、のちの関矢マリ子）、新潟県刈羽郡北条村（現柏崎市）で、佐藤貞雄と飯塚まつ子の六男三女の末子として生まれる。留作とは従兄妹同士。

一九一二年（明治四十五）

四月、野幌尋常小学校入学。飛び級で二学年に。

一九一五年（大正四）

四月、江別第二尋常高等小学校に入学。

一九一七年（大正六）

四月、江別第二尋常高等小学校高等科一年に進学。

六月、孫左衛門死去（七十二歳）。

十一月、新潟県北魚沼郡広瀬村の関矢家本家へ引き取られる。下条尋常高等小学校高等科に転入。

一九一八年（大正七）

四月、長岡中学校入学、文芸部に入る。

一九二二年（大正十一）

四月、毬子柏崎高等女学校入学。

一九二三年（大正十二）

三月、長岡中学校卒業。

四月、新潟高校文科甲類入学。文芸部に入り「白樺」と号す。美術書、哲学書、ロシア文学などを多読。やがて社会科学の研究を志す。「美術ノート」、「日記」（二冊）あり。

一九二六年（大正十五）

三月、新潟高校卒業。毬子柏崎高等女学校卒業。

四月、東京帝国大学農学部農業経済学科に入学。入学と同時に社会科学研究会に入る。品川の関矢家別荘から通う。のち下落合に下宿。

一九二九年（昭和四）

三月、東京帝国大学農学部卒業。産業労働調査所に入所する（農民部長）。

四月十六日、日本共産党と同党支持者への一斉検挙行われる（四・一六事件）。留作も五月二十四日から六月十日まで一八日間拘留。釈放後に佐藤毬子と見合い。

十月十三日、プロレタリア科学研究所設立され、第一部（政治、経済、社会、法律）所員となる。創立大会で「農業問題研究の任務と方法に就て」を報告。ペンネーム「星野慎一」名で同名論文が『プロレタリア科学』一九三〇年一月号に掲載。

一九三〇年（昭和五）

三月二十四日、伊東三郎・渋谷定輔らとともに『農民闘争』を発刊。ペンネーム「岡本茂一郎」名で「左翼農民組合運動当面の諸問題」〈一〉〈二〉（『農民闘争』三・四月号）を執筆。

この頃「農業問題に関する二三の論点について」（星野慎一『プロレタリア科学』四月号）、「危機に於ける日本農業〈一〉」「土地所有関係に於ける最近の特徴について——危機に於ける日本農業〈二〉——」（無署名『産業労働時報』四・六月号）を執筆。

五月十二日、プロ科第二回総会で中央委員となり、農業問題研究会責任者となる（部制廃止）。

六月、佐藤毬子と結婚。分家として野幌に居住。この間、栗山の野呂栄太郎を訪ねる。

八月上旬、妻まり子を野幌に残し、途中東北地方の農村調査をしながら上京。「日本農村の最近の状態」(無署名『産業労働時報』九月号)を執筆。
九月六日、全農戦闘化協議会に参加、農民運動に奔走。
十月十八日、プロ科主催の「日本資本主義研究会」で「猪俣の日本資本主義批判」を講演(予告)。『プロレタリア科学』十月号に、「プロレタリア講座」全十二巻の第一〇巻として、星野慎一著『農業問題と農民運動』(共生閣)が予告される。「米価暴落と農村」(星野慎一『プロレタリア科学』十一月号)、「全農第一主義について」(岡本茂一郎『農民闘争』十二月号)を執筆。
十二月、共産主義青年同盟に資金援助したとの理由で、治安維持法違反容疑で検挙される。

一九三一年(昭和六)

二月、豊多摩刑務所に移され、未決囚として二年半の獄中生活を送る。まり子上京(~六月十一日)、落合消費組合の活動を手伝いながら、本、滋養物などを差し入れる。

一九三三年(昭和八)

二月、予審終了、保釈願却下される。
六月、二回目の公判で懲役二年、執行猶予三年の判決を受け保釈される。この時、今後政治運動には一切関係しないと表明。
七月十五日、野幌に戻る。農作業の傍ら、生活日記、読書ノート、哲学研究、歴史研究(獄中ノート含む)、農村研究、農業問題(二冊)、地方経済史研究などのノートを作成。

一九三四年(昭和九)

二、三月頃、野幌開村五十周年記念事業として、野幌部落史編纂の委嘱を受ける(開村五十周年は一九三九年)。古老からの聞きとりを始める。この頃、野幌第一負債整理組合を設立、組合長としてその仕事に奔走する。

一九三五年(昭和十)

一月、野幌実科農学校附属倶楽部で郷土史資料展を開く。
六月十四日、「村に住むの弁」を起稿。

一九三六年(昭和十一)

五月五日、山口多門次(異母兄、北越殖民社社長)の本葬のため広瀬村の生家へ赴く。五月十五日朝突然倒れ、そのまま亡くなる(三十一歳)。十八日仮葬、二十一日まり子帰道、二十六日野幌で本葬。「野幌部落誌編纂大綱」を残す。
八月、マリ子、『関矢留作について』を印刷、関係者に配る。

【遺　稿】

新島繁編「哲学、自然科学などの研究に関する或る若くして世を去った学者の書簡」(『唯物論研究』第四七号、一九三六年九月号)。小島玄之編「小作料に関する覚書」〈一〉〈二〉(『経済評論』一九三六年九・十号)。小島玄之編「農民の家族とその生活」〈一〉〈二〉(『経済評論』一九三六年十一・十二号)。

一九三九年(昭和十四)

マリ子、「野幌部落史」脱稿するも出版されず。高倉新一郎のはからいで『社会政策時報　北海道農業特輯』第二三〇号（一九三九年十一月）に「野幌部落小史」を執筆掲載。

一九四六年（昭和二十一）

七月、『冬ごもり日記』（関矢マリ子著、柏葉書院）発刊。

一九四七年（昭和二十二）

三月、『野幌部落史』（野幌部落会編、北日本社）発刊。

一九七四年（昭和四十九）

四月、『野幌部落史』（関矢マリ子著、国書刊行会）再刊。

一九七七年（昭和五十二）

八月、『のっぽろ日記』（関矢マリ子著、北海道女性史研究会）発刊。

一九八六年（昭和六十一）

一月十二日、関矢マリ子死去（七十五歳）。

関矢留作著作目録

桑原真人編

＊鷲田小彌太『野呂栄太郎とその時代』（北海道新聞社、一九八八年）の巻末に掲載された文献目録を参考にして、それに改定・補充を加えて作成した。
＊掲載誌の再調査に当たっては、札幌大学図書館の渡部毅氏の絶大な協力を得た。
＊この他、文藝戦線社発行の『文藝戦線』第六巻第一三号（一九二九年十二月発行）の巻末に掲載された『プロレタリア科学』一九二九年十二月号に関する誌面広告には「一九二九年度に於ける科学運動の総決算」という特集が予告され、筆者として、奈良正路、武藤丸楠、志村要吉、蔵西素助、大川豹之介（羽仁五郎）、伊東三郎、川口浩と共に関矢留作の名前が記されている。しかし、実際に刊行された『プロレタリア科学』同年十二月号には、筆者の中に関矢留作の名前はなく、農業関係の記事も掲載されていない。

①「農業問題研究の任務と方法に就て」（プロレタリア科学研究所『プロレタリア科学』第二巻第一号、一九三〇年一月一日発行）
＊プロレタリア科学研究所創立総会に於ける報告、「星野慎一」のペンネームで公表。

②「左翼農民組合運動当面の諸問題―全農第三回大会を前にして―（一）」（農民闘争社『農民闘争』第一巻第一号、一九三〇年三月発行）
＊「岡本茂一郎」のペンネームで公表。

③「左翼農民組合運動当面の諸問題―全農第三回大会を前にして―（二）」（農民闘争社『農民闘争』第一巻第二号、

一九三〇年四月発行）

＊「岡本茂一郎」のペンネームで公表。

④「農業問題に関する二、三の論点について」（プロレタリア科学研究所『プロレタリア科学』第二巻第四号、一九三〇年四月三日発行）

＊「星野慎一」のペンネームで公表。

⑤「危機に於ける日本農業（一）」（産業労働調査所『産業労働時報』第一〇号、一九三〇年四月十日発行）

＊無署名、のち、プロレタリア科学研究所編『日本農業の特質と危機』（共生閣、一九三二年十月発行）に所収。

⑥「土地所有関係に於ける最近の特徴について―危機に於ける日本農業―（二）」（産業労働調査所『産業労働時報』第一二号、一九三〇年六月十五日発行）

＊無署名、のち、プロレタリア科学研究所編『日本農業の特質と危機』（共生閣、一九三二年十月発行）に所収。

⑦「日本農村の最近の状態」（産業労働調査所『産業労働時報』第一四号、一九三〇年九月三〇日発行）

＊無署名。

⑧「小作争議―最近の発展傾向」（『帝国大学新聞』一九三〇年十月二十七日発行）

＊「星野慎一」のペンネームで公表。

⑨「米価暴落と農村」（プロレタリア科学研究所『プロレタリア科学』第二巻第一一号、一九三〇年十一月一日発行）

＊「星野慎一」のペンネームで公表。

⑩「全農第一主義について」（農民闘争社『農民闘争』第一巻第一〇号、一九三〇年十二月十三日発行）

＊「岡本茂一郎」のペンネームで公表。

⑪「越後村沿革史小誌」（一九三五年七月発行、一九六九年四月、大橋一蔵先生八十年記念越後村史編集委員会によって複製）

＊現資料は、一枚物、折りたたみ、一五センチメートル。「江別町長　金子薫蔵」による次の〈序〉が付されている。

越後村ガ開拓セラレシヨリ茲ニ五十年、今ヤ美田良圃相連ナリ水陸ノ交通漸ク整備シ安住ノ地ヲナスニ至レリ。千古原始ノ地、拓キテ今日ニ致セル先人父祖ガ粉骨砕身ノ努力ヲ追懐スレバ、転タ感慨無量、真ニ感激感謝ニ堪ヘザルモノアリ。

今回開村五十年紀念祝典ヲ挙行スルニ当リ、関矢留作君古文書渉漁《ママ》シ、古老ニ尋ネ、越後村沿革誌ヲ成ス。書冊ヲナスニ至ラズト雖モ、其記述スル所、拓地殖民ノ由来ヨリ自然人事ノ関係、起業家伝記ニ至リ越後村ノ変遷ヲ詳カナラシム。正ニ後裔ニ伝ヘテ発奮興起愈々郷土発展ニ資スベキナリ。

昭和十年七月

江別町長　金子薫蔵　識

⑫「村に住むの弁」(一九三五年六月起稿)
＊「北海道野幌在住　関矢留作(昭・四・卒)」の肩書で、『駒場ニュース』に投稿する予定のもので、関矢マリ子『関矢留作について』(一九三六年八月発行)の中に全文が引用されている。
⑬哲学、自然科学などの研究に関する或る若くして世を去つた学者の書簡〈新島繁編〉(唯物論研究会『唯物論研究』第四七号、一九三六年九月一日発行)
＊遺稿、妻マリ子宛て書簡五通、新島繁宛て書簡五通、「友人I氏」宛て書簡四通、計十四通の書簡からなる。
⑭小島玄之編「小作料に関する覚書(一)」(叢文閣『経済評論』第三巻第九号、一九三六年九月一日発行)
＊遺稿。
⑮小島玄之編「小作料に関する覚書(二)」(叢文閣『経済評論』第三巻第十号、一九三六年十月一日発行)
＊遺稿。
⑯小島玄之編「農民の家族とその生活(一)」(叢文閣『経済評論』第三巻第一一号、一九三六年十一月一日発行)
＊遺稿。
⑰小島玄之編「農民の家族とその生活(二)」(叢文閣『経済評論』第三巻第一二号、一九三六年十二月一日発行)
＊遺稿。
⑱『野幌部落史』(一九四七年、北日本社より発行、一九七二年、国書刊行会より復刻、再刊)

＊本書は、一九三九年(昭和十四)が北越殖民社の入植による野幌部落開村五十年の節目にあたることから、その開村記念史として計画され、全体のプランは関矢留作によるものとされている。関矢留作は本書の「第一篇　自然誌」の一部を執筆したようであるが、明確ではない。彼の没後、妻マリ子が当初の構想案に沿って執筆し、一九三九年に具体化したものである。

付　記　船津功氏を偲んで

船津氏と関矢留作研究会について

北明邦雄

秋立つや一巻の書の読み残し

二〇一二年(平成二十四)十二月、数日後の入院を前にして船津さんは友人宛てにそれまでの見舞いに対する礼状をしたためた。その末尾に、夏目漱石が芥川龍之介に宛てた書簡の中に記した上記の一句を引用している。漱石は船津さんがもっともよく愛読した作家である。漱石はそれから三カ月後に亡くなった。「本格的な闘病」(手紙の中の言葉)を前に船津さんは、やり残していた研究に思いをめぐらせていたに違いない。

私は大学・大学院の三年間後輩として船津さんと学窓を共にした。札幌のＮＴＴ病院に入院中の船津さんを見舞ったのは年が明けた(二〇一三年)四月の初めであった。私は三月に四一年間勤めた高校を辞めその挨拶を兼ねて訪れたのである。すでに休職に入っていた船津さんも同じ三月に退職したところであった。病状についての話がひと段落ついた頃「ところで北明、この後どうするの」と尋ねられた。私は自分でやりたいと思っていたことを二つ、三つ話した。「それはいい。何人かに呼び掛けて研究会でもやらないか」という話になった。そして船津さんは関矢留作の研究をまとめたいと一気に語った。

四月末に船津さんが退院したので、気のおけない仲間でささやかな退院・結婚のお祝い会をもった（船津功・由紀子ご夫妻を囲んで、田端宏氏、桑原真人氏、関口明氏、そして私）。その後しばらくして船津さんから電話があり、①関矢留作の評伝をまとめること、②関矢留作・マリ子著作集を出版すること、③留作・マリ子の資料目録を作成すること、という研究構想が伝えられ、私にマリ子の資料目録の作成をやってくれないかと言う。私は快諾した。

研究会の名称はとりたてて話し合わなかったが、その実態から関矢留作研究会と言ってもよいと思う。船津さんの報告を中心に、研究会のメンバーが適宜自分の研究報告をするというスタイルである。研究会は上記五人の他、七回目からは坂口勉氏が加わった。六月二十二日（土）に船津さん宅からそう遠くない江別市の関口明氏宅で一回目の研究会が開かれた。船津さんの報告の柱は以下のようであった。

◇第1部

報告者　船津さん

テーマ　関矢留作研究の中間的報告

一　関矢留作の概略

生涯と今迄の研究

二　研究の現状と変更

江別叢書の読み物から研究書へ

三　現在やっている所

留作・マリ子の婚約時代の交換書簡の分析

四　今後の展望・予定

（「第一回研究会のお知らせ」より）

船津さんはすでに一九九四年（平成六）の北海道・東北史研究会余市シンポジウムで「関矢留作に関する基礎的研究」と題する報告を行っている。今回はそれを踏まえ、並柳関矢家を中心とした家系図、新潟県北魚沼郡広瀬村周辺の地図、関矢留作関係年譜、その他の基礎的史料を示して研究の中間報告と今後取り組むべき課題のあれこれを語った。また「忘れられた農村研究者・関矢留作」の章立てのメモも出された。報告を受けた後、参加者からいくつか質問が出され船津さんが答えて意見交換をした。この日は第二部でそれぞれがいま取り組んでいること、研究テーマ・構想などを少しずつ話し合って二回目の内容を決めた。その後は関口氏の手料理と美酒に酔いしれた。

二回目の研究会は八月十日（土）に札幌市中央区大通西八丁目にある札幌学院大学社会連携センターで開かれた。会場の手配はすべて船津さんがしてくれた。メインの報告は私で「戦争・平和・教育」というやや漠としたタイトルで自身の問題関心と課題の提示を試みた。船津さん以外のメンバーが第一部の報告にあたった場合でも、第二部に「関矢留作研究の進捗状況」を置き意識して船津さんの出番を作った。私はその時までに整理できた関矢マリ子関係資料目録の中間報告も行った。

三回目の研究会は十月五日（土）に同じく札幌学院大学社会連携センターで開かれた。第一部の報告は田端宏氏の「青年寄宿舎論」。北海道大学にあった青年寄宿舎について、出版間近の著書を踏まえて詳しい報告があった（青年寄宿舎舎友会編『宮部金吾と舎生たち—青年寄宿舎一〇七年の日誌に見る北大生—』は二〇一三年十一月、北海道大学出版会から刊行された）。一九九八年に基督教青年会の有志が立ち上げ、宮部金吾が五〇年近く舎長を務めたこの私設寮は、創設間もなく信教の自由を認める（リベラリズム）とともに、「自律と自立」を寮運営の基本精神とした。寮生が書き継いだ日誌も紹介され興味を呼んだ。

このとき船津さんは関矢留作関係の報告ではなく、群馬県前橋市にあった母方の実家の家屋の細かい間取り、日本と韓国の高校教科書の記述の比較などについて手書きの資料をもとに語った。

十二月七日（土）に予定していた四回目は諸般の事情で開催できなかった。いつも研究会後にもっていた懇親会だけは実施しあれこれの意見交換をしたので、とりあえず四回目と数える。

五回目の研究会は年が明けて二〇一四年二月一日（土）に関口氏宅で開かれた。当初は関口明氏の「中世日本のラッコ皮交易とアイヌ民族」を第一部に予定していたが、船津さんの「『野幌部落史』の構成と執筆について」が用意されたのでそれをメインとし、関口氏の報告は次回にまわした。

『野幌部落史』について、船津さんは留作とマリ子の執筆スタイルの違いから、一九三五年（昭和十）までは留作、聞き書き部分はマリ子、一九三六年以降はマリ子の執筆ではないかとする説得力のある報告を行った。また『著作集』は関矢信一郎さんとの共同編集とし、信一郎さんに「関矢家の人々」について書いて欲しいとの話も船津さんの口から出された。私は前回に用意していた関矢マリ子所蔵資料目録・その二について簡単に説明した。

六回目は四月十九日（土）に関口氏宅で開かれた。主報告は延び延びになっていた関口氏の「中世日本のラッコ皮交易とアイヌ民族」。一五世紀頃からラッコ交易に関する史料が散見できるが、ウルップ島周辺に生息するラッコの皮交易にアイヌ民族が介在していたことは間違いないとし、ラッコ皮交易がアイヌ民族の歴史にとってどのような意味があったのかを考察した報告であった。関口氏以外のメンバーの研究領域は全員が幕末〜近現代史であり、中世の「ラッコ皮交易」はやや遠い世界の話ではあったが、様々な示唆もあり興味深いものであった。サブ報告は行わなかった。

研究会が始まって一年が経った。二年目に入り、七回目の研究会は六月二十八日（土）に札幌学院大学社会連携センターで開催された。この回の研究会から新たに坂口勉氏（北海道教育大学名誉教授）も加わった。メインの報告に船津さんを予定した。テーマは船津さんがもっとも力を注いでいたことのひとつ「留作・マリ子交換書簡について」である。しかし、結局船津さんの報告はなされず、サブで予定していた私の、レーン・宮澤事件に関する井上高聡氏の「研究ノート」（『北大文書館年報』第九号、二〇一四年三月）の問題性についての報告で終わった。

この頃船津さんの体調はすぐれなかった。研究会の二週間後にはがんの脳転移がみつかり全脳照射のため入院している。兆候はすでに研究会の頃にあったようで、なかなか集中して仕事ができない旨周囲に話していたという。

九月一日の八回目の研究会は次のように計画した（札幌学院大学社会連携センター）。船津さんは時間をかけて留作・マリ子著作集の構想をあたためてきた。今回は一歩具体化した話がきけるのではと期待したが、結局船津さんは体調不良のため参加できず、田端氏の報告のみに終わった。

◇第1部

報告者　船津さん

テーマ　『関矢留作・マリ子著作集』について

◇第2部　サブ報告

報告者　田端さん

テーマ　アイヌ民族の現代史の描き方について

（「第八回研究会のお知らせ」より）

田端宏氏は出版の準備が進む『アイヌ民族の歴史』（共著、山川出版社から二〇一五年八月に刊行）の現代史の記述にかかわって、「日本は単一民族」とする発言や「民族」を否定する様々な言説とその背景を取り上げ、アイヌ民族の歴史（とくに現代史）をどう描くかについて問題提起を行った。

船津さんの体調の回復をまって次回の研究会の計画を立てようとしたが、それからまもなく船津さんは入院を余儀なくされ、予定を立てることができなくなった。

十二月三日（水）、私はＮＴＴ病院に船津さんを見舞った。抗がん剤を止めていたので割と調子がいいと船津さんは言っていたが、がんはすでに膵臓や肝臓の方にも転移していたらしい。そして『関矢留作・マリ子著作集』について改めて熱っぽく構想を語った。留作の評伝と論文解題は来年二月いっぱいに原稿を書き六月には完成させたい、マリ子については四つの論文と随筆を入れる、ただ『関矢留作について』は注釈が必要等々。またその年の十二月二十七日には、新札幌で研究会の仲間と食事会をしたいとも言った。残された時間の中でどうするか、思い詰めていたのだと思う。その後船津さんは自宅に戻って療養を続けたが、年を越すことも食事会を催すことも出来ないまま永遠の眠りについた。

一年半の短い研究会ではあったが、船津さんの研究の進捗とともに歩んできたかけがえのない研究・交換の場であった。

船津さんと関矢夫妻

関口　明

大学院時代の先輩である船津さんとの付き合いは四〇年以上になる。特に彼が大学院を修了して就職した札幌商科大学（現、札幌学院大学）が、私の住む江別市に所在し、彼のアパートも私の住まいから歩いて五分程度の所にあったため、頻繁に行き来していた。

愛猫家である船津さんが迷い猫を飼い始めた時、「オーイ関口、何か良い名前ないか」との電話。見に行くと耳が裂けた、ふてぶてしい態度のネコ。当時テレビ放映されていたアニメ「じゃりん子チエ」に出てくる喧嘩早い〈小鉄〉を推めたところ、即座に採用された。〈小鉄〉存命時代、船津さんは私を後輩ではなく、名付け親として遇してくれたように思う。〈小鉄〉が亡くなった時には、船津さんから泣きながらの電話。私と妻の三人で船津さんのアパートの横に深い穴を掘って、〈小鉄〉を埋葬した。墓標がわりに我が家の庭に咲いていた黄色いレンギョウの花を移植した。今はアパートも壊され新しい家が建っているので、墓の場所を確認することもできない。

その後、船津さんが江別市見晴台の新居に移転したので、行き来は以前ほど頻繁ではなくなった。しかし、時々「おーい、関口」と電話がかかってきて、近くのファミリーレストランで船津さんの愚痴を聞いたあとは、「さー、明日から勉強するぞ」という彼の常套句で別れるのが常であった。

船津さんが最初に入院した病院が私の通勤途上にあったこともあり、しばしば病室に立ち寄った。そこでの様子は普段とあまり変わりなく、関矢留作関係の資料を持ち込み、退院後は懸案の関矢留作についてまとめることを熱く語っていた。二つ目の病院に転院し治療方針が決まると、一時退院の合間をぬって「関矢留作研究会」が開かれることになった。

我が家では二〇一三年（平成二十五）六月二十二日の第一回、翌二〇一四年二月一日の第五回、同年四月十九日の第六回の三回が開催された。我が家で開いたのは、船津さんの家から車で一〇分程度の近距離にあること、料理を苦にしない私が、研究会後の飲み会を担当するのに好都合ということであった。

私が関矢留作のことを知ったのは大学院時代だった。大学院時代に結成された北海道歴史研究者協議会（道歴研）の例会に、時折背筋を伸ばした老婦人が参加されていた。それが関矢留作の伴侶の関矢マリ子さんであった。私は道歴研の例会に出席されたマリ子さんをとおして関矢留作、『野幌部落史』のことを知ることとなった。『部落史』叙述の契機について、本書「関矢留作略年表」によると、一九三一年（昭和六）二月から豊多摩刑務所で二年半の獄中生活を送った留作が、一九三三年七月十五日、三年ぶりに野幌に戻ったが、そこで翌一九三四年春、野幌開村五十周年記念事業として編纂される『野幌部落史』の委嘱を受けたことにある。

私の研究テーマが、日本古代・中世の北方史であったこともあり、『部落史』を手にした時、留作が野幌地域の古い時代をどのように叙述しているのかという関心で、該当する箇所「第五章　先住民の遺物及び遺跡」を読んでみた。留作は野幌地域の遺物の表面採集や聞き取りを行いながら、この章を仕上げたことを読み取れるが、獄中時代考古学に関心を深めた留作は、『部落史』の編纂にあたり、各地の村史編纂者、道庁の道史編纂部、考古学愛好者のみならず、北大の専門家などを訪問したという（『関矢留作について』一九三六）。当時の研究水準を理解した留作の記述の中で、とくに注目されるのは次の部分である。

其の石狩川畔に面した突端には考古学上江別の古墳群として有名な遺跡があり、是を中心として遺物の分布が頗る多い。而して是等の遺跡より発掘された遺物は、厚手縄紋、薄手縄紋土器並に擦文土器、土師器、朝鮮土器を始め、石器、金属器、玉類等頗る多彩を極めている。

この「江別の古墳群」というのは、一九三一年（昭和六）夏に、当時札幌市山鼻小学校の教員をしていた後藤寿一が、札幌郡江別町字兵村（現、江別市元江別・後藤遺跡）で発見・発掘した一六基の「北海道式古墳」、および翌一九三二年秋に河野広道が江別町字対雁町村農場（現、江別市いずみ野・町村農場遺跡）で発見・発掘した二基の「北海道式古墳」を指している。二つの遺跡発掘は、留作が獄中生活を送っていた時期の出来事であったが、留作は「北海道式古墳」の意義に注目したのである。

『部落史』に収載された「野幌部落遺跡分布図」は、「古墳」が「豊平川」（一九四一年に現在の水路に切り替わるまで対雁を流れていた）の河岸段丘上に描かれている（次ページ参照）。

留作は「北海道式古墳」が河岸段丘上に見つかっていることから、

北海道薄手縄紋土器使用当時は主として丘陵地帯に居住して居たものが、擦紋土器使用時代に至つて次第に河辺に移つて行つた様である。

と述べて、北海道薄手縄紋土器（続縄文文化）の時代から擦紋土器使用時代（擦文文化）にかけて、野幌地域の

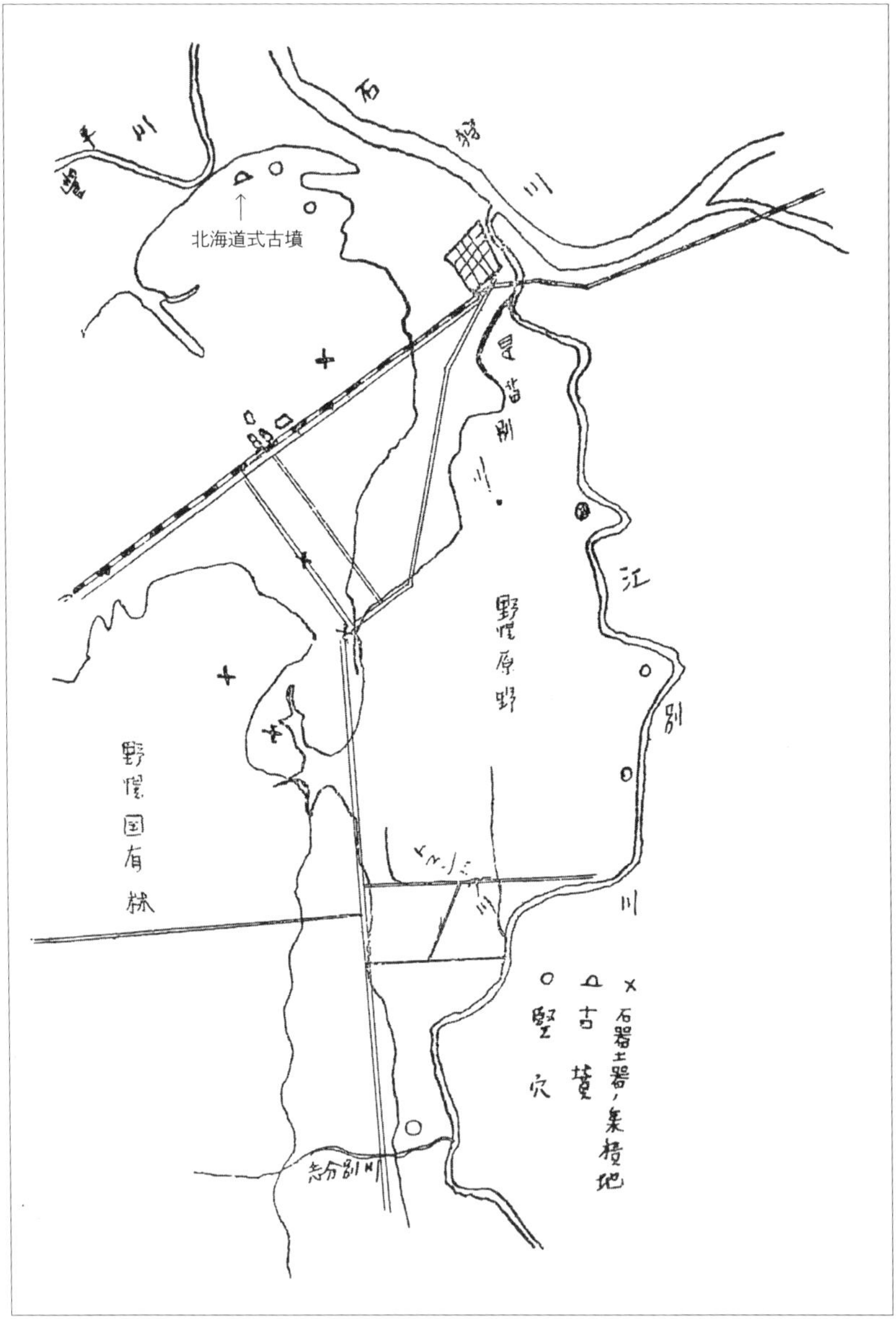

野幌部落遺跡分布図（野幌部落会『野幌部落史』〈北日本社、1947年〉に加筆）

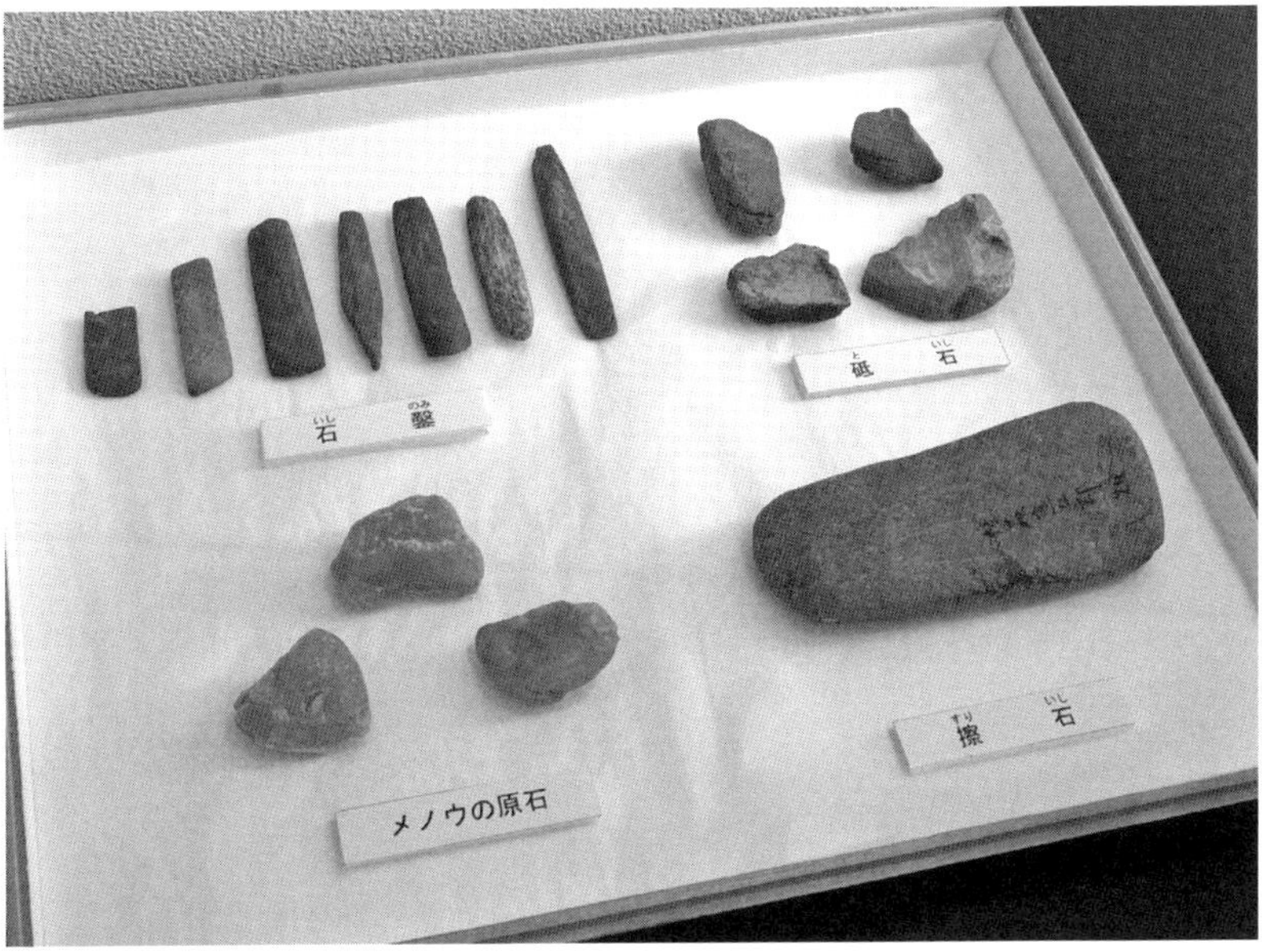

留作が野幌で採集した縄文時代中期の土器（上）や石鑿など（江別市郷土資料館所蔵）

生活拠点が丘陵地帯から河畔に移動したと推定している。これは現在の考古学的な知見からすると正鵠を射ているとは言えないが、留作が野幌の歴史を「北海道式古墳」を通して日本の歴史の中に位置づけようと意図したことが感じ取れる。

関矢マリ子さんは凛とした雰囲気を持っていたため、私のような大学院生が気軽に話しかけることはできず、挨拶する程度でのつながりであった。しかしマリ子さんが一九八六年（昭和六十一）一月十二日に亡くなられ、十五日に江別市西野幌の瑞雲寺で告別式が催された時には私も参列させていただいた。当日は記録的な大雪だったため、参列が危ぶまれたが、船津さんを私のランドクルーザーに乗せて列席することができた。

船津さんはマリ子さんに特別な思いがあったようで、『道歴研会報』第四二号（一九八六年四月）に寄稿した追悼文「関矢マリ子さんと道歴研」からそれが読み取れる。少々長くなるが以下に引用する。

関矢さんは道歴研の研究会にしばしば出席された。いつも一人ですっと現われ、会が長びくと「遅くなるから」と、お辞儀して退席された。じいーとこちらの目を見ながら謙虚に、そして凛とした声で意見を述べられた。その言葉の丁寧さは驚嘆に値した。旧家のお嬢さま育ちの面影を残した人だった。北海道の女性史研究にも「地図」が必要なのではと、年表づくりを推奨されたこと、女性史研究における理性と感性、両方の必要性を説かれたことなど忘れられない。『のっぽろ日記』の出版記念会を道女性史研究会と道歴研の共催で持った時、会場で廻ってきた色紙に僕が贈った言葉――それは『のっぽろ日記』を読み終えて、すぐに本に書き付けたものであった――「学問に対する謙虚さ、人間に対する暖かさ、社会的な視野の確かさ、生活圏における誠実さ」を大変、喜ばれたと聞いている。僕は関矢さんの誠実な人柄、明晰な頭脳、人と社会を見る眼の確かさに魅せられていた。堅田精司さん始め、何人かの人は、「船津君は関矢ファンだからな」とよく言う。自由民権百年の時は、関矢さんは月形での道集会、横浜での全国集会にも参加された。月形では夜の懇親会で話をして頂いた。横浜の時は野呂栄太郎夫人の塩沢富美子さんとご一緒だった。

関矢さんは若くして死別された夫君の留作さんを愛し、誇りにしておられた。僕の勤務先の札幌学院大学人文学部の公開講座「北海道民衆の歩み」の講師を、お願いした時、留作さんのことに触れながら、「知ることが愛することですよ」と学生たちに説かれた。この言葉にうたれた僕が、講義の後、研究室に見えられた関矢さんにそのことを話したら、「あなたは女性に自分を知らせる努力を怠っているのではないですか」と言われた。研究会の時も「関矢が」と留作さんの事に言及されることがあった。日本資本主義論争から手を引いて野幌に帰郷した留作さんが、全国的、世界的な動向のなかで野幌部落の地域変化をとらえようとしていたこと、野幌部落史編集のため、留作さんが部落附近の石器を集めたり、入殖前の新潟での生活を研究したりしていたことなど、留作さんへのマリ子さんの愛が具現化したものが、『野幌部落史』だったともいえると思う。

関矢さんは留作さんの伝記をまとめ直したいという希望をもっておられたようだ。堅田さんと一緒にお会いした時、仙台の方が留作さんの資料（書簡？）を持っていったままになっていると話されたことがあった。関矢さんと別れた後で堅田さんが憤慨して、「よし、俺が取り返してやる」、「僕もお伴します」ということになって気がついた。関矢さんは「仙台の方」と言ったのみで、氏名を明らかにしていなかった。これもまた、関矢さんらしい。関矢マリ子さん、そして留作さんから学ぶ作業が今、我々の前に残された。

歴史と現代をみつめて厳しく生きた関矢マリ子さんはいつも若々しかった。理論と実践を問いつづけて倦まなかった関矢マリ子さんはいつも美しかった。

（『歴史学と民衆史運動　地域からの発想と実践』〈北海道出版企画センター、一九九四年〉）

これを読んでみると、病魔に侵された船津さんが、関矢留作伝の執筆に執念を燃やしたのは、敬愛するマリ子さんに代わって、伝記をまとめてお二人の墓前に献呈したいという強い想いがあったと推し量れるのである。

あとがき

夫船津功の遺稿となりました評伝を含む『忘れられた農村問題研究者　関矢留作――人と業績』の出版に際し、沢山の方々にご尽力いただきましたことを厚く御礼申し上げます。

定年退職後のライフワークとして、好きな研究に取り組みたい。まずは関矢留作について、執筆途中になっている評伝の原稿を仕上げたいと申しておりましたが、大学在職中の人間ドック検診で、肺がんがみつかりました。

病気が判った時点で、残された時間はあまり長くありませんでしたが、前向きになったり不安になったりしながらも、いつも一番の関心事は関矢留作のことでした。

原稿は思うように捗りませんでしたが、何とかやり切ろうと、文字通り懸命に取り組んでおりました。

強い薬や病気の影響もあって、常に体調は思わしくなく、横になって休んでいる時には「こんなのただ生きているだけだ。息しているだけだ。」と嘆くこともありました。

そんな夫にとって、関矢留作についての資料を調べ、構想をまとめて、原稿に取り掛かる作業をしている時間は、「ただ生きているだけ」ではない、「意義ある生」を生きていると感じられたのではないでしょうか。

執筆を諦めるような言葉は、一度もありませんでした。

原稿の完成とともに、それが人の目に触れ、どなたかのお役に立てることを願っておりました。こうして皆様のお力添えを得て、夫の最後の仕事が形になり、心より感謝申し上げる次第です。

編集にあたって、陣頭指揮を執ってくださった桑原真人様には、感謝の念に堪えません。お忙しい中、原稿を寄せてくださいました田端宏様、関口明様、北明邦雄様、皆様のお蔭で本書の完成が実現致しました。本当にありがとうございます。

また、本書の完成を長い間辛抱強くお待ちくださった関矢家の皆様、本書をまとめるきっかけを与えて頂いた江別市教育委員会、そして数々の資料をご提供くださった江別市郷土資料館にも、深く感謝を申し上げます。

出版にあたり、亜璃西社の皆様にも大変お世話になりました。出版に携わりくださいましたすべての方々に、夫と共に重ねて御礼申し上げます。

二〇一六年六月

船津　由紀子

◇編著者

船津 功(ふなつ・いさお)

1944年、群馬県前橋市生まれ。札幌学院大学名誉教授。中央大学文学部史学科国史専攻卒業。1976年、北海道大学大学院文学研究科博士課程単位取得満期退学。1977年、札幌商科大学人文学部専任講師。1978年、同大学助教授。1990年、札幌学院大学人文学部教授。2013年、札幌学院大学を定年退職。

明治維新史研究や北海道近代史を研究。主な著作は『北海道議会開設運動の研究』(北海道大学図書刊行会、1992)、『歴史学と民衆史運動』(北海道出版企画センター、1994)、共著に『北海道の歴史』第2版(共著、山川出版社、2010)のほか、分担執筆、論文等多数。2014年12月、死去。

◇執筆者

田端 宏(たばた・ひろし)

1933年、東京府生まれ。北海道教育大学・道都大学名誉教授。北海道大学文学部卒業。1968年、北海道大学大学院文学研究科博士課程中途退学。主な著作は『蝦夷地から北海道へ』(編著、吉川弘文館、2004)、『北海道の歴史』第2版(共著、山川出版社、2010)、『新版 北海道の歴史(上)』(共著、北海道新聞社、2011)、『アイヌ民族の歴史』(共著、山川出版社、2015)など。

桑原真人(くわばら・まさと)

1943年、愛媛県生まれ。札幌大学および札幌大学女子短期大学部学長。横浜市立大学文理学部卒業。1968年、北海道大学大学院文学研究科修士課程修了。主な著作は『近代北海道史研究序説』(北海道大学図書刊行会、1982)、『平野弥十郎　幕末・維新日記』(編著、北海道大学出版会、2000)、『北海道の歴史がわかる本』(共著、亜璃西社、2008)、『北海道の歴史』第2版(共著、山川出版社、2010)、『アイヌ民族の歴史』(共著、山川出版社、2015)など。

北明邦雄(きため・くにお)

1947年、北海道生まれ。前北海高等学校校長。北海学園理事。北海道大学文学部卒業、1972年、北海道大学大学院文学研究科修士課程修了。主な著作・論文は「北中時代の野呂栄太郎」(『北海』第17号、1984)、『北海百年史』(編集・執筆、北海学園、1986)、『一にも押せ、二にも押せ　北海相撲部88年の軌跡』(2014)、他に北海道平和委員会編『松井愈平和運動論文集』(編集、1997)、『未来への架け橋　被爆者の証言 第四集』(編集、2016)など。

関口 明(せきぐち・あきら)

1947年、北海道生まれ。前札幌国際大学人文学部教授。北海道教育大学卒業。1980年、北海道大学大学院文学研究科博士課程単位取得満期退学。主な著作は『蝦夷と古代国家』(吉川弘文館、1992)、『古代東北の蝦夷と北海道』(吉川弘文館、2003)、『北海道の歴史』第2版(共著、山川出版社、2010)、『北海道の古代・中世がわかる本』(共著、亜璃西社、2015)、『アイヌ民族の歴史』(共著、山川出版社、2015)など。

忘れられた農村問題研究者　関《せき》矢《や》留《とめ》作《さく》

二〇一六年九月三十日　第一刷発行

編著者　船《ふな》津《つ》　功《いさお》
造　本　須田照生
編集人　井上　哲
発行人　和田由美
発行所　株式会社亜璃西社
〒〇六〇-八六三七
札幌市中央区南二条西五丁目六-七　メゾン本府七階
電　話　〇一一-二二一-五三九六
ＦＡＸ　〇一一-二二一-五三八六
ＵＲＬ　http://www.alicesha.co.jp/

印　刷　藤田印刷株式会社
製　本　石田製本株式会社

ISBN978-4-906740-23-9 C3061